UG NX 11.0 工程应用精解丛书

钣金展开实用技术手册
（UG NX 11.0 版）

北京兆迪科技有限公司　编著

机 械 工 业 出 版 社

本书是一本运用现代三维技术进行钣金展开的实用手册，主要讲解运用 UG NX 11.0 软件创建和展开各种类型钣金件的操作方法、技巧以及实际设计生产中的应用流程。钣金展开类型包括各种等径或异径圆管、圆锥管、方管、半长圆及长圆形截面的斜截件、弯头、三通、棱锥管及各种相贯件、圆形容器及球形封头、螺旋面、型材等，这些都是实际生产一线中常见的钣金件，经典而实用。

本书所介绍的三维钣金建模和展开技术，可以非常直观、方便地创建和修改钣金件，而且三维钣金件能迅速自动展开，并能直接生成钣金件的二维三视图以及展开图，生成的相应数据还能直接导入到各种先进钣金加工设备，这样可以极大地提高钣金的设计质量和生产效益；同时，在设计时还能根据材料属性、折弯半径及板厚等因素调整相关系数，使钣金件具备更高的精度，从而摒除了传统手工钣金展开的计算量大、时间长、效率低、精度差等缺陷。本书附有 1 张多媒体 DVD 学习光盘，制作了大量钣金展开技巧和具有针对性的实例教学视频，并进行了详细的语音讲解；光盘中还包含本书所有的实例文件以及练习素材文件。

本书可作为技术人员学习的自学教程，也可供冷作钣金工、铆工、钳工、管工使用，还可以作为大中专院校学生的 CAD/CAM 课程上课及上机练习教材。

本书是 "UG NX 11.0 工程应用精解丛书" 中的一本，读者在阅读本书后，可根据自己工作和专业的需要，抑或为了进一步提高 UG 技能、增加职场竞争力，再购买丛书中其他书籍。

图书在版编目（CIP）数据

钣金展开实用技术手册：UG NX 11.0 版 / 北京兆迪科技有限公司编著. —3 版. —北京：机械工业出版社，2017.7

（UG NX 11.0 工程应用精解丛书）

ISBN 978-7-111-57294-7

Ⅰ. ①钣⋯ Ⅱ. ①北⋯ Ⅲ. ①钣金工—计算机辅助设计—应用软件—技术手册 Ⅳ. ①TG382-39

中国版本图书馆 CIP 数据核字（2017）第 159343 号

机械工业出版社（北京市百万庄大街 22 号 邮政编码：100037）

策划编辑：丁 锋 责任编辑：丁 锋
封面设计：张 静 责任校对：肖 琳
责任印制：李 昂
三河市宏达印刷有限公司印刷
2018 年 1 月第 3 版第 1 次印刷
184mm×260 mm ·29.25 印张 ·531 千字
0001—2500 册
标准书号：ISBN 978-7-111-57294-7
        ISBN 978-7-88709-964-8（光盘）
定价：89.90 元（含 1DVD）

丛书介绍与选读

《UG NX 工程应用精解丛书》自出版以来，已经拥有众多读者并赢得了他们的认可和信赖，很多读者每年在软件升级后仍继续选购。UG 是一款功能十分强大的 CAD/CAM/CAE 高端软件，目前在我国工程机械、汽车零配件等行业占有很高的市场份额。近年来，随着 UG 软件功能进一步完善，其市场占有率越来越高。本套 UG 丛书的质量在不断完善，丛书涵盖的模块也不断增加。为了方便广大读者选购这套丛书，下面特对其进行介绍。首先介绍本 UG 丛书的主要特点。

☑ 本 UG 丛书是目前市场涵盖 UG 模块功能较多、体系完整、丛书数量（共 20 本）比较多的一套丛书。

☑ 本 UG 丛书在编写时充分考虑了读者的阅读习惯，语言简洁，讲解详细，条理清晰，图文并茂。

☑ 本 UG 丛书的每一本书都附带 1 张多媒体 DVD 学习光盘，对书中内容进行全程讲解，并且制作了大量 UG 应用技巧和具有针对性的范例教学视频，进行详细的语音讲解，读者可将光盘中语音讲解视频文件复制到个人手机、iPad 等电子工具中随时观看、学习。另外，光盘内还包含了书中所有的素材模型、练习模型、范例模型的原始文件以及配置文件，方便读者学习。

☑ 本 UG 丛书的每一本书在写作方式上，紧贴 UG 软件的实际操作界面，采用软件中真实的对话框、操控板和按钮等进行讲解，使初学者能够直观、准确地操作软件进行学习，从而尽快上手，提高学习效率。

本套 UG 丛书的所有 20 本图书全部是由北京兆迪科技有限公司统一组织策划、研发和编写的。当然，在策划和编写这套丛书的过程中，兆迪公司也吸纳了来自其他行业著名公司的顶尖工程师共同参与，将不同行业独特的工程案例及设计技巧、经验融入本套丛书；同时，本套丛书也获得了 UG 厂商的支持，丛书的质量得到了他们的认可。

本套 UG 丛书的优点是，丛书中的每一本书在内容上都是相互独立的，但是在工程案例的应用上又是相互关联、互为一体的；在编写风格上完全一致，因此读者可根据自己目前的需要单独购买丛书中的一本或多本。不过，读者如果以后为了进一步提高 UG 技能还需要购书学习时，建议仍购买本丛书中的其他相关书籍，这样可以保证学习的连续性和良好的学习效果。

《UG NX 11.0 快速入门教程》是学习 UG NX 11.0 中文版的快速入门与提高教程，也是学习 UG 高级或专业模块的基础教程，这些高级或专业模块包括曲面、钣金、工程图、注塑模具、冲压模具、数控加工、运动仿真与分析、管道、电气布线、结构分析和热分析等。如果读者以后根据自己工作和专业的需要，或者是为了增强职场竞争力，需要学习这些专业模块，建议先熟练掌握本套丛书《UG NX 11.0 快速入门教程》中的基础内容，然后再学习高级或专业模块，以提高这些模块的学习效率。

《UG NX 11.0 快速入门教程》内容丰富、讲解详细、价格实惠，相比其他同类型、总页数相近的书籍，价格要便宜 20%~30%，因此《UG NX 4.0 快速入门教程》《UG NX 5.0 快速入门教程》《UG NX 6.0 快速入门教程》《UG NX 6.0 快速入门教程（修订版）》《UG NX 7.0 快速入门教程》《UG NX 8.0 快速入门教程》《UG NX 8.0 快速入门教程（修订版）》《UG NX 8.5 快速入门教程》和《UG NX 10.0 快速入门教程》已经累计被我国 100 多所大学本科院校和高等职业院校选为在校学生 CAD/CAM/CAE 等课程的授课教材。《UG NX 11.0 快速入门教程》与以前的版本相比，图书的质量和性价比有了大幅的提高，我们相信会有更多的院校选择此书作为教材。下面对本套 UG 丛书中每一本图书进行简要介绍。

（1）《**UG NX 11.0 快速入门教程**》

- 内容概要：本书是学习 UG 的快速入门教程，内容包括 UG 功能概述、UG 软件安装方法和过程、软件的环境设置与工作界面的用户定制和各常用模块应用基础。
- 适用读者：零基础读者，或者作为中高级读者查阅 UG NX 11.0 新功能、新操作之用，抑或作为工具书放在手边以备个别功能不熟或遗忘而查询之用。

（2）《**UG NX 11.0 产品设计实例精解**》

- 内容概要：本书是学习 UG 产品设计实例类的中高级图书。
- 适用读者：适合中高级读者提高产品设计能力、掌握更多产品设计技巧。UG 基础不扎实的读者在阅读本书前，建议先选购和阅读本丛书中的《UG NX 11.0 快速入门教程》。

（3）《**UG NX 11.0 工程图教程**》

- 内容概要：本书是全面、系统学习 UG 工程图设计的中高级图书。
- 适用读者：适合中高级读者全面精通 UG 工程图设计方法和技巧之用。

（4）《**UG NX 11.0 曲面设计教程**》

- 内容概要：本书是学习 UG 曲面设计的中高级图书。
- 适用读者：适合中高级读者全面精通 UG 曲面设计之用。UG 基础不扎实的读者在阅读本书前，建议先选购和阅读本丛书中的《UG NX 11.0 快速入门教程》。

（5）《**UG NX 11.0 曲面设计实例精解**》

- 内容概要：本书是学习 UG 曲面造型设计实例类的中高级图书。
- 适用读者：适合中高级读者提高曲面设计能力、掌握更多曲面设计技巧之用。UG 基础不扎实的读者在阅读本书前，建议先选购和阅读本丛书中的《UG NX 11.0 快速入门教程》《UG NX 11.0 曲面设计教程》。

（6）《**UG NX 11.0 高级应用教程**》

- 内容概要：本书是进一步学习 UG 高级功能的图书。
- 适用读者：适合读者进一步提高 UG 应用技能之用。UG 基础不扎实的读者在阅读本书前，建议先选购和阅读本丛书中的《UG NX 11.0 快速入门教程》。

（7）《UG NX 11.0 钣金设计教程》
- 内容概要：本书是学习 UG 钣金设计的中高级图书。
- 适用读者：适合读者全面精通 UG 钣金设计之用。UG 基础不扎实的读者在阅读本书前，建议先选购和阅读本丛书中的《UG NX 11.0 快速入门教程》。

（8）《UG NX 11.0 钣金设计实例精解》
- 内容概要：本书是学习 UG 钣金设计实例类的中高级图书。
- 适用读者：适合读者提高钣金设计能力、掌握更多钣金设计技巧之用。UG 基础不扎实的读者在阅读本书前，建议先选购和阅读本丛书中的《UG NX 11.0 快速入门教程》和《UG NX 11.0 钣金设计教程》。

（9）《钣金展开实用技术手册（UG NX 11.0 版）》
- 内容概要：本书是学习 UG 钣金展开的中高级图书。
- 适用读者：适合读者全面精通 UG 钣金展开技术之用。UG 基础不扎实的读者在阅读本书前，建议先选购和阅读本丛书中的《UG NX 11.0 快速入门教程》和《UG NX 11.0 钣金设计教程》。

（10）《UG NX 11.0 模具设计教程》
- 内容概要：本书是学习 UG 模具设计的中高级图书。
- 适用读者：适合读者全面精通 UG 模具设计。UG 基础不扎实的读者在阅读本书前，建议选购和阅读本丛书中的《UG NX 11.0 快速入门教程》。

（11）《UG NX 11.0 模具设计实例精解》
- 内容概要：本书是学习 UG 模具设计实例类的中高级图书。
- 适用读者：适合读者提高模具设计能力、掌握更多模具设计技巧之用。UG 基础不扎实的读者在阅读本书前，建议先选购和阅读本丛书中的《UG NX 11.0 快速入门教程》和《UG NX 11.0 模具设计教程》。

（12）《UG NX 11.0 冲压模具设计教程》
- 内容概要：本书是学习 UG 冲压模具设计的中高级图书。
- 适用读者：适合读者全面精通 UG 冲压模具设计之用。UG 基础不扎实的读者在阅读本书前，建议先选购和阅读本丛书中的《UG NX 11.0 快速入门教程》。

（13）《UG NX 11.0 冲压模具设计实例精解》
- 内容概要：本书是学习 UG 冲压模具设计实例类的中高级图书。
- 适用读者：适合读者提高冲压模具设计能力、掌握更多冲压模具设计技巧之用。UG 基础不扎实的读者在阅读本书前，建议先选购和阅读本丛书中的《UG NX

11.0 快速入门教程》和《UG NX 11.0 冲压模具设计教程》。

（14）《UG NX 11.0 数控加工教程》

- 内容概要：本书是学习 UG 数控加工与编程的中高级图书。
- 适用读者：适合读者全面精通 UG 数控加工与编程之用。UG 基础不扎实的读者在阅读本书前，建议先选购和阅读本丛书中的《UG NX 11.0 快速入门教程》。

（15）《UG NX 11.0 数控加工实例精解》

- 内容概要：本书是学习 UG 数控加工与编程实例类的中高级图书。
- 适用读者：适合读者提高数控加工与编程能力、掌握更多数控加工与编程技巧之用。UG 基础不扎实的读者在阅读本书前，建议先选购和阅读本丛书中的《UG NX 11.0 快速入门教程》和《UG NX 11.0 数控加工教程》。

（16）《UG NX 11.0 运动仿真与分析教程》

- 内容概要：本书是学习 UG 运动仿真与分析的中高级图书。
- 适用读者：适合中高级读者全面精通 UG 运动仿真与分析之用。UG 基础不扎实的读者在阅读本书前，建议先选购和阅读本丛书中的《UG NX 11.0 快速入门教程》。

（17）《UG NX 11.0 管道设计教程》

- 内容概要：本书是学习 UG 管道设计的中高级图书。
- 适用读者：适合高级产品设计师阅读。UG 基础不扎实的读者在阅读本书前，建议先选购和阅读本丛书中的《UG NX 11.0 快速入门教程》。

（18）《UG NX 11.0 电气布线设计教程》

- 内容概要：本书是学习 UG 电气布线设计的中高级图书。
- 适用读者：适合高级产品设计师阅读。UG 基础不扎实的读者在阅读本书前，建议先选购和阅读本丛书中的《UG NX 11.0 快速入门教程》。

（19）《UG NX 11.0 结构分析教程》

- 内容概要：本书是学习 UG 结构分析的中高级图书。
- 适用读者：适合高级产品设计师和分析工程师阅读。UG 基础不扎实的读者在阅读本书前，建议先选购和阅读本丛书中的《UG NX 11.0 快速入门教程》。

（20）《UG NX 11.0 热分析教程》

- 内容概要：本书是学习 UG 热分析的中高级图书。
- 适用读者：适合高级产品设计师和分析工程师阅读。UG 基础不扎实的读者在阅读本书前，建议先选购和阅读本丛书中的《UG NX 11.0 快速入门教程》。

前　　言

在钣金件的设计过程中，除了需要用工程图表达其形状尺寸之外，还需要用展开图来表示钣金件在生产加工之前的板料轮廓形状尺寸，用于指导钣金件生产时的下料、排样和生产。这种根据零件的立体形状要求绘制展平形态轮廓的过程就是钣金件的展开。掌握正确有效的钣金件展开的方法，既能保证钣金件的精度，也能提高加工效率、节省成本。

本书所介绍的三维钣金建模和展开技术可以非常直观、方便地创建和修改钣金，三维钣金件能迅速自动展开，并能直接生成钣金件的二维三视图以及展开图，生成的相应数据还能直接导入到各种先进钣金加工设备，可以极大地提高钣金件的设计质量和生产效益。同时，在设计时还能根据材料属性、折弯半径及板厚等因素调整相关系数，使钣金件具备更高的精度，从而摒除了传统手工钣金展开的计算量大、时间长、效率低、精度差等缺陷。

本书是一本钣金展开的实用手册，主要讲解运用 UG 软件创建和展开各种类型钣金件的操作方法、技巧，以及实际设计生产中的应用流程，其特色如下。

- 内容全面、实例丰富、讲解详细、条理清晰。与其他同类书籍相比，包含更多内容、展开方法及实例。
- 写法独特。采用 UG 中真实的对话框、菜单和按钮等进行讲解，使初学者能够直观、准确地操作软件，从而大大提高学习效率。
- 附加值高。本书附有 1 张多媒体 DVD 学习光盘，制作了大量钣金展开技巧和具有针对性的实例教学视频，并进行了详细的语音讲解，可以帮助读者轻松、高效地学习。

本书由北京兆迪科技有限公司编著，参加编写的人员有詹友刚、王焕田、刘静、雷保珍、刘海起、魏俊岭、任慧华、詹路、冯元超、刘江波、周涛、段进敏、赵枫、邵为龙、侯俊飞、龙宇、施志杰、詹棋、高政、孙润、李倩倩、黄红霞、尹泉、李行、詹超、尹佩文、赵磊、王晓萍、陈淑童、周攀、吴伟、王海波、高策、冯华超、周思思、黄光辉、党辉、冯峰、詹聪、平迪、管璇、王平、李友荣。本书已经过多次审核，如有疏漏之处，恳请广大读者予以指正。

电子邮箱：zhanygjames@163.com　咨询电话：010-82176248，010-82176249。

编　者

读者购书回馈活动

活动一：本书"随书光盘"中含有该"读者意见反馈卡"的电子文档，请认真填写本反馈卡，并 E-mail 给我们。E-mail: 章兆亮 bookwellok @163.com，丁锋 fengfener@qq.com。

活动二：扫一扫右侧二维码，关注兆迪科技官方公众微信（或搜索公众号 zhaodikeji），参与互动，也可进行答疑。

凡参加以上活动，即可获得兆迪科技免费奉送的价值 48 元的在线课程一门，同时有机会获得价值 780 元的精品在线课程。

本 书 导 读

为了能更高效地学习本书，务必请您仔细阅读下面的内容。

写作环境

本书使用的操作系统为 64 位的 Windows 7，系统主题采用 Windows 经典主题。本书采用的写作蓝本是 UG NX 11.0 中文版。

光盘使用

为方便读者练习，特将本书所有素材文件、已完成的实例文件、配置文件和视频语音讲解文件等放入随书附带的光盘中，读者在学习过程中可以打开相应素材文件进行操作和练习。

本书附带 1 张多媒体 DVD 光盘，建议读者在学习本书前，先将 1 张 DVD 光盘中的所有文件复制到计算机硬盘的 D 盘中。D 盘上 ug11.15 目录下共有三个子目录。

（1）ugnx11_system_file 子目录：包含一些系统文件。

（2）work 子目录：包含本书的全部已完成的实例文件。

（3）video 子目录：包含本书讲解中的视频录像文件。读者学习时，可在该子目录中按顺序查找所需的视频文件。

光盘中带有"ok"扩展名的文件或文件夹表示已完成的实例。

相比于老版本的软件，UG NX 11.0 中文版在功能、界面和操作上变化极小，经过简单的设置后，几乎与老版本完全一样（书中已介绍设置方法）。因此，对于软件新老版本操作完全相同的内容部分，光盘中仍然使用老版本的视频讲解，对于绝大部分读者而言，并不影响软件的学习。

本书约定

● 本书中有关鼠标操作的说明如下。

☑ 单击：将鼠标指针移至某位置处，然后按一下鼠标的左键。

☑ 双击：将鼠标指针移至某位置处，然后连续快速地按两次鼠标的左键。

☑ 右击：将鼠标指针移至某位置处，然后按一下鼠标的右键。

☑ 单击中键：将鼠标指针移至某位置处，然后按一下鼠标的中键。

☑ 滚动中键：只是滚动鼠标的中键，而不能按中键。

☑ 选择（选取）某对象：将鼠标指针移至某对象上，单击以选取该对象。

☑ 拖移某对象：将鼠标指针移至某对象上，然后按下鼠标的左键不放，同时移动鼠标，将该对象移动到指定的位置后再松开鼠标的左键。

- 本书中的操作步骤分为 Task、Stage 和 Step 三个级别，说明如下。

  ☑ 对于一般的软件操作，每个操作步骤以 Step 字符开始。

  ☑ 每个 Step 操作视其复杂程度，其下面可含有多级子操作，例如 Step1 下可能包含（1）、（2）、（3）等子操作，（1）子操作下可能包含①、②、③等子操作，①子操作下可能包含 a）、b）、c）等子操作。

  ☑ 如果操作较复杂，需要几个大的操作步骤才能完成，则每个大的操作冠以 Stage1、Stage2、Stage3 等，Stage 级别的操作下再分 Step1、Step2、Step3 等操作。

  ☑ 对于多个任务的操作，则每个任务冠以 Task1、Task2、Task3 等，每个 Task 操作下则可包含 Stage 和 Step 级别的操作。

- 由于已建议读者将随书光盘中的所有文件复制到计算机硬盘的 D 盘中，所以书中在要求设置工作目录或打开光盘文件时，所述的路径均以"D:\"开始。

技术支持

本书主要参编人员来自北京兆迪科技有限公司，该公司专门从事 UG 技术的研究、开发、咨询及产品设计与制造服务，并提供 UG 软件的专业培训及技术咨询。读者在学习本书的过程中如果遇到问题，可通过访问该公司的网站 http://www.zalldy.com 来获得技术支持。

咨询电话：010-82176248，010-82176249。

目　　录

第 **1** 章　UG 钣金展开基础

本章提要　本章主要介绍使用 UG 进行钣金展开放样的基础知识。首先简要介绍了传统钣金展开放样的方法，然后详细介绍了使用 UG 进行钣金展开放样的一般流程，其中重点是在钣金展开放样时展开系数的选取和修正以及钣金工程图、钣金图样的创建和输出。

1.1　钣金展开概述

钣金件一般是指利用金属的可塑性，针对具有一定厚度的金属薄板通过剪切、冲压成形、折弯等工艺，制造出单个零件，然后通过焊接、铆接等组装成完整的钣金件。其特点是同一零件的厚度均一致。由于钣金件具有重量轻、强度高、导电、成本低、大规模量产性能好等特点，目前在石油化工、冶金、电子电器、通信、汽车工业、医疗器械等领域得到了广泛应用，例如在计算机机箱、手机、家电等日用产品中，钣金是必不可少的组成部分。随着钣金的应用越来越广泛，钣金件的设计变成了产品开发过程中很重要的一环，机械工程师必须熟练掌握钣金件的设计技巧，使得设计的钣金件既能满足产品的功能和外观等要求，又能满足生产加工方便、成本经济等要求。

在钣金件的设计过程中，除了需要用工程图表达零件的形状尺寸之外，还需要用钣金的展开图来表示钣金件在生产加工之前的板料轮廓形状尺寸，用于指导钣金件生产时的下料、排样和生产。这种根据零件的立体形状要求，绘制展平形态轮廓的过程就是钣金件的展开放样。掌握正确有效的钣金件展开放样的方法，既能保证钣金件的精度，也能提高加工效率，节省成本。

1.1.1　传统钣金展开方法

传统的钣金展开方法是采用画法几何和解析几何原理，将立体的钣金件展平到一个平面上并创建展开图样。构成钣金的表面形状可以分为两大类：理论可展表面和不可展表面。可展表面是指平面、柱面和锥面或者是由这些曲面分割而成的表面；不可展表面指的是球面、环面以及其他异形曲面。可展曲面在理论上可以精确地展开，立体投影图与展开图中的对应素线长度相等，展开前后的零件表面积也相等；不可展曲面理论上不能在平面上展开，只能将展开对象近似划分为多个可展曲面片，然后再展开。传统的钣金展开放样的方法有模板计算法、投影图解法以及软件辅助法等。

1. 投影图解法

投影图解法利用画法几何和手工作图换成钣金件的展开，具体方法有平行线法、放射线法以及三角线法。其中平行线法一般用于柱面的展开，放射线法用于锥面的展开，三角线法用于不可展曲面的近似展开。

图 1.1.1 所示即为使用平行线法展开斜截正圆柱面的作图过程，其作图思路是将圆柱表面分成若干等分（点 $a \sim e$），并确定等分处各素线的长度（$a1 \sim e5$），将柱面底面圆周展开为直线，在直线的各等分点处画出素线的实际长度，最后用曲线连接各素线的端点（$A \sim E$）即可。

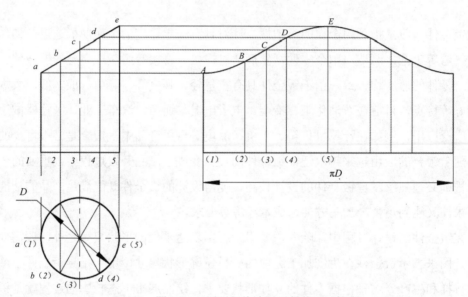

图 1.1.1　用平行线法展开斜截正圆柱面

2. 模板计算法

模板计算法利用解析几何的原理计算钣金件的展开，具体方法有实长计算法、坐标计算法等。实长计算法是在展开时利用解析几何计算线段（素线）的长度，然后利用长度数据绘制展开图。该方法以较准确的数据替换了投影作图法中以图线作为长度参考的方法，得到的结果更加精确，但是最后展开图样的轮廓仍然需要作图完成，即最终描线得到的轮廓仍有较大误差。坐标计算法与实长计算法的原理基本类似，使用坐标计算法在计算时，直接计算展开轮廓中各参考点相对于某坐标系的坐标值，然后在该坐标系中绘制钣金展开轮廓。

3. 展开软件辅助法

展开软件辅助法是基于模板计算法的原理，利用软件自动生成展开图样，得到的图样是 DXF/DWG 格式的，可以直接导入到 AutoCAD 中进行编辑和修改。但得到的图样是在理想状态生成的，并未考虑实际生产中板厚的因素，且得不到完成的三维模型。

1.1.2 使用 UG 进行钣金展开放样

传统的钣金展开放样的计算方法都是基于理论上零厚度的理想曲面，而实际中钣金都具有一定厚度。当钣金件厚度较小且精度要求不高时，钣金的厚度因素可以忽略，一旦钣金件的设计要求具有一定的精度，在钣金展开的计算中就必须考虑到板厚的因素。因此，传统钣金展开方法只适用于精度要求不高的手工下料生产。

近年来，随着数控压力机，激光、等离子、水射流切割机以及数控折弯机的广泛普及和应用，钣金件的生产和加工效率大大提高，同时对钣金件的设计和展开放样也提出了更新、更高的要求，其中使用三维 CAD/CAM 技术进行钣金件设计已成为主流。使用三维 CAD 软件进行钣金件的展开放样的思路是直接在三维环境下进行钣金件或钣金装配体的设计与建模，然后在软件中自动将钣金件展开，并能直接生成钣金件的三视图以及展开图，相应的数据能导入到各种先进加工设备中，为生产加工提供数据参考。

目前流行的三维 CAD 软件中，UG、SolidWorks、CATIA、Creo、SolidEdge 等软件都有钣金件设计模块，其中西门子公司的 UG 软件以其界面友好、操作简单方便等特点，赢得了广大钣金件设计人员的喜爱。使用 UG 进行钣金展开放样有如下特点：

- 三维建模直观、方便，大多数钣金件及钣金装配体均可用 UG 进行建模，所得的三维模型可以完善整个产品的电子样机。
- 建模方法丰富。软件中的特征建模法、在展开状态下设计法、实体/曲面/钣金转化法、放样弯边等方法可以轻松创建各种钣金模型。
- 在 3D 状态下进行钣金设计，非常直观。钣金件各部分结构一目了然，修改方便，并能迅速导出二维图并进行自动标注。
- 展开方便。系统提供了多种展开钣金的方法并能导出平面展开图。
- 三维模型与图样数据完全关联。如果在三维模型中修改钣金件的尺寸，其三视图以及展开图会自动更新。

1.2 UG 钣金展开放样流程

本节将介绍 UG NX 11.0 软件钣金件设计界面以及使用 UG NX 11.0 软件进行钣金件展

开放样的完整流程，其中涉及三维钣金件模型的基本创建方法、自动展开的方法、参数的测量与修正、展开图样的创建等。读者在学习时，要注意各种参数的设置和修改，以及展开图样的创建方法。

1.2.1　设置界面主题

启动软件后，一般情况下系统默认显示的是图 1.2.1 所示的"浅色（推荐）"界面主题，由于在该界面主题下软件中的部分字体显示较小，显示得不够清晰，本书的写作界面将采用"经典，使用系统字体"界面主题，读者可以按照以下方法进行界面主题设置。

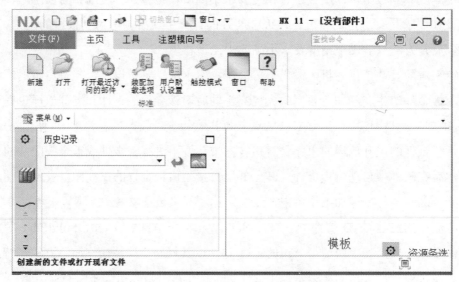

图 1.2.1　"浅色（推荐）"界面主题

Step1. 单击软件界面左上角的 文件(F) 按钮。

Step2. 选择 首选项(P) ➡ 用户界面(I)… 命令，系统弹出图 1.2.2 所示的"用户界面首选项"对话框。

Step3. 在"用户界面首选项"对话框中单击 主题 选项组，在右侧 类型 下拉列表中选择 经典，使用系统字体 选项。

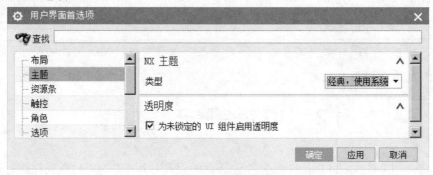

图 1.2.2　"用户界面首选项"对话框

Step4. 在"用户界面首选项"对话框中单击 确定 按钮，完成界面设置，如图 1.2.3 所示。

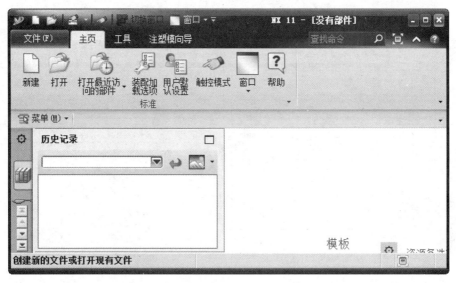

图 1.2.3　"经典，使用系统字体"界面主题

说明：如果要在"经典"界面中修改用户界面，可以选择 首选项(P) ➡ 用户界面(I)... 命令，即可在"用户界面首选项"对话框中进行设置。

1.2.2　UG 钣金设计界面

在学习本节时，请先打开钣金件模型文件 D:\ug11.15\work\ch01.02.02\up_level_down_bevel_conestand.prt。UG NX 11.0 的"经典，使用系统字体"用户界面包括标题栏、下拉菜单区、快速访问工具条、功能区、消息区、图形区、部件导航器区及资源工具条（图 1.2.4）。

1．功能区

功能区中包含"文件"下拉菜单和命令选项卡。命令选项卡显示了 UG 中的所有功能按钮，并以选项卡的形式进行分类。用户可以根据需要自己定义各功能选项卡中的按钮，也可以自己创建新的选项卡，将常用的命令按钮放在自定义的功能选项卡中。

2．下拉菜单区

下拉菜单中包含新建、保存、插入和设置 UG NX 11.0 环境等一些命令。

3．资源工具条区

资源工具条区包括"装配导航器""约束导航器""部件导航器""重用库""视图管理

器导航器""历史记录"等导航工具。用户通过该工具条可以方便地进行一些操作。对于每一种导航器，都可以直接在其相应的项目上右击，快速地进行各种操作。

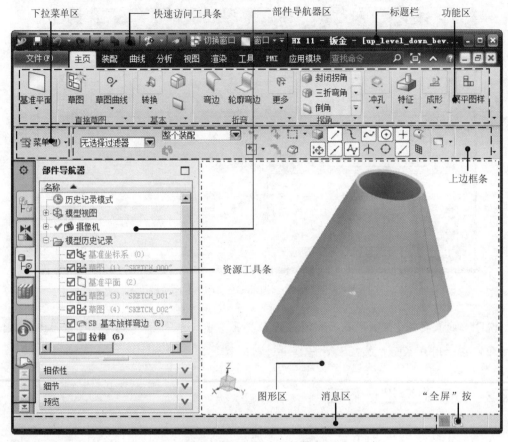

图 1.2.4　UG 钣金设计界面

资源工具条区主要选项的功能说明如下：

- "装配导航器"显示装配的层次关系。

- "约束导航器"显示装配的约束关系。

- "部件导航器"显示建模的先后顺序和父子关系。父对象（活动零件或组件）显示在模型树的顶部，其子对象（零件或特征）位于父对象之下。在"部件导航器"中右击，从弹出的快捷菜单中选择 时间戳记顺序 命令，则按"模型历史"显示。"模型历史树"中列出了活动文件中的所有零件及特征，并按建模的先后顺序显示模型结构。若打开多个 UG NX 11.0 模型，则"部件导航器"只反映活动模型的内容。

- "重用库"中可以直接从库中调用标准零件。

- "历史记录"中可以显示曾经打开过的部件。

4．消息区

执行有关操作时，与该操作有关的系统提示信息会显示在消息区。消息区中间有一条可见的边线，左侧是提示栏，用来提示用户如何操作；右侧是状态栏，用来显示系统或图形当前的状态，例如显示选取结果信息等。执行每个操作时，系统都会在提示栏中显示用户必须执行的操作，或者提示下一步操作。对于大多数的命令，用户都可以利用提示栏的提示来完成操作。

5. 图形区

图形区是 UG NX 11.0 用户主要的工作区域，建模的主要过程、绘制前后的零件图形、分析结果和模拟仿真过程等都在这个区域内显示。用户在进行操作时，可以直接在图形区中选取相关对象进行操作。

同时还可以选择多种视图操作方式。

方法一：右击图形区，弹出快捷菜单，如图 1.2.5 所示。

方法二：按住右键，弹出挤出式菜单，如图 1.2.6 所示。

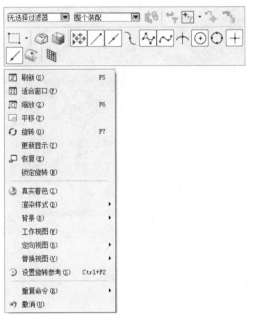

图 1.2.5 快捷菜单

图 1.2.6 挤出式菜单

6. "全屏"按钮

在 UG NX 11.0 中单击"全屏"按钮，允许用户将可用图形窗口最大化。在最大化窗口模式下再次单击"全屏"按钮，即可切换到普通模式。

1.2.3 UG钣金设计模块首选项设置

为了提高设计钣金件的效率以及使钣金件在设计完成后能顺利地加工及精确地展开，

UG NX 11.0 提供了一些对钣金零件属性的设置及其平面展开图处理的相关设置。对首选项的设置极大地提高了钣金设计速度。这些参数设置包括对材料厚度、折弯半径、止裂口深度、止裂口宽度和折弯许用半径公式的设置，下面详细讲解这些参数的作用。

进入 NX 钣金设计模块后，选择下拉菜单 首选项(P) ➡ 钣金(H)... 命令，系统弹出"钣金首选项"对话框。在图 1.2.7 所示的"钣金首选项"对话框（一）中有 部件属性 、 展平图样处理 、 展平图样显示 、 钣金验证 、 标注配置 和 榫接 六个选项卡，下面将分别对它们进行介绍。

在图 1.2.7 所示的"钣金首选项"对话框（一）中，单击 部件属性 选项卡，显示 部件属性 选项卡的各选项；该选项卡用于设置钣金的全局参数，包括材料厚度、折弯半径等。

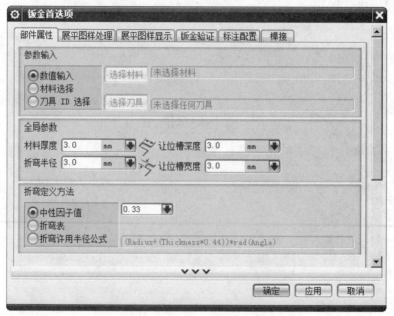

图 1.2.7　"钣金首选项"对话框（一）

图 1.2.7 所示的"钣金首选项"对话框（一）中 部件属性 选项卡中各选项的说明如下。

- 参数输入 区域：包含 ⦿数值输入 、 ⦿材料选择 和 ⦿刀具 ID 选择 三个单选项，用于确定钣金折弯的定义方式。
  - ☑ ⦿数值输入 单选项：选中该单选项时，可直接以数值的方式在 折弯定义方法 区域中直接输入钣金折弯参数。
  - ☑ ⦿材料选择 单选项：选中该单选项时，单击右侧的 选择材料 按钮，系统弹出图 1.2.8 所示的"选择材料"对话框，可在该对话框中选择一种材料来定义钣金折弯参数。
  - ☑ ⦿刀具 ID 选择 单选项：选中该单选项时，单击右侧的 选择刀具 按钮，系统弹出图 1.2.9 所示的"钣金工具标准"对话框，可在该对话框中选择钣金标准工具，以定义钣金的折弯参数。

图1.2.8 "选择材料"对话框

图1.2.9 "钣金工具标准"对话框

- 区域：在该区域中可设置以下参数。
  - ☑ 材料厚度文本框：可以在该文本框中输入数值以定义钣金零件的全局厚度。
  - ☑ 折弯半径文本框：可以在该文本框中输入数值以定义钣金件折弯时默认的折弯半径值。
  - ☑ 让位槽深度文本框：可以在该文本框中输入数值以定义钣金件默认的让位槽的深度。
  - ☑ 让位槽宽度文本框：可以在该文本框中输入数值以定义钣金件默认的让位槽的宽度。
- 折弯定义方法区域：该区域用于定义折弯定义方法，包含 中性因子值、 折弯表 和 折弯许用半径公式 三个单选项。
  - ☑ 中性因子值单选项：选中该单选项时，可采用中性因子定义折弯方法，且可在其后的文本框中输入数值以定义折弯的中性因子。
  - ☑ 折弯表单选项：选中该单选项时，可在创建钣金折弯时使用折弯表来定义折弯参数。
  - ☑ 折弯许用半径公式单选项：选中该单选项时，可使用半径公式来确定折弯参数。

在"钣金首选项"对话框中单击 展平图样处理 选项卡，此时"钣金首选项"对话框（二）如图1.2.10所示。

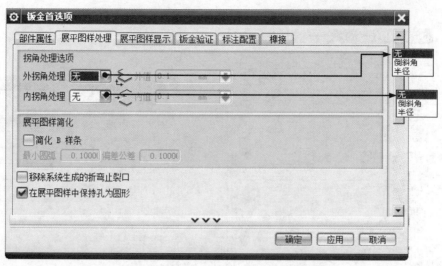

图 1.2.10 "钣金首选项"对话框（二）

图 1.2.10 所示的"钣金首选项"对话框（二）中 展平图样处理 选项卡中各选项的说明如下。

- 拐角处理选项 区域：在该区域中可以设置展开钣金后，内、外拐角的处理方式。

  - ☑ 外拐角处理 下拉列表：该下拉列表中有 无 、倒斜角 和 半径 三个选项，用于设置钣金展开后外拐角的处理方式。

    - ◆ 无 选项：选择该选项时，不对内、外拐角做任何处理。

    - ◆ 倒斜角 选项：选择该选项时，对内、外拐角添加一个倒斜角，倒斜角的大小在其后的文本框中进行设置。

    - ◆ 半径 选项：选择该选项时，对内、外拐角添加一个圆角，圆角的大小在后面的文本框中进行设置。

- 内拐角处理 下拉列表：该下拉列表中有 无 、倒斜角 和 半径 三个选项，用于设置钣金展开后外拐角的处理方式。

- 展平图样简化 区域：该区域用于在对圆柱表面或折弯处有裁剪特征的钣金零件进行展开时，设置是否生成 B 样条。当选中 ☑ 简化 B 样条 复选框后，可通过 最小圆弧 及 偏差公差 两个文本框对简化 B 样条的最大圆弧和偏差公差进行设置。

- ☑ 移除系统生成的折弯止裂口 复选框：选中该复选框后，钣金零件展开时将自动移除系统生成的缺口。

- ☑ 在展平图样中保持孔为圆形 复选框：选中该复选框时，在平面展开图中保持折弯曲面上的孔为圆形。

在"钣金首选项"对话框中单击 展平图样显示 选项卡，此时"钣金首选项"对话框如图 1.2.11 所示。在该选项卡中可设置展平图样的各曲线的颜色以及默认选项的新标注属性。

图 1.2.11　"钣金首选项"对话框（三）

在"钣金首选项"对话框中单击 钣金验证 选项卡，弹出图 1.2.12 所示的"钣金首选项"对话框（四），在该选项卡中可设置钣金件验证的参数。

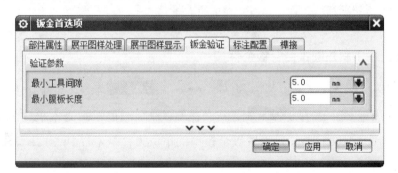

图 1.2.12　"钣金首选项"对话框（四）

在"钣金首选项"对话框中单击 标注配置 选项卡，此时"钣金首选项"对话框（五）如图 1.2.13 所示，在该选项卡中显示钣金中标注的一些类型。

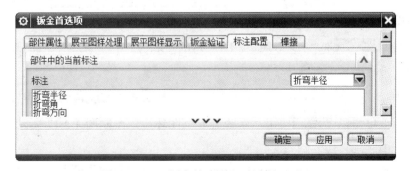

图 1.2.13　"钣金首选项"对话框（五）

1.2.4　创建钣金件

使用 UG NX 11.0 软件创建钣金件时，应根据不同钣金件的外形结构选择对应的方法。对于圆柱或椭圆柱类的钣金，应采用钣金特征中的"轮廓弯边"进行创建；对于圆锥及方圆过渡类的钣金，应采用"放样弯边"的方法进行创建；对于多节弯头、三通及多通类的钣金件，由于实际生产是采用焊接的方法，故应采用创建单个分支然后进行装配的方法进行创建。

1．使用"放样弯边"的方法创建钣金件

图 1.2.14 所示的上平下斜正圆锥台管是由一与圆锥轴线成一角度的正垂直截面截断正圆锥底部形成的，其创建思路是先绘制两个不封闭的圆弧，采用"放样弯边"的方法创建钣金整体模型，再通过拉伸切除的方法切除多余的部分，图 1.2.14 所示的分别是其钣金件及展开图，下面介绍该类钣金件在 UG 中的创建及展开过程。

a）未展平状态　　　　　　　　　　　　　　　　　　　　b）展平状态

图 1.2.14　上平下斜正圆锥台管的展开

2．创建上平下斜正圆锥台管钣金件

Step1. 新建文件。选择下拉菜单 文件(F) ➡ 新建(N)... 命令，系统弹出"新建"对话框；在 名称 列表区域中选择 NX 钣金 模板，在 新文件名 区域的 名称 文本框中输入文件名称 up_level_down_bevel_conestand，设置钣金模型的单位为"毫米"；单击 确定 按钮，进入"NX 钣金"设计环境。

Step2. 创建草图 1。选择下拉菜单 插入(S) ➡ 在任务环境中绘制草图(V)... 命令，选取 YZ 平面为草图平面；单击 确定 按钮，系统进入草图环境，绘制图 1.2.15 所示的草图 1。

Step3. 创建图 1.2.16 所示的基准平面 1。选择下拉菜单 插入(S) ➡ 基准/点(D) ➡ 基准平面(D)... 命令；在 类型 区域的下拉列表中选择 曲线和点 选项，在 曲线和点子类型 区域的下拉列表中选择 点和平面/面 选项；选取图 1.2.16 所示的点和 XY 平面为参考平面；单击 < 确定 > 按钮，完成基准平面 1 的创建。

Step4. 创建草图 2。选择下拉菜单 插入(S) ➡ 在任务环境中绘制草图(V)... 命令，选取 XY 平面为草图平面；单击 确定 按钮，系统进入草图环境，绘制图 1.2.17 所示的草图 2（圆弧经过草图 1 中底部直线的端点）。

Step5. 创建草图 3。选择下拉菜单 插入(S) ➡ 在任务环境中绘制草图(V)... 命令，选取基准平

面 1 为草图平面，绘制图 1.2.18 所示的草图 3（圆弧经过图 1.2.18 所示的直线端点）。

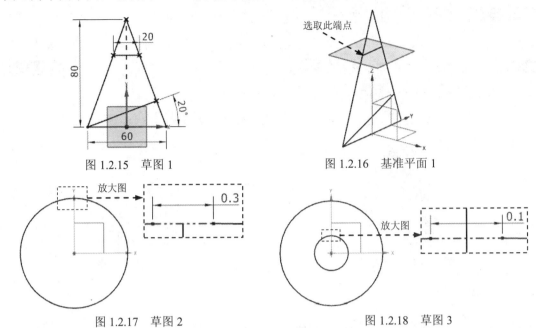

图 1.2.15　草图 1　　　　　　　　图 1.2.16　基准平面 1

图 1.2.17　草图 2　　　　　　　　图 1.2.18　草图 3

Step6. 创建图 1.2.19 所示的放样弯边特征 1。选择下拉菜单 插入(S) ➡️ 折弯(N) ▶

➡️ 放样弯边(O)... 命令，系统弹出图 1.2.20 所示的"放样弯边"对话框；选取草图 2 作为起始截面轮廓折弯线，单击中键确认；选取草图 3 作为终止截面轮廓折弯线，单击中键确认；单击 厚度 文本框右侧的 ☰ 按钮，在系统弹出的快捷菜单中选择 使用局部值 选项，然后在 厚度 文本框中输入数值 1.0；加厚方向确认为向内侧，单击 〈 确定 〉 按钮，完成放样弯边特征 1 的创建。

说明：用户在选择曲线时可靠近起始点一端进行选取，那么系统就会默认选取靠近的那端为起点，此时就无需再定义起点。

图 1.2.19　放样弯边特征 1

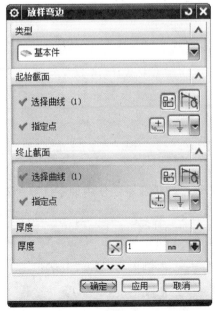

图 1.2.20　"放样弯边"对话框

Step7. 创建图 1.2.21 所示的拉伸特征 1。选择下拉菜单 插入(S) ➡ 切割(T) ➡ 拉伸(E)... 命令；单击 按钮，选取 YZ 平面为草图平面，绘制图 1.2.22 所示的截面草图（草图中直线与草图 1 中角度为 20° 的直线重合）；在"拉伸"对话框的 开始 下拉列表中选择 贯通 选项，在 结束 下拉列表中选择 贯通 选项；在 布尔 区域的 布尔 下拉列表中选择 减去 选项；单击 ＜确定＞ 按钮，完成拉伸特征 1 的创建。

Step8. 保存钣金模型。选择下拉菜单 文件(F) ➡ 保存(S) 命令，保存模型文件。

图 1.2.21　拉伸特征 1

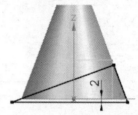

图 1.2.22　截面草图

3. K 因子与板厚

实际中的钣金件都有一定的板厚，在对钣金进行折弯成形时，必然会引起折弯部位的金属变形，这说明钣金在展开前后的轮廓尺寸有一定的差别。为保证展开后的钣金轮廓尺寸符合实际加工的需求，在钣金设计中需要设置折弯系数。本书中介绍的多是柱面、锥面以及球面的展开，在这些不规则钣金的展开放样中，以设置 K 因子的方法作为折弯系数最为适合。

在钣金的折弯过程中，假设有一层金属在折弯前后的长度是不变的，这个虚拟的"金属层"叫做中性层或中性面，K 因子用于确定中性层的位置（图 1.2.23），它是内表面到中性层的距离与钣金厚度的比值。

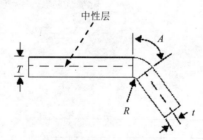

图 1.2.23　定义 K 因子

带 K 因子的折弯系数使用如下计算公式：

$$BA = \pi(R + KT)A/180$$

式中　BA —— 折弯系数；

　　　R —— 内侧折弯半径（mm）；

　　　K —— K 因子，$K = t/T$；

T —— 材料厚度（mm）；

t —— 内表面到中性层的距离（mm）；

A —— 折弯角度（经过折弯材料的角度）（°）。

K 因子的设置值与钣金件的板厚（T）以及内侧折弯半径（R）有关。一般情况下，当 $R/T>5$ 时，K 因子的值可以取 0.5，即默认中性层的位置位于板厚的中间；当 $R/T\leqslant5$ 时，K 因子的值可以按表 1.2.1 所示的值进行选取；当 R 近似为 0 时，K 因子的值也为 0。

表 1.2.1 $R/T\leqslant5$ 时的钣金件 K 因子取值

R/T	0.1	0.25	0.5	0.8	1	2	3	4	5
K	0.3	0.35	0.38	0.41	0.42	0.46	0.47	0.48	0.49

说明：本书介绍的 K 因子的取值是对实际工程经验数据的归纳整理，但由于不同的企业涉及的产品材料、加工工艺以及加工设备的不同，K 因子的值必须经过试验的修正才能用于生产加工。具体方法是先选择理论上合适的 K 因子的值，然后将理论值用于试验生产，根据经验数据和实际误差不断修正并多次试验，最终得到符合当前产品、材料以及加工设备的 K 因子的值。

1.2.5 展开钣金件

使用 展平实体(S)... 命令可以将创建的钣金件进行展开，得到钣金的展开图。下面详细介绍展开钣金件的一般操作步骤。

Step1. 打开模型文件 D:\ug11.15\work\ch01.02.05\up_level_down_bevel_conestand.prt。

Step2. 创建图 1.2.24 所示的展平实体。选择下拉菜单 插入(S) ➡ 展平图样(L)... ▶ ➡ 展平实体(S)... 命令；取消选中 移至绝对坐系 复选框，选取图 1.2.25 所示的面为固定面；单击 确定 按钮，完成展平实体的创建。

说明：为了便于观察展开钣金件，此处隐藏钣金特征，下同。

图 1.2.24 展平实体

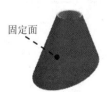

固定面

图 1.2.25 选取固定面

Step3. 保存展开钣金模型。选择 文件(F) ➡ 另存为(A) 命令，将模型命名为 up_level_down_bevel_conestand_unfold。

1.2.6　测量钣金数据

使用  特征将钣金展开后，可以测量展开状态下的钣金件的相关参数，如展开表面积，轮廓周长以及轮廓曲线长度等。

下面以图 1.2.26 所示的模型为例，说明测量钣金数据的一般操作步骤。

Task1.　测量面积及周长

Step1.　打开模型文件 D:\ug11.15\work\ch01.02.06\up_level_down_bevel_conestand_unfold.prt。

Step2.　选择下拉菜单 分析(L) ➡ 测量面(F) 命令，系统弹出图 1.2.27 所示的"测量面"对话框。

图 1.2.26　展平实体　　　　图 1.2.27　"测量面"对话框

Step3.　在"选择条"工具条的下拉列表中选择 单个面 选项。

Step4.　测量模型表面面积。选取图 1.2.26 所示的模型表面为要测量的面，系统显示这个曲面的面积结果（图 1.2.28）。

Step5.　测量模型表面周长。在图 1.2.28 所示的结果中，选择 面积 下拉列表中的 周长 选项，测量周长的结果如图 1.2.29 所示。

Step6.　单击 确定 按钮，完成面积和周长的测量。

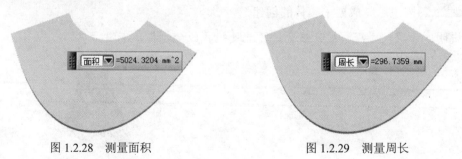

图 1.2.28　测量面积　　　　　　　图 1.2.29　测量周长

Task2.　测量轮廓长度

Step1.　选择下拉菜单 分析(L) ➡ 测量长度(L) 命令，系统弹出如图 1.2.30 所示的"测量长度"对话框。

图 1.2.30　"测量长度"对话框

Step2. 测量曲线的长度。选取图 1.2.31 所示的轮廓作为测量对象，系统显示选定轮廓曲线长度的测量结果（图 1.2.32）。

图 1.2.31　选取测量对象

图 1.2.32　测量轮廓长度

1.2.7　生成钣金工程图

钣金件创建完成并经过展开验证后，可以根据三维模型和展开图样创建钣金工程图。下面以图 1.2.33 所示的工程图为例，来说明创建钣金工程图的一般过程。

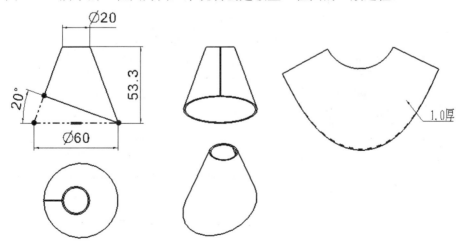

图 1.2.33　创建钣金工程图

Task1. 创建展平图样

Step1. 打开模型文件 D:\ug11.15\work\ch01.02.07\up_level_down_bevel_conestand.prt。

Step2. 创建展开图样。选择下拉菜单 插入(S) ➡ 展平图样(L)... ▶ ➡ 展平图样(P)... 命令，系统弹出"展平图样"对话框；选取图 1.2.34 所示的模型表面为向上面，其他参数采用系统默认设置值；单击 确定 按钮，完成展平图样的创建。

Task2. 创建平面展开图样视图

Step1. 打开模型文件 D:\ug11.15\work\ch01.02.06\up_level_down_bevel_conestand.prt。

Step2. 创建展开图样。选择下拉菜单 插入(S) ➡ 展平图样(L)... ▶ ➡ 展平图样(P)... 命令，系统弹出"展平图样"对话框；选取图 1.2.34 所示的模型表面为向上面，其他参数采用系统默认设置值；单击 确定 按钮，完成展平图样的创建。

Step3. 进入工程图环境。在 应用模块 功能选项卡 设计 区域单击 制图 按钮，进入工程图环境。

Step4. 新建图纸页。选择下拉菜单 插入(S) ➡ 图纸页(H)... 命令，在系统弹出的"图纸页"对话框中设置图 1.2.35 所示的参数；单击 确定 按钮，新建空白图纸页。

选取此面

图 1.2.34　定义向上面　　　　图 1.2.35　"图纸页"对话框

Step5. 设置视图显示。选择下拉菜单 首选项(P) ➡ 制图(D)... 命令，系统弹出"制图首选项"对话框，在该对话框的 视图 节点下展开 公共 选项，在 隐藏线 选项卡中设置隐藏线为不可见；在 虚拟交线 选项卡中取消选中 □ 显示虚拟交线 复选框；在 光顺边 选项卡中取消选

中☐ 显示光顺边 复选框；在该对话框 ⊟ 视图 节点下展开 ⊟ 展平图样 选项，在 标注 选项卡中取消选
中 标注 区域的全部复选框，单击 确定 按钮。

Step6. 创建平面展开图样视图。

（1）选择命令。选择下拉菜单 插入(S) ➡ 视图(W) ▶ ➡ 基本(B)... 命令，系统弹出
"基本视图"对话框。

（2）定义要创建的模型视图。在"基本视图"对话框 模型视图 区域的 要使用的模型视图 下拉列
表中选择 FLAT-PATTERN#1 选项。

（3）定义视图方向。单击 定向视图工具 后的 按钮，在"定向视图"窗口中调整视图位置
如图 1.2.36 所示；单击 确定 按钮，关闭"定向视图"对话框。

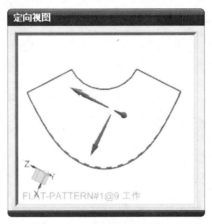

图 1.2.36　"定向视图"窗口

（4）定义视图比例。在"基本视图"对话框 比例 区域的 比例 下拉列表中选择 1:1 选项。

（5）放置视图。选取合适的位置并单击以放置视图，结果如图 1.2.37 所示。

Step7. 创建主视图。选择下拉菜单 插入(S) ➡ 视图(W) ▶ ➡ 基本(B)... 命令，系统
弹出"基本视图"对话框；在"基本视图"对话框 模型视图 区域的 要使用的模型视图 下拉列表中
选择 左视图 选项，并在 比例 区域的 比例 下拉列表中选择 1:1 选项；在图形区的合适位置单击以
放置主视图，结果如图 1.2.38 所示。

Step8. 创建俯视图。在主视图下方合适位置单击以放置俯视图，结果如图 1.2.39 所示。

Step9. 创建左视图。以同样的方式在主视图右侧合适位置单击以放置左视图，结果如
图 1.2.39 所示。

Step10. 创建正等测视图。选择下拉菜单 插入(S) ➡ 视图(W) ▶ ➡ 基本(B)... 命
令，在"基本视图"对话框 模型视图 区域的 要使用的模型视图 下拉列表中选择 正等测图 选项；在 比例
区域的 比例 下拉列表中选择 1:1 选项；在图形区合适位置单击以放置正等测视图，结果如图
1.2.39 所示。

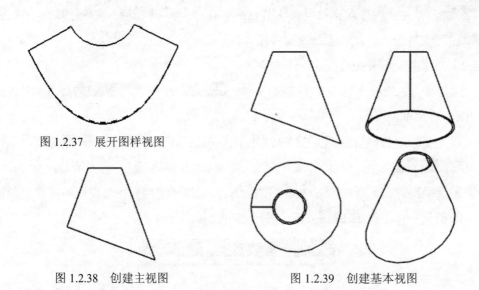

图 1.2.37　展开图样视图

图 1.2.38　创建主视图　　　　　图 1.2.39　创建基本视图

Step11. 定义尺寸标注。选择下拉菜单 插入(S) ➡ 尺寸(M) ▶ ➡ 快速(P)... 命令，标注相关尺寸，标注完成后的效果如图 1.2.40 所示。

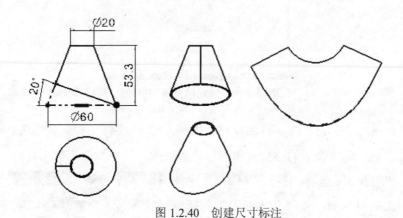

图 1.2.40　创建尺寸标注

Step12. 定义注释。

（1）选择命令。选择下拉菜单 插入(S) ➡ 注释(A) ▶ ➡ A 注释(N)... 命令，系统弹出如图 1.2.41 所示的"注释"对话框。

（2）文本输入。在 文本输入 区域下的 格式化 文本框中输入图 1.2.41 所示的内容并选中该内容；然后在 设置 区域下单击"设置"按钮，系统弹出图 1.2.42 所示的"设置"对话框；在"设置"对话框中选择 文字 选项卡，然后将文字设置为 宋体。

图 1.2.41　"注释"对话框

图 1.2.42　"设置"对话框

（3）放置注释。单击"注释"对话框中 指引线 区域下的 按钮，参数采用系统默认设置值；首先在图 1.2.43 所示的位置 1 处单击作为注释起始位置，然后在位置 2 处单击放置注释。

Step13. 保存钣金工程图。选择下拉菜单 文件(F) ➡ 保存(S) 命令，即可保存工程图文件。

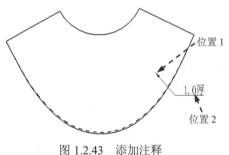

图 1.2.43　添加注释

1.2.8　导出展开图样

当钣金件被展开后，除了创建工程图之外，还需要将展开图样导出为 DXF 格式，以便导入到激光切割机等先进加工系统中，为生产加工提供数据支持。下面介绍导出 DXF 文件的一般操作过程。

Step1. 打开模型文件 D:\ug11.15\work\ch01.02.08\up_level_down_bevel_conestand.prt。

Step2. 创建展开图样。选择下拉菜单 插入(S) ➡ 展平图样(L)... ➡ 展平图样(P)... 命令，系统弹出"展平图样"对话框。选取图 1.2.44 所示的模型表面为向上面。其他参数采用系统默认设置值；单击 确定 按钮，完成展平图样的创建。

Step3. 导出展开图样。选择下拉菜单 插入(S) ➡ 展平图样(L)... ➡ 导出展平图样(X)... 命令，系统弹出图 1.2.45 所示的"导出展平图样"对话框。在特征树中选择 Step2 中创建的展平图样为导出对象，其他参数采用系统默认设置值；单击 确定 按钮，完成导出展平图样。

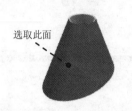

选取此面

图 1.2.44　定义向上面

图 1.2.45　"导出展平图样"对话框

1.3　UG 钣金展开放样范例

本节将通过几个典型的范例，介绍在 UG 中钣金展开放样的应用。常用的钣金件创建方法有特征建模法、放样弯边法、装配法以及新建级别法等，放样弯边法前文中已有介绍，本节将重点介绍其余三种方法。读者要注意不同类型钣金件的创建思路以及 K 因子的设置方法。在本书后面的章节中，对于各种不同形状的钣金件及钣金装配体，将只介绍其创建与展开的过程，展开图样的创建过程将不再赘述。

1.3.1　范例 1——特征建模法

特征建模法是利用 UG 钣金模块中的钣金特征创建命令进行建模，如轮廓弯边、弯边等。这种建模思路十分适用于创建平板构件（如机箱、机柜等产品）以及柱形表面钣金件。

下面以斜截圆柱管钣金为例，介绍特征建模法的应用。斜截圆柱管是普通圆柱管的上端被一个与其轴线成一定角度的正垂面截断而形成的构件，如图 1.3.1 所示。

a）未展平状态

b）展平状态

图 1.3.1　斜截圆柱管及其展平图样

Task1. 创建斜截圆柱管

Step1. 新建一个 NX 钣金模型文件，命名为 bevel_cylinder_pipe。

Step2. 创建图 1.3.2 所示的轮廓弯边特征 1。选择下拉菜单 插入(S) ➡ 折弯(N) ➡ 轮廓弯边(C)... 命令；选取 XY 平面为草图平面，绘制图 1.3.3 所示的截面草图；单击 厚度 文本框右侧的 ☰ 按钮，在系统弹出的快捷菜单中选择 使用局部值 选项，然后在 厚度 文本框中输入数值 1.5；单击"反向"按钮 ⤱ 调整厚度方向，在 宽度选项 下拉列表中选择 有限 选项，在 宽度 文本框中输入数值 500.0；单击 〈确定〉 按钮，完成轮廓弯边特征 1 的创建。

图 1.3.2　轮廓弯边特征 1

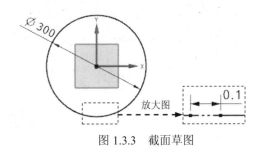

图 1.3.3　截面草图

Step3. 创建图 1.3.4 所示的拉伸特征 1。选择下拉菜单 插入(S) ➡ 切割(T) ➡ 拉伸(E)... 命令；选取 YZ 平面为草图平面，绘制图 1.3.5 所示的截面草图；在"拉伸"对话框 开始 下拉列表中选择 贯通 选项，在 结束 下拉列表中选择 贯通 选项；在 布尔 区域的 布尔 下拉列表中选择 减去 选项；单击 〈确定〉 按钮，完成拉伸特征 1 的创建。

图 1.3.4　拉伸特征 1

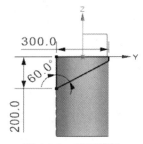

图 1.3.5　截面草图

Step4. 保存钣金模型。选择下拉菜单 文件(F) ➡ 保存(S) 命令，保存模型文件。

Task2．展平斜截圆柱管

Step1．创建图 1.3.6 所示的展平实体。选择下拉菜单 插入⑤ ➡ 展平图样(L)... ▶ ➡ 展平实体(S)... 命令；选取图 1.3.7 所示的固定面，选中 ☑ 移至绝对坐标系 复选框，然后选取图 1.3.7 所示的模型参考边为方位参考；单击 确定 按钮，完成展平实体的创建。

说明：为了便于观察展开钣金件，此处隐藏钣金特征。

图 1.3.6　展平实体

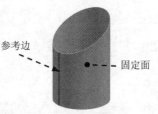

图 1.3.7　选取固定面和参考边

Step2．保存展开钣金模型。选择 文件(F) ➡ 另存为(A) 命令，将模型命名为 bevel_cylinder_pipe_unfold。

Task3．生成钣金工程图

Step1．切换到 bevel_cylinder_pipe 窗口。

Step2．创建展开图样。选择下拉菜单 插入⑤ ➡ 展平图样(L)... ▶ ➡ 展平图样(P)... 命令，选取图 1.3.8 所示的模型表面为向上面，其他参数采用系统默认设置值；单击 确定 按钮，完成展平图样的创建。

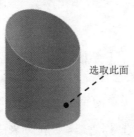

图 1.3.8　定义向上面

Step3．进入工程图环境。在 应用模块 功能选项卡 设计 区域单击 制图 按钮，进入工程图环境。

Step4．新建图纸页。选择下拉菜单 插入⑤ ➡ 图纸页 (H)... 命令，在系统弹出的"图纸页"对话框中设置图 1.3.9 所示的参数；单击 确定 按钮，新建空白图纸页。

Step5．设置视图显示。选择下拉菜单 首选项(P) ➡ 制图(D)... 命令，系统弹出"制图首选项"对话框，在该对话框 视图 节点下展开 公共 选项，在 隐藏线 选项卡中设置隐藏线为不可见；在 光顺边 选项卡中取消选中 □ 显示光顺边 复选框；在 虚拟交线 选项卡中取消选中

□显示虚拟交线 复选框；在该对话框 □视图 节点下展开 □展平图样 选项，在标注选项卡中取消选中标注区域的全部复选框，单击 确定 按钮。

图 1.3.9   "图纸页"对话框

Step6. 创建平面展开图样视图。选择下拉菜单 插入(S) ➡ 视图(W)▶ ➡ □基本(B)... 命令；在"基本视图"对话框模型视图区域的要使用的模型视图下拉列表中选择FLAT-PATTERN#1选项，单击定向视图工具后的 ❻ 按钮，在"定向视图"窗口中调整视图位置，如图 1.3.10 所示，单击 确定 按钮；在该对话框比例区域的比例下拉列表中选择1:10选项；选取合适的位置并单击以放置视图，结果如图 1.3.11 所示。

图 1.3.10   "定向视图"窗口

图 1.3.11   展开图样视图

Step7. 创建基本视图。

（1）创建主视图。选择下拉菜单 插入(S) ➡ 视图(W)▶ ➡ □基本(B)... 命令；在"基本视图"对话框中 模型视图 区域的 要使用的模型视图 下拉列表中选择 俯视图 选项，在 比例 区域的 比例 下拉列表中选择 1:5 选项；在图形区的合适位置单击以放置主视图，结果如图 1.3.12 所示。

（2）创建左视图。在主视图右侧合适位置单击以放置左视图，结果如图 1.3.12 所示。

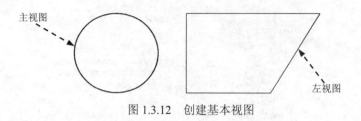

图 1.3.12　创建基本视图

Step8. 创建标注。

（1）创建中心标记。选择下拉菜单 插入(S) ➡ 中心线(E) ➡ ⊕ 中心标记(M)... 命令。选取图 1.3.13 所示的圆弧 1 为标注对象，调整中心线长度，结果如图 1.3.13 所示。

（2）创建 2D 中心线标注。选择下拉菜单 插入(S) ➡ 中心线(E) ➡ 中 2D 中心线 命令。依次选取图 1.3.13 所示的直线 1 和直线 2 为标注参考，结果如图 1.3.13 所示。

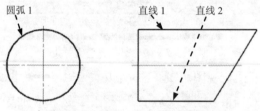

图 1.3.13　创建中心线和中心符号线

（3）创建尺寸标注。选择下拉菜单 插入(S) ➡ 尺寸(M) ▶ ➡ 快速(P)... 命令，标注相关尺寸，标注完成后的效果如图 1.3.14 所示。

（4）创建注释。选择下拉菜单 插入(S) ➡ 注释(A) ▶ ➡ A 注释(N)... 命令；在 文本输入 区域下的 格式化 文本框中输入 "1.5 厚" 字符；然后在 设置 区域单击 "设置" 按钮，在 "设置" 对话框中选择 文字 选项卡，然后将文字设置为 宋体；单击 "注释" 对话框中 指引线 区域下的 按钮，首先单击图 1.3.15 所示的位置 1 处作为注释起始位置，然后单击位置 2 处放置注释；单击 关闭 按钮，完成注释标注。

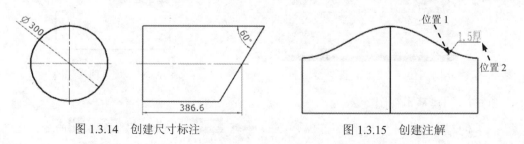

图 1.3.14　创建尺寸标注　　　　　　图 1.3.15　创建注解

Step9. 保存钣金工程图。选择下拉菜单 文件(F) ➡ 保存(S) 命令，保存工程图文件。

Task4．导出展平图样

Step1. 在 应用模块 功能选项卡 设计 区域单击 钣金 按钮，切换到"钣金"设计环境。

Step2. 导出展平图样。选择下拉菜单 插入(S) ➡ 展平图样(L)... ➡ 导出展平图样(X)...
命令，系统弹出"导出展平图样"对话框；在模型树中选择展平图样为导出对象，其他参
数采用系统默认设置值；单击 确定 按钮，完成导出展平图样的创建。

Task5．打印出纸样与手工下料剪裁

若在实际生产加工中需要手工下料剪裁，可以采用下面两种方法。

方法一：打印出纸样下料。将展平图样以 1∶1 的比例打印出纸样，再将纸样贴合到板
料之上，根据纸样上的曲线轮廓进行下料剪裁。

方法二：根据尺寸下料。在板料上选取一个参考点，采用测量的方法量取直边的尺寸，
也可以在钣金工程图中标注直边的尺寸；对于曲线轮廓边，可以创建一系列的等分点，然
后测量等分点相对于参考点的平面坐标值，在板料上确定这些点的位置并光滑连接各点得
到曲线轮廓。

1.3.2　范例2——装配法

装配法一般用于创建加工中需要焊接的钣金件。创建思路是先用特征建模、放样弯边
等方法创建各个构件，再将构件进行装配，然后对各个构件分别进行展平放样操作。实际
加工时是先根据展平图样生产各个构件，再将构件进行焊接。

下面以两节拱形（半长圆）任意角弯头为例，介绍装配法的应用。两节拱形（半长圆）
任意角弯头是由两个形状相同的斜截拱形（半长圆）柱管接合而成的构件，其钣金件及展
开图样如图 1.3.16 所示。

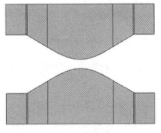

a）未展平状态　　　　　　　　　　　　b）展平状态

图 1.3.16　两节拱形（半长圆）任意角弯头及其展开图样

Task1. 创建两节拱形（半长圆）任意角弯头

Stage1. 创建子构件

Step1. 新建一个 NX 钣金模型文件，命名为 two_sec_arched_random_elbow。

Step2. 创建图 1.3.17 所示的轮廓弯边特征 1。选择下拉菜单 插入(S) ➡ 折弯(N) ➡ 轮廓弯边(C)... 命令；选取 XY 平面为草图平面，绘制图 1.3.18 所示的截面草图；单击 厚度 文本框右侧的 三 按钮，在系统弹出的快捷菜单中选择 使用局部值 选项，然后在 厚度 文本框中输入数值 1.0；单击 "反向" 按钮 调整厚度方向，在 宽度选项 下拉列表中选择 有限 选项，在 宽度 文本框中输入数值 400.0；单击 〈 确定 〉 按钮，完成轮廓弯边特征 1 的创建。

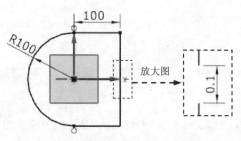

图 1.3.17　轮廓弯边特征 1　　　　图 1.3.18　截面草图

Step3. 创建图 1.3.19 所示的拉伸特征 1。选择下拉菜单 插入(S) ➡ 切割(T) ➡ 拉伸(E)... 命令；选取 ZX 平面为草图平面，绘制图 1.3.20 所示的截面草图；在 "拉伸" 对话框 开始 下拉列表中选择 贯通 选项，在 结束 下拉列表中选择 贯通 选项；在 布尔 区域的 布尔 下拉列表中选择 减去 选项；单击 〈 确定 〉 按钮，完成拉伸特征 1 的创建。

Step4. 保存钣金模型。选择下拉菜单 文件(F) ➡ 保存(S) 命令，保存模型文件。

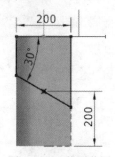

图 1.3.19　拉伸特征 1　　　　图 1.3.20　截面草图

Stage2. 装配，生成两节拱形（半长圆）任意角弯头

Step1. 新建装配文件。选择下拉菜单 文件(F) ➡ 新建(N)... 命令；在 模型 选项卡的 模板 区域中选取模板类型为 装配，在 名称 文本框中输入文件名称 two_sec_arched_random_elbow_asm；单击 确定 按钮，进入装配环境。

Step2. 装配第一个钣金子构件（图 1.3.21）。

（1）在"添加组件"对话框中单击  按钮，选择 two_sec_arched_random_elbow.prt，单击 OK 按钮。

（2）定义放置。在"添加组件"对话框 放置 区域的 定位 下拉列表中选取 根据约束 选项，选中预览区域的 ☑ 预览 复选框；单击 应用 按钮，此时系统弹出"装配约束"对话框。

（3）添加"固定"约束。在"装配约束"对话框的 约束类型 区域中选择 ⬇ 选项，在图形区中选取钣金子构件，单击 〈 确定 〉 按钮。

Step3. 装配第二个钣金子构件。

（1）在"添加组件"对话框中单击 按钮，选择 two_sec_arched_random_elbow.prt，单击 OK 按钮。

（2）定义放置。在"添加组件"对话框 放置 区域的 定位 选项栏中选取 根据约束 选项，单击 确定 按钮，系统弹出"装配约束"对话框。

（3）移动位置。选择下拉菜单 装配(A) ➡ 组件位置(P) ▶ ➡ 移动组件(E)... 命令，选择第二个钣金子构件为移动对象，移动至图 1.3.22 所示的位置。

图 1.3.21　装配第一个子构件　　　　图 1.3.22　调整组件位置

（4）添加约束。在 约束类型 区域中选择 ⬇ 选项，在图形区选取图 1.3.23 所示的接触面，单击"反向"按钮 ⤢ 调整装配方向，单击 应用 按钮；选取图 1.3.24 所示的接触面，单击 应用 按钮；选取图 1.3.25 所示的模型边线，单击 〈 确定 〉 按钮，完成装配约束的添加。

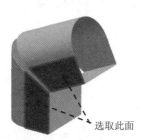

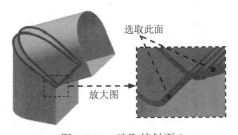

图 1.3.23　选取接触面 1　　　　　图 1.3.24　选取接触面 2

Step4. 保存钣金模型。选择下拉菜单 文件(F) ➡ 保存(S) 命令，保存模型文件，关闭所有文件窗口。

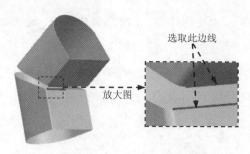

图 1.3.25　选取对齐边线

Task2. 展平两节拱形（半长圆）任意角弯头

从上面的创建过程中可以看出两节拱形（半长圆）任意角弯头是由两节拱形（半长圆）柱管装配形成的，所以其展开只需将单节拱形（半长圆）柱管展开，具体方法如下。

Step1. 打开文件：two_sec_arched_random_elbow。

Step2. 创建图 1.3.26 所示的展平实体。选择下拉菜单 插入(S) ➡ 展平图样(L)... ▶ ➡ 展平实体(S)... 命令；选取图 1.3.27 所示的固定面，取消选中 □移至绝对坐标系 复选框，单击 确定 按钮，完成展平实体的创建。

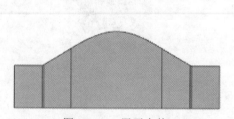

图 1.3.26　展平实体

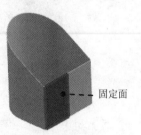

固定面

图 1.3.27　选取固定面

说明：为了便于观察展开钣金件，此处隐藏钣金特征。

Step3. 保存展开钣金模型。选择 文件(F) ➡ 另存为(A) 命令，将模型命名为 two_sec_arched_random_elbow_unfold。

Task3. 生成钣金工程图

Step1. 打开文件：two_sec_arched_random_elbow。

Step2. 创建展开图样。选择下拉菜单 插入(S) ➡ 展平图样(L)...▶ ➡ 展平图样(P)... 命令，选取图 1.3.27 所示的模型表面为向上面，单击 确定 按钮，完成展平图样的创建。

Step3. 进入工程图环境。在 应用模块 功能选项卡 设计 区域单击 钣金 按钮，进入工程图环境。

Step4. 新建图纸页。选择下拉菜单 插入(S) ➡
▢ 图纸页(H)... 命令，在系统弹出的"图纸页"对话框中
设置图1.3.28所示的参数；单击 确定 按钮，新建
空白图纸页。

图1.3.28　"图纸页"对话框

Step5. 设置视图显示。选择下拉菜单 首选项(P)
➡ 制图(D)... 命令，系统弹出"制图首选项"对话
框，在该对话框▢ 视图 节点下展开▢ 公共 选项，在
隐藏线 选项卡中设置隐藏线为不可见；在 虚拟交线 选项
卡中取消选中▢ 显示虚拟交线 复选框；在 光顺边 选项卡中
取消选中▢ 显示光顺边 复选框；在该对话框▢ 视图 节点
下展开▢ 展平图样 选项，在 标注 选项卡中取消选中 标注 区
域的全部复选框，单击 确定 按钮。

Step6. 创建平面展开图样视图。选择下拉菜单
插入(S) ➡ 视图(W)▸ ➡ ▣ 基本(B)... 命令；在"基
本视图"对话框 模型视图 区域的 要使用的模型视图 下拉列表中选择 FLAT-PATTERN#1 选项，在 比例 区域的
比例 下拉列表中选择 1:5 选项；选取合适的位置单击以放置视图，结果如图1.3.29所示。

Step7. 创建基本视图。选择下拉菜单 插入(S) ➡ 视图(W)▸ ➡ ▣ 基本(B)... 命令；在
"基本视图"对话框中 模型视图 区域的 要使用的模型视图 下拉列表中选择 前视图 选项，在 比例 区域的
比例 下拉列表中选择 1:5 选项；在图形区的合适位置单击以放置主视图，结果如图1.3.29所
示；单击主视图下方合适位置以放置俯视图，结果如图1.3.29所示。

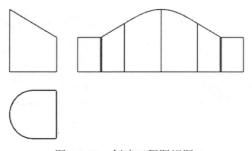

图1.3.29　创建工程图视图

Step8. 参照图1.3.30对工程图进行标注（具体操作请参看随书光盘录像）。

Step9. 保存钣金工程图。选择下拉菜单 文件(F) ➡ ▢ 保存(S) 命令，保存工程图文件。

Task4. 输出展开图样

Step1. 在 应用模块 功能选项卡 设计 区域单击 ▣ 钣金 按钮，切换到"钣金"设计环境。

Step2. 导出展开图样。选择下拉菜单 插入(S) ➡ 展平图样(L)... ▶ ➡ 导出展平图样(X)... 命令，系统弹出"导出展平图样"对话框；在模型树中选择展平图样为导出对象，其他参数采用系统默认设置值；单击 确定 按钮，完成导出展平图样的创建。

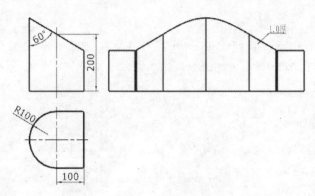

图 1.3.30　标注工程图

1.3.3　范例 3——新建级别法

新建级别法也是创建焊接钣金件的一种方法，适用于创建整体性较强的钣金模型，最终得到的仍是装配体模型。创建思路是先用实体特征建模创建焊接钣金件的整体，再利用修剪体命令从整体模型中分割出各个构件实体，再将构件进行展开得到各构件的钣金展开模型，最后使用装配方法分别将构件以及展开钣金件进行装配，得到完整的钣金件和展开图样。

下面以 60° 三节圆形等径弯头为例，介绍新建级别法的应用。60° 三节圆形等径弯头由三节等径的圆柱管构成，且两端口平面夹角为 60°，其钣金件及展开图样如图 1.3.31 所示。

a）未展平状态

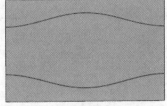

b）展平状态

图 1.3.31　60° 三节圆形等径弯头及其展开图样

Task1. 创建 60° 三节圆形等径弯头

Stage1. 创建钣金构件模型

Step1. 新建一个 NX 钣金模型文件，命名为 60deg_three_sec_circle_equally_elbow。

Step2. 创建图 1.3.32 所示的轮廓弯边特征 1。选择下拉菜单 插入(S) ➡ 折弯(N) ▶ ➡

命令；选取 XY 平面为草图平面，绘制图 1.3.33 所示的截面草图；单击  文本框右侧的 ≣ 按钮，在系统弹出的快捷菜单中选择 使用局部值 选项，然后在 厚度 文本框中输入数值 1.0；在 宽度选项 下拉列表中选择 ■ 有限 选项，在 宽度 文本框中输入数值 400.0，单击 按钮调整方向；单击 < 确定 > 按钮，完成轮廓弯边特征 1 的创建。

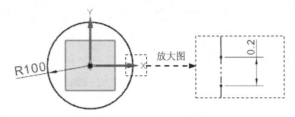

图 1.3.32　轮廓弯边特征 1　　　　　图 1.3.33　截面草图

Step3. 创建图 1.3.34 所示的草图 1。选择下拉菜单 插入(S) ➡ 品 在任务环境中绘制草图(V)... 命令，选择 XZ 平面为草图平面，绘制图 1.3.34 所示的草图 1。

Step4. 创建图 1.3.35 所示的拉伸特征 1。选择下拉菜单 插入(S) ➡ 切割(T) ➡ 拉伸(E)... 命令，选取图 1.3.34 所示的直线 1 为拉伸的截面；在 限制-区域的 开始 下拉列表中选择 对称值 选项，在其下的 距离 文本框中输入值 120；在 布尔 区域的下拉列表中选择 无 选项；单击 < 确定 > 按钮，完成拉伸特征 1 的创建。

Step5. 创建图 1.3.36 所示的拉伸特征 2。选择下拉菜单 插入(S) ➡ 切割(T) ➡ 拉伸(E)... 命令，选取图 1.3.34 所示的直线 2 为拉伸的截面；在 限制-区域的 开始 下拉列表中选择 对称值 选项，在其下的 距离 文本框中输入值 120；在 布尔 区域的下拉列表中选择 无 选项；单击 < 确定 > 按钮，完成拉伸特征 2 的创建。

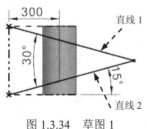  

图 1.3.34　草图 1　　　　　图 1.3.35　拉伸特征 1　　　　　图 1.3.36　拉伸特征 2

Step6. 保存模型文件。

Stage2. 创建 60° 三节圆形等径弯头首节

Step1. 在资源工具条区单击"装配导航器"按钮 ，切换至"装配导航器"界面；在装配导航器的空白处右击，在系统弹出的快捷菜单中确认 ✔ WAVE 模式 被选中。

Step2. 在装配导航器区选择 ☑ 60deg_three_sec_circle_equally_elbow 并右击，在弹出的快捷菜单中选择 WAVE ▶ ➡ 新建层 命令，系统弹出"新建层"对话框。

Step3. 在"新建层"对话框中单击 指定部件名 按钮，在弹出的对话框中输入文件名 60deg_three_sec_circle_equally_elbow01，并单击 OK 按钮。

Step4. 在"新建层"对话框中单击 类选择 按钮，选取实体（轮廓弯边特征 1）和拉伸特征 1，单击两次 确定 按钮，完成新级别的创建。

Step5. 将 60deg_three_sec_circle_equally_elbow01 设为显示部件（切换到建模环境）。

Step6. 创建图 1.3.37 所示的修剪体 1。选择下拉菜单 插入(S) ➝ 修剪(T) ➝ 修剪体(T) 命令。选取图 1.3.38 所示的实体为修剪目标，单击中键；选取图 1.3.38 所示的平面为修剪工具，单击 按钮调整修剪方向；单击 < 确定 > 按钮，完成修剪体的创建。

图 1.3.37 修剪体 1

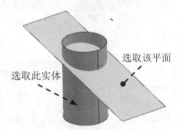

选取该平面

选取此实体

图 1.3.38 选取修剪对象

Step7. 保存模型文件。

Stage3. 创建 60° 三节圆形等径弯头中节

Step1. 切换至 60deg_three_sec_circle_equally_elbow 窗口。

Step2. 在装配导航器区选择 ☑ 60deg_three_sec_circle_equally_elbow 并右击，在系统弹出的快捷菜单中选择 WAVE ➝ 新建层 命令，系统弹出"新建层"对话框。

Step3. 在"新建层"对话框中单击 指定部件名 按钮，在弹出的对话框中输入文件名 60deg_three_sec_circle_equally_elbow02，并单击 OK 按钮。

Step4. 在"新建层"对话框中单击 类选择 按钮，选取所有的实体和曲面对象；单击两次 确定 按钮，完成新级别的创建。

Step5. 将 60deg_three_sec_circle_equally_elbow02 设为显示部件（确认在建模环境）。

Step6. 创建图 1.3.39 所示的修剪体 1。选择下拉菜单 插入(S) ➝ 修剪(T) ➝ 修剪体(T) 命令。选取图 1.3.40 所示的实体为修剪目标，单击中键；选取图 1.3.40 所示的平面为修剪工具；单击 < 确定 > 按钮，完成修剪体 1 的创建。

图 1.3.39 修剪体 1

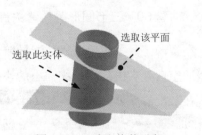

选取该平面

选取此实体

图 1.3.40 选取修剪对象

Step7. 创建图 1.3.41 所示的修剪体 2。选择下拉菜单 插入(S) ➡ 修剪(T) ➡ 修剪体(T) 命令。选取图 1.3.42 所示的实体为修剪目标，单击中键；选取图 1.3.42 所示的平面为修剪工具；单击 < 确定 > 按钮，完成修剪体 2 的创建。

Step8. 保存模型文件。

图 1.3.41 修剪体 2

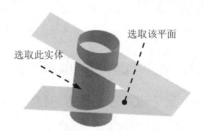

图 1.3.42 选取修剪对象

Stage4. 创建 60°三节圆形等径弯头尾节

Step1. 切换至 60deg_three_sec_circle_equally_elbow 窗口。

Step2. 在装配导航器区选择 ☑ 60deg_three_sec_circle_equally_elbow 并右击，在系统弹出的快捷菜单中选择 WAVE ▶ ➡ 新建层 命令，系统弹出"新建层"对话框。

Step3. 在"新建层"对话框中单击 指定部件名 按钮，在弹出的对话框中输入文件名 60deg_three_sec_circle_equally_elbow03，并单击 OK 按钮。

Step4. 在"新建层"对话框中单击 类选择 按钮，选取实体（轮廓弯边特征 1）和拉伸特征 2；单击两次 确定 按钮，完成新级别的创建。

Step5. 将 60deg_three_sec_circle_equally_elbow03 设为显示部件（确认在建模环境）。

Step6. 创建图 1.3.43 所示的修剪体 1。选择下拉菜单 插入(S) ➡ 修剪(T) ➡ 修剪体(T) 命令，选取图 1.3.44 所示的实体为修剪目标，单击中键；选取图 1.3.44 所示的平面为修剪工具，单击 按钮调整修剪方向；单击 < 确定 > 按钮，完成修剪体 1 的创建。

Step7. 保存模型文件。

Step8. 切换至 60deg_three_sec_circle_equally_elbow 窗口，保存模型文件并关闭所有文件窗口。

Stage5. 装配，生成 60°三节圆形等径弯头

新建一个装配文件，命名为 60deg_three_sec_circle_equally_elbow_asm。使用创建的 60°三节圆形等径弯头首节、60°三节圆形等径弯头中节和 60°三节圆形等径弯头尾节进行装配得到完整的钣金件（具体操作请参看随书光盘录像），结果如图 1.3.45 所示；保存钣金件模型并关闭所有文件窗口。

图 1.3.43　修剪体 1

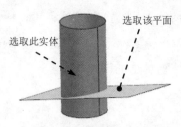

选取此实体　选取该平面

图 1.3.44　选取修剪对象

图 1.3.45　60°三节圆形等径弯头

Task2. 展平 60°三节圆形等径弯头

Stage1. 展平 60°三节圆形等径弯头首节

Step1. 打开模型文件 60deg_three_sec_circle_equally_elbow01.prt。

Step2. 在 应用模块 功能选项卡 设计 区域单击 钣金 按钮，进入"钣金"设计环境。

Step3. 创建图 1.3.46 所示的展平实体。选择下拉菜单 插入(S) ➡ 展平图样(L)... ➡ 展平实体(S)... 命令；选取图 1.3.47 所示的固定面，单击 确定 按钮，完成展平实体的创建。

Step4. 保存钣金模型。将模型命名为 60deg_three_sec_circle_equally_elbow_unfold01。

图 1.3.46　展平实体

固定面

图 1.3.47　选取固定面

Stage2. 展平 60°三节圆形等径弯头中节

参照 Stage 1 步骤，展平 60°三节圆形等径弯头中节，将模型命名为 60deg_three_sec _circle_equally_elbow_unfold02，结果如图 1.3.48 所示。

Stage3. 展平 60°三节圆形等径弯头尾节

参照 Stage 1 步骤，展平 60°三节圆形等径弯头尾节，将模型命名为 60deg_three_sec _circle_equally_elbow_unfold03，结果如图 1.3.49 所示。

图 1.3.48　60°三节圆形等径弯头中节展开

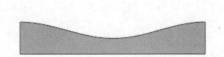

图 1.3.49　60°三节圆形等径弯头尾节展开

Stage4. 装配展开图

新建一个装配文件，命名为 60deg_three_sec_circle_equally_elbow_unfold_asm。依次插入零件"60°三节圆形等径弯头尾节展开""60°三节圆形等径弯头中节展开""60°三节圆形等径弯头首节展开"进行装配（具体操作请参看随书光盘录像），结果如图 1.3.50 所示；保存钣金件模型并关闭所有文件窗口。

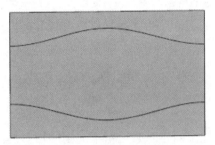

图 1.3.50　60°三节圆形等径弯头展开图

Task3. 生成首节钣金工程图

Step1. 打开模型文件 60deg_three_sec_circle_equally_elbow01.prt。

Step2. 参照 1.3.2 节 Task3 生成钣金工程图步骤（具体操作请参看随书光盘录像），结果如图 1.3.51 所示。

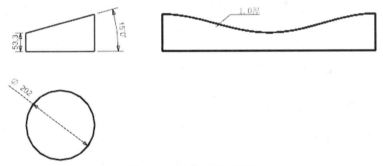

图 1.3.51　创建钣金工程图

Step3. 保存钣金工程图。选择下拉菜单 文件(F) ➡ 保存(S) 命令，保存工程图文件。

Task4. 输出展开图样

Step1. 在 应用模块 功能选项卡 设计 区域单击 钣金 按钮，切换到"钣金"设计环境。

Step2. 导出展开图样。选择下拉菜单 插入(S) ➡ 展平图样(L)... ➡ 导出展平图样(X)... 命令，系统弹出"导出展平图样"对话框；在模型树中选择展平图样为导出对象，其他参数采用系统默认设置值；单击 确定 按钮，完成导出展平图样。

说明：本例中60°三节圆形等径弯头尾节与中节的钣金工程图的创建以及展开图样的导出过程与首节基本相同，此处不再赘述。

第 2 章　圆柱管类钣金的创建与展开

本章提要　本章主要介绍圆柱管类的钣金在 UG 中的创建和展开过程，包括普通圆柱管、斜截圆柱管、偏心圆柱管、普通椭圆柱管、斜截椭圆柱管和偏心椭圆柱管。

2.1　普通圆柱管

普通圆柱管的创建要点是在创建时必须留下一定的切口缝隙，以便展平钣金，创建方法可以采用"轮廓弯边""放样弯边"等方法。下面以图 2.1.1 所示的模型为例，介绍在 UG 中创建和展开普通圆柱管的一般过程。

a）未展平状态　　　　　　　　　　　b）展平状态

图 2.1.1　普通圆柱管及其展平图样

Task1. 创建普通圆柱管

Step1. 新建一个 NX 钣金模型文件，命名为 cylinder_pipe。

Step2. 创建图 2.1.1a 所示的轮廓弯边特征 1。

（1）选择命令。选择下拉菜单 插入(S) ➡ 折弯(N) ▶ ➡ 轮廓弯边(C) 命令，系统弹出"轮廓弯边"对话框。

（2）定义轮廓弯边截面。单击 按钮，选取 XY 平面为草图平面，单击 确定 按钮，绘制图 2.1.2 所示的截面草图。

（3）单击 按钮，退出草图环境。

（4）定义厚度。在 厚度 区域中单击"反向"按钮 调整厚度方向，单击 厚度 文本框右侧的 按钮，在系统弹出的快捷菜单中选择 使用局部值 选项，然后在 厚度 文本框中输入数值 1.5。

（5）定义宽度类型并输入宽度值。在 宽度选项 下拉列表中选择 有限 选项，在 宽度 文本框中输入数值 200.0。

（6）单击 [< 确定 >] 按钮，完成轮廓弯边特征 1 的创建。

Step3. 保存钣金件模型。

Task2. 展平普通圆柱管

创建图 2.1.1b 所示的展平实体。选择下拉菜单 [插入(S)] ➡ [展平图样(L)... ▶] ➡
[展平实体(S)...] 命令；选取图 2.1.3 所示的固定面，选取图 2.1.3 所示的模型边线为方位参
考；单击 [确定] 按钮，完成展平实体的创建；将模型另存为 cylinder_pipe_unfold。

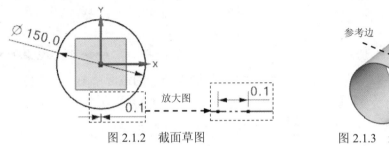 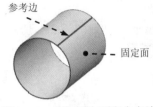

图 2.1.2 截面草图　　　　　　图 2.1.3 选取固定面和参考边

2.2 斜截圆柱管

斜截圆柱管是普通圆柱管的上端被一个与其轴线成角度的正垂面截断而形成的构件。
下面以图 2.2.1 所示的模型为例，介绍在 UG 中创建和展开斜截圆柱管的一般过程。

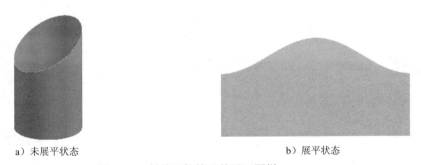

a）未展平状态　　　　　　　　　b）展平状态

图 2.2.1 斜截圆柱管及其展开图样

Task1. 创建斜截圆柱管

Step1. 新建一个 NX 钣金模型文件，命名为 bevel_cylinder_pipe。

Step2. 创建图 2.2.2 所示的轮廓弯边特征 1。选择下拉菜单 [插入(S)] ➡ [折弯(N) ▶] ➡
[轮廓弯边(C)...] 命令；选取 XY 平面为草图平面，绘制图 2.2.3 所示的截面草图；在 [厚度] 区域
中单击"反向"按钮 [X] 调整厚度方向，单击 [厚度] 文本框右侧的 [三] 按钮，在系统弹出的快捷

菜单中选择 使用局部值 命令，然后在 厚度 文本框中输入数值 1.5；在 宽度选项 下拉列表中选择 有限 选项，在 宽度 文本框中输入数值 500.0；单击 < 确定 > 按钮，完成轮廓弯边特征 1 的创建。

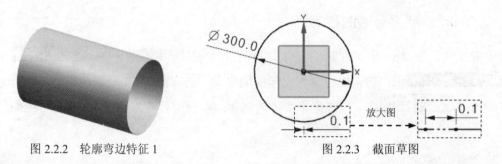

图 2.2.2　轮廓弯边特征 1　　　　　图 2.2.3　截面草图

Step3. 创建图 2.2.4 所示的拉伸特征 1。选择下拉菜单 插入(S) ➡ 切割(T) ➡ 拉伸(E)... 命令；选取 YZ 平面为草图平面，绘制图 2.2.5 所示的截面草图；在"拉伸"对话框的 开始 下拉列表中选择 贯通 选项，在 结束 下拉列表中选择 贯通 选项，在 布尔 区域的 布尔 下拉列表中选择 减去 选项；单击 < 确定 > 按钮，完成拉伸特征 1 的创建。

Step4. 保存钣金件模型。

Task2. 展平斜截圆柱管

创建图 2.2.1b 所示的展平实体。选择下拉菜单 插入(S) ➡ 展平图样(L)... ➡ 展平实体(S)... 命令；选取图 2.2.6 所示的固定面，并选取图 2.2.6 所示的模型边线为方位参考；单击 确定 按钮，完成展平实体的创建；将模型另存为 bevel_cylinder_pipe_unfold。

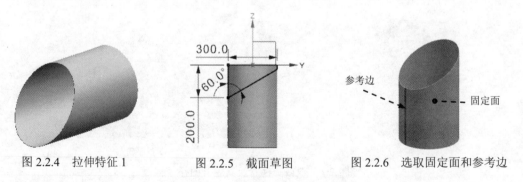

图 2.2.4　拉伸特征 1　　　　图 2.2.5　截面草图　　　　图 2.2.6　选取固定面和参考边

2.3　偏心圆柱管

偏心圆柱管是由两个平行面上相互错开的、形状大小相同的圆弧放样形成的构件。下面以图 2.3.1 所示的模型为例介绍在 UG 中创建和展开偏心圆柱管的一般过程。

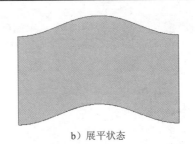

a）未展平状态　　　　　　　　　　b）展平状态

图 2.3.1　偏心圆柱管及其展开图样

Task1. 创建偏心圆柱管

Step1. 新建一个 NX 钣金模型文件，命名为 eccentric_cylinder_pipe。

Step2. 创建基准平面 1。选择下拉菜单 插入(S) ➡️ 基准/点(D) ➡️ □ 基准平面(D)... 命令；在 类型 区域的下拉列表中选择 ┗┏ 按某一距离 选项，选取 XY 平面为参考平面，在 距离 文本框中输入偏移距离值 300；单击 < 确定 > 按钮，完成基准平面 1 的创建。

Step3. 创建图 2.3.2 所示的放样弯边特征 1。

（1）选择命令。选择下拉菜单 插入(S) ➡️ 折弯(N) ▶ ➡️ 放样弯边(D)... 命令，系统弹出"放样弯边"对话框。

（2）定义起始截面。单击 按钮，选取 XY 平面为草图平面，绘制图 2.3.3 所示的截面草图；单击 按钮，退出草图环境。

图 2.3.2　放样弯边特征 1

Ø 200.0

0.1

放大图

0.1

图 2.3.3　起始截面草图

（3）定义终止截面。单击 按钮，选取基准平面 1 为草图平面，绘制图 2.3.4 所示的截面草图；单击 按钮，退出草图环境。

（4）定义厚度。在 厚度 区域中单击"反向"按钮 调整厚度方向，单击 厚度 文本框右侧的 ☰ 按钮，在系统弹出的快捷菜单中选择 使用局部值 命令，然后在 厚度 文本框中输入数值 1.5。

（5）单击 < 确定 > 按钮，完成放样弯边特征 1 的创建。

Step4. 保存钣金件模型。

Task2. 展平偏心圆柱管

创建图 2.3.1b 所示的展平实体。选择下拉菜单 插入(S) ➡️ 展平图样(L)... ▶ ➡️ 展平实体(S)... 命令；选取图 2.3.5 所示的固定面，然后选取图 2.3.5 所示的模型边线为方位参考；单击 确定 按钮，完成展平实体的创建；将模型另存为 eccentric_cylinder_pipe_unfold。

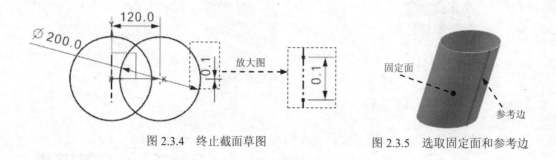

图 2.3.4 终止截面草图   图 2.3.5 选取固定面和参考边

2.4 普通椭圆柱管

普通椭圆柱管与普通圆柱管类似，只是截面发生了变化。创建时注意留下一定的切口缝隙，以便展平钣金。下面以图 2.4.1 所示的模型为例介绍在 UG 中创建和展开普通椭圆柱管的一般过程。

a）未展平状态   b）展平状态

图 2.4.1 普通椭圆柱管及其展开图样

Task1. 创建普通椭圆柱管

Step1. 新建一个 NX 钣金模型文件，命名为 ellipse_pipe。

Step2. 创建图 2.4.1a 所示的轮廓弯边特征 1。选择下拉菜单 插入(S) ➡ 折弯(N) ➡ 轮廓弯边(C)... 命令；选取 XY 平面为草图平面，绘制图 2.4.2 所示的截面草图；在 厚度 区域中单击"反向"按钮 调整厚度方向，单击 厚度 文本框右侧的 按钮，在系统弹出的快捷菜单中选择 使用局部值 命令，然后在 厚度 文本框中输入数值 1.5；在 宽度选项 下拉列表中选择 有限 选项，在 宽度 文本框中输入数值 600.0；单击 确定 按钮，完成轮廓弯边特征 1 的创建。

Step3. 保存钣金件模型。

Task2. 展平普通椭圆柱管

创建图 2.4.1b 所示的展平实体。选择下拉菜单 插入(S) ➡ 展平图样(L)... ▶ ➡ 展平实体(S)... 命令；选取图 2.4.3 所示的固定面，然后选取图 2.4.3 所示的模型边线为方位参考；单击 确定 按钮，完成展平实体的创建；将模型另存为 ellipse_pipe_unfold。

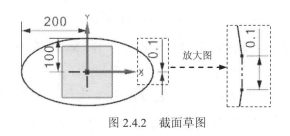

图 2.4.2　截面草图

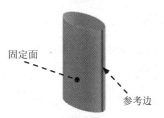

图 2.4.3　选取固定面和参考边

2.5　斜截椭圆柱管

斜截椭圆柱管与斜截圆柱管类似，是由一与其轴线成一定角度的正垂面截断椭圆柱管形成的构件。下面以图 2.5.1 所示的模型为例，介绍在 UG 中创建和展开斜截椭圆柱管的一般过程。

a）未展平状态

b）展平状态

图 2.5.1　斜截椭圆柱管及其展开图样

Task1. 创建斜截椭圆柱管

Step1. 新建一个 NX 钣金模型文件，命名为 bevel_ellipse_pipe。

Step2. 创建图 2.5.2 所示的轮廓弯边特征 1。选择下拉菜单 插入(S) ➡ 折弯(N) ▶ ➡ 轮廓弯边(C)... 命令；选取 XY 平面为草图平面，绘制图 2.5.3 所示的截面草图；在 厚度 区域中单击"反向"按钮 ⤢ 调整厚度方向，单击 厚度 文本框右侧的 ☰ 按钮，在系统弹出的快捷菜单中选择 使用局部值 命令，然后在 厚度 文本框中输入数值 1.5；在 宽度选项 下拉列表中选择 ▪ 有限 选项，在 宽度 文本框中输入数值 600.0；单击 〈 确定 〉 按钮，完成轮廓弯边特征 1 的创建。

图 2.5.2　轮廓弯边特征 1

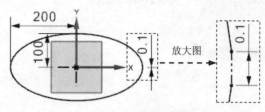

图 2.5.3　截面草图

Step3. 创建图 2.5.4 所示的拉伸特征 1。选择下拉菜单 插入(S) ➡ 切割(T) ➡ 拉伸(E)... 命令；选取 ZX 平面为草图平面，绘制图 2.5.5 所示的截面草图；在"拉伸"对话框的 开始 下拉列表中选择 贯通 选项，在 结束 下拉列表中选择 贯通 选项；在 布尔 区域的 布尔 下拉列表中选择 减去 选项；单击 < 确定 > 按钮，完成拉伸特征 1 的创建。

Step4. 保存钣金件模型。

Task2. 展平斜截椭圆柱管

创建图 2.5.1b 所示的展平实体。选择下拉菜单 插入(S) ➡ 展平图样(L)... ▶ 展平实体(S)... 命令；选取图 2.5.6 所示的固定面，然后选取图 2.5.6 所示的模型边线为方位参考；单击 确定 按钮，完成展平实体的创建；将模型另存为 bevel_ellipse_pipe_unfold。

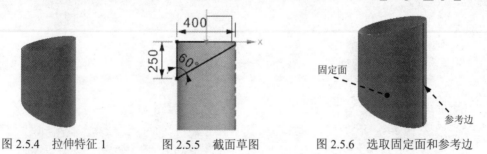

图 2.5.4　拉伸特征 1　　　图 2.5.5　截面草图　　　图 2.5.6　选取固定面和参考边

2.6　偏心椭圆柱管

偏心椭圆柱管是由两个平行面上相互错开的、形状大小相同的椭圆放样形成的构件。下面以图 2.6.1 所示的模型为例，介绍在 UG 中创建和展开偏心椭圆柱管的一般过程。

a）未展平状态　　　　　　　　b）展平状态

图 2.6.1　偏心椭圆柱管及其展开图样

Task1．创建偏心椭圆柱管

Step1．新建一个 NX 钣金模型文件，命名为 eccentric_ellipse_pipe。

Step2．创建基准平面 1。选择下拉菜单 插入(S) ➡️ 基准/点(D) ➡️ 📄 基准平面(D)... 命令；在 类型 区域的下拉列表中选择 ⬛ 按某一距离 选项，选取 XY 平面为参考平面，在 距离 文本框内输入偏移距离值 600；单击 〈确定〉 按钮，完成基准平面 1 的创建。

Step3．创建图 2.6.2 所示的放样弯边特征 1。

（1）选择命令。选择下拉菜单 插入(S) ➡️ 折弯(N) ▶ ➡️ 放样弯边(D)... 命令，系统弹出"放样弯边"对话框。

（2）定义起始截面。选取 XY 平面为草图平面，绘制图 2.6.3 所示的截面草图。

图 2.6.2　放样弯边特征 1

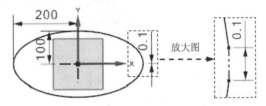

图 2.6.3　起始截面草图

（3）定义终止截面。选取基准平面 1 为草图平面，绘制图 2.6.4 所示的截面草图。

（4）定义厚度。在 厚度 区域中单击"反向"按钮 ↗ 调整厚度方向，单击 厚度 文本框右侧的 ☰ 按钮，在系统弹出的快捷菜单中选择 使用局部值 命令，然后在 厚度 文本框中输入数值 1.0。

（5）单击 〈确定〉 按钮，完成放样弯边特征 1 的创建。

Step4．保存钣金件模型。

Task2．展平偏心椭圆柱管

创建图 2.6.1b 所示的展平实体。选择下拉菜单 插入(S) ➡️ 展平图样(L)... ▶ ➡️ 展平实体(S)... 命令；选取图 2.6.5 所示的固定面，然后选取图 2.6.5 所示的模型边线为方位参考；单击 确定 按钮，完成展平实体的创建；将模型另存为 eccentric_ellipse_pipe_unfold。

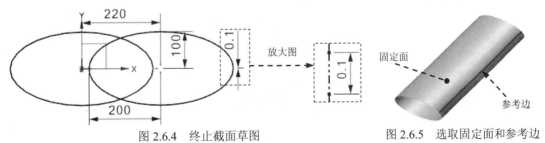

图 2.6.4　终止截面草图　　　　　　图 2.6.5　选取固定面和参考边

第 **3** 章　圆锥管类钣金的创建与展开

本章提要　本章主要介绍圆锥管类钣金在 UG 中的创建和展开过程，包括正圆锥、斜圆锥、正椭圆锥和斜椭圆锥。在创建和展开此类钣金时，通过近似建模方式来实现钣金的创建。

3.1　正　圆　锥

正圆锥是使用"放样弯边"命令近似创建的。下面以图 3.1.1 所示的模型为例，介绍在 UG 中创建和展开正圆锥的一般过程。

　　　　a）未展平状态　　　　　　　　　　b）展平状态

图 3.1.1　正圆锥及其展开图样

Task1. 创建正圆锥

Step1. 新建一个 NX 钣金模型文件，命名为 cone。

Step2. 创建基准平面 1。选择下拉菜单 插入(S) ➡ 基准/点(D) ➡ 基准平面(D)... 命令；在 类型 区域的下拉列表中选择 按某一距离 选项，选取 XY 平面为参考平面，在 距离 文本框内输入偏移距离值 500；单击 〈确定〉 按钮，完成基准平面 1 的创建。

Step3. 创建图 3.1.2 所示的放样弯边特征 1。

图 3.1.2　放样弯边特征 1

（1）选择命令。选择下拉菜单 插入(S) ➡ 折弯(N) ➡ 放样弯边(D)... 命令。

（2）定义起始截面。选取 XY 平面为草图平面，绘制图 3.1.3 所示的截面草图。

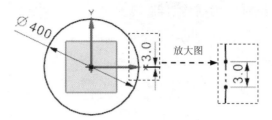

图 3.1.3　起始截面草图

（3）定义终止截面。选取基准平面 1 为草图平面，绘制图 3.1.4 所示的截面草图。

（4）定义厚度。在 厚度 区域中单击"反向"按钮 调整厚度方向，单击 厚度 文本框右侧的 按钮，在系统弹出的快捷菜单中选择 使用局部值 命令，然后在 厚度 文本框中输入数值 1.0。

（5）单击 〈 确定 〉 按钮，完成放样弯边特征 1 的创建。

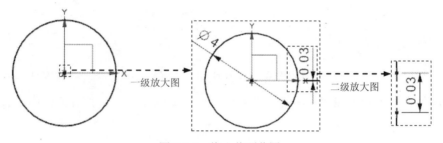

图 3.1.4　终止截面草图

Step4. 保存钣金件模型。

Task2. 展平正圆锥

Step1. 创建图 3.1.5 所示的展平实体。选择下拉菜单 插入(S) ➡ 展平图样(L)... ▶ 展平实体(S)... 命令；选取图 3.1.6 所示的固定面，然后选取图 3.1.6 所示的模型边线为方位参考；单击 确定 按钮，完成展平实体的创建。

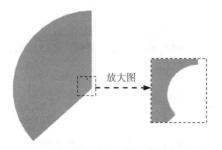

图 3.1.5　展开钣金

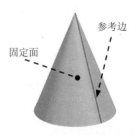

图 3.1.6　选取固定面和参考边

Step2. 创建图 3.1.7 所示的拉伸特征 1。选择下拉菜单 插入(S) ➡ 切割(T) ➡ 拉伸(E)... 命令；选取图 3.1.7 所示的模型表面为草图平面，绘制图 3.1.8 所示的截面草图；

在 方向 区域中单击"反向"按钮 ⚟；在 开始 下拉列表中选择 命值 选项，并在其下的 距离 文本框中输入数值 0；在 结束 下拉列表中选择 命值 选项，并在其下的 距离 文本框中输入数值 1；在 布尔 下拉列表中选择 命合并 选项；单击 < 确定 > 按钮，完成拉伸特征 1 的创建。

Step3. 保存展开钣金件模型，命名为 cone_unfold。

说明：此时图 3.1.7 所示为正圆锥的展开图。

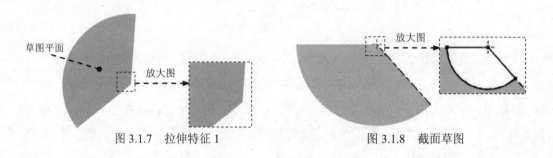

图 3.1.7　拉伸特征 1　　　　　　　　图 3.1.8　截面草图

3.2　斜　圆　锥

斜圆锥可以看成为改变正圆锥轴线与其底平面的角度而发生倾斜的构件，其创建和展开的思路与上述正圆锥相同。下面以图 3.2.1 所示的模型为例，介绍在 UG 中创建和展开斜圆锥的一般过程。

a）未展平状态　　　　　　　　　　b）展平状态

图 3.2.1　斜圆锥及其展开图样

Task1. 创建斜圆锥

Step1. 新建一个 NX 钣金模型文件，命名为 bevel_cone。

Step2. 创建基准平面 1。选择下拉菜单 插入(S) ➡ 基准/点(D) ➡ 基准平面(D)... 命令；在 类型 区域的下拉列表中选择 按某一距离 选项，选取 XY 平面为参考平面，在 距离 文本框内输入偏移距离值 400；单击 < 确定 > 按钮，完成基准平面 1 的创建。

Step3. 创建图 3.2.2 所示的放样弯边特征 1。

（1）选择命令。选择下拉菜单 插入(S) ➡ 折弯(N) ➡ 放样弯边(O)... 命令。

（2）定义起始截面。选取 XY 平面为草图平面，绘制图 3.2.3 所示的截面草图。

图 3.2.2 放样弯边特征 1

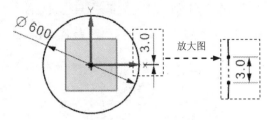

图 3.2.3 起始截面草图

（3）定义终止截面。选取基准平面 1 为草图平面，绘制图 3.2.4 所示的截面草图。

（4）定义厚度。在 厚度 区域中单击"反向"按钮 调整厚度方向，单击 厚度 文本框右侧的 按钮，在系统弹出的快捷菜单中选择 使用局部值 命令，然后在 厚度 文本框中输入数值 1.0。

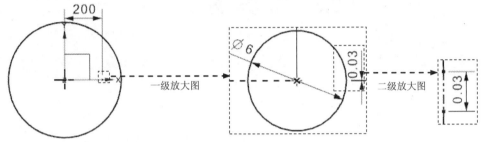

图 3.2.4 终止截面草图

（5）单击 〈 确定 〉 按钮，完成放样弯边特征 1 的创建。

Step4. 保存钣金件模型。

Task2. 展平斜圆锥

Step1. 创建图 3.2.5 所示的展平实体。选择下拉菜单 插入(S) ➡ 展平图样(L)... ▶ ➡ 展平实体(S)... 命令；选取图 3.2.6 所示的固定面，然后选取图 3.2.6 所示的模型边线为方位参考；单击 确定 按钮，完成展平实体的创建。

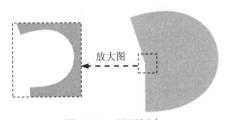

图 3.2.5 展平钣金

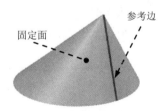

图 3.2.6 选取固定面和参考边

Step2. 创建图 3.2.7 所示的拉伸特征 1。选择下拉菜单 插入(S) ➡ 切割(T) ➡ 拉伸(E)... 命令；单击 按钮，选取图 3.2.7 所示的模型表面为草图平面，绘制图 3.2.8 所示的截面草图；在 方向 区域中单击"反向"按钮 ；在 开始 下拉列表中选择 值 选项，并在其下的 距离 文本框中输入数值 0；在 结束 下拉列表中选择 值 选项，并在其下的 距离 文本框中输入数值 1；在 布尔 下拉列表中选择 合并 选项；单击 〈 确定 〉 按钮，完成拉伸特征 1 的创建。

Step3. 保存展开钣金件模型，命名为 bevel_cone_unfold。

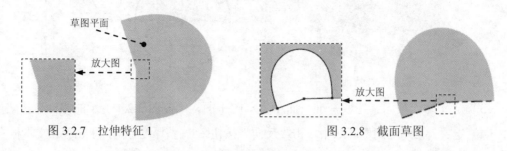

图 3.2.7　拉伸特征 1　　　　　　　　图 3.2.8　截面草图

3.3　正　椭　圆　锥

正椭圆锥与正圆锥类似，唯一不同之处在于它们的底部截面轮廓。下面以图 3.3.1 所示的模型为例，介绍在 UG 中创建和展开正椭圆锥的一般过程。

a）未展平状态　　　　　　　　　　　b）展平状态

图 3.3.1　正椭圆锥及其展开图样

Task1. 创建正椭圆锥

Step1. 新建一个 NX 钣金模型文件，并命名为 ellipse_cone。

Step2. 创建基准平面 1。选择下拉菜单 插入(S) ➡ 基准/点(D) ➡ 基准平面(D)... 命令；在 类型 区域的下拉列表中选择 按某一距离 选项，选取 XY 平面为参考平面，在 距离 文本框内输入偏移距离值 500；单击 〈 确定 〉 按钮，完成基准平面 1 的创建。

Step3. 创建图 3.3.2 所示的放样弯边特征 1。

（1）选择命令。选择下拉菜单 插入(S) ➡ 折弯(N) ➡ 放样弯边(D)... 命令。

（2）定义起始截面。选取 XY 平面为草图平面，绘制图 3.3.3 所示的截面草图。

（3）定义终止截面。选取基准平面 1 为草图平面，绘制图 3.3.4 所示的截面草图。

（4）定义厚度。在 厚度 区域中单击"反向"按钮 调整厚度方向，单击 厚度 文本框右侧的 按钮，在系统弹出的快捷菜单中选择 使用局部值 选项，然后在 厚度 文本框中输入数值 0.5。

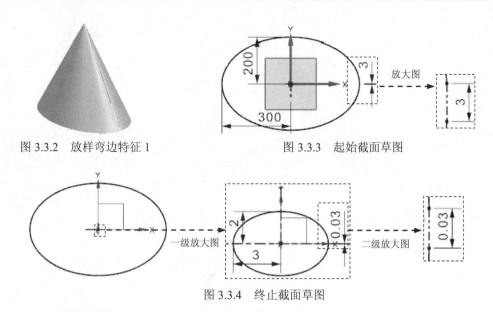

图 3.3.2　放样弯边特征 1　　　　　图 3.3.3　起始截面草图

图 3.3.4　终止截面草图

（5）单击 < 确定 > 按钮，完成放样弯边特征 1 的创建。

Step4. 保存钣金件模型。

Task2. 展平正椭圆锥

Step1. 创建图 3.3.5 所示的展平实体。选择下拉菜单 插入(S) ➞ 展平图样(L)... ▶

展平实体(S)... 命令；选取图 3.3.6 所示的固定面，然后选取图 3.3.6 所示的模型边线为方位参考；单击 确定 按钮，完成展平实体的创建。

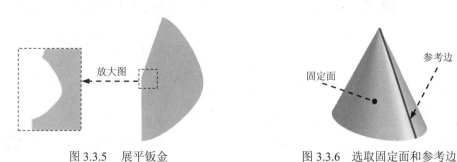

图 3.3.5　展平钣金　　　　　图 3.3.6　选取固定面和参考边

Step2. 创建图 3.3.7 所示的拉伸特征 1。选择下拉菜单 插入(S) ➞ 切割(T) ➞

拉伸(E)... 命令；选取图 3.3.7 所示的模型表面为草图平面，绘制图 3.3.8 所示的截面草图；在 方向 区域中单击"反向"按钮 ✕；在 开始 下拉列表中选择 值 选项，并在其下的 距离 文本框中输入数值 0；在 结束 下拉列表中选择 值 选项，并在其下的 距离 文本框中输入数值 0.5；在 布尔 下拉列表中选择 合并 选项；单击 < 确定 > 按钮，完成拉伸特征 1 的创建。

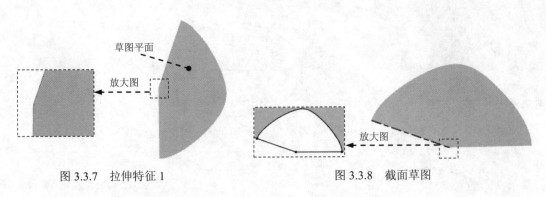

图 3.3.7 拉伸特征 1　　　　　　　　　　图 3.3.8　截面草图

Step3. 保存展开钣金件模型，并命名为 ellipse_cone_unfold。

3.4　斜椭圆锥

斜椭圆锥可以看成为改变正椭圆锥轴线与其底平面的角度而发生倾斜的构件，其创建和展开的思路与上述正椭圆锥相同。下面以图 3.4.1 所示的模型为例，介绍在 UG 中创建和展开斜椭圆锥的一般过程。

a）未展平状态　　　　　　　　　　b）展平状态

图 3.4.1　斜椭圆锥及其展开图样

Task1. 创建斜椭圆锥

Step1. 新建一个 NX 钣金模型文件，命名为 bevel_ellipse_cone。

Step2. 创建基准平面特征 1。选择下拉菜单 插入(S) ➡ 基准/点(D) ➡ 基准平面(D)... 命令；在 类型 区域的下拉列表中选择 按某一距离 选项，选取 XY 平面为参考平面，在 距离 文本框内输入偏移距离值 500；单击 〈 确定 〉 按钮，完成基准平面特征 1 的创建。

Step3. 创建图 3.4.2 所示的放样弯边特征 1。

（1）选择命令。选择下拉菜单 插入(S) ➡ 折弯(N) ➡ 放样弯边(O)... 命令。

（2）定义起始截面。选取 XY 平面为草图平面，单击 确定 按钮，绘制图 3.4.3 所示的截面草图。

（3）定义终止截面。选取基准平面 1 为草图平面，绘制图 3.4.4 所示的截面草图。

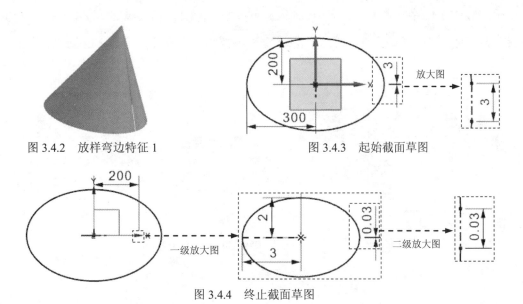

图 3.4.2　放样弯边特征 1　　　　　　图 3.4.3　起始截面草图

图 3.4.4　终止截面草图

（4）定义厚度。在 厚度 区域中单击"反向"按钮 调整厚度方向，单击 厚度 文本框右侧的 按钮，在系统弹出的快捷菜单中选择 使用局部值 命令，然后在 厚度 文本框中输入数值 0.4。

（5）单击 < 确定 > 按钮，完成放样弯边特征 1 的创建。

Step4. 保存钣金件模型。

Task2．展平斜椭圆锥

Step1. 创建图 3.4.5 所示的展平实体。选择下拉菜单 插入(S) ➞ 展平图样(L)... ▶

展平实体(S)... 命令；选取图 3.4.6 所示的固定面，然后选取图 3.4.6 所示的模型边线为方位参考；单击 确定 按钮，完成展平实体的创建。

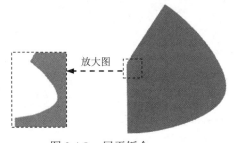

图 3.4.5　展平钣金

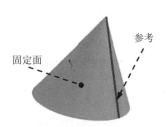

图 3.4.6　选取固定面和参考边

Step2. 创建图 3.4.7 所示的拉伸特征 1。选择下拉菜单 插入(S) ➞ 切割(T) ➞

拉伸(E)... 命令；选取图 3.4.7 所示的模型表面为草图平面，绘制图 3.4.8 所示的截面草图；在 方向 区域中单击"反向"按钮 ；在 开始 下拉列表中选择 值 选项，并在其下的 距离 文本框中输入数值 0.4；在 结束 下拉列表中选择 值 选项，并在其下的 距离 文本框中输入数值 0；在 布尔 下拉列表中选择 合并 选项；单击 〈 确定 〉 按钮，完成拉伸特征 1 的创建。

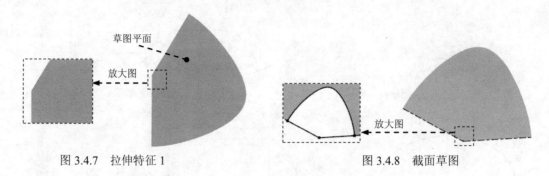

图 3.4.7 拉伸特征 1   图 3.4.8 截面草图

Step3. 保存展开钣金件模型，并命名为 bevel_ellipse_cone_unfold。

第**4**章 圆锥台管

┌─────────┐
│ **本章提要** │
└─────────┘ 本章主要介绍圆锥台管类的钣金在 UG 中的创建和展开过程，包括平口正圆锥台管、平口偏心直角圆锥台管、平口偏心斜角圆锥台管等。

4.1 平口正圆锥台管

平口正圆锥台管是由两个平行面上大小不等的轴线重合的圆弧放样形成的圆锥连接管。图 4.1.1 所示的分别是其钣金件及展开图，下面介绍其在 UG 中创建和展开的操作过程。

a）未展平状态   b）展平状态

图 4.1.1　平口正圆锥台管及其展开图

Task1. 创建平口正圆锥台管

Step1. 新建一个 NX 钣金模型文件，并命名为 level_conestand。

Step2. 创建草图 1。选取 XY 平面为草图平面，绘制图 4.1.2 所示的草图 1。

Step3. 创建基准平面 1。选择下拉菜单 插入(S) ➡ 基准/点(D) ➡ 基准平面(D)... 命令；在 类型 区域的下拉列表中选择 按某一距离 选项，选取 XY 平面为参考平面，在 距离 文本框内输入偏移距离值 500；单击 <确定> 按钮，完成基准平面 1 的创建。

Step4. 创建草图 2。选取基准平面 1 为草图平面，绘制图 4.1.3 所示的草图 2。

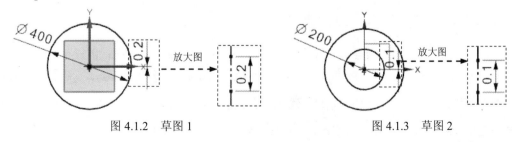

图 4.1.2　草图 1   图 4.1.3　草图 2

Step5. 创建图 4.1.4 所示的放样弯边特征 1。选择下拉菜单 插入(S) ➡ 折弯(N) ▸ ➡ 放样弯边(L)... 命令，依次选取草图 1 和草图 2 为起始截面和终止截面；单击 厚度 文本框右

侧的  按钮，在系统弹出的快捷菜单中选择 使用局部值 命令，然后在 厚度 文本框中输入数值 1.0；单击 〈 确定 〉 按钮，完成放样弯边特征 1 的创建。

Step6. 保存钣金件模型。

Task2. 展平平口正圆锥台管

创建图 4.1.1b 所示的展平实体。选择下拉菜单 插入(S) ➡ 展平图样(L)... ▶ ➡ 展平实体(S)... 命令；取消选中 □ 移至绝对坐标系 复选框，选取图 4.1.5 所示的固定面，单击 确定 按钮，完成展平实体的创建；将模型另存为 level_conestand_unfold。

图 4.1.4　放样弯边特征 1　　　　　　　图 4.1.5　选取固定面

4.2　平口偏心直角圆锥台管

平口偏心直角圆锥台管是由两个平行面上一边对齐的大小不等的圆弧放样形成的圆锥连接管。图 4.2.1 所示分别是其钣金件及展开图，下面介绍其在 UG 中创建和展开的操作过程。

a）未展平状态　　　　　　　　　　　　b）展平状态

图 4.2.1　平口偏心直角圆锥台管及其展开图

Task1. 创建平口偏心直角圆锥台管

Step1. 新建一个 NX 钣金模型文件，并命名为 level_eccentric_vertical_conestand。

Step2. 创建基准平面 1。选择下拉菜单 插入(S) ➡ 基准/点(D) ➡ 基准平面(D)... 命令；在 类型 区域的下拉列表中选择 按某一距离 选项，选取 XY 平面为参考平面，在 距离 文本框内输入偏移距离值 100；单击 〈 确定 〉 按钮，完成基准平面 1 的创建。

Step3. 创建草图 1。选取 XY 平面为草图平面，绘制图 4.2.2 所示的草图 1。

Step4. 创建草图 2。选取基准平面 1 为草图平面，绘制图 4.2.3 所示的草图 2。

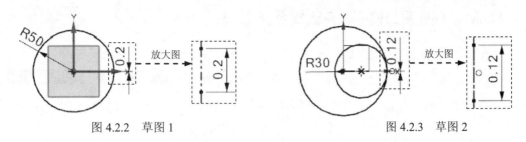

图 4.2.2　草图 1　　　　　　　　　　　　　图 4.2.3　草图 2

Step5. 创建图 4.2.4 所示的放样弯边特征 1。选择下拉菜单 <kbd>插入(S)</kbd> ➡ <kbd>折弯(N)</kbd> ➡ <kbd>放样弯边(O)...</kbd> 命令，依次选取草图 1 和草图 2 为起始截面和终止截面；单击 <kbd>厚度</kbd> 文本框右侧的 <kbd>☰</kbd> 按钮，在系统弹出的快捷菜单中选择 <kbd>使用局部值</kbd> 命令，然后在 <kbd>厚度</kbd> 文本框中输入数值 1.0；单击 <kbd>〈 确定 〉</kbd> 按钮，完成放样弯边特征 1 的创建。

Step6. 保存钣金件模型。

Task2.　展平平口偏心直角圆锥台管

创建图 4.2.1b 所示的展平实体。选择下拉菜单 <kbd>插入(S)</kbd> ➡ <kbd>展平图样(L)...</kbd> ➡ <kbd>展平实体(S)...</kbd> 命令；取消选中 ☐ <kbd>移至绝对坐标系</kbd> 复选框，选取图 4.2.5 所示的固定面，单击 <kbd>确定</kbd> 按钮，完成展平实体的创建；将模型另存为 level_eccentric_vertical_conestand_unfold。

图 4.2.4　放样弯边特征 1

固定面

图 4.2.5　选取固定面

4.3　平口偏心斜角圆锥台管

平口偏心斜角圆锥台管是由两个平行面上相互错开的、大小不等的圆弧放样形成的轴线倾斜一定角度的圆锥连接管。图 4.3.1 所示分别是其钣金件及展开图，下面介绍其在 UG 中创建和展开的操作过程。

a）未展平状态

b）展平状态

图 4.3.1　平口偏心斜角圆锥台管及其展开图

Task1. 创建平口偏心斜角圆锥台管

Step1. 新建一个 NX 钣金模型文件，命名为 level_eccentric_bevel_conestand。

Step2. 创建基准平面 1。选择下拉菜单 插入(S) ➡ 基准/点(D) ➡ 基准平面(D)... 命令；在 类型 区域的下拉列表中选择 按某一距离 选项，选取 XY 平面为参考平面，在 距离 文本框内输入偏移距离值 100；单击 < 确定 > 按钮，完成基准平面 1 的创建。

Step3. 创建草图 1。选取 XY 平面为草图平面，绘制图 4.3.2 所示的草图 1。

Step4. 创建草图 2。选取基准平面 1 为草图平面，绘制图 4.3.3 所示的草图 2。

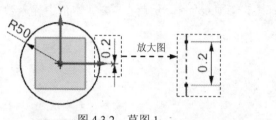

图 4.3.2　草图 1

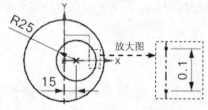

图 4.3.3　草图 2

Step5. 创建图 4.3.4 所示的放样弯边特征 1。选择下拉菜单 插入(S) ➡ 折弯(N) ▶ ➡ 放样弯边(D)... 命令，依次选取草图 1 和草图 2 为起始截面和终止截面；单击 厚度 文本框右侧的 按钮，在系统弹出的快捷菜单中选择 使用局部值 命令，然后在 厚度 文本框中输入数值 1.0；单击 < 确定 > 按钮，完成放样弯边特征 1 的创建。

Step6. 保存钣金件模型。

Task2. 展平平口偏心斜角圆锥台管

创建图 4.3.1b 所示的展平实体。选择下拉菜单 插入(S) ➡ 展平图样(L)... ▶ ➡ 展平实体(S)... 命令；取消选中 □ 移至绝对坐标系 复选框，选取图 4.3.5 所示的固定面，单击 确定 按钮，完成展平实体的创建；将模型另存为 level_eccentric_bevel_conestand_unfold。

图 4.3.4　放样弯边特征 1

固定面

图 4.3.5　选取固定面

4.4　下平上斜偏心圆锥台管

下平上斜偏心圆锥台管是由一与圆锥轴线成一定角度的正垂直截面截断偏心圆锥顶

部形成的构件。图 4.4.1 所示分别是其钣金件及展开图,下面介绍其在 UG 中创建和展开的操作过程。

a)未展平状态　　　　　　　　　　b)展平状态

图 4.4.1　下平上斜偏心圆锥台管及其展开图

Task1. 创建下平上斜偏心圆锥台管

Step1. 新建一个 NX 钣金模型文件,并命名为 down_level_up_bevel_eccentric_conestand。

Step2. 创建草图 1。选取 YZ 平面为草图平面,绘制图 4.4.2 所示的草图 1。

Step3. 创建图 4.4.3 所示的基准平面 1。选择下拉菜单 插入(S) ➡️ 基准/点(D) ➡️ 基准平面(D)... 命令;在 类型 区域的下拉列表中选择 曲线和点 选项,在 曲线和点子类型 区域的下拉列表中选择 点和平面/面 选项;分别选取图 4.4.3 所示的指定点和 XY 平面为参考平面,单击 < 确定 > 按钮,完成基准平面 1 的创建。

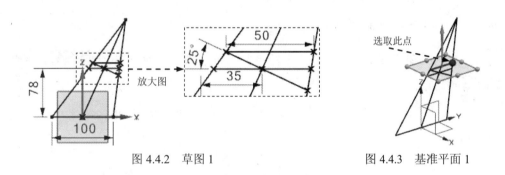

图 4.4.2　草图 1　　　　　　　　　图 4.4.3　基准平面 1

Step4. 创建草图 2。选取 XY 平面为草图平面,绘制图 4.4.4 所示的草图 2(圆弧经过草图 1 中底部直线的两个端点)。

Step5. 创建草图 3。选取基准平面 1 为草图平面,绘制图 4.4.5 所示的草图 3。

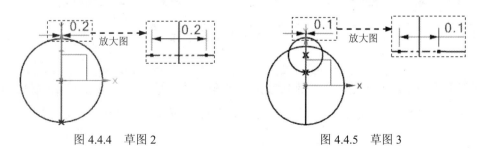

图 4.4.4　草图 2　　　　　　　　　图 4.4.5　草图 3

Step6. 创建图 4.4.6 所示的放样弯边特征 1。选择下拉菜单 插入(S) ➡ 折弯(N) ▶ ➡ 放样弯边(O)... 命令，依次选取草图 2 和草图 3 为起始截面和终止截面；单击 厚度 文本框右侧的 ☰ 按钮，在系统弹出的快捷菜单中选择 使用局部值 命令，然后在 厚度 文本框中输入数值 1.0；单击 〈 确定 〉 按钮，完成放样弯边特征 1 的创建。

Step7. 创建图 4.4.7 所示的拉伸特征 1。选择下拉菜单 插入(S) ➡ 切割(T) ➡ 拉伸(E)... 命令；选取 YZ 平面为草图平面，绘制图 4.4.8 所示的截面草图（草图中直线与草图 1 中角度为 25° 的直线重合）；在"拉伸"对话框 限制-区域的 开始 下拉列表中选择 对称值 选项，并在其下的 距离 文本框中输入数值 30；在 偏置 区域的下拉列表中选择 两侧 选项，在 开始 文本框中输入数值 0，在 结束 文本框中输入数值-30；在 布尔-区域的 布尔 下拉列表中选择 减去 选项；单击 〈 确定 〉 按钮，完成拉伸特征 1 的创建。

图 4.4.6　放样弯边特征 1

图 4.4.7　拉伸特征 1

Step8. 保存钣金件模型。

Task2. 展平下平上斜偏心圆锥台管

创建图 4.4.1b 所示的展平实体。选择下拉菜单 插入(S) ➡ 展平图样(L)... ▶ ➡ 展平实体(S)... 命令；取消选中 ☐ 移至绝对坐标系 复选框，选取图 4.4.9 所示的固定面，单击 确定 按钮，完成展平实体的创建；将模型另存为 down_level_up_bevel_eccentric_conestand_unfold。

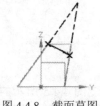

图 4.4.8　截面草图

固定面

图 4.4.9　选取固定面

4.5　上平下斜正圆锥台管

上平下斜正圆锥台管是由一与圆锥轴线成一定角度的正垂直截面截断正圆锥底部形成的构件。图 4.5.1 所示分别是其钣金件及展开图，下面介绍其在 UG 中创建和展开的操作过程。

a）未展平状态

b）展平状态

图 4.5.1 上平下斜正圆锥台管及其展开图

Task1．创建上平下斜正圆锥台管

Step1．新建一个 NX 钣金模型文件，并命名为 up_level_down_bevel_conestand。

Step2．创建草图 1。选取 YZ 平面为草图平面，绘制图 4.5.2 所示的草图 1。

Step3．创建图 4.5.3 所示的基准平面 1。选择下拉菜单 插入(S) ➡ 基准/点(D) ➡ 基准平面(D)... 命令；在 类型 区域的下拉列表中选择 曲线和点 选项，在 曲线和点子类型 区域的下拉列表中选择 点和平面/面 选项；分别选取图 4.5.3 所示的指定点和 XY 平面为参考平面；单击 〈确定〉 按钮，完成基准平面 1 的创建。

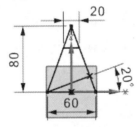
图 4.5.2 草图 1

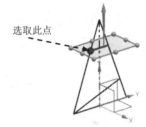
选取此点
图 4.5.3 基准平面 1

Step4．创建草图 2。选取 XY 平面为草图平面，绘制图 4.5.4 所示的草图 2（圆弧经过草图 1 中底部直线的两个端点）。

Step5．创建草图 3。选取基准平面 1 为草图平面，绘制图 4.5.5 所示的草图 3（圆弧经过图 4.5.3 所示的草图点）。

Step6．创建图 4.5.6 所示的放样弯边特征 1。选择下拉菜单 插入(S) ➡ 折弯(N) ➡ 放样弯边(D)... 命令，依次选取草图 2 和草图 3 为起始截面和终止截面；单击 厚度 文本框右侧的 三 按钮，在系统弹出的快捷菜单中选择 使用局部值 命令，然后在 厚度 文本框中输入数值 1.0；单击 〈确定〉 按钮，完成放样弯边特征 1 的创建。

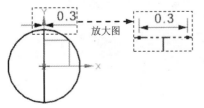
放大图
图 4.5.4 草图 2

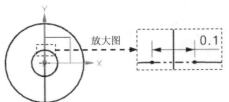
放大图
图 4.5.5 草图 3

图 4.5.6 放样弯边特征 1

Step7. 创建图 4.5.7 所示的拉伸特征 1。选择下拉菜单 插入(S) ➡ 切割(T) ➡ Ⅲ 拉伸(E)... 命令；选取 YZ 平面为草图平面，绘制图 4.5.8 所示的截面草图（草图中直线与草图 1 中角度为 20° 的直线重合）；在"拉伸"对话框的 开始 下拉列表中选择 贯通 选项，在 结束 下拉列表中选择 贯通 选项；在 布尔 -区域的 布尔 下拉列表中选择 减去 选项；单击 < 确定 > 按钮，完成拉伸特征 1 的创建。

Step8. 保存钣金件模型。

图 4.5.7　拉伸特征 1

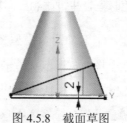

图 4.5.8　截面草图

Task2. 展平上平下斜正圆锥台管

创建图 4.5.1b 所示的展平实体。选择下拉菜单 插入(S) ➡ 展平图样(L)... ▶ ➡ 展平实体(S)... 命令；取消选中 ☐ 移至绝对坐标系 复选框，选取图 4.5.9 所示的固定面，单击 确定 按钮，完成展平实体的创建；将模型另存为 up_level_down_bevel_conestand_unfold。

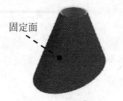

固定面

图 4.5.9　选取固定面

4.6　上平下斜偏心圆锥台管

上平下斜偏心圆锥台管是由一与圆锥轴线成一定角度的正垂直截面截断偏心圆锥顶部形成的构件。图 4.6.1 所示分别是其钣金件及展开图，下面介绍其在 UG 中创建和展开的操作过程。

a）未展平状态

b）展平状态

图 4.6.1　上平下斜偏心圆锥台管及其展开图

Task1. 创建上平下斜偏心圆锥台管

Step1. 新建一个 NX 钣金模型文件，并命名为 up_level_up_down_eccentric_conestand。

Step2. 创建草图 1。选取 YZ 平面为草图平面，绘制图 4.6.2 所示的草图 1。

Step3. 创建图 4.6.3 所示的基准平面 1。选择下拉菜单 插入(S) ➡ 基准/点(D) ➡ 基准平面(D)... 命令；在 类型 区域的下拉列表中选择 曲线和点 选项，在 曲线和点子类型 区域的下拉列表中选择 点和平面/面 选项；分别选取图 4.6.3 所示的指定点和 XY 平面为参考平面；单击 〈确定〉 按钮，完成基准平面 1 的创建。

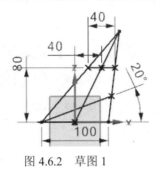

图 4.6.2　草图 1

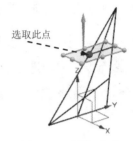

图 4.6.3　基准平面 1

Step4. 创建草图 2。选取 XY 平面为草图平面，绘制图 4.6.4 所示的草图 2（圆弧经过草图 1 中底部直线的两个端点）。

Step5. 创建草图 3。选取基准平面 1 为草图平面，绘制图 4.6.5 所示的草图 3（圆弧经过图 4.6.3 所示的草图点）。

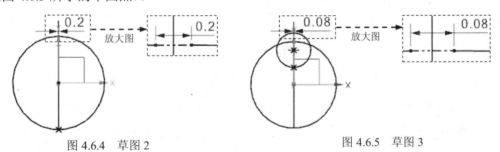

图 4.6.4　草图 2　　　　　　　　　　　图 4.6.5　草图 3

Step6. 创建图 4.6.6 所示的放样弯边特征 1。选择下拉菜单 插入(S) ➡ 折弯(N) ➡ 放样弯边(D)... 命令，依次选取草图 2 和草图 3 为起始截面和终止截面；单击 厚度 文本框右侧的 ☰ 按钮，在系统弹出的快捷菜单中选择 使用局部值 命令，然后在 厚度 文本框中输入数值 1.0；单击 〈确定〉 按钮，完成放样弯边特征 1 的创建。

Step7. 创建图 4.6.7 所示的拉伸特征 1。选择下拉菜单 插入(S) ➡ 切割(T) ➡ 拉伸(E)... 命令；选取 YZ 平面为草图平面，绘制图 4.6.8 所示的截面草图（草图中直线与草图 1 中角度为 20°的直线重合）；在"拉伸"对话框 开始 下拉列表中选择 贯通 选项，在 结束 下拉列表中选择 贯通 选项；在 布尔 区域的 布尔 下拉列表中选择 减去 选项；单击 〈确定〉 按钮，完成拉伸特征 1 的创建。

图 4.6.6　放样弯边特征 1

图 4.6.7　拉伸特征 1

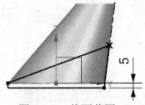

图 4.6.8　截面草图

Step8. 保存钣金件模型。

Task2. 展平上平下斜偏心圆锥台管

创建图 4.6.1b 所示的展平实体。选择下拉菜单 插入(S) ➡ 展平图样(L)... ▶ ➡ 展平实体(S)... 命令；取消选中 □ 移至绝对坐标系 复选框，选取图 4.6.9 所示的固定面，单击 确定 按钮，完成展平实体的创建；将模型另存为 up_level_up_down_eccentric_conestand_ unfold。

固定面

图 4.6.9　选取固定面

4.7　上下垂直偏心圆锥台管

上下垂直偏心圆锥台管是由两个相互垂直平面上的曲线放样得到的圆锥台结构。图 4.7.1 所示分别是其钣金件及展开图，下面介绍其在 UG 中创建和展开的操作过程。

a）未展平状态

b）展平状态

图 4.7.1　上下垂直偏心圆锥台管及其展开图

Task1. 创建上下垂直偏心圆锥台管

Step1. 新建一个零件模型文件，命名为 vertical_eccentric_conestand。

Step2. 创建草图 1。选取 YZ 平面为草图平面，绘制图 4.7.2 所示的草图 1。

Step3. 创建图 4.7.3 所示的基准平面 1。选择下拉菜单 插入(S) ➡ 基准/点(D) ➡ ⬚ 基准平面(D)... 命令；在 类型 区域的下拉列表中选择 ⬚ 曲线和点 选项，在 曲线和点子类型 区域的下拉列表中选择 点和平面/面 选项；分别选取图 4.7.3 所示的指定点和 ZX 平面为参考平面；单击 <确定> 按钮，完成基准平面 1 的创建。

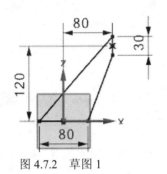

图 4.7.2 草图 1

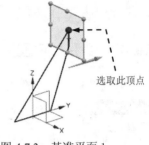

图 4.7.3 基准平面 1

Step4. 创建草图 2。选取 XY 平面为草图平面，绘制图 4.7.4 所示的草图 2（圆弧经过草图 1 中底部直线的两个端点）。

Step5. 创建草图 3。选取基准平面 1 为草图平面，绘制图 4.7.5 所示的草图 3（圆弧经过图 4.7.3 所示的草图点）。

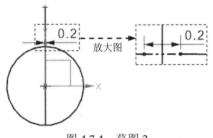

图 4.7.4 草图 2

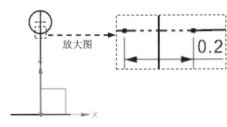

图 4.7.5 草图 3

Step6. 创建图 4.7.6 所示的通过曲线组特征 1。选择下拉菜单 插入(S) ➡ 网格曲面(M) ➡ ⬚ 通过曲线组(T)... 命令；依次选取草图 2 和草图 3 为特征截面，并定义其起始方向，如图 4.7.7 所示；单击 <确定> 按钮，完成通过曲线组特征 1 的创建。

Step7. 创建加厚特征 1。选择下拉菜单 插入(S) ➡ 偏置/缩放(O) ➡ ⬚ 加厚(T)... 命令；选取 Step6 所创建的曲面为加厚对象，在 厚度 区域的 偏置 1 文本框内输入数值 1.0；单击 <确定> 按钮，完成加厚特征 1 的创建。

Step8. 将模型转换为钣金。在 应用模块 功能选项卡 设计 区域单击 ⬚ 钣金 按钮，进入 "NX 钣金" 设计环境；选择下拉菜单 插入(S) ➡ 转换(V) ➡ ⬚ 转换为钣金(C) 命令，选取图 4.7.8 所示的面为基本面；单击 确定 按钮，完成钣金转换操作。

图 4.7.6 通过曲线组特征 1

图 4.7.7 定义起始方向

选取该面

图 4.7.8 选取基本面

Step9. 保存钣金件模型。

Task2. 展平上下垂直偏心圆锥台管

创建图 4.7.1b 所示的展平实体。选择下拉菜单 插入(S) ➡ 展平图样(L)... ➡ 展平实体(S)... 命令；取消选中 □移至绝对坐标系 复选框，选取图 4.7.8 所示的固定面，单击 确定 按钮，完成展平实体的创建；将模型另存为 vertical_eccentric_conestand_unfold。

第**5**章 椭圆锥台管

本章提要 本章主要介绍椭圆锥台管类的钣金在 UG 中的创建和展开过程，包括平口正椭圆锥台管、平口偏心椭圆锥台管、上平下斜正椭圆锥台管、上平下斜偏心椭圆锥台管、上圆下椭圆平行管、上圆平下椭圆斜偏心锥台管和上圆斜下椭圆平偏心锥台管。此类钣金多采用放样弯边的方法来创建。

5.1 平口正椭圆锥台管

平口正椭圆锥台管是由两个平行面上的大小不等的部分椭圆放样形成的轴线与之平面保持垂直角度的椭圆锥台管。下面以图 5.1.1 所示的模型为例，介绍在 UG 中创建和展开平口正椭圆锥台管的一般过程。

a）未展平状态　　　　　　　　　　　b）展平状态

图 5.1.1　平口正椭圆锥台管及其展平图样

Task 1. 创建平口正椭圆锥台管

Step1. 新建一个 NX 钣金模型文件，命名为 level_ellipsestand。

Step2. 创建基准平面 1。选择下拉菜单 插入(S) ➡ 基准/点(D) ➡ □ 基准平面(D)... 命令；在 类型 区域的下拉列表中选择 ⌷ 按某一距离 选项，选取 XY 平面为参考平面，在 距离 文本框内输入偏移距离值 80；单击 < 确定 > 按钮，完成基准平面 1 的创建。

Step3. 创建图 5.1.2 所示的放样弯边特征 1。

（1）选择命令。选择下拉菜单 插入(S) ➡ 折弯(N) ▶ ➡ 放样弯边(D)... 命令。

（2）定义起始截面。选取 XY 平面为草图平面，绘制图 5.1.3 所示的截面草图。

（3）定义终止截面。选取基准平面 1 为草图平面，绘制图 5.1.4 所示的截面草图。

（4）定义厚度。在 厚度 区域中单击"反向"按钮 ⟲ 调整厚度方向，单击 厚度 文本框右侧的 ☰ 按钮，在系统弹出的快捷菜单中选择 使用局部值 选项，然后在 厚度 文本框中输入数值 1.0。

（5）单击 < 确定 > 按钮，完成放样弯边特征 1 的创建。

Step4. 保存钣金件模型。

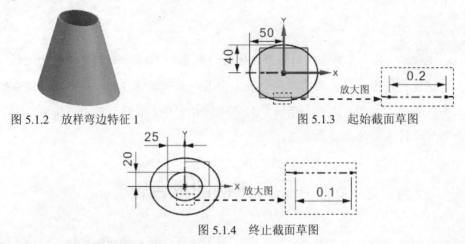

图 5.1.2　放样弯边特征 1　　　　　　　图 5.1.3　起始截面草图

图 5.1.4　终止截面草图

Task2. 展平平口正椭圆锥台管

创建图 5.1.1b 所示的展平实体。选择下拉菜单 插入(S) ➡ 展平图样(L)... ▶ ➡ 展平实体(S)... 命令；取消选中 □移至绝对坐标系 复选框，选取图 5.1.5 所示的固定面，单击 确定 按钮，完成展平实体的创建；将模型另存为 level_ellipsestand_unfold。

固定面

图 5.1.5　选取固定面

5.2　上平下斜正椭圆锥台管

上平下斜正椭圆锥台管是平口正椭圆锥台管的下端被一个与之轴线成角度的正垂面截断以后形成的构件。下面以图 5.2.1 所示的模型为例，介绍在 UG 中创建和展开上平下斜正椭圆锥台管的一般过程。

a）未展平状态　　　　　　　　　　b）展平状态

图 5.2.1　上平下斜正椭圆锥台管及其展平图样

Task1. 创建上平下斜正椭圆锥台管

Step1. 新建一个 NX 钣金模型文件，并命名为 up_level_down_bevel_ellipsestand。

Step2. 创建基准平面 1。选择下拉菜单 插入(S) ➡ 基准/点(D) ➡ 基准平面(D)... 命令；在 类型 区域的下拉列表中选择 按某一距离 选项，选取 XY 平面为参考平面，在 距离 文本框内输入偏移距离值 80；单击 〈确定〉 按钮，完成基准平面 1 的创建。

Step3. 创建图 5.2.2 所示的放样弯边特征 1。

（1）选择命令。选择下拉菜单 插入(S) ➡ 折弯(N) ▶ ➡ 放样弯边(0)... 命令。

（2）定义起始截面。选取 XY 平面为草图平面，绘制图 5.2.3 所示的截面草图。

（3）定义终止截面。选取基准平面 1 为草图平面，绘制图 5.2.4 所示的截面草图。

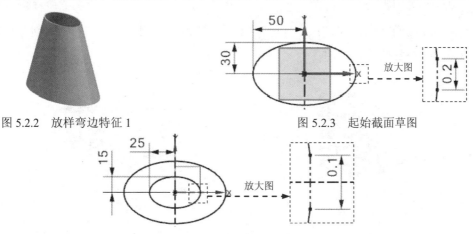

图 5.2.2 放样弯边特征 1　　　　　　图 5.2.3 起始截面草图

图 5.2.4 终止截面草图

（4）定义厚度。在 厚度 区域中单击"反向"按钮 调整厚度方向，单击 厚度 文本框右侧的 按钮，在系统弹出的快捷菜单中选择 使用局部值 选项，然后在 厚度 文本框中输入数值 1.0。

（5）单击 〈确定〉 按钮，完成放样弯边特征 1 的创建。

Step4. 创建图 5.2.5 所示的拉伸特征 1。选择下拉菜单 插入(S) ➡ 切割(T) ➡ 拉伸(E)... 命令；选取 ZX 平面为草图平面，绘制图 5.2.6 所示的截面草图；在"拉伸"对话框的 开始 下拉列表中选择 贯通 选项，在 结束 下拉列表中选择 贯通 选项；在 布尔 区域的 布尔 下拉列表中选择 减去 选项；单击 〈确定〉 按钮，完成拉伸特征 1 的创建。

Step5. 保存钣金件模型。

Task2. 展平上平下斜正椭圆锥台管

创建图 5.2.1b 所示的展平实体。选择下拉菜单 插入(S) ➡ 展平图样(L) ▶ ➡ 展平实体(S)... 命令；选取图 5.2.7 所示的固定面，单击 确定 按钮，完成展平实体的创建；将模型另存为 up_level_down_bevel_ellipsestand_unfold。

图 5.2.5　拉伸特征 1

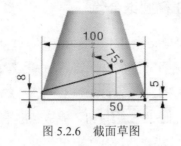

图 5.2.6　截面草图

图 5.2.7　选取固定面

5.3　平口偏心椭圆锥台管

平口偏心椭圆锥台管是由两个平行面上相互错开的、大小不等的椭圆放样形成的轴线倾斜一定角度的椭圆锥台管。下面以图 5.3.1 所示的模型为例，介绍在 UG 中创建和展开平口偏心椭圆锥台管的一般过程。

a）未展平状态

b）展平状态

图 5.3.1　平口偏心椭圆锥台管及其展平图样

Task1.　创建平口偏心椭圆锥台管

Step1. 新建一个 NX 钣金模型文件，命名为 level_eccentric_ellipsestand。

Step2. 创建基准平面 1。选择下拉菜单 插入(S) ➡ 基准/点(D) ➡ □ 基准平面(D)... 命令；在 类型 区域的下拉列表中选择 ➡ 按某一距离 选项，选取 XY 平面为参考平面，在 距离 文本框内输入偏移距离值 80；单击 < 确定 > 按钮，完成基准平面 1 的创建。

Step3. 创建图 5.3.2 所示的放样弯边特征 1。

（1）选择命令。选择下拉菜单 插入(S) ➡ 折弯(N) ▶ ➡ 放样弯边(D)... 命令。

（2）定义起始截面。选取 XY 平面为草图平面，绘制图 5.3.3 所示的截面草图。

（3）定义终止截面。选取基准平面 1 为草图平面，绘制图 5.3.4 所示的截面草图。

图 5.3.2　放样弯边特征 1

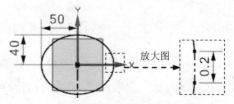

图 5.3.3　起始截面草图

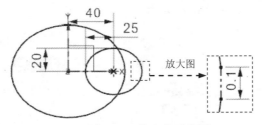

图 5.3.4　终止截面草图

（4）定义厚度。在 厚度 区域中单击"反向"按钮 调整厚度方向，单击 厚度 文本框右侧的 按钮，在系统弹出的快捷菜单中选择 使用局部值 选项，然后在 厚度 文本框中输入数值1.0。

（5）单击 < 确定 > 按钮，完成放样弯边特征 1 的创建。

Step4. 保存钣金件模型。

Task2．展平平口偏心椭圆锥台管

创建图 5.3.1b 所示的展平实体。选择下拉菜单 插入(S) ➡ 展平图样(L)... ▶ ➡ 展平实体(S)... 命令；选取图 5.3.5 所示的固定面，单击 确定 按钮，完成展平实体的创建；将模型另存为 level_eccentric_ellipsestand_unfold。

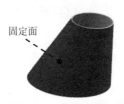

固定面

图 5.3.5　选取固定面

5.4　上平下斜偏心椭圆锥台管

上平下斜偏心椭圆锥台管是平口偏心椭圆锥台管的下端被一个与平口面成一定角度的正垂面截断以后形成的构件。下面以图 5.4.1 所示的模型为例，介绍在 UG 中创建和展开上平下斜偏心椭圆锥台管的一般过程。

a）未展平状态

b）展平状态

图 5.4.1　上平下斜偏心椭圆锥台管及其展平图样

Task1. 创建上平下斜偏心椭圆锥台管

Step1. 新建一个钣金模型文件，并命名为 up_level_down_bevel_eccentric_ellipsestand。

Step2. 创建基准平面 1。选择下拉菜单 插入(S) ➡️ 基准/点(D) ➡️ 基准平面(D)... 命令；在 类型 区域的下拉列表中选择 按某一距离 选项，选取 XY 平面为参考平面，在 距离 文本框内输入偏移距离值 80；单击 〈 确定 〉 按钮，完成基准平面 1 的创建。

Step3. 创建图 5.4.2 所示的放样弯边特征 1。

（1）选择命令。选择下拉菜单 插入(S) ➡️ 折弯(N) ▶ ➡️ 放样弯边(D)... 命令。

（2）定义起始截面。选取 XY 平面为草图平面，绘制图 5.4.3 所示的截面草图。

图 5.4.2 放样弯边特征 1

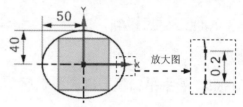

图 5.4.3 起始截面草图

（3）定义终止截面。选取基准平面 1 为草图平面，绘制图 5.4.4 所示的截面草图。

（4）定义厚度。在 厚度 区域中单击"反向"按钮 调整厚度方向，单击 厚度 文本框右侧的 按钮，在系统弹出的快捷菜单中选择 使用局部值 选项，然后在 厚度 文本框中输入数值 1.0。

（5）单击 〈 确定 〉 按钮，完成放样弯边特征 1 的创建。

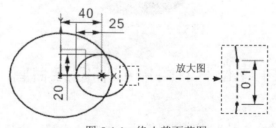

图 5.4.4 终止截面草图

Step4. 创建图 5.4.5 所示的拉伸特征 1。选择下拉菜单 插入(S) ➡️ 切割(T) ➡️ 拉伸(E)... 命令；选取 ZX 平面为草图平面，绘制图 5.4.6 所示的截面草图；在"拉伸"对话框 开始 下拉列表中选择 贯通 选项，在 结束 下拉列表中选择 贯通 选项；在 布尔 区域的 布尔 下拉列表中选择 减去 选项；单击 〈 确定 〉 按钮，完成拉伸特征 1 的创建。

Step5. 保存钣金件模型。

Task2. 展平上平下斜偏心椭圆锥台管

创建图 5.4.1b 所示的展平实体。选择下拉菜单 插入(S) ➡️ 展平图样(L) ▶ ➡️

展平实体(S)... 命令；选取图 5.4.7 所示的固定面，单击 确定 按钮，完成展平实体的创建；将模型另存为 up_level_down_bevel_eccentric_ellipsestand_unfold。

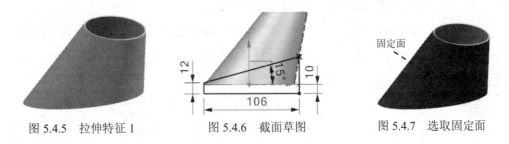

图 5.4.5 拉伸特征 1　　　图 5.4.6 截面草图　　　图 5.4.7 选取固定面

5.5　上圆下椭圆平行圆锥台管

在椭圆锥台管类中，上圆下椭圆平行圆锥台管是指由两个平行面上绘制的轴线重合的上为圆弧、下为部分椭圆放样形成的轴线与之平面成垂直角度的椭圆锥台管。下面以图 5.5.1 所示的模型为例，介绍在 UG 中创建和展开上圆下椭圆平行圆锥台管的一般过程。

Task1. 创建上圆下椭圆平行圆锥台管

Step1. 新建一个模型文件，命名为 up_circle_down_ellipse_parallel。

a）未展平状态　　　　　　　　b）展平状态

图 5.5.1　上圆下椭圆平行圆锥台管及其展平图样

Step2. 创建基准平面 1。选择下拉菜单 插入(S) ➡ 基准/点(D) ➡ 基准平面(D)... 命令；在 类型 区域的下拉列表中选择 按某一距离 选项，选取 XY 平面为参考平面，在 距离 文本框内输入偏移距离值 80；单击 < 确定 > 按钮，完成基准平面 1 的创建。

Step3. 创建草图 1。选取 XY 平面为草图平面，绘制图 5.5.2 所示的草图 1。

Step4. 创建草图 2。选取基准平面 1 为草图平面，绘制图 5.5.3 所示的草图 2。

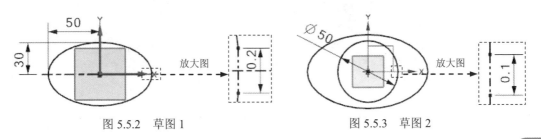

图 5.5.2　草图 1　　　　　　　　图 5.5.3　草图 2

Step5. 创建图 5.5.4 所示的通过曲线组特征 1。选择下拉菜单 插入(S) ➡️ 网格曲面(M)▶ ➡️ 通过曲线组(T)... 命令；依次选取草图 1 和草图 2 为特征截面，并定义其起始方向如图 5.5.5 所示；单击 < 确定 > 按钮，完成该特征的创建。

Step6. 创建加厚特征 1。选择下拉菜单 插入(S) ➡️ 偏置/缩放(O) ➡️ 加厚(T)... 命令；选取 Step5 所创建的曲面为加厚对象，在 厚度 区域的 偏置 1 文本框内输入数值 1.0；单击 < 确定 > 按钮，完成加厚特征 1 的创建。

Step7. 将模型转换为钣金。在 应用模块 功能选项卡 设计 区域单击 钣金 按钮，进入 "NX 钣金"设计环境；选择下拉菜单 插入(S) ➡️ 转换(V)▶ ➡️ 转换为钣金(C)... 命令，选取图 5.5.6 所示的面为固定面；单击 确定 按钮，完成钣金转换操作。

Step8. 保存钣金件模型。

图 5.5.4　通过曲线组特征 1　　　　图 5.5.5　定义起始方向　　　　图 5.5.6　选取面

Task2. 展平上圆下椭圆平行圆锥台管

创建图 5.5.1b 所示的展平实体。选择下拉菜单 插入(S) ➡️ 展平图样(L)... ▶ ➡️ 展平实体(S)... 命令；选取图 5.5.6 所示的面为固定面，单击 确定 按钮，完成展平实体的创建；将模型另存为 up_circle_down_ellipse_parallel_unfold。

5.6　上圆平下椭圆斜偏心圆锥台管

在椭圆锥台管类中，上圆平下椭圆斜偏心锥台管与上平下斜偏心椭圆锥台管的创建方法类似，唯一不同之处是前者放样的轮廓中出现了圆弧。下面以图 5.6.1 所示的模型为例，介绍在 UG 中创建和展开上圆平下椭圆斜偏心圆锥台管的一般过程。

a）未展平状态　　　　　　　　　　b）展平状态

图 5.6.1　上圆平下椭圆斜偏心锥台管及其展平图样

Task1. 创建上圆平下椭圆斜偏心圆锥台管

Step1. 新建一个模型文件，命名为 up_circle_level_down_ellipse_bevel_eccentric。

Step2. 创建基准平面1（注：具体参数和操作参见随书光盘）。

Step3. 创建草图1。选取 XY 平面为草图平面，绘制图 5.6.2 所示的草图1。

Step4. 创建草图2。选取基准平面1为草图平面，绘制图 5.6.3 所示的草图2。

Step5. 创建图 5.6.4 所示的通过曲线组特征1。选择下拉菜单 插入(S) ➡️ 网格曲面(M) ▸ ➡️ 通过曲线组(T)... 命令；依次选取草图1和草图2为特征截面，并定义其起始方向如图 5.6.5 所示；单击 〈确定〉 按钮，完成通过曲线组特征1的创建。

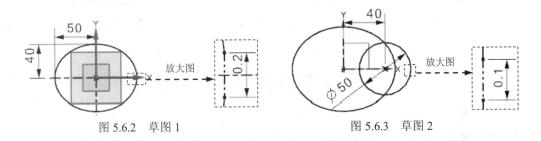

图 5.6.2　草图1　　　　　　　　　　图 5.6.3　草图2

Step6. 创建加厚特征1。选择下拉菜单 插入(S) ➡️ 偏置/缩放(O) ➡️ 加厚(T)... 命令；选取 Step5 所创建的曲面为加厚对象，在 厚度 区域的 偏置1 文本框内输入数值 1.0；单击 〈确定〉 按钮，完成该特征的创建。

Step7. 将模型转换为钣金。在 应用模块 功能选项卡 设计 区域单击 钣金 按钮，进入"NX 钣金"设计环境；选择下拉菜单 插入(S) ➡️ 转换(V) ▸ ➡️ 转换为钣金(C)... 命令，选取图 5.6.6 所示的面；单击 确定 按钮，完成该操作。

　　　　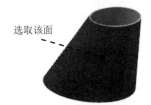

选取该面

图 5.6.4　通过曲线组特征1　　图 5.6.5　定义起始方向　　图 5.6.6　选取面

Step8. 创建图 5.6.7 所示的拉伸特征1。选择下拉菜单 插入(S) ➡️ 切割(T) ➡️ 拉伸(E)... 命令；选取 ZX 平面为草图平面，绘制图 5.6.8 所示的截面草图；在"拉伸"对话框的 开始 下拉列表中选择 贯通 选项，在 结束 下拉列表中选择 贯通 选项；在 布尔 区域的 布尔 下拉列表中选择 减去 选项；单击 〈确定〉 按钮，完成拉伸特征1的创建。

Step9. 保存钣金件模型。

Task2. 展平上圆平下椭圆斜偏心圆锥台管

创建图 5.6.1b 所示的展平实体。选择下拉菜单 插入(S) ➡ 展平图样(L) ➡
展平实体(S)... 命令；选取图 5.6.9 所示的固定面，单击 确定 按钮，完成展平实体的创建；将模型另存为 up_circle_level_down_ellipse_bevel_eccentric_unfold。

图 5.6.7　拉伸特征 1　　　　图 5.6.8　截面草图　　　　图 5.6.9　选取固定面

5.7　上圆斜下椭圆平偏心圆锥台管

在椭圆锥台管类中，上圆斜下椭圆平偏心圆锥台管与上圆平下椭圆斜偏心圆锥台管的创建方法类似，唯一不同之处是在其斜截的位置上，前者位于上端、后者位于下端。下面以图 5.7.1 所示的模型为例，介绍在 UG 中创建和展开上圆斜下椭圆平偏心圆锥台管的一般过程。

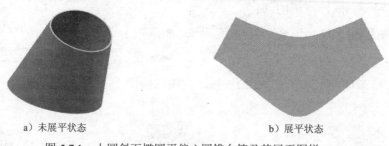

a）未展平状态　　　　　　　　　　b）展平状态

图 5.7.1　上圆斜下椭圆平偏心圆锥台管及其展平图样

Task1. 创建上圆斜下椭圆平偏心圆锥台管

Step1. 新建一个模型文件，命名为 up_circle_bevel_down_ellipse_level_eccentric。

Step2. 创建基准平面 1（注：具体参数和操作参见随书光盘）。

Step3. 创建草图 1。选取 XY 平面为草图平面，绘制图 5.7.2 所示的草图 1。

Step4. 创建草图 2。选取基准平面 1 为草图平面，绘制图 5.7.3 所示的草图 2。

Step5. 创建图 5.7.4 所示的通过曲线组特征 1。选择下拉菜单 插入(S) ➡ 网格曲面(M) ▶
➡ 通过曲线组(T)... 命令；依次选取草图 1 和草图 2 为特征截面，并定义其起始方向如图 5.7.5 所示；单击 < 确定 > 按钮，完成通过曲线组特征的创建。

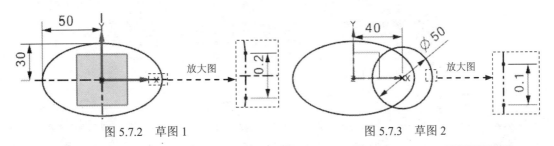

图 5.7.2 草图 1　　　　　　　　　　　图 5.7.3 草图 2

Step6. 创建加厚特征 1。选择下拉菜单 插入(S) ➞ 偏置/缩放(O) ➞ 加厚(T)... 命令；选取 Step5 所创建的曲面为加厚对象，在 厚度 区域的 偏置1 文本框内输入数值 1.0；单击 〈确定〉 按钮，完成该特征的创建。

Step7. 将模型转换为钣金。在 应用模块 功能选项卡 设计 区域单击 钣金 按钮，进入 "NX 钣金"设计环境；选择下拉菜单 插入(S) ➞ 转换(V)▶ ➞ 转换为钣金(C)... 命令，选取图 5.7.6 所示的面；单击 确定 按钮，完成该操作。

图 5.7.4 通过曲线组特征 1

图 5.7.5 定义起始方向

图 5.7.6 选取面

Step8. 创建图 5.7.7 所示的拉伸特征 1。选择下拉菜单 插入(S) ➞ 切割(T) ➞ 拉伸(E)... 命令；选取 ZX 平面为草图平面，绘制图 5.7.8 所示的截面草图；在"拉伸"对话框的 开始 下拉列表中选择 贯通 选项，在 结束 下拉列表中选择 贯通 选项；在 布尔 区域的 布尔 下拉列表中选择 减去 选项；单击 〈确定〉 按钮，完成拉伸特征 1 的创建。

Step9. 保存钣金件模型。

Task2. 展平上圆斜下椭圆平偏心锥台管

创建图 5.7.1b 所示的展平实体。选择下拉菜单 插入(S) ➞ 展平图样(L)...▶ ➞ 展平实体(S)... 命令；选取图 5.7.9 所示的固定面，单击 确定 按钮，完成展平实体的创建；将模型另存为 up_circle_bevel_down_ellipse_level_eccentric_unfold。

图 5.7.7 拉伸特征 1

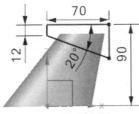
图 5.7.8 截面草图

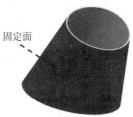
图 5.7.9 选取固定面

第6章　长圆（锥）台管

本章提要　本章主要介绍了长圆（锥）台管的钣金在 UG 中的创建和展开过程，包括平口正长圆锥台、平口圆顶长圆底直角等径圆锥台、平口圆顶长圆底正长圆锥台、平口圆顶长圆底偏心圆锥台。此类钣金都是采用放样弯边等方法来创建的。

6.1　平口正长圆锥台

平口正长圆锥台是截面为正长圆形的锥形钣金件。图 6.1.1 所示分别为其钣金件及展开图，下面介绍其在 UG 中的创建和展开的操作过程。

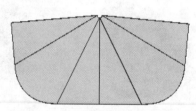

a）未展平状态　　　　　　　　　　　　b）展平状态

图 6.1.1　平口正长圆锥台及其展开图

Task1.　创建平口正长圆锥台

Stage1.　创建结构模型

Step1.　新建一个 NX 钣金模型文件，并命名为 level_long_circle_conestand。

Step2.　创建基准平面1。选择下拉菜单 插入(S) ➡ 基准/点(D) ➡ 基准平面(D)... 命令，在 类型 区域的下拉列表中选择 按某一距离 选项，在图形区选取 XY 基准平面，输入偏移值 100。单击 〈确定〉 按钮，完成基准平面 1 的创建。

Step3.　创建图 6.1.2 所示的草图 1。选取 XY 基准平面为草图平面，绘制草图 1。

Step4.　创建图 6.1.3 所示的草图 2。选择下拉菜单 插入(S) ➡ 在任务环境中绘制草图(V)... 命令；选取基准平面 1 为草图平面，绘制草图 2。

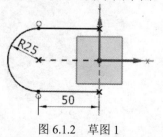
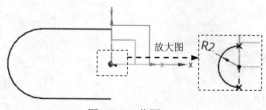

图 6.1.2　草图 1　　　　　　　　　　图 6.1.3　草图 2

Step5. 创建图 6.1.4 所示的基本放样弯边。选择下拉菜单 插入(S) ➡ 折弯(N) ▶ ➡ 放样弯边(L)... 命令；选取图 6.1.3 所示的草图 2 为起始截面，选取图 6.1.2 所示的草图 1 为终止截面；单击 厚度 文本框右侧的 ☰ 按钮，在系统弹出的快捷菜单中选择 使用局部值 选项，然后在 厚度 文本框中输入数值 1.0；单击 ⤢ 按钮调整厚度方向向内；单击 ＜确定＞ 按钮，完成基本放样弯边的创建。

Step6. 保存钣金件模型。

Stage2. 创建完整钣金件

新建一个装配文件，命名为 level_long_circle_conestand_asm。使用创建的平口正长圆锥台钣金件进行装配得到完整的钣金件（具体操作请参看随书光盘录像），结果如图 6.1.5 所示；保存钣金件模型并关闭所有文件窗口。

图 6.1.4　基本放样弯边

图 6.1.5　完整钣金件

Task2. 展平平口正长圆锥台

Stage1. 展平平口正长圆锥台

Step1. 打开文件：level_long_circle_conestand。

Step2. 选择下拉菜单 插入(S) ➡ 展平图样(L)... ▶ ➡ 展平实体(S)... 命令；取消选中 ☐ 移至绝对坐标系 复选框，选取图 6.1.6 所示的模型表面为固定面，单击 确定 按钮，展平结果如图 6.1.7 所示；将模型另存为 level_long_circle_conestand_unfold。

Stage2. 装配展开图

新建一个装配文件，命名为 level_long_circle_conestand_unfold_asm。插入平口正长圆锥台钣金件进行装配得到完整的钣金件（具体操作请参看随书光盘录像），结果如图 6.1.8 所示；保存钣金件模型并关闭所有文件窗口。

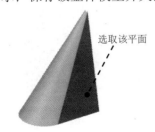
选取该平面

图 6.1.6　定义固定面

图 6.1.7　展平图样

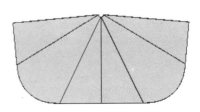
图 6.1.8　装配展开图

6.2　平口圆顶长圆底直角等径圆锥台

平口圆顶长圆底直角等径圆锥台是由一个顶部为圆形截面，底部为长圆形截面放样形成的圆锥台形结构钣金件。其中，圆弧与长圆形半径相等，且一侧对齐。图 6.2.1 所示分别是其钣金件及展开图，下面介绍其在 UG 中的创建和展开的操作过程。

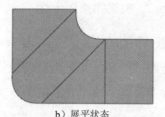

a）未展平状态　　　　　　　　　　　　　b）展平状态

图 6.2.1　平口圆顶长圆底直角等径圆锥台及其展开图

Task1.　创建平口圆顶长圆底直角等径圆锥台

Stage1.　创建平口圆顶长圆底直角等径圆锥台 01

Step1.　新建一个 NX 钣金模型文件，命名为 level_obtusely_long_circle_squarely_equally_conestand01。

Step2.　创建基准平面 1。选择下拉菜单 插入(S) ➡ 基准/点(D) ➡ □ 基准平面(D)... 命令；在 类型 区域的下拉列表中选择 按某一距离 选项，在图形区选取 XY 基准平面，输入偏移值 100；单击 < 确定 > 按钮，完成基准平面 1 的创建。

Step3.　创建图 6.2.2 所示的草图 1。选取 XY 基准平面为草图平面，绘制草图 1。

Step4.　创建图 6.2.3 所示的草图 2。选取基准平面 1 为草图平面，绘制草图 2。

Step5.　创建图 6.2.4 所示的基本放样弯边。选择下拉菜单 插入(S) ➡ 折弯(N) ▶ 放样弯边(L)... 命令；选取 6.2.3 所示的草图 2 为起始截面，选取图 6.2.2 所示的草图 1 为终止截面；单击 厚度 文本框右侧的 ☰ 按钮，在系统弹出的快捷菜单中选择 使用局部值 选项，然后在 厚度 文本框中输入数值 1.0；单击 < 确定 > 按钮，完成基本放样弯边的创建。

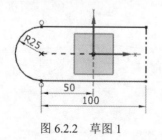
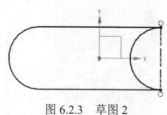

图 6.2.2　草图 1　　　　　　图 6.2.3　草图 2　　　　　　图 6.2.4　基本放样弯边

Step6. 保存钣金件模型。

Stage2. 创建平口圆顶长圆底直角等径圆锥台 02

Step1. 新建一个NX钣金模型文件，命名为 level_obtusely_long_circle_squarely_equally_conestand02。

Step2. 创建基准平面1。选择下拉菜单 插入(S) ➡ 基准/点(D) ➡ 🗋 基准平面(D)... 命令（注：具体参数和操作参见随书光盘）。

Step3. 创建图 6.2.5 所示的草图 1。选取 XY 基准平面为草图平面，绘制草图 1。

Step4. 创建图 6.2.6 所示的草图 2。选取基准平面 1 为草图平面，绘制草图 2。

Step5. 创建图 6.2.7 所示的基本放样弯边。选择下拉菜单 插入(S) ➡ 折弯(N)▸ ➡ �" 放样弯边(L)... 命令；选取 6.2.6 所示的草图 2 为起始截面，选取图 6.2.5 所示的草图 1 为终止截面；单击 厚度 文本框右侧的 ☰ 按钮，在系统弹出的快捷菜单中选择 使用局部值 选项，然后在 厚度 文本框中输入数值 1.0；单击 ⚒ 按钮调整厚度方向向内；单击 < 确定 > 按钮，完成基本放样弯边操作。

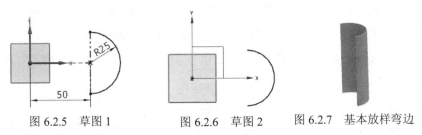

图 6.2.5　草图 1　　　　图 6.2.6　草图 2　　　　图 6.2.7　基本放样弯边

Step6. 保存钣金件模型。

Stage3. 创建完整钣金件

新建一个装配文件，命名为 level_obtusely_long_circle_squarely_equally_conestand_asm，使用创建的平口圆顶长圆底直角等径圆锥台 01、02 钣金件进行装配得到完整的钣金件（具体操作请参看随书光盘录像），结果如图 6.2.8 所示；保存钣金件模型并关闭所有文件窗口。

Task2. 展平平口圆顶长圆底直角等径圆锥台

Stage1. 展平平口圆顶长圆底直角等径圆锥台 01

Step1. 打开文件：level_obtusely_long_circle_squarely_equally_conestand01。

Step2. 选择下拉菜单 插入(S) ➡ 展平图样(L)... ▸ ➡ 🔻 展平实体(S)... 命令；取消选中 ☐ 移至绝对坐标系 复选框，选取图 6.2.9 所示的模型表面为固定面，单击 确定 按钮，展平结果如图 6.2.10 所示；将模型另存为 level_obtusely_long_circle_squarely_equally_conestand_unfold01。

 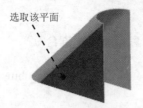 

图 6.2.8　完整钣金件　　　图 6.2.9　定义固定面　　　图 6.2.10　展平图样

Stage2. 展平平口圆顶长圆底直角等径圆锥台 02

Step1. 打开文件：level_obtusely_long_circle_squarely_equally_conestand02。

Step2. 选择下拉菜单 插入(S) ➡ 展平图样(L)... ▸ ➡ 展平实体(S)... 命令；取消选中 ☐ 移至绝对坐标系 复选框，选取图 6.2.11 所示的模型表面为固定面，单击 确定 按钮，展平结果如图 6.2.12 所示；将模型另存为 level_obtusely_long_circle_squarely_equally_conestand_unfold02

Stage3. 装配展开图

新建一个装配文件，命名为 level_obtusely_long_circle_squarely_equally_conestand_unfold_asm。插入平口圆顶长圆底直角等径圆锥台钣金件 01、02 进行装配得到完整的钣金件（具体操作请参看随书光盘录像），结果如图 6.2.13 所示；保存钣金件模型并关闭所有文件窗口。

图 6.2.11　定义固定面　　　图 6.2.12　展平图样　　　图 6.2.13　装配展开图

6.3　平口圆顶长圆底正长圆锥台

平口圆顶长圆底正长圆锥台是由一个顶部为圆形截面，底部为长圆形截面放样形成的圆锥台形结构钣金件。其中，圆弧与长圆形是同轴心的。图 6.3.1 所示分别是其钣金件及展开图，下面介绍其在 UG 中创建和展开的操作过程。

 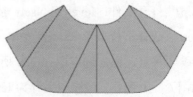

a）未展平状态　　　　　　　　　　　　b）展平状态

图 6.3.1　平口圆顶长圆底正长圆锥台及其展开图

Task1.　创建平口圆顶长圆底正长圆锥台

Stage1.　创建结构模型

Step1.　新建一个 NX 钣金模型文件，并命名为 level_obtusely_long_circle_conestand。

Step2.　创建基准平面 1。选择下拉菜单 插入(S) ➡ 基准/点(D) ➡ 基准平面(D)... 命令（注：具体参数和操作参见随书光盘）。

Step3.　创建图 6.3.2 所示的草图 1。选取 XY 基准平面为草图平面，绘制草图 1。

Step4.　创建图 6.3.3 所示的草图 2。选取基准平面 1 为草图平面，绘制草图 2。

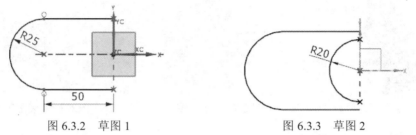

图 6.3.2　草图 1　　　　　　　　　图 6.3.3　草图 2

Step5.　创建图 6.3.4 所示的基本放样弯边。选择下拉菜单 插入(S) ➡ 折弯(N) ▶ ➡ 放样弯边(L)... 命令；选取图 6.3.3 所示的草图 2 为起始截面，选取图 6.3.2 所示的草图 1 为终止截面；单击 厚度 文本框右侧的 ☰ 按钮，在系统弹出的快捷菜单中选择 使用局部值 选项，然后在 厚度 文本框中输入数值 1.0；单击 < 确定 > 按钮，完成基本放样弯边的创建。

Step6.　保存钣金件模型。

Stage2.　创建完整钣金件

新建一个装配文件，命名为 level_obtusely_long_circle_conestand_asm，使用创建的平口圆顶长圆底正长圆锥台钣金件进行装配得到完整的钣金件（具体操作请参看随书光盘录像），结果如图 6.3.5 所示；保存钣金件模型并关闭所有文件窗口。

图 6.3.4　基本放样弯边　　　　　　图 6.3.5　完整钣金件

Task2.　展平平口圆顶长圆底正长圆锥台

Stage1.　展平平口圆顶长圆底正长圆锥台

Step1.　打开文件：level_obtusely_long_circle_conestand。

Step2.　选择下拉菜单 插入(S) ➡ 展平图样(L) ▶ ➡ 展平实体(S)... 命令；取消选中

☐移至绝对坐标系复选框，选取图 6.3.6 所示的模型表面为固定面，单击 确定 按钮，展平结果如图 6.3.7 所示；将模型另存为 level_obtusely_long_circle_conestand_unfold。

Stage2. 装配展开图

新建一个装配文件，命名为 level_obtusely_long_circle_conestand_unfold_asm。插入平口圆顶长圆底正长圆锥台钣金件进行装配得到完整的钣金件（具体操作请参看随书光盘录像），结果如图 6.3.8 所示；保存钣金件模型并关闭所有文件窗口。

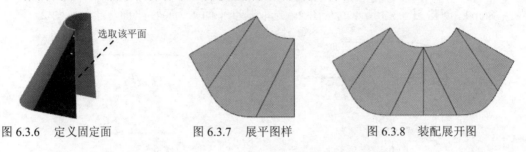

图 6.3.6　定义固定面　　　　图 6.3.7　展平图样　　　　图 6.3.8　装配展开图

6.4　平口圆顶长圆底偏心圆锥台

平口圆顶长圆底偏心圆锥台是由一个顶部为圆形截面，底部为长圆形截面放样形成的圆锥台形结构钣金件。其中圆弧与长圆形是偏心的。图 6.4.1 所示分别是其钣金件及展开图，下面介绍其在 UG 中创建和展开的操作过程。

a）未展平状态　　　　　　　　　　　　b）展平状态

图 6.4.1　平口圆顶长圆底偏心圆锥台及其展开图

Task1. 创建平口圆顶长圆底偏心圆锥台

Stage1. 创建平口圆顶长圆底偏心圆锥台 01

Step1. 新建一个 NX 钣金模型文件，并命名为 level_obtusely_long_circle_eccentric_conestand01。

Step2. 创建基准平面 1。选择下拉菜单 插入(S) ➡ 基准/点(D) ➡ ☐ 基准平面(D)... 命令；在 类型 区域的下拉列表中选择 ▮▮ 按某一距离 选项，在图形区选取 XY 基准平面，输入偏移值 100；单击 < 确定 > 按钮，完成基准平面 1 的创建。

Step3. 创建图 6.4.2 所示的草图 1。选取 XY 基准平面为草图平面，绘制草图 1。

Step4. 创建图 6.4.3 所示的草图 2。选取基准平面 1 为草图平面，绘制草图 2。

Step5. 创建图 6.4.4 所示的基本放样弯边。选择下拉菜单 插入(S) ➡ 折弯(N)▶ ➡ 放样弯边(L)... 命令；选取图 6.4.3 所示的草图 2 为起始截面，选取图 6.4.2 所示的草图 1 为终止截面，单击 厚度 文本框右侧的 ☰ 按钮，在系统弹出的快捷菜单中选择 使用局部值 选项，然后在 厚度 文本框中输入数值 1.0；单击 〈确定〉 按钮，完成基本放样弯边的创建。

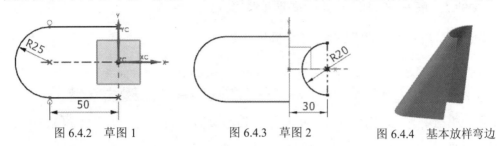

图 6.4.2　草图 1　　　　图 6.4.3　草图 2　　　　图 6.4.4　基本放样弯边

Step6. 保存钣金件模型。

Stage2. 创建平口圆顶长圆底偏心圆锥台 02

Step1. 新建一个 NX 钣金模型文件，并命名为 level_obtusely_long_circle_eccentric_conestand02。

Step2. 创建基准平面 1。选择下拉菜单 插入(S) ➡ 基准/点(D) ➡ ☐ 基准平面(D)... 命令；在 类型 区域的下拉列表中选择 ⬛ 按某一距离 选项，在图形区选取 XY 基准平面，输入偏移值 100；单击 〈确定〉 按钮，完成基准平面 1 的创建。

Step3. 创建图 6.4.5 所示的草图 1。选取 XY 基准平面为草图平面，绘制草图 1。

Step4. 创建图 6.4.6 所示的草图 2。选取基准平面 1 为草图平面，绘制草图 2。

Step5. 创建图 6.4.7 所示的基本放样弯边。选择下拉菜单 插入(S) ➡ 折弯(N)▶ ➡ 放样弯边(L)... 命令；选取图 6.4.6 所示的草图 2 为起始截面，选取图 6.4.5 所示的草图 1 为终止截面；单击 厚度 文本框右侧的 ☰ 按钮，在系统弹出的快捷菜单中选择 使用局部值 选项，然后在 厚度 文本框中输入数值 1.0；单击 ⤢ 按钮调整厚度方向向内；单击 〈确定〉 按钮，完成基本放样弯边的创建。

Step6. 保存钣金件模型。

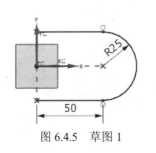 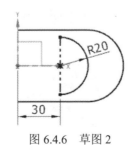 

图 6.4.5　草图 1　　　　图 6.4.6　草图 2　　　　图 6.4.7　基本放样弯边

Stage3. 创建完整钣金件

新建一个装配文件，命名为 level_obtusely_long_circle_eccentric_conestand_asm。使用创建的平口圆顶长圆底偏心圆锥台 01、02 进行装配得到完整的钣金件（具体操作请参看随书光盘录像），结果如图 6.4.8 所示；保存钣金件模型并关闭所有文件窗口。

Task2. 展平平口圆顶长圆底偏心圆锥台

Stage1. 展平平口圆顶长圆底偏心圆锥台 01

Step1. 打开文件：level_obtusely_long_circle_eccentric_conestand01。

Step2. 选择下拉菜单 插入(S) ➡ 展平图样(L)... ▶ ➡ 展平实体(S)... 命令；取消选中 □移至绝对坐标系 复选框，选取图 6.4.9 所示的模型表面为固定面，单击 确定 按钮，展平结果如图 6.4.10 所示；将模型另存为 level_obtusely_long_circle_eccentric_conestand_unfold01。

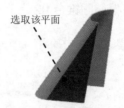

选取该平面

图 6.4.8　完整钣金件　　　图 6.4.9　定义固定面　　　图 6.4.10　展平图样

Stage2. 展平平口圆顶长圆底偏心圆锥台 02

Step1. 打开文件：level_obtusely_long_circle_eccentric_conestand02。

Step2. 选择下拉菜单 插入(S) ➡ 展平图样(L)... ▶ ➡ 展平实体(S)... 命令；取消选中 □移至绝对坐标系 复选框，选取图 6.4.11 所示的模型表面为固定面，单击 确定 按钮，展平结果如图 6.4.12 所示；将模型另存为 level_obtusely_long_circle_eccentric_conestand_unfold02。

Stage3. 装配展开图

新建一个装配文件，命名为 level_obtusely_long_circle_eccentric_conestand_unfold_asm。插入平口圆顶长圆底偏心圆锥台 01、02 进行装配得到完整的钣金件（具体操作请参看随书光盘录像），结果如图 6.4.13 所示；保存钣金件模型并关闭所有文件窗口。

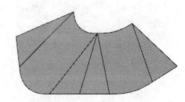

选取该面

图 6.4.11　定义固定面　　　图 6.4.12　展平图样　　　图 6.4.13　装配展开图

第 **7** 章 折边圆（锥）台管

本章提要 本章主要介绍了折边圆（锥）台管类的钣金在 UG 中的创建和展开过程，包括大口折边、小口折边和大小口双折边。在创建和展开此类钣金时要注意定义切口的位置以及衔接位置的材料厚度方向。

7.1 大 口 折 边

大口折边是由正圆锥台管和其大口径一端的普通圆柱管接合形成的构件。下面以图 7.1.1 所示的模型为例，介绍在 UG 中创建和展开大口折边类型钣金件的一般过程。

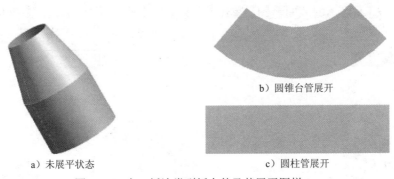

a）未展平状态
b）圆锥台管展开
c）圆柱管展开

图 7.1.1 大口折边类型钣金件及其展平图样

Task1. 创建大口折边类型钣金件

Step1. 新建一个 NX 钣金模型文件，命名为 big_calibre_crimping。

Step2. 创建基准平面1。选择下拉菜单 插入(S) ➡ 基准/点(D) ▶ ➡ 基准平面(D)... 命令。在 类型 下拉列表中选择 按某一距离 选项，选取 XY 平面为参考对象，在 偏置 区域的 距离 文本框中输入数值 80；单击 < 确定 > 按钮，完成基准平面1的创建。

Step3. 创建图 7.1.2 所示的草图1。选择 XY 平面为草图平面，绘制草图1。

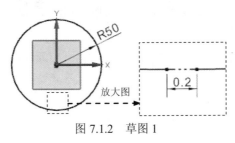

图 7.1.2 草图 1

Step4. 创建图 7.1.3 所示的草图 2。选择基准平面 1 为草图平面，绘制草图 2。

Step5. 创建图 7.1.4 所示的基本放样弯边特征 1。选择下拉菜单 插入(S) ➤ 折弯(N) ▶ ➤ 放样弯边(L)... 命令；依次选取草图 1 和草图 2 为特征截面，单击 厚度 文本框右侧的 按钮，在系统弹出的快捷菜单中选择 使用局部值 选项，然后在 厚度 文本框中输入数值 1.0；单击 按钮调整厚度方向至内侧；单击 确定 按钮，完成基本放样弯边特征 1 的创建。

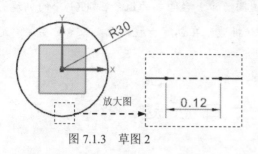

图 7.1.3　草图 2　　　　　　　　　图 7.1.4　基本放样弯边特征 1

Step6. 创建图 7.1.5 所示的基本轮廓弯边特征 1。选择下拉菜单 插入(S) ➤ 折弯(N) ▶ ➤ 轮廓弯边(C)... 命令；在 类型 下拉列表中选择 基本件 选项，选取 XY 平面为草图平面，绘制图 7.1.6 所示的截面草图；单击 厚度 文本框右侧的 按钮，在系统弹出的快捷菜单中选择 使用局部值 选项，然后在 厚度 文本框中输入数值 1.0；单击 按钮；在 宽度选项 下拉列表中选择 有限 选项，在 宽度 文本框中输入数值 80；单击 确定 按钮，完成基本轮廓弯边特征 1 的创建。

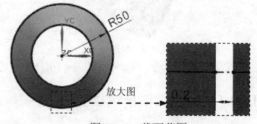

图 7.1.5　基本轮廓弯边特征 1　　　　　图 7.1.6　截面草图

Step7. 保存钣金模型。

Task2. 展平大口折边类型钣金件

Step1. 创建图 7.1.1b 所示的展平实体。选择下拉菜单 插入(S) ➤ 展平图样(L)... ▶ ➤ 展平实体(S)... 命令；选取图 7.1.7 所示的固定面，单击 确定 按钮，完成该特征的创建。将模型另存为 big_calibre_crimping_unfold01。

Step2. 创建图 7.1.1c 所示的展平实体。选择下拉菜单 插入(S) ➤ 展平图样(L)... ▶ ➤ 展平实体(S)... 命令；选取图 7.1.8 所示的固定面，单击 确定 按钮，完成该特征的创建。将模型另存为 big_calibre_crimping_unfold02。

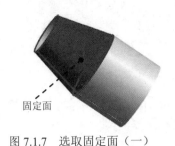

固定面

图 7.1.7 选取固定面(一)

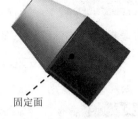

固定面

图 7.1.8 选取固定面(二)

7.2 小口折边

小口折边是由正圆锥台管和其小口径一端的普通圆柱管接合形成的构件。下面以图
7.2.1 所示的模型为例,介绍在 UG 中创建和展开小口折边类型钣金件的一般过程。

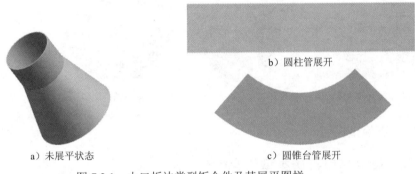

a)未展平状态

b)圆柱管展开

c)圆锥台管展开

图 7.2.1 小口折边类型钣金件及其展平图样

Task 1. 创建小口折边类型钣金件

Step1. 新建一个 NX 钣金模型文件,命名为 small_calibre_crimping。

Step2. 创建基准平面 1。选择下拉菜单 插入(S) ➡ 基准/点(D) ➡ 基准平面(D)...
命令。在 类型 下拉列表中选择 按某一距离 选项,选取 XY 平面为参考对象,在 偏置 区域的 距离
文本框中输入数值 80;单击 〈确定〉 按钮,完成基准平面 1 的创建。

Step3. 创建图 7.2.2 所示的草图 1。选择 XY 平面为草图平面,绘制草图 1。

Step4. 创建图 7.2.3 所示的草图 2。选择基准平面 1 为草图平面,绘制草图 2。

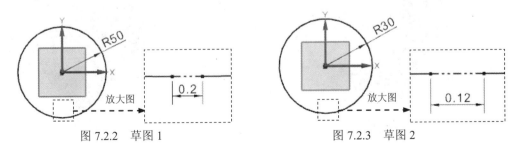

图 7.2.2 草图 1

图 7.2.3 草图 2

Step5. 创建图 7.2.4 所示的基本放样弯边特征 1。选择下拉菜单 插入(S) ➡ 折弯(N) ▶ ➡ 放样弯边(L)... 命令，依次选取草图 1 和草图 2 为起始截面和终止截面，单击 厚度 文本框右侧的 ▤ 按钮，在系统弹出的快捷菜单中选择 使用局部值 选项，然后在 厚度 文本框中输入数值 1.0；单击 确定 按钮，完成基本放样弯边特征 1 的创建。

Step6. 创建图 7.2.5 所示的基本轮廓弯边特征 1。选择下拉菜单 插入(S) ➡ 折弯(N) ▶ ➡ 轮廓弯边(C)... 命令；在 类型 下拉列表中选择 ⬆基本件 选项，选取基准平面 1 为草图平面，绘制图 7.2.6 所示的截面草图；单击 厚度 文本框右侧的 ▤ 按钮，在系统弹出的快捷菜单中选择 使用局部值 选项，然后在 厚度 文本框中输入数值 1.0；单击 ✗ 按钮；在 宽度选项 下拉列表中选择 ▪ 有限 选项，在 宽度 文本框中输入数值 40，单击 ✗ 按钮；单击 〈 确定 〉 按钮，完成基本轮廓弯边特征 1 的创建。

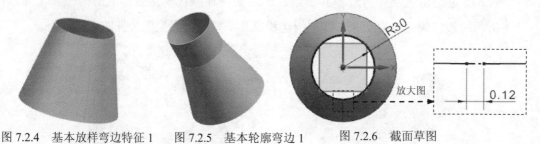

图 7.2.4　基本放样弯边特征 1　　图 7.2.5　基本轮廓弯边 1　　图 7.2.6　截面草图

Step7. 保存钣金模型。

Task2. 展平小口折边类型钣金件

Step1. 创建图 7.2.1b 所示的展平实体。选择下拉菜单 插入(S) ➡ 展平图样(L)... ▶ ➡ 展平实体(S)... 命令；选取图 7.2.7 所示的固定面，单击 确定 按钮，完成展平实体的创建。将模型另存为 small_calibre_crimping _unfold01。

Step2. 创建图 7.2.1c 所示的展平实体。选择下拉菜单 插入(S) ➡ 展平图样(L)... ▶ ➡ 展平实体(S)... 命令；选取图 7.2.8 所示的固定面，单击 确定 按钮，完成展平实体特征的创建。将模型另存为 small_calibre_crimping _unfold02。

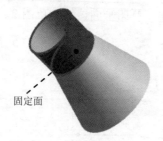

固定面

图 7.2.7　选取固定面（一）

固定面

图 7.2.8　选取固定面（二）

7.3　大小口双折边

　　大小口双折边是由正圆锥台管和其两端大小不一的普通圆柱管接合形成的构件。下面以图 7.3.1 所示的模型为例，介绍在 UG 中创建和展开大小口双折边类型钣金件的一般过程。

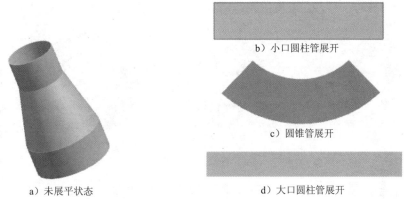

　a）未展平状态

b）小口圆柱管展开

c）圆锥管展开

d）大口圆柱管展开

图 7.3.1　大小口双折边类型钣金件及其展平图样

Task 1．创建大小口双折边类型钣金件

Step1．新建一个 NX 钣金模型文件，命名为 double_calibre_crimping。

Step2．创建基准平面 1。选择下拉菜单 插入(S) ➡ 基准/点(D) ▶ ➡ □ 基准平面(D)... 命令。在 类型 下拉列表中选择 ⏚ 按某一距离 选项，选取 XY 平面为参考对象，在 偏置 区域的 距离 文本框中输入数值 80；单击 < 确定 > 按钮，完成基准平面 1 的创建。

Step3．创建图 7.3.2 所示的草图 1。选择 XY 平面为草图平面，绘制草图 1。

Step4．创建图 7.3.3 所示的草图 2。选择基准平面 1 为草图平面，绘制草图 2。

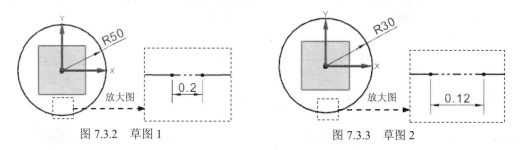

图 7.3.2　草图 1

图 7.3.3　草图 2

Step5．创建图 7.3.4 所示的基本放样弯边特征 1。选择下拉菜单 插入(S) ➡ 折弯(N) ➡ ◯ 放样弯边(L)... 命令，依次选取草图 1 和草图 2 为起始截面和终止截面，单击 厚度 文本框右侧的 ☰ 按钮，在系统弹出的快捷菜单中选择 使用局部值 选项，然后在 厚度 文本框中输入数值 1.0；单击 确定 按钮，完成基本放样弯边特征 1 的创建。

Step6. 创建图 7.3.5 所示的基本轮廓弯边特征 1。选择下拉菜单 插入(S) ➡ 折弯(N) ▶ ➡ 轮廓弯边(C)... 命令；在 类型 下拉列表中选择 基本件 选项，选取 XY 平面为草图平面，绘制图 7.3.6 所示的截面草图；单击 厚度 文本框右侧的 按钮，在系统弹出的快捷菜单中选择 使用局部值 选项，然后在 厚度 文本框中输入数值 1.0，单击 按钮；在 宽度选项 下拉列表中选择 有限 选项，在 宽度 文本框中输入数值 40；单击 < 确定 > 按钮，完成基本轮廓弯边特征 1 的创建。

图 7.3.4　基本放样弯边特征 1

图 7.3.5　基本轮廓弯边特征 1

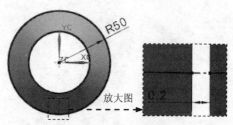
图 7.3.6　截面草图

Step7. 创建图 7.3.7 所示的基本轮廓弯边特征 2。选择下拉菜单 插入(S) ➡ 折弯(N) ▶ ➡ 轮廓弯边(C)... 命令；在 类型 下拉列表中选择 基本 选项，选取基准平面 1 为草图平面，绘制图 7.3.8 所示的截面草图；单击 厚度 文本框右侧的 按钮，在系统弹出的快捷菜单中选择 使用本地值 选项，然后在 厚度 文本框中输入数值 1.0，单击 按钮；在 宽度选项 下拉列表中选择 有限 选项，在 宽度 文本框中输入数值 40，单击 按钮；单击 < 确定 > 按钮，完成基本轮廓弯边特征 2 的创建。

图 7.3.7　基本轮廓弯边特征 2

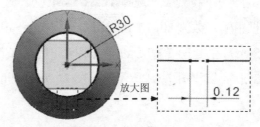
图 7.3.8　截面草图

Step8. 保存钣金模型。

Task2. 展平大小口双折边类型钣金件

Step1. 创建图 7.3.1b 所示的展开实体。选择下拉菜单 插入(S) ➡ 展平图样(L)... ▶ ➡ 展平实体(S)... 命令；选取图 7.3.9 所示的固定面，单击 确定 按钮，完成展平实体的创建。将模型另存为 double_calibre_crimping_unfold01。

Step2. 创建图 7.3.1c 所示的展开实体。选择下拉菜单 插入(S) ➡ 展平图样(L)... ▶ ➡ 展平实体(S)... 命令；选取图 7.3.10 所示的固定面，单击 确定 按钮，完成展平实体的创建。将模型另存为 double_calibre_crimping_unfold02。

Step3. 创建图 7.3.1d 所示的展开实体。选择下拉菜单 插入(S) ➡ 展平图样(L)... ▶ ➡ 展平实体(S)... 命令；选取图 7.3.11 所示的固定面，单击 确定 按钮，完成展平实体的创建。将模型另存为 double_calibre_crimping_unfold03。

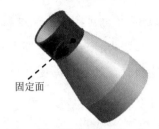

图 7.3.9　选取固定面（一）

图 7.3.10　选取固定面（二）

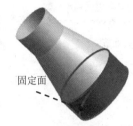

图 7.3.11　选取固定面（三）

第**8**章 等径圆形弯头

本章提要 本章主要介绍了等径圆形弯头类的钣金在 UG 中的创建和展开过程，包括两节等径直角弯头、两节等径任意角弯头、60° 三节圆形等径弯头和 90° 四节圆形等径弯头。在创建和展开此类钣金时要注意定义切口的位置以及衔接位置的材料厚度方向。

8.1 两节等径直角弯头

两节等径直角弯头是由两个等径斜截圆柱管（45° 截面）接合而成的构件。下面以图 8.1.1 所示的模型为例，介绍在 UG 中创建和展开两节等径直角弯头的一般过程。

a）未展平状态 b）展平状态

图 8.1.1 两节等径直角弯头及其展平图样

Task 1. 创建两节等径直角弯头

Stage1. 创建斜截圆柱管（45° 截面）

Step1. 新建一个 NX 钣金模型文件，命名为 two_sec_equally_squarely_elbow。

Step2. 创建图 8.1.2 所示的轮廓弯边特征 1。选择下拉菜单 插入(S) ➞ 折弯(N) ➞ 轮廓弯边(C)... 命令；在 类型 下拉列表中选择 基本件 选项，选取 XY 平面为草图平面，绘制图 8.1.3 所示的截面草图；单击 厚度 文本框右侧的 ☰ 按钮，在系统弹出的快捷菜单中选择 使用局部值 选项，然后在 厚度 文本框中输入数值 1.0；在 宽度选项 下拉列表中选择 有限 选项，在 宽度 文本框中输入数值 200.0，单击 ✕ 按钮调整方向；单击 〈 确定 〉 按钮，完成轮廓弯边特征 1 的创建。

Step3. 创建图 8.1.4 所示的拉伸特征 1。选择下拉菜单 插入(S) ➞ 切割(T) ➞ 拉伸(g)... 命令，选取 XZ 平面为草图平面，绘制图 8.1.5 所示的截面草图；在 限制 区域的 开始 下拉列表中选择 对称值 选项，在其下的 距离 文本框中输入数值 48；在 布尔 区域的下拉列

表中选择 减去 选项；在 偏置 下拉列表中选择 两侧 选项，在 开始 文本框中输入数值 0，在 结束 文本框中输入数值 70；单击 〈确定〉 按钮，完成拉伸特征 1 的创建。

Step4. 保存钣金模型。

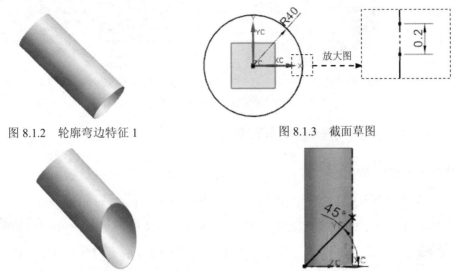

图 8.1.2　轮廓弯边特征 1　　　　　　　　图 8.1.3　截面草图

图 8.1.4　拉伸特征 1　　　　　　　　　　图 8.1.5　截面草图

Stage2. 装配斜截圆柱管，生成两节等径直角弯头

新建一个装配文件，命名为 two_sec_equally_squarely_elbow_asm；使用两个"斜截圆柱管"进行装配，得到完整的钣金件（图 8.1.6）；保存装配模型。

图 8.1.6　两节等径直角弯头

Task2. 展平两节等径直角弯头

从上面的创建过程中可以看出两节等径直角弯头是由两个斜截圆柱管装配形成的，所以其展开放样即斜截圆柱管的展开放样，其展开方法在前面的章节已经详细介绍过，这里不再赘述，其展平结果如图 8.1.1b 所示。

8.2　两节等径任意角弯头

两节等径任意角弯头是由两个等径斜截圆柱管接合而成的构件。下面以图 8.2.1 所示的模型为例，介绍在 UG 中创建和展开两节等径任意角弯头的一般过程。

a）未展平状态　　　　　　　　　　　　b）展平状态

图 8.2.1　两节等径任意角弯头及其展平图样

Task 1. 创建两节等径任意角弯头

Stage1. 创建斜截圆柱管

Step1. 新建一个 NX 钣金模型文件，命名为 two_sec_equally_random_elbow。

Step2. 创建图 8.2.2 所示的轮廓弯边特征 1。选择下拉菜单 插入(S) ➡ 折弯(N) ➡ ⓢ 轮廓弯边(C)... 命令；选取 XY 平面为草图平面，绘制图 8.2.3 所示的截面草图；单击 厚度 文本框右侧的 三 按钮，在系统弹出的快捷菜单中选择 使用局部值 选项，然后在 厚度 文本框中输入数值 1.0；在 宽度选项 下拉列表中选择 █ 有限 选项，在 宽度 文本框中输入数值 200.0，单击 ✕ 按钮调整方向；单击 〈 确定 〉 按钮，完成轮廓弯边特征 1 的创建。

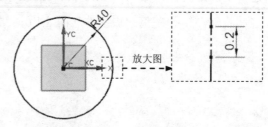

图 8.2.2　轮廓弯边特征 1　　　　　　图 8.2.3　截面草图

Step3. 创建图 8.2.4 所示的拉伸特征 1。选择下拉菜单 插入(S) ➡ 切割(T) ➡ ⬛ 拉伸(E)... 命令，选取 XZ 平面为草图平面，绘制图 8.2.5 所示的截面草图；在 限制 区域的 开始 下拉列表中选择 ⬙ 对称值 选项，在其下的 距离 文本框中输入值 48；在 偏置 下拉列表中选择 两侧 选项，在 开始 文本框中输入值 0，在 结束 文本框中输入值 -70，在 布尔 区域的下拉列表中选择 █ 减去 选项；单击 〈 确定 〉 按钮，完成拉伸特征 1 的创建。

Step4. 保存钣金模型。

Stage2. 装配斜截圆柱管，生成两节等径任意角弯头

新建一个装配文件，命名为 two_sec_equally_squarely_elbow_asm；将两个斜截圆柱管进行装配（图 8.2.6）；保存装配模型。

图 8.2.4 拉伸特征 1

图 8.2.5 截面草图

图 8.2.6 两节等径任意角弯头

Task2. 展平两节等径任意角弯头

从上面的创建过程中可以看出两节等径任意角弯头是由两个斜截圆柱管装配形成的，所以其展开放样即斜截圆柱管的展开放样，其展开方法这里不再赘述，其展平结果如图 8.2.1b 所示。

8.3 60°三节圆形等径弯头

60°三节圆形等径弯头是由三节等径的圆柱管构成的，且两端口平面夹角为 60°。下面以图 8.3.1 所示的模型为例，介绍在 UG 中创建和展开 60°三节圆形等径弯头的一般过程。

a）未展平状态

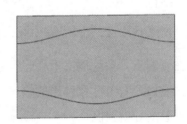
b）展平状态

图 8.3.1 60°三节圆形等径弯头及其展平图样

Task1. 创建 60°三节圆形等径弯头

Stage1. 创建端节模型

Step1. 新建一个 NX 钣金模型文件，命名为 60deg_three_sec_circle_equally_elbow。

Step2. 创建图 8.3.2 所示的轮廓弯边特征 1。选取下拉菜单 插入(S) ➡ 折弯(N) ▶ ➡ 轮廓弯边(C)... 命令；选取 XY 平面为草图平面，绘制图 8.3.3 所示的截面草图；单击 厚度 文本框右侧的 ☰ 按钮，在系统弹出的快捷菜单中选择 使用局部值 选项，然后在 厚度 文本框中输入数值 1.0；在 宽度选项 下拉列表中选择 ■ 有限 选项，在 宽度 文本框中输入数值 400.0，单击 ⋉ 按钮调整方向；单击 < 确定 > 按钮，完成轮廓弯边特征 1 的创建。

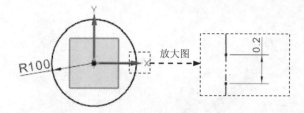

图 8.3.2　轮廓弯边特征 1　　　　　　　　图 8.3.3　截面草图

Step3. 创建图 8.3.4 所示的草图 1。选择 XZ 平面为草图平面，绘制草图 1。

Step4. 创建图 8.3.5 所示的拉伸特征 1。选择下拉菜单 插入(S) ➡ 切割(T) ➡ ⬛ 拉伸(E)... 命令，选取图 8.3.4 所示的直线 1 为拉伸的截面；在 限制 区域的 开始 下拉列表中选择 ⬛ 对称值 选项，在其下的 距离 文本框中输入值 120；在 布尔 区域的下拉列表中选择 ⬛ 无 选项；单击 〈确定〉 按钮，完成拉伸特征 1 的创建。

Step5. 参照 Step4，创建图 8.3.6 所示的拉伸特征 2。

Step6. 保存模型文件。

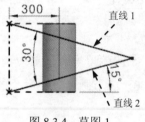

图 8.3.4　草图 1　　　　　　图 8.3.5　拉伸特征 1　　　　　图 8.3.6　拉伸特征 2

Stage2. 创建 60° 三节圆形等径弯头首节

Step1. 在资源工具条区单击"装配导航器"按钮 ⬛，切换至"装配导航器"界面，在装配导航器的空白处右击，在弹出的快捷菜单中确认 ✓ WAVE 模式 被选中。

Step2. 在装配导航器区选择 ✓ ⬛ 60deg_three_sec_circle_equally_elbow 并右击，在弹出的快捷菜单中选择 WAVE ➡ 新建层 命令，系统弹出"新建层"对话框。

Step3. 在"新建层"对话框中单击 指定部件名 按钮，在弹出的对话框中输入文件名 60deg_three_sec_circle_equally_elbow01，并单击 OK 按钮。

Step4. 在"新建层"对话框中单击 类选择 按钮，选取所有实体及曲面，单击两次 确定 按钮，完成新级别的创建。

Step5. 将 60deg_three_sec_circle_equally_elbow01 设为显示部件。

Step6. 创建图 8.3.7 所示的修剪体 1。选择下拉菜单 插入(S) ➡ 修剪(T) ➡ ⬛ 修剪体(T) 命令。选取图 8.3.8 所示的实体为修剪目标，单击中键；选取图 8.3.8 所示的平面为修剪工具；单击 〈确定〉 按钮，完成修剪体 1 的创建。

Step7. 保存钣金模型。

Stage3. 创建 60° 三节圆形等径弯头中节

Step1. 切换至 60deg_three_sec_circle_equally_elbow 窗口。

Step2. 在装配导航器区选择 ☑️ ▢ `60deg_three_sec_circle_equally_elbow` 并右击，在弹出的快捷菜单中选择 `WAVE ▶` ➡️ `新建层` 命令，系统弹出"新建层"对话框。

Step3. 在"新建层"对话框中单击 `指定部件名` 按钮，在弹出的对话框中输入文件名 60deg_three_sec_circle_equally_elbow02，并单击 `OK` 按钮。

Step4. 在"新建层"对话框中单击 `类选择` 按钮，选取所有的实体、曲面对象，单击两次 `确定` 按钮，完成新级别的创建。

Step5. 将 60deg_three_sec_circle_equally_elbow02 设为显示部件。

Step6. 创建图 8.3.9 所示的修剪体 2。选择下拉菜单 `插入(S)` ➡️ `修剪(T)` ➡️ ▢ `修剪体(T)` 命令。选取图 8.3.10 所示的实体为修剪目标，单击中键；选取图 8.3.10 所示的平面为修剪工具；单击 ⚡ 按钮调整修剪方向；单击 `◀ 确定 ▶` 按钮，完成修剪体 2 的创建。

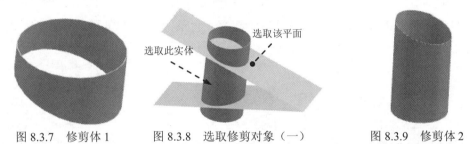

图 8.3.7　修剪体 1　　　　图 8.3.8　选取修剪对象（一）　　　　图 8.3.9　修剪体 2

Step7. 创建图 8.3.11 所示的修剪体 3。选择下拉菜单 `插入(S)` ➡️ `修剪(T)` ➡️ ▢ `修剪体(T)` 命令。选取图 8.3.12 所示的实体为修剪目标，单击中键；选取 8.3.12 所示的平面为修剪工具；单击 ⚡ 按钮调整修剪方向；单击 `◀ 确定 ▶` 按钮，完成修剪体 3 的创建。

Step8. 保存钣金模型。

图 8.3.10　选取修剪对象（二）　　　图 8.3.11　修剪体 3　　　图 8.3.12　选取修剪对象（三）

Stage4. 创建 60° 三节圆形等径弯头尾节

Step1. 切换至 60deg_three_sec_circle_equally_elbow 窗口。

Step2. 在装配导航器区选择 ☑️ ▢ `60deg_three_sec_circle_equally_elbow` 并右击，在弹出的快捷菜单中选择 `WAVE ▶` ➡️ `新建层` 命令，系统弹出"新建层"对话框。

Step3. 在"新建层"对话框中单击 指定部件名 按钮，在弹出的对话框中输入文件名 60deg_three_sec_circle_equally_elbow03，并单击 OK 按钮。

Step4. 在"新建层"对话框中单击 类选择 按钮，选取所示的实体、曲面对象，单击两次 确定 按钮，完成新级别的创建。

Step5. 将 60deg_three_sec_circle_equally_elbow03 设为显示部件。

Step6. 创建图 8.3.13 所示的修剪体 1。选择下拉菜单 插入(S) ➡ 修剪(T) ➡ 修剪体(T) 命令。选取图 8.3.14 所示的实体为修剪目标，单击中键；选取图 8.3.14 所示的平面为修剪工具；单击 〈确定〉 按钮，完成修剪体 1 的创建。

Step7. 保存钣金模型。

Stage5. 装配，生成 60° 三节圆形等径弯头

新建一个装配文件，命名为 60deg_three_sec_circle_equally_elbow_asm，使用创建的 60° 三节圆形等径弯头首节、60° 三节圆形等径弯头中节和 60° 三节圆形等径弯头尾节进行装配得到完整的钣金件（具体操作请参看随书光盘录像），结果如图 8.3.15 所示；保存钣金件模型并关闭所有文件窗口，保存装配模型。

图 8.3.13　修剪体 1

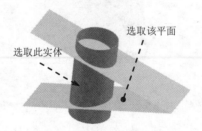
图 8.3.14　选取修剪对象

图 8.3.15　60° 三节圆形等径弯头

Task2. 展平 60° 三节圆形等径弯头

Stage1. 展平 60° 三节圆形等径弯头首节

Step1. 打开模型文件 60deg_three_sec_circle_equally_elbow01.prt。

Step2. 创建图 8.3.16 所示的展平实体。选择下拉菜单 插入(S) ➡ 展平图样(L)... ▶ ➡ 展平实体(S)... 命令；选取图 8.3.17 所示的固定面，单击 确定 按钮，完成该特征的创建；将模型另存为 60deg_three_sec_circle_equally_elbow_unfold01。

图 8.3.16　展平后的钣金

图 8.3.17　选取固定面

Stage2. 展平60°三节圆形等径弯头中节

参照 Stage 1 步骤，展平60°三节圆形等径弯头中节，将模型命名为 60deg_three_sec_circle_equally_elbow_unfold02，结果如图 8.3.18 所示。

Stage3. 展平60°三节圆形等径弯头尾节

参照 Stage 1 步骤，展平60°三节圆形等径弯头尾节，将模型命名为 60deg_three_sec_circle_equally_elbow_unfold03，结果如图 8.3.19 所示。

图 8.3.18　60°三节圆形等径弯头中节展开

图 8.3.19　60°三节圆形等径弯头尾节展开

Stage4. 装配展开图

新建一个装配文件，命名为 60deg_three_sec_circle_equally_elbow_unfold_asm。依次插入零件"60°三节圆形等径弯头尾节展开""60°三节圆形等径弯头中节展开""60°三节圆形等径弯头首节展开"（具体操作请参看随书光盘录像），结果如图 8.3.1b 所示；保存钣金件模型并关闭所有文件窗口。

8.4　90°四节圆形等径弯头

90°四节圆形等径弯头是由四节等径的圆柱管构成的，且两端口平面夹角为90°。下面以图 8.4.1 所示的模型为例，介绍在 UG 中创建和展开90°四节圆形等径弯头的一般过程。

a）未展平状态

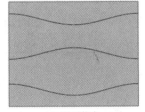
b）展平状态

图 8.4.1　90°四节圆形等径弯头及其展平图样

Task 1. 创建90°四节圆形等径弯头

Stage1. 创建端节模型

Step1. 新建一个 NX 钣金模型文件，命名为 90deg_four_sec_circle_equally_elbow。

Step2. 创建图 8.4.2 所示的轮廓弯边特征 1。选择下拉菜单 插入(S) ➡ 折弯(N) ➡ 轮廓弯边(C)... 命令；选取 XY 平面为草图平面，绘制图 8.4.3 所示的截面草图；单击 厚度 文本框右侧的 按钮，在系统弹出的快捷菜单中选择 使用局部值 选项，然后在 厚度 文本框中输入数值 1.0；在 宽度选项 下拉列表中选择 有限 选项，在 宽度 文本框中输入数值 500.0，单击 按钮调整方向；单击 < 确定 > 按钮，完成轮廓弯边特征 1 的创建。

图 8.4.2　轮廓弯边特征 1

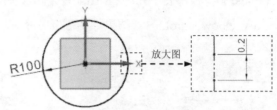

图 8.4.3　截面草图

Step3. 创建图 8.4.4 所示的草图 1。选择 XZ 平面为草图平面，绘制草图 1。

Step4. 创建图 8.4.5 所示的拉伸特征 1。选择下拉菜单 插入(S) ➡ 切割(T) ➡ 拉伸(E) 命令，选取图 8.4.4 所示的直线 1 为拉伸的截面；在 限制 区域的 开始 下拉列表中选择 对称值 选项，在其下的 距离 文本框中输入数值 120；在 布尔 区域的下拉列表中选择 无 选项；单击 < 确定 > 按钮，完成拉伸特征 1 的创建。

Step5. 参照 Step4 创建图 8.4.6 所示的拉伸特征 2 和图 8.4.7 所示的拉伸特征 3。

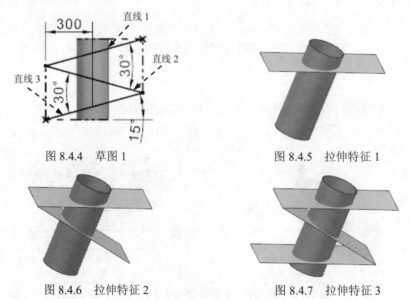

图 8.4.4　草图 1

图 8.4.5　拉伸特征 1

图 8.4.6　拉伸特征 2

图 8.4.7　拉伸特征 3

Step6. 保存钣金模型。

Stage2. 创建 90° 四节圆形等径弯头首节

Step1. 在资源工具条区单击"装配导航器"按钮 ，切换至"装配导航器"界面，在装配导航器的空白处右击，在弹出的快捷菜单中确认 ✔ **WAVE 模式** 被选中。

Step2. 在装配导航器区选择 ✔ 🗆 **90deg_four_sec_circle_equally_elbow** 并右击，在弹出的快捷菜单中选择 **WAVE ▶** ➡ **新建层** 命令，系统弹出"新建层"对话框。

Step3. 在"新建层"对话框中单击 **指定部件名** 按钮，在弹出的对话框中输入文件名 90deg_four_sec_circle_equally_elbow01，并单击 **OK** 按钮。

Step4. 在"新建层"对话框中单击 **类选择** 按钮，选取所有实体及曲面，单击两次 **确定** 按钮，完成新级别的创建。

Step5. 将 90deg_four_sec_circle_equally_elbow01 设为显示部件。

Step6. 创建图 8.4.8 所示的修剪体 1。选择下拉菜单 **插入(S)** ➡ **修剪(T)** ➡ **🗆 修剪体(T)...** 命令。选取图 8.4.9 所示的实体为修剪目标，单击中键；选取图 8.4.9 所示的平面为修剪工具；单击 **< 确定 >** 按钮，完成修剪体 1 的创建。

Step7. 保存钣金模型。

图 8.4.8 修剪体 1

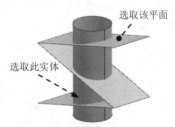

图 8.4.9 选取修剪对象

Stage3. 创建 90° 四节圆形等径弯头中节 1

Step1. 切换至 90deg_four_sec_circle_equally_elbow 窗口。

Step2. 在装配导航器区选择 ✔ 🗆 **90deg_four_sec_circle_equally_elbow** 并右击，在弹出的快捷菜单中选择 **WAVE ▶** ➡ **新建层** 命令，系统弹出"新建层"对话框。

Step3. 在"新建层"对话框中单击 **指定部件名** 按钮，在弹出的对话框中输入文件名 90deg_four_sec_circle_equally_elbow02，并单击 **OK** 按钮。

Step4. 在"新建层"对话框中单击 **类选择** 按钮，选取所有的实体、曲面对象，单击两次 **确定** 按钮，完成新级别的创建。

Step5. 将 90deg_four_sec_circle_equally_elbow02 设为显示部件。

Step6. 创建图 8.4.10 所示的修剪体 1。选择下拉菜单 **插入(S)** ➡ **修剪(T)** ➡ **🗆 修剪体(T)** 命令。选取图 8.4.11 所示的实体为修剪目标，单击中键；选取 8.4.11 所示的平面为修剪工具。单击 ⚒ 按钮调整修剪方向，单击 **< 确定 >** 按钮，完成修剪体 1 的创建。

Step7. 创建图 8.4.12 所示的修剪体 2。选择下拉菜单 **插入(S)** ➡ **修剪(T)** ➡ **🗆 修剪体(T)** 命令。选取图 8.4.13 所示的实体为修剪目标，单击中键；选取 8.4.13 所示的平面为修剪工具。单击 <确定> 按钮，完成修剪体 2 的创建。

Step8. 保存钣金模型。

图 8.4.10　修剪体 1

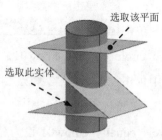
图 8.4.11　选取修剪对象

选取该平面

选取此实体

图 8.4.12　修剪体 2

Stage4. 创建 90° 四节圆形等径弯头中节 2

Step1. 切换至 90deg_four_sec_circle_equally_elbow 窗口。

Step2. 在装配导航器区选择 ☑ 🗅 90deg_four_sec_circle_equally_elbow 并右击，在弹出的快捷菜单中选择 WAVE ▶ ➡ 新建层 命令，系统弹出"新建层"对话框。

Step3. 在"新建层"对话框中单击 指定部件名 按钮，在弹出的对话框中输入文件名 90deg_four_sec_circle_equally_elbow03，并单击 OK 按钮。

Step4. 在"新建层"对话框中单击 类选择 按钮，选取所示的实体、曲面对象，单击两次 确定 按钮，完成新级别的创建。

Step5. 将 90deg_four_sec_circle_equally_elbow03 设为显示部件。

Step6. 创建图 8.4.14 所示的修剪体 1。选择下拉菜单 插入(S) ➡ 修剪(T) ➡ ⚪ 修剪体(T) 命令。选取图 8.4.15 所示的实体为修剪目标，单击中键；选取图 8.4.15 所示的平面为修剪工具；单击 ⚒ 按钮调整修剪方向；单击 <确定> 按钮，完成修剪体 1 的创建。

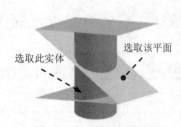

选取此实体　　选取该平面

图 8.4.13　选取修剪对象

图 8.4.14　修剪体 1

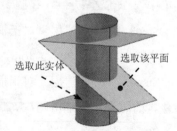

选取此实体　　选取该平面

图 8.4.15　选取修剪对象

Step7. 创建图 8.4.16 所示的修剪体 2。选择下拉菜单 插入(S) ➡ 修剪(T) ➡ ⚪ 修剪体(T) 命令。选取图 8.4.17 所示的实体为修剪目标，单击中键；选取图 8.4.17 所示的平面为修剪工具；单击 ⚒ 按钮调整修剪方向；单击 <确定> 按钮，完成修剪体 2 的创建。

Step8. 保存钣金模型。

Stage5. 创建 90° 四节圆形等径弯头尾节

Step1. 切换至 90deg_four_sec_circle_equally_elbow 窗口。

Step2. 在装配导航器区选择 ☑ 🗀 `90deg_four_sec_circle_equally_elbow`并右击，在弹出的快捷菜单中选择`WAVE ▶` ➡ `新建层`命令，系统弹出"新建层"对话框。

Step3. 在"新建层"对话框中单击 `指定部件名` 按钮，在弹出的对话框中输入文件名 90deg_four_sec_circle_equally_elbow04，并单击 `OK` 按钮。

Step4. 在"新建层"对话框中单击 `类选择` 按钮，选取所示的实体、曲面对象，单击两次 `确定` 按钮，完成新级别的创建。

Step5. 将 90deg_four_sec_circle_equally_elbow04 设为显示部件。

Step6. 创建图 8.4.18 所示的修剪体 1。选择下拉菜单`插入(S)` ➡ `修剪(T)` ➡ `修剪体(T)...`命令。选取图 8.4.19 所示的实体为修剪目标，单击中键；选取图 8.4.19 所示的平面为修剪工具；单击`<确定>`按钮，完成修剪体 1 的创建。

Step7. 保存钣金模型。

图 8.4.16　修剪体 2

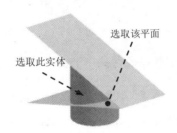

图 8.4.17　选取修剪对象

图 8.4.18　修剪体 1

Stage6. 装配，生成 90° 四节圆形等径弯头

新建一个装配文件，命名为 90deg_four_sec_circle_equally_elbow_asm，使用创建的 90° 四节圆形等径弯头首节、90° 四节圆形等径弯头中节 1、90° 四节圆形等径弯头中节 2 和 90° 四节圆形等径弯头尾节进行装配得到完整的钣金件（具体操作请参看随书光盘录像），结果如图 8.4.20 所示；保存钣金件模型并关闭所有文件窗口。

Task2. 展平 90° 四节圆形等径弯头

Stage1. 展平 90° 四节圆形等径弯头首节

Step1. 打开模型文件 90deg_four_sec_circle_equally_elbow 01.prt。

Step2. 创建图 8.4.21 所示的展平实体。选择下拉菜单`插入(S)` ➡ `展平图样(L)...▶` ➡ `展平实体(S)...`命令；选取图 8.4.22 所示的固定面，单击`确定`按钮，完成展平实体的创建；将模型另存为 90deg_four_sec_circle_equally_elbow_unfold01。

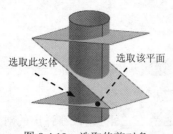
图 8.4.19　选取修剪对象

图 8.4.20　90°四节圆形等径弯头

图 8.4.21　展平实体

Stage2. 展平 90°四节圆形等径弯头中节 1

参照 Stage 1 步骤，展平 90°四节圆形等径弯头中节 1，将模型命名为 90deg_four_sec_circle_equally_elbow_unfold02，结果如图 8.4.23 所示。

图 8.4.22　选取固定面

图 8.4.23　90°四节圆形等径弯头中节 1 展开

Stage3. 展平 90°四节圆形等径弯头中节 2

参照 Stage 1 步骤，展平 90°四节圆形等径弯头尾节，将模型命名为 90deg_four_sec_circle_equally_elbow_unfold03，结果如图 8.4.24 所示。

Stage4. 展平 90°四节圆形等径弯头尾节

参照 Stage 1 步骤，展平 90°四节圆形等径弯头尾节，将模型命名为 90deg_four_sec_circle_equally_elbow_unfold04，结果如图 8.4.25 所示。

图 8.4.24　90°四节圆形等径弯头中节 2 展开

图 8.4.25　90°四节圆形等径弯头尾节展开

Stage5. 装配展开图

新建一个装配文件，命名为 90deg_four_sec_circle_equally_elbow_unfold_asm。依次插入零件"90°四节圆形等径弯头尾节展开""90°四节圆形等径弯头中节 2 展开""90°四节圆形等径弯头中节 1 展开""90°四节圆形等径弯头首节展开"（具体操作请参看随书光盘录像）；结果如图 8.4.1b 所示；保存钣金件模型并关闭所有文件窗口。

第**9**章 变径圆形弯头

本章提要 本章主要介绍了变径圆形弯头的钣金在 UG 中的创建和展开过程，包括 60° 两节渐缩弯头、75° 三节渐缩弯头和90° 三节渐缩弯头等。此类钣金都是采用放样弯边和新建级别等方法来创建的。

9.1 60° 两节渐缩弯头

60° 两节渐缩弯头是由两节圆锥台管首尾连接构成的，两圆锥台端面夹角为60°。图 9.1.1 所示分别是其钣金件及展开图，下面介绍其在 UG 中创建和展开的操作过程。

a）未展平状态

b）展平状态

图 9.1.1 60° 两节渐缩弯头及其展开图

Task1. 创建 60°两节渐缩弯头

Stage1. 创建整体零件结构模型

Step1. 新建一个 NX 钣金模型文件，命名为 60deg_two_sec_cone_elbow。

Step2. 创建基准平面1。选择下拉菜单 插入(S) ➡ 基准/点(D) ➡ 基准平面(D)... 命令。在 类型 下拉列表中选择 按某一距离 选项，选取 XY 平面为参考对象，在 偏置 区域的 距离 文本框中输入值 350；单击 < 确定 > 按钮，完成基准平面1的创建。

Step3. 创建图 9.1.2 所示的草图1。选择 XY 平面为草图平面，绘制草图1。

Step4. 创建图 9.1.3 所示的草图2。选择基准平面1为草图平面，绘制草图2。

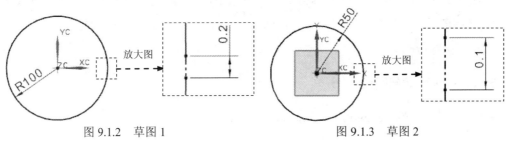

图 9.1.2 草图1   图 9.1.3 草图2

Step5. 创建图 9.1.4 所示的基本放样弯边特征 1。选择下拉菜单 插入(S) ➡ 折弯(N) ▶ ➡ 放样弯边(L) 命令；依次选取草图 1 和草图 2 为截面曲线；单击 厚度 文本框右侧的 按钮，在系统弹出的快捷菜单中选择 使用局部值 选项，然后在 厚度 文本框中输入数值 1.0；单击 确定 按钮，完成基本放样弯边特征 1 的创建。

Step6. 创建图 9.1.5 所示的拉伸特征 1。选择下拉菜单 插入(S) ➡ 切割(T) ➡ 拉伸(E)... 命令；单击 按钮，选取 XZ 平面为草图平面，绘制图 9.1.6 所示的截面草图；在 限制 区域的 开始 下拉列表中选择 对称值 选项，在其下的 距离 文本框中输入值 95；在 布尔 区域的下拉列表中选择 无 选项；单击 < 确定 > 按钮，完成拉伸特征 1 的创建。

图 9.1.4　基本放样弯边特征 1

图 9.1.5　拉伸特征 1

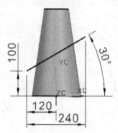

图 9.1.6　截面草图

Step7. 保存钣金模型。

Stage2. 创建上部圆锥管

Step1. 在资源工具条区单击"装配导航器"按钮，切换至"装配导航器"界面，在装配导航器的空白处右击，在弹出的快捷菜单中确认 ✔ WAVE 模式 被选中。

Step2. 在装配导航器区选择 ✔ 60deg_two_sec_cone_elbow 并右击，在弹出的快捷菜单中选择 WAVE ▶ ➡ 新建层 命令，系统弹出"新建层"对话框。

Step3. 在"新建层"对话框中单击 指定部件名 按钮，在弹出的对话框中输入文件名 60deg_two_sec_cone_elbow01，并单击 OK 按钮。

Step4. 在"新建层"对话框中单击 类选择 按钮，选取所有实体及曲面，单击两次 确定 按钮，完成新级别的创建。

Step5. 将 60deg_two_sec_cone_elbow01 设为显示部件。

Step6. 创建图 9.1.7 所示的修剪体 1。选择下拉菜单 插入(S) ➡ 修剪(T) ➡ 修剪体(T) 命令。选取图 9.1.8 所示的实体为修剪目标，单击中键；选取图 9.1.8 所示的平面为修剪工具；单击 按钮调整修剪方向；单击 < 确定 > 按钮，完成修剪体 1 的创建。

Step7. 保存钣金模型。

Stage3. 创建底部圆锥管

Step1. 切换至 60deg_two_sec_cone_elbow 窗口。

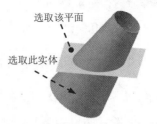

选取该平面

选取此实体

图 9.1.7　修剪体 1　　　　图 9.1.8　选取修剪对象

Step2. 在装配导航器区选择 ☑ 🔲 60deg_two_sec_cone_elbow 并右击，在弹出的快捷菜单中选择 WAVE ▶ ➡ 新建层 命令，系统弹出"新建层"对话框。

Step3. 在"新建层"对话框中单击 指定部件名 按钮，在弹出的对话框中输入文件名 60deg_two_sec_cone_elbow02，并单击 OK 按钮。

Step4. 在"新建层"对话框中单击 类选择 按钮，选取所有实体及曲面，单击两次 确定 按钮，完成新级别的创建。

Step5. 将 60deg_two_sec_cone_elbow02 设为显示部件。

Step6. 创建图 9.1.9 所示的修剪体 1。选择下拉菜单 插入(S) ➡ 修剪(T) ➡ 修剪体(T) 命令。选取图 9.1.10 所示的实体为修剪目标，单击中键；选取图 9.1.10 所示的平面为修剪工具；单击 < 确定 > 按钮，完成修剪体 1 的创建。

Step7. 保存钣金模型。

Stage4. 创建完整钣金件

新建一个装配文件，命名为 60deg_two_sec_cone_elbow_asm，使用创建的底部圆锥管和上部圆锥管进行装配得到完整的钣金件（具体操作请参看随书光盘），结果如图 9.1.11 所示；保存钣金件模型并关闭所有文件窗口，保存装配模型。

 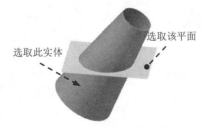 

选取此实体　选取该平面

图 9.1.9　修剪体 1　　　图 9.1.10　选取修剪对象　　　图 9.1.11　完整钣金件

Task2. 展平 60° 两节渐缩弯头

Stage1. 展平 60° 两节渐缩弯头底部圆锥管

Step1. 打开模型文件 60deg_two_sec_cone_elbow01.prt。

Step2. 创建图 9.1.12 所示的展平实体。选择下拉菜单 插入(S) ➡ 展平图样(L)... ▶ ➡

命令；选取图 9.1.13 所示的固定面，单击 **确定** 按钮，完成展平实体的创建；将模型另存为 60deg_two_sec_cone_elbow_unfold01。

Stage2. 展平 60°两节渐缩弯头上部圆锥管

参照 Stage1 步骤，展平 60°两节渐缩弯头上部圆锥管，将模型命名为 60deg_two_sec_cone_elbow_unfold02，结果如图 9.1.14 所示。

固定面

图 9.1.12　展平实体　　　图 9.1.13　选取固定面　　　图 9.1.14　60°两节渐缩弯头上部圆锥管展开

Stage3. 装配展开图

新建一个装配文件，命名为 60deg_two_sec_cone_elbow_unfold_asm。依次插入零件 "60°两节渐缩弯头底部圆锥管展开" "60°两节渐缩弯头上部圆锥管展开"（具体操作请参看随书光盘），结果如图 9.1.1b 所示；保存钣金件模型并关闭所有文件窗口。

9.2　75°三节渐缩弯头

75°三节渐缩弯头是由三节圆锥台管首尾连接构成的，两圆锥台端面夹角为 75°。图 9.2.1 所示分别是其钣金件及展开图，下面介绍其在 UG 中创建和展开的操作过程。

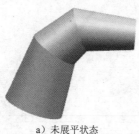
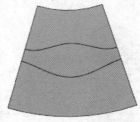

a）未展平状态　　　　　　　　　　　　b）展平状态

图 9.2.1　75°三节渐缩弯头及其展开图

Task1. 创建 75°三节渐缩弯头

Stage1. 创建整体零件结构模型

Step1. 新建一个 NX 钣金模型文件，命名为 75deg_three_sec_cone_elbow。

Step2. 创建基准平面 1。选择下拉菜单 **插入(S)** ➡ **基准/点(D)** ➡ **基准平面(D)...** 命令。在 类型 下拉列表中选择 按某一距离 选项，选取 XY 平面为参考对象，在 偏置 区域的 距离 文本框中输入值 500，单击 < 确定 > 按钮，完成基准平面 1 的创建。

Step3. 创建图 9.2.2 所示的草图 1。选择 XY 平面为草图平面，绘制草图 1。

Step4. 创建图 9.2.3 所示的草图 2。选择基准平面 1 为草图平面，绘制草图 2。

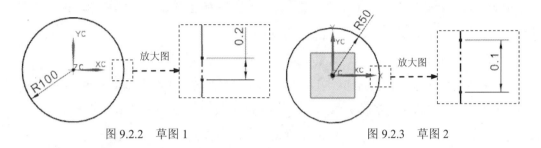

图 9.2.2 草图 1　　　　　　　　　图 9.2.3 草图 2

Step5. 创建图 9.2.4 所示的基本放样弯边特征 1。选择下拉菜单 插入(S) ➡ 折弯(N) ▶ ➡ 放样弯边(L)... 命令，依次选取草图 1 和草图 2 为截面曲线，单击 厚度 文本框右侧的 按钮，在系统弹出的快捷菜单中选择 使用局部值 选项，然后在 厚度 文本框中输入数值 1.0；单击 确定 按钮，完成基本放样弯边特征 1 的创建。

Step6. 创建图 9.2.5 所示的草图 3。选择 XZ 平面为草图平面，绘制草图 3。

Step7. 创建图 9.2.6 所示的拉伸特征 1。选择下拉菜单 插入(S) ➡ 切割(T) ➡ 拉伸(E)... 命令，选取图 9.2.5 所示的直线 1 为拉伸的截面；在 限制 区域的 开始 下拉列表中选择 对称值 选项，在其下的 距离 文本框中输入值 95；在 布尔 区域的下拉列表中选择 无 选项；单击 < 确定 > 按钮，完成拉伸特征 1 的创建。

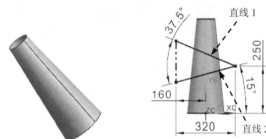

图 9.2.4 基本放样弯边特征 1　　图 9.2.5 草图 3　　图 9.2.6 拉伸特征 1

Step8. 参照 Step7，创建图 9.2.7 所示的拉伸特征 2。

Step9. 保存钣金模型。

Stage2. 创建上部圆锥管

Step1. 在资源工具条区单击"装配导航器"按钮，切换至"装配导航器"界面，在装配导航器的空白处右击，在弹出的快捷菜单中确认 ✓ WAVE 模式 被选中。

Step2. 在装配导航器区选择 ☑ ▢ 75deg_three_sec_cone_elbow 并右击，在弹出的快捷菜单中选择 WAVE ▶ ➡ 新建层 命令，系统弹出"新建层"对话框。

Step3. 在"新建层"对话框中单击 指定部件名 按钮，在弹出的对话框中输入文件名 75deg_three_sec_cone_elbow01，并单击 OK 按钮。

Step4. 在"新建层"对话框中单击 类选择 按钮，选取所有实体及曲面，单击两次 确定 按钮，完成新级别的创建。

Step5. 将 75deg_three_sec_cone_elbow01 设为显示部件。

Step6. 创建图 9.2.8 所示的修剪体 1。选择下拉菜单 插入(S) ➡ 修剪(T) ➡ ▢ 修剪体(T) 命令。选取图 9.2.9 所示的实体为修剪目标，单击中键；选取图 9.2.9 所示的平面为修剪工具；单击 ✗ 按钮调整修剪方向；单击 〈确定〉 按钮，完成修剪体 1 的创建。

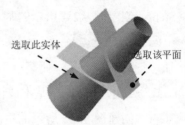

选取此实体

选取该平面

图 9.2.7　拉伸特征 2　　　　图 9.2.8　修剪体 1　　　　图 9.2.9　选取修剪对象

Step7. 保存钣金模型。

Stage3. 创建中部圆锥管

Step1. 切换至 75deg_three_sec_cone_elbow 窗口。

Step2. 在装配导航器区选择 ☑ ▢ 75deg_three_sec_cone_elbow 并右击，在弹出的快捷菜单中选择 WAVE ▶ ➡ 新建层 命令，系统弹出"新建层"对话框。

Step3. 在"新建层"对话框中单击 指定部件名 按钮，在弹出的对话框中输入文件名 75deg_three_sec_cone_elbow02，并单击 OK 按钮。

Step4. 在"新建层"对话框中单击 类选择 按钮，选取所有实体及曲面，单击两次 确定 按钮，完成新级别的创建。

Step5. 将 75deg_three_sec_cone_elbow02 设为显示部件。

Step6. 创建图 9.2.10 所示的修剪体 1。选择下拉菜单 插入(S) ➡ 修剪(T) ➡ ▢ 修剪体(T) 命令。选取图 9.2.11 所示的实体为修剪目标，单击中键；选取图 9.2.11 所示的平面为修剪工具；单击 〈确定〉 按钮，完成修剪体 1 的创建。

Step7. 创建图 9.2.12 所示的修剪体 2。选择下拉菜单 插入(S) ➡ 修剪(T) ➡ ▢ 修剪体(T) 命令。选取图 9.2.13 所示的实体为修剪目标，单击中键；选取图 9.2.13 所示的平面为修剪工具；单击 ✗ 按钮调整修剪方向；单击 〈确定〉 按钮，完成修剪体 2 的创建。

图 9.2.10 修剪体 1

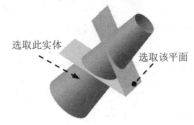

图 9.2.11 选取修剪对象

图 9.2.12 修剪体 2

Step8. 保存钣金模型。

Stage4. 创建底部圆锥管

Step1. 切换至 75deg_three_sec_cone_elbow 窗口。

Step2. 在装配导航器区选择 ☑️ 🗂 `75deg_three_sec_cone_elbow` 并右击, 在弹出的快捷菜单中选择 `WAVE ▸` ➡️ `新建层` 命令, 系统弹出"新建层"对话框。

Step3. 在"新建层"对话框中单击 `指定部件名` 按钮, 在弹出的对话框中输入文件名 75deg_three_sec_cone_elbow03, 并单击 `OK` 按钮。

Step4. 在"新建层"对话框中单击 `类选择` 按钮, 选取所有实体及曲面, 单击两次 `确定` 按钮, 完成新级别的创建。

Step5. 将 75deg_three_sec_cone_elbow03 设为显示部件。

Step6. 创建图 9.2.14 所示的修剪体 1。选择下拉菜单 `插入(S)` ➡️ `修剪(T)` ➡️ `🗐 修剪体(T)` 命令。选取图 9.2.15 所示的实体为修剪目标, 单击中键; 选取图 9.2.15 所示的平面为修剪工具; 单击 `< 确定 >` 按钮, 完成修剪体 1 的创建。

Step7. 保存钣金模型。

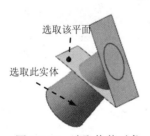

图 9.2.13 选取修剪对象

图 9.2.14 修剪体 1

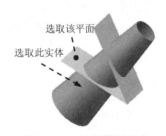

图 9.2.15 选取修剪对象

Stage5. 创建完整钣金件

新建一个装配文件, 命名为 75deg_three_sec_cone_elbow_asm; 使用创建的上部圆锥管、中部圆锥管和底部圆锥管进行装配得到完整的钣金件(具体操作请参看随书光盘), 结果如图 9.2.16 所示; 保存钣金件模型并关闭所有文件窗口, 保存装配模型。

Task2. 展平 75°三节渐缩弯头

Stage1. 展平 75°三节渐缩弯头上部圆锥管

Step1. 打开模型文件 75deg_three_sec_cone_elbow01.prt。

Step2. 创建图 9.2.17 所示的展平实体。选择下拉菜单 插入(S) ➡ 展平图样(L) ➡ 展平实体(S)... 命令；选取图 9.2.18 所示的固定面，单击 确定 按钮，完成展平实体的创建；将模型另存为 75deg_three_sec_cone_elbow_unfold01。

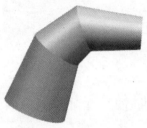

固定面

图 9.2.16　完整钣金件　　　　图 9.2.17　展平实体　　　　图 9.2.18　选取固定面

Stage2. 展平 75°三节渐缩弯头中部圆锥管

参照 Stage1 步骤，展平 75°三节渐缩弯头中部圆锥管（图 9.2.19），将模型命名为 75deg_three_sec_cone_elbow_unfold02。

Stage3. 展平 75°三节渐缩弯头底部圆锥管

参照 Stage1 步骤，展平 75°三节渐缩弯头底部圆锥管（图 9.2.20），将模型命名为 75deg_three_sec_cone_elbow_unfold03。

图 9.2.19　75°三节渐缩弯头中部圆锥管展开　　　图 9.2.20　75°三节渐缩弯头底部圆锥管展开

Stage4. 装配展开图

新建一个装配文件，命名为 75deg_three_sec_cone_elbow_unfold_asm。依次插入零件"75°三节渐缩弯头上部圆锥管展开""75°三节渐缩弯头中部圆锥管展开""75°三节渐缩弯头底部圆锥管展开"（具体操作请参看随书光盘），结果如图 9.2.1b 所示。

9.3　90°三节渐缩弯头

90°三节渐缩弯头是由三节圆锥台管首尾连接构成的，两圆锥台端面夹角为 90°。图

9.3.1 所示分别是其钣金件及展开图，下面介绍其在 UG 中创建和展开的操作过程。

a）未展平状态　　　　　　　　　　　　　　b）展平状态

图 9.3.1　90°三节渐缩弯头及其展开图

Task1. 创建 90°三节渐缩弯头

Stage1. 创建整体零件结构模型

Step1. 新建一个 NX 钣金模型文件，命名为 90deg_three_sec_cone_elbow。

Step2. 创建基准平面 1。选择下拉菜单 插入(S) ➡ 基准/点(D) ➡ □ 基准平面(D)... 命令。在 类型 下拉列表中选择 ⬛按某一距离 选项，选取 XY 平面为参考对象，在 偏置 区域的 距离 文本框中输入值 500；单击 〈确定〉 按钮，完成基准平面 1 的创建。

Step3. 创建图 9.3.2 所示的草图 1。选择 XY 平面为草图平面，绘制草图 1。

Step4. 创建图 9.3.3 所示的草图 2。选择基准平面 1 为草图平面，绘制草图 2。

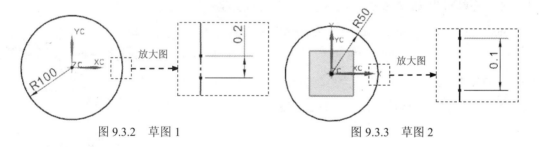

图 9.3.2　草图 1　　　　　　　　　　　图 9.3.3　草图 2

Step5. 创建图 9.3.4 所示的基本放样弯边特征 1。选择下拉菜单 插入(S) ➡ 折弯(N) ▸ ➡ 放样弯边(L)... 命令，依次选取草图 1 和草图 2 为截面草图；单击 厚度 文本框右侧的 ☰ 按钮，在系统弹出的快捷菜单中选择 使用局部值 选项，然后在 厚度 文本框中输入数值 1.0；单击 确定 按钮，完成基本放样弯边特征 1 的创建。

Step6. 创建图 9.3.5 所示的草图 3。选择 XZ 平面为草图平面，绘制草图 3。

Step7. 创建图 9.3.6 所示的拉伸特征 1。选择下拉菜单 插入(S) ➡ 切割(T) ➡ ⬚ 拉伸(E)... 命令，选取图 9.3.5 所示的直线 1 为拉伸的截面；在 限制 区域的 开始 下拉列表中选择 ⬛ 对称值 选项，在其下的 距离 文本框中输入值 95；在 布尔 区域的下拉列表中选择 ⬛ 无 选项；单击 〈确定〉 按钮，完成拉伸特征 1 的创建。

图 9.3.4　基本放样弯边特征 1

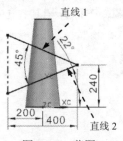

图 9.3.5　草图 3

图 9.3.6　拉伸特征 1

Step8. 参照 Step7，创建图 9.3.7 所示的拉伸特征 2。

Step9. 保存钣金模型。

Stage2. 创建上部圆锥管

Step1. 在资源工具条区单击"装配导航器"按钮，切换至"装配导航器"界面，在装配导航器的空白处右击，在弹出的快捷菜单中确认 ☑ WAVE 模式 被选中。

Step2. 在装配导航器区选择 ☑ 90deg_three_sec_cone_elbow 并右击，在弹出的快捷菜单中选择 WAVE ▶ ➡ 新建层 命令，系统弹出"新建层"对话框。

Step3. 在"新建层"对话框中单击 指定部件名 按钮，在弹出的对话框中输入文件名 90deg_three_sec_cone_elbow01，并单击 OK 按钮。

Step4. 在"新建层"对话框中单击 类选择 按钮，选取所有实体及曲面，单击两次 确定 按钮，完成新级别的创建。

Step5. 将 90deg_three_sec_cone_elbow01 设为显示部件。

Step6. 创建图 9.3.8 所示的修剪体 1。选择下拉菜单 插入(S) ➡ 修剪(T) ➡ 修剪体(T) 命令。选取图 9.3.9 所示的实体为修剪目标，单击中键，选取图 9.3.9 所示的平面为修剪工具。单击 按钮调整修剪方向，单击 < 确定 > 按钮，完成修剪体 1 的创建。

图 9.3.7　拉伸特征 2

图 9.3.8　修剪体 1

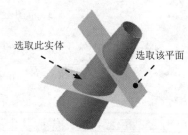

图 9.3.9　选取修剪对象

Step7. 保存钣金模型。

Stage3. 创建中部圆锥管

Step1. 切换至 90deg_three_sec_cone_elbow 窗口。

Step2. 在装配导航器区选择 ☑ 90deg_three_sec_cone_elbow 并右击，在弹出的快捷菜

单中选择 **WAVE** ▶ ━━━ **新建层** 命令，系统弹出"新建层"对话框。

Step3. 在"新建层"对话框中单击 指定部件名 按钮，在弹出的对话框中输入文件名 90deg_three_sec_cone_elbow02，并单击 OK 按钮。

Step4. 在"新建层"对话框中单击 类选择 按钮，选取所有实体及曲面，单击两次 确定 按钮，完成新级别的创建。

Step5. 将 90deg_three_sec_cone_elbow02 设为显示部件。

Step6. 创建图 9.3.10 所示的修剪体 1。选择下拉菜单 **插入(S)** ━━━ **修剪(T)** ━━━ ▭ **修剪体(T)** 命令。选取图 9.3.11 所示的实体为修剪目标，单击中键；选取图 9.3.11 所示的平面为修剪工具；单击 〈 确定 〉 按钮，完成修剪体 1 的创建。

Step7. 创建图 9.3.12 所示的修剪体特征 2。选择下拉菜单 **插入(S)** ━━━ **修剪(T)** ━━━ ▭ **修剪体(T)** 命令。选取图 9.3.13 所示的实体为修剪目标，单击中键；选取图 9.3.13 所示的平面为修剪工具；单击 ✗ 按钮调整修剪方向；单击 〈 确定 〉 按钮，完成修剪体 2 的创建。

图 9.3.10 修剪体 1

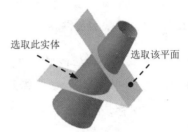

图 9.3.11 选取修剪对象（一）

图 9.3.12 修剪体 2

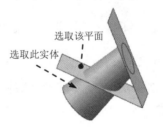

图 9.3.13 选取修剪对象（二）

Step8. 保存钣金模型。

Stage4. 创建底部圆锥管

Step1. 切换至 90deg_three_sec_cone_elbow 窗口。

Step2. 在装配导航器区选择 ☑🗐 **90deg_three_sec_cone_elbow** 并右击，在弹出的快捷菜单中选择 **WAVE** ▶ ━━━ **新建层** 命令，系统弹出"新建层"对话框。

Step3. 在"新建层"对话框中单击 指定部件名 按钮，在弹出的对话框中输入文件名 90deg_three_sec_cone_elbow03，并单击 OK 按钮。

Step4. 在"新建层"对话框中单击 类选择 按钮，选取所有实体及曲面，单击两次 确定 按钮，完成新级别的创建。

Step5. 将 90deg_three_sec_cone_elbow03 设为显示部件。

Step6. 创建图 9.3.14 所示的修剪体 1。选择下拉菜单 插入(S) ➡ 修剪(T) ➡ 修剪体(T)... 命令。选取图 9.3.15 所示的实体为修剪目标，单击中键；选取图 9.3.15 所示的平面为修剪工具；单击 〈 确定 〉 按钮，完成修剪体 1 的创建。

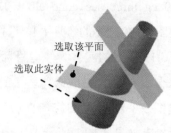
选取该平面
选取此实体

图 9.3.14 修剪体 1　　　　　图 9.3.15 选取修剪对象

Step7. 保存钣金模型。

Stage5. 创建完整钣金件

新建一个装配文件，命名为 90deg_three_sec_cone_elbow_asm，使用创建的底部圆锥管、中部圆锥管和上部圆锥管进行装配得到完整的钣金件（具体操作请参看随书光盘），结果如图 9.3.16 所示；保存装配模型。

Task2. 展平 90°三节渐缩弯头

Stage1. 展平 90°三节渐缩弯头上部圆锥管

Step1. 打开模型文件 90deg_three_sec_cone_elbow01.prt。

Step2. 创建图 9.3.17 所示的展平实体。选择下拉菜单 插入(S) ➡ 展平图样(L)... ▶ 展平实体(S)... 命令；选取图 9.3.18 所示的固定面；单击 确定 按钮，完成展平实体的创建；将模型另存为 90deg_three_sec_cone_elbow_unfold01。

固定面

图 9.3.16 完整钣金件　　　　图 9.3.17 展平实体　　　　图 9.3.18 选取固定面

Stage2. 展平 90°三节渐缩弯头中部圆锥管

参照 Stage1 步骤，展平 90°三节渐缩弯头中部圆锥管（图 9.3.19），将模型命名为

90deg_three_sec_cone_elbow_unfold02。

Stage3. 展平90°三节渐缩弯头底部圆锥管

参照 Stage1 步骤，展平 90°三节渐缩弯头底部圆锥管（图 9.3.20），将模型命名为 90deg_three_sec_cone_elbow_unfold03。

图 9.3.19　90°三节渐缩弯头中部圆锥管展开　　　图 9.3.20　90°三节渐缩弯头底部圆锥管展开

Stage4. 装配展开图

新建一个装配文件，命名为 90deg_three_sec_cone_elbow_unfold_asm。依次插入零件"90°三节渐缩弯头底部圆锥管展开""90°三节渐缩弯头中部圆锥管展开""90°三节渐缩弯头上部圆锥管展开"（具体操作请参看随书光盘），结果如图 9.3.1b 所示。

第 **10** 章　圆形三通

本章提要　本章主要介绍了圆形三通及多通类的钣金在 UG 中的创建和展开过程，包括等径圆管直交三通、等径圆管斜交三通、等径圆管直交锥形过渡三通、等径圆管 Y 形三通、等径圆管 Y 形补料三通、变径圆管 V 形三通和等径圆管人字形三通。此类钣金件的创建是先创建整体结构模型，然后使用新建级别的方式对其进行一定的分割，分别创建其子钣金件，最后使用装配方法得到完整钣金件；对于截面较复杂的钣金件，可以创建一半钣金件并展开，然后使用装配方法得到完整的钣金件和展开图样。

10.1　等径圆管直交三通

等径圆管直交三通是由两个等径圆柱管垂直相交而成的构件。下面以图 10.1.1 所示的模型为例，介绍在 UG 中创建和展开等径圆管直交三通的一般过程。

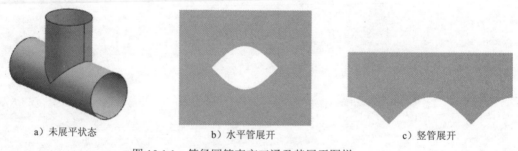

a）未展平状态　　　　b）水平管展开　　　　c）竖管展开

图 10.1.1　等径圆管直交三通及其展平图样

Task1. 创建等径圆管直交三通

Stage1. 创建整体结构模型

Step1. 新建一个零件模型文件，并命名为 equally_cylinder_squarely_tee。

Step2. 创建图 10.1.2 所示的拉伸特征 1。选择下拉菜单 插入(S) ➡ 设计特征(E) ➡ 拉伸(E)... 命令；单击 按钮，选取 YZ 平面为草图平面，单击 确定 按钮，绘制图 10.1.3 所示的截面草图；在"拉伸"对话框 限制 区域的 开始 下拉列表中选择 对称值 选项，并在其下的 距离 文本框中输入数值 400；单击 〈确定〉 按钮，完成拉伸特征 1 的创建。

图 10.1.2　拉伸特征 1

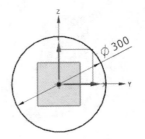

图 10.1.3　截面草图

Step3. 创建图 10.1.4 所示的拉伸特征 2。选择下拉菜单 插入(S) ➡ 设计特征(E)▶ ➡ 拉伸(E)... 命令；单击 按钮，选取 XY 平面为草图平面，单击 确定 按钮，绘制图 10.1.5 所示的截面草图；在"拉伸"对话框的 开始 下拉列表中选择 值 选项，在其下的 距离 文本框中输入值 0，在 结束 下拉列表中选择 值 选项，在其下的 距离 文本框中输入值 400；在 布尔 区域中选择 合并 选项，采用系统默认的求和对象；单击 〈确定〉 按钮，完成拉伸特征 2 的创建。

图 10.1.4　拉伸特征 2

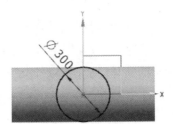

图 10.1.5　截面草图

Step4. 创建图 10.1.6 所示的抽壳特征 1。选择下拉菜单 插入(S) ➡ 偏置/缩放(O)▶ ➡ 抽壳(H)... 命令，选取图 10.1.7 所示模型的三个端面为要抽壳的面，在"抽壳"对话框中的 厚度 文本框内输入值 1.0；单击 〈确定〉 按钮，完成抽壳特征 1 的创建。

图 10.1.6　抽壳特征 1

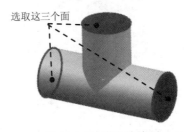

选取这三个面

图 10.1.7　选取移除面

Step5. 创建图 10.1.8 所示的拉伸特征 3。选择下拉菜单 插入(S) ➡ 设计特征(E)▶ ➡ 拉伸(E)... 命令；选取 ZX 平面为草图平面，绘制图 10.1.9 所示的截面草图；在"拉伸"对话框 限制 区域的 开始 下拉列表中选择 对称值 选项，并在其下的 距离 文本框中输入数值 200；在 布尔 区域中选择 无 选项；单击 〈确定〉 按钮，完成拉伸特征 3 的创建。

Step6. 保存模型文件。

图 10.1.8　拉伸特征 3

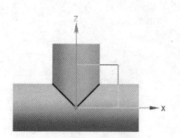

图 10.1.9　截面草图

Stage2. 创建竖直管

Step1. 在资源工具条区单击"装配导航器"按钮 ，切换至"装配导航器"界面，在装配导航器的空白处右击，在弹出的快捷菜单中选择 ☑ WAVE 模式 命令。

Step2. 在装配导航器区选择 ☑ equally_cylinder_squarely_tee 并右击，在弹出的快捷菜单中选择 WAVE ▶ ➡ 新建层 命令，系统弹出"新建层"对话框。

Step3. 在"新建层"对话框中单击 指定部件名 按钮，在弹出的对话框中输入文件名 equally_cylinder_squarely_tee01，并单击 OK 按钮。

Step4. 在"新建层"对话框中单击 类选择 按钮，选取坐标系和图 10.1.10 所示的实体、曲面对象，单击两次 确定 按钮，完成新级别的创建。

Step5. 将 equally_cylinder_squarely_tee01 设为显示部件。

Step6. 创建图 10.1.11 所示的修剪体。选择下拉菜单 插入(S) ➡ 修剪(T) ➡ 修剪体(T) 命令。选取图 10.1.10 所示的实体为修剪目标，单击中键；选取图 10.1.10 所示的曲面为修剪工具；单击 < 确定 > 按钮，完成修剪体 1 的创建。

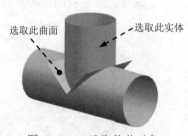

选取此曲面　　选取此实体

图 10.1.10　选取修剪对象

图 10.1.11　修剪体 1

Step7. 创建图 10.1.12 所示的拉伸特征 1。选择下拉菜单 插入(S) ➡ 设计特征(E)▶ ➡ 拉伸(E)... 命令；选取 YZ 平面为草图平面，绘制图 10.1.13 所示的截面草图；在"拉伸"对话框的 偏置 下拉列表中选择 对称 选项，在 开始 文本框中输入值 0.1，在 限制 区域的 开始 下拉列表中选择 值 选项，在其下的 距离 文本框中输入值 0，在 结束 下拉列表中选择 贯通 选项，在 布尔 区域中选择 减去 选项，选择实体为求差对象；单击 < 确定 > 按钮，完成拉伸特征 1 的创建。

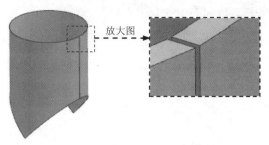

放大图

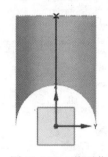

图 10.1.12　拉伸特征 1　　　　　　　　　图 10.1.13　截面草图

Step8. 将模型转换为钣金。在 应用模块 功能选项卡 设计 区域单击 钣金 按钮，进入 "NX 钣金"设计环境；选择下拉菜单 插入(S) ➡ 转换(V) ➡ 转换为钣金(C)... 命令，选取图 10.1.14 所示的面；单击 确定 按钮，完成钣金转换操作。

Step9. 保存钣金件模型。

Stage3. 创建水平管

Step1. 切换至 equally_cylinder_squarely_tee 窗口。

Step2. 在装配导航器区选择☑ equally_cylinder_squarely_tee 并右击，在弹出的快捷菜单中选择 WAVE ➡ 新建层 命令，系统弹出"新建层"对话框。

Step3. 在"新建层"对话框中单击 指定部件名 按钮，在弹出的对话框中输入文件名 equally_cylinder_squarely_tee02，并单击 OK 按钮。

Step4. 在"新建层"对话框中单击 类选择 按钮，选取坐标系和图 10.1.15 所示的实体、曲面对象，单击两次 确定 按钮，完成新级别的创建。

Step5. 将 equally_cylinder_squarely_tee02 设为显示部件（确认在零件设计环境）。

Step6. 创建图 10.1.16 所示的修剪体 1。选择下拉菜单 插入(S) ➡ 修剪(T) ➡ 修剪体(T)... 命令。选取图 10.1.15 所示的实体为修剪目标，单击中键；选取图 10.1.15 所示的曲面为修剪工具；单击 按钮调整修剪方向；单击 < 确定 > 按钮，完成修剪体 1 的创建。

选取该面

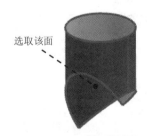

选取此曲面　　选取此实体

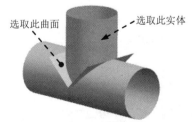

图 10.1.14　钣金转换　　　　图 10.1.15　选取修剪对象　　　　图 10.1.16　修剪体 1

Step7. 创建图 10.1.17 所示的拉伸特征 1。选择下拉菜单 插入(S) ➡ 设计特征(E) ➡ 拉伸(E)... 命令；选取 XY 平面为草图平面，绘制图 10.1.18 所示的截面草图；单击 按钮调整拉伸方向，在"拉伸"对话框的 偏置 下拉列表中选择 对称 选项，在 开始 文本框中输入值 0.1；在 限制 区域的 开始 下拉列表中选择 值 选项，在其下的 距离 文本框中输入值 0，在 结束 下拉列表中选择 贯通 选项；在 布尔 区域中选择 减去 选项，采用系统默认的求差对象；单击 < 确定 > 按钮，完成拉伸特征 1 的创建。

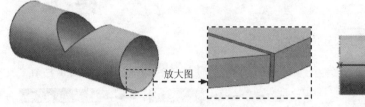 

图 10.1.17　拉伸特征 1　　　　　　　　图 10.1.18　截面草图

Step8. 将模型转换为钣金。在 应用模块 功能选项卡 设计 区域单击 钣金 按钮，进入 "NX 钣金"设计环境；选择下拉菜单 插入(S) ➡ 转换(V) ▶ ➡ 转换为钣金(C) 命令，选取图 10.1.19 所示的面；单击 确定 按钮，完成钣金转换操作。

Step9. 保存钣金件模型。

Step10. 切换至 equally_cylinder_squarely_tee 窗口并保存文件，关闭所有文件窗口。

Stage4.　创建完整钣金件

新建一个装配文件，命名为 equally_cylinder_squarely_tee_asm，使用创建的等径圆管直角三通水平管和竖直管子钣金件进行装配得到完整的钣金件（具体操作请参看随书光盘），结果如图 10.1.20 所示；保存钣金件模型并关闭所有文件窗口。

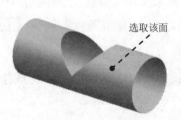 

图 10.1.19　钣金转换　　　　　　　　　图 10.1.20　完整钣金件

Task2.　展平等径圆管直角三通

Stage1.　展平竖直管

Step1. 打开文件 equally_cylinder_squarely_tee01。

Step2. 选择下拉菜单 插入(S) ➡ 展平图样(L)... ▶ ➡ 展平实体(S)... 命令；取消选中 □ 移至绝对坐标系 复选框，选取图 10.1.14 所示的模型表面为固定面，单击 确定 按钮，展平结果如图 10.1.1c 所示；将模型另存为 equally_cylinder_squarely_tee_unfold01。

Stage2. 展平水平管

Step1. 打开文件 equally_cylinder_squarely_tee02。

Step2. 选择下拉菜单 插入(S) ➡️ 展平图样(L)... ▶ ➡️ 🔲 展平实体(S)... 命令；取消选中 ☐ 移至绝对坐标系 复选框，选取图 10.1.19 所示的模型表面为固定面，单击 确定 按钮，展平结果如图 10.1.1b 所示；将模型另存为 equally_cylinder_squarely_tee_unfold02。

10.2　等径圆管斜交三通

等径圆管斜交三通是由两个等径圆柱管相交（非垂直相交）而成的构件。下面以图 10.2.1 所示的模型为例，介绍在 UG 中创建和展开等径圆管斜交三通的一般过程。

a）未展平状态

b）水平管展开

c）倾斜管展开

图 10.2.1　等径圆管斜交三通及其展平图样

Task 1. 创建等径圆管斜交三通

Stage1. 创建整体结构模型

Step1. 新建一个零件模型文件，并命名为 equally_cylinder_bevel_tee。

Step2. 创建图 10.2.2 所示的拉伸特征 1。选择下拉菜单 插入(S) ➡️ 设计特征(E)▶ ➡️ 🔲 拉伸(E)... 命令；单击 🔣 按钮，选取 YZ 平面为草图平面，单击 确定 按钮，绘制图 10.2.3 所示的截面草图；在"拉伸"对话框 限制 区域的 开始 下拉列表中选择 🔹 对称值 选项，并在其下的 距离 文本框中输入数值 400；单击 < 确定 > 按钮，完成拉伸特征 1 的创建。

图 10.2.2　拉伸特征 1

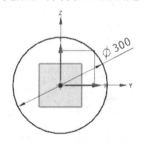
图 10.2.3　截面草图

125

Step3. 创建基准平面 1。选择下拉菜单 插入(S) ➡ 基准/点(D) ➡ □基准平面(D)... 命令；单击 <确定> 按钮，完成基准平面 1 的创建（注：具体参数和操作参见随书光盘）。

Step4. 创建图 10.2.4 所示的拉伸特征 2。选择下拉菜单 插入(S) ➡ 设计特征(E)▶ ➡ □□拉伸(E)... 命令；选取基准平面 1 为草图平面，绘制图 10.2.5 所示的截面草图；在"拉伸"对话框的 开始 下拉列表中选择 值 选项，在其下的 距离 文本框中输入值 0，在 结束 下拉列表中选择 值 选项，在其下的 距离 文本框中输入值 400，在 布尔 区域中选择 合并 选项，采用系统默认的求和对象；单击 <确定> 按钮，完成拉伸特征 2 的创建。

图 10.2.4　拉伸特征 2

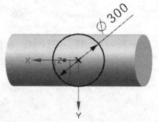

图 10.2.5　截面草图

Step5. 创建图 10.2.6 所示的抽壳特征 1。选择下拉菜单 插入(S) ➡ 偏置/缩放(O)▶ ➡ 抽壳(H)... 命令，选取图 10.2.7 所示模型的三个端面为要抽壳的面，在"抽壳"对话框中的 厚度 文本框内输入值 1.0；单击 <确定> 按钮，完成抽壳特征 1 的创建。

图 10.2.6　抽壳特征 1

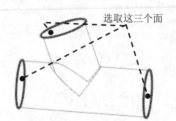

选取这三个面

图 10.2.7　选取移除面

Step6. 创建图 10.2.8 所示的拉伸特征 3。选择下拉菜单 插入(S) ➡ 设计特征(E)▶ ➡ □□拉伸(E)... 命令；选取 ZX 平面为草图平面，绘制图 10.2.9 所示的截面草图；在"拉伸"对话框 限制 区域的 开始 下拉列表中选择 对称值 选项，并在其下的 距离 文本框中输入数值 200，在 布尔 区域中选择 无 选项；单击 <确定> 按钮，完成拉伸特征 3 的创建。

Step7. 保存模型文件。

图 10.2.8　拉伸特征 3

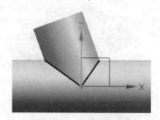

图 10.2.9　截面草图

Stage2. 创建竖直管

Step1. 在资源工具条区单击"装配导航器"按钮 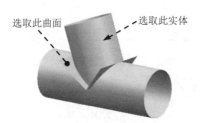，切换至"装配导航器"界面，在装配导航器的空白处右击，在弹出的快捷菜单中选择 ☑ WAVE 模式 命令。

Step2. 在装配导航器区选择 ☑ ⬛ equally_cylinder_bevel_tee 并右击，在弹出的快捷菜单中选择 WAVE ▶ ➡ 新建层 命令，系统弹出"新建层"对话框。

Step3. 在"新建层"对话框中单击 指定部件名 按钮，在弹出的对话框中输入文件名 equally_cylinder_bevel_tee01，并单击 OK 按钮。

Step4. 在"新建层"对话框中单击 类选择 按钮，选取坐标系和图 10.2.10 所示的实体、曲面对象，单击两次 确定 按钮，完成新级别的创建。

Step5. 将 equally_cylinder_bevel_tee01 设为显示部件。

Step6. 创建图 10.2.11 所示的修剪体 1。选择下拉菜单 插入(S) ➡ 修剪(T) ➡ 修剪体(T)... 命令。选取图 10.2.10 所示的实体为修剪目标，单击中键；选取图 10.2.10 所示的曲面为修剪工具；单击 〈 确定 〉 按钮，完成修剪体 1 的创建。

选取此曲面 选取此实体

图 10.2.10 选取修剪对象  　　图 10.2.11 修剪体 1

Step7. 创建图 10.2.12 所示的拉伸特征 1。选择下拉菜单 插入(S) ➡ 设计特征(E)▶ ➡ 拉伸(E)... 命令；选取 YZ 平面为草图平面，绘制图 10.2.13 所示的截面草图；在"拉伸"对话框的 偏置 下拉列表中选择 对称 选项，在 开始 文本框中输入值 0.1，在 限制 区域的 开始 下拉列表中选择 值 选项，在其下的 距离 文本框中输入值 0，在 结束 下拉列表中选择 贯通 选项，在 布尔 区域中选择 减去 选项，选择实体为求差对象；单击 〈 确定 〉 按钮，完成拉伸特征 1 的创建。

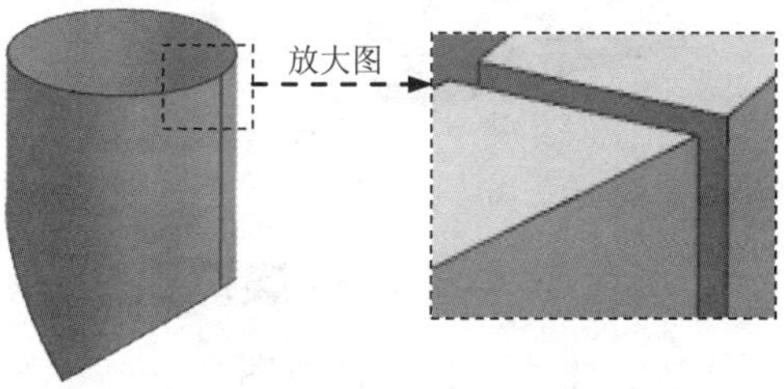

放大图

图 10.2.12 拉伸特征 1 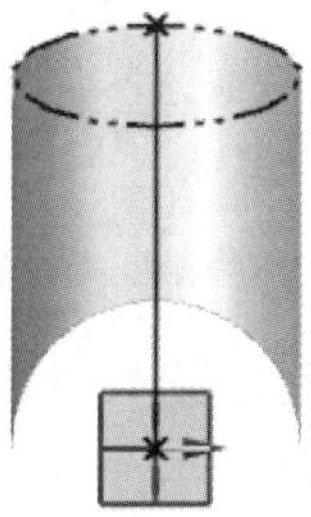 　　图 10.2.13 截面草图

Step8. 将模型转换为钣金。在 应用模块 功能选项卡 设计 区域单击 钣金 按钮，进入

"NX 钣金"设计环境；选择下拉菜单 插入(S) ➡ 转换(V) ▶ ➡ ▨ 转换为钣金(C)... 命令，选取图 10.2.14 所示的面；单击 确定 按钮，完成钣金转换操作。

选取该面

图 10.2.14 钣金转换

Step9. 保存钣金件模型。

Stage3. 创建水平管

Step1. 切换至 equally_cylinder_bevel_tee 窗口。

Step2. 在装配导航器区选择 ☑ ▣ equally_cylinder_bevel_tee 并右击，在弹出的快捷菜单中选择 WAVE ▶ ➡ 新建层 命令，系统弹出"新建层"对话框。

Step3. 在"新建层"对话框中单击 指定部件名 按钮，在弹出的对话框中输入文件名 equally_cylinder_bevel_tee02，并单击 OK 按钮。

Step4. 在"新建层"对话框中单击 类选择 按钮，选取坐标系和图 10.2.15 所示的实体、曲面对象，单击两次 确定 按钮，完成新级别的创建。

Step5. 将 equally_cylinder_bevel_tee02 设为显示部件（确认在零件设计环境）。

Step6. 创建图 10.2.16 所示的修剪体 1。选择下拉菜单 插入(S) ➡ 修剪(T) ➡ ▣ 修剪体(T)... 命令。选取图 10.2.15 所示的实体为修剪目标，单击中键，选取图 10.2.15 所示的曲面为修剪工具。单击 ✗ 按钮调整修剪方向，单击 〈 确定 〉 按钮，完成修剪体 1 的创建。

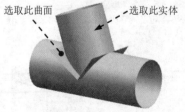

选取此曲面   选取此实体

图 10.2.15 选取修剪对象

图 10.2.16 修剪体 1

Step7. 创建图 10.2.17 所示的拉伸特征 1。选择下拉菜单 插入(S) ➡ 设计特征(E)▶ ➡ ▥ 拉伸(E)... 命令；选取 XY 平面为草图平面，绘制图 10.2.18 所示的截面草图；单击 ✗ 按钮调整拉伸方向，在"拉伸"对话框的 偏置 下拉列表中选择 对称 选项，在 开始 文本框中输入值 0.1，在 限制 区域的 开始 下拉列表中选择 值 选项，在其下的 距离 文本框中输入值 0，在 结束

下拉列表中选择 贯通 选项，在 布尔 区域中选择 减去 选项，采用系统默认的求差对象；单击 < 确定 > 按钮，完成拉伸特征 1 的创建。

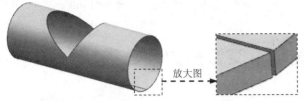

图 10.2.17 拉伸特征 1

图 10.2.18 截面草图

Step8. 将模型转换为钣金。在 应用模块 功能选项卡 设计 区域单击 钣金 按钮，进入 "NX 钣金"设计环境；选择下拉菜单 插入(S) ➡ 转换(V) ➡ 转换为钣金(C) 命令，选取图 10.2.19 所示的面；单击 确定 按钮，完成钣金转换操作。

Step9. 保存钣金件模型。

Step10. 切换至 equally_cylinder_bevel_tee 窗口并保存文件，关闭所有文件窗口。

Stage4. 创建完整钣金件

新建一个装配文件，命名为 equally_cylinder_bevel_tee_asm，使用创建的等径圆管斜交三通水平管和竖直管子钣金件进行装配得到完整的钣金件（具体操作请参看随书光盘），结果如图 10.2.20 所示；保存钣金件模型并关闭所有文件窗口。

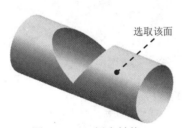

图 10.2.19 钣金转换

图 10.2.20 完整钣金件

Task2. 展平等径圆管斜交三通

Stage1. 展平倾斜管

Step1. 打开文件 equally_cylinder_bevel_tee01。

Step2. 选择下拉菜单 插入(S) ➡ 展平图样(L)... ➡ 展平实体(S)... 命令；取消选中 ☐ 移至绝对坐标系 复选框，选取图 10.2.14 所示的模型表面为固定面，单击 确定 按钮，展平结果如图 10.2.1c 所示；将模型另存为 equally_cylinder_bevel_tee_unfold01。

Stage2. 展平水平管

Step1. 打开文件 equally_cylinder_ bevel_tee02。

Step2. 选择下拉菜单 插入(S) ➡ 展平图样(L)... ▶ ➡ 展平实体(S)... 命令；取消选中 □ 移至绝对坐标系 复选框，选取图 10.2.19 所示的模型表面为固定面，单击 确定 按钮，展平结果如图 10.2.1b 所示；将模型另存为 equally_cylinder_bevel_tee_unfold02。

10.3 等径圆管直交锥形过渡三通

等径圆管直交锥形过渡三通与等径圆管直交三通相比，不同之处是在竖直圆柱管与水平圆柱管之间存在两块等径圆柱面补料。下面以图 10.3.1 所示的模型为例，介绍在 UG 中创建和展开等径圆管直交锥形过渡三通的一般过程。

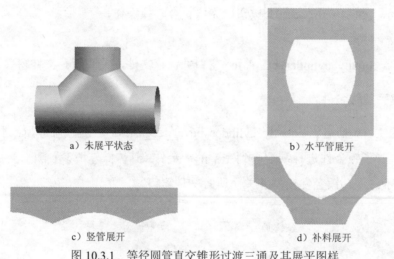

a）未展平状态   b）水平管展开

c）竖管展开   d）补料展开

图 10.3.1　等径圆管直交锥形过渡三通及其展平图样

Task 1. 创建等径圆管直交锥形过渡三通

Stage1. 创建整体结构模型

Step1. 新建一个零件模型文件,并命名为 equally_cylinder_squarely_cone_transition_tee。

Step2. 创建图 10.3.2 所示的拉伸特征 1。选择下拉菜单 插入(S) ➡ 设计特征(E)▶ ➡ 拉伸(E)... 命令；选取 YZ 平面为草图平面，绘制图 10.3.3 所示的截面草图（一）；在"拉伸"对话框 限制 区域的 开始 下拉列表中选择 对称值 选项，并在其下的 距离 文本框中输入数值400；单击 < 确定 > 按钮，完成拉伸特征 1 的创建。

图 10.3.2　拉伸特征 1

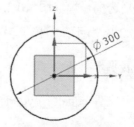

图 10.3.3　截面草图（一）

Step3. 创建图 10.3.4 所示的拉伸特征 2。选择下拉菜单 插入(S) ➡️ 设计特征(E)▶ ➡️ 📖 拉伸(E)... 命令；选取 XY 平面为草图平面，绘制图 10.3.5 所示的截面草图（二）；在"拉伸"对话框的 开始 下拉列表中选择 值 选项，在其下的 距离 文本框中输入值 0，在 结束 下拉列表中选择 值 选项，在其下的 距离 文本框中输入值 400，在 布尔 区域中选择 合并 选项，采用系统默认的求和对象；单击 <确定> 按钮，完成拉伸特征 2 的创建。

图 10.3.4 拉伸特征 2

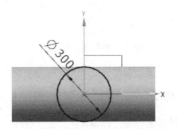
图 10.3.5 截面草图（二）

Step4. 创建基准平面 1。选择下拉菜单 插入(S) ➡️ 基准/点(D)▶ ➡️ 🔲 基准平面(D)... 命令；在 -类型- 区域的下拉列表中选择 成一角度 选项，选取 XY 平面为参考平面，选取 Y 轴为线性对象，并在 角度 文本框内输入角度值 45；单击 <确定> 按钮，完成基准平面 1 的创建。

Step5. 创建草图 1。选取 ZX 平面为草图平面，绘制图 10.3.6 所示的草图 1。

Step6. 创建图 10.3.7 所示的拉伸特征 3。选择下拉菜单 插入(S) ➡️ 设计特征(E)▶ ➡️ 📖 拉伸(E)... 命令；选取基准平面 1 为草图平面，绘制图 10.3.8 所示的截面草图（三）（添加圆弧中心与草图 1 中的直线重合）；在"拉伸"对话框的 开始 下拉列表中选择 直至下一个 选项，在 结束 下拉列表中选择 直至下一个 选项；在 布尔 区域中选择 合并 选项，采用系统默认的求和对象；单击 <确定> 按钮，完成拉伸特征 3 的创建。

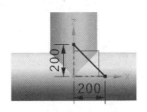
图 10.3.6 草图 1

图 10.3.7 拉伸特征 3

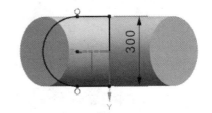
图 10.3.8 截面草图（三）

Step7. 创建图 10.3.9 所示的镜像特征 1。选择下拉菜单 插入(S) ➡️ 关联复制(A)▶ ➡️ 🔄 镜像特征(M)... 命令；选取拉伸特征 3 为镜像对象，选取 YZ 基准平面为镜像平面；单击 <确定> 按钮，完成镜像特征 1 的创建。

Step8. 创建图 10.3.10 所示的抽壳特征 1。选择下拉菜单 插入(S) ➡️ 偏置/缩放(O)▶ ➡️ 🔲 抽壳(H)... 命令，选取图 10.3.11 所示模型的三个端面为要抽壳的面，在"抽壳"对话框中的 厚度 文本框内输入值 1.0；单击 <确定> 按钮，完成抽壳特征 1 的创建。

图 10.3.9　镜像特征 1

图 10.3.10　抽壳特征 1

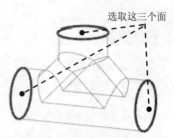

选取这三个面

图 10.3.11　选取移除面

Step9. 创建图 10.3.12 所示的拉伸特征 4。选择下拉菜单 插入(S) ➡ 设计特征(E)▶ ➡ 🔲 拉伸(E)... 命令；选取 ZX 平面为草图平面，绘制图 10.3.13 所示的截面草图（四）；在"拉伸"对话框 限制 区域的 开始 下拉列表中选择 🔷 对称值 选项，并在其下的 距离 文本框中输入数值 180，在 布尔 区域中选择 🔩 无 选项；单击 < 确定 > 按钮，完成拉伸特征 4 的创建。

图 10.3.12　拉伸特征 4

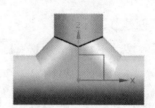

图 10.3.13　截面草图（四）

Step10. 创建图 10.3.14 所示的拉伸特征 5。选择下拉菜单 插入(S) ➡ 设计特征(E)▶ ➡ 🔲 拉伸(E)... 命令；选取 ZX 平面为草图平面，绘制图 10.3.15 所示的截面草图（五）；在"拉伸"对话框 限制 区域的 开始 下拉列表中选择 🔷 对称值 选项，并在其下的 距离 文本框中输入数值 180，在 布尔 区域中选择 🔩 无 选项；单击 < 确定 > 按钮，完成拉伸特征 5 的创建。

Step11. 保存模型文件。

图 10.3.14　拉伸特征 5

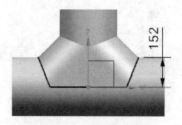

152

图 10.3.15　截面草图（五）

Stage2. 创建竖直管

Step1. 在资源工具条区单击"装配导航器"按钮 🔧，切换至"装配导航器"界面，在装配导航器的空白处右击，在弹出的快捷菜单中选择 ✓ WAVE 模式 命令。

Step2. 在装配导航器区选择 ☑ 🗐 equally_cylinder_squarely_cone_transition_tee 并右击，在弹出的快捷菜单中选择 WAVE ▶ ➡ 新建层 命令，系统弹出"新建层"对话框。

Step3. 在"新建层"对话框中单击 指定部件名 按钮，在弹出的对话框中输入文件名 equally_cylinder_squarely_cone_transition_tee01，并单击 OK 按钮。

Step4. 在"新建层"对话框中单击 类选择 按钮，选取坐标系和图 10.3.16 所示的实体、曲面对象，单击两次 确定 按钮，完成新级别的创建。

Step5. 将 equally_cylinder_squarely_cone_transition_tee01 设为显示部件。

Step6. 创建图 10.3.17 所示的修剪体 1。选择下拉菜单 插入(S) ➝ 修剪(T) ➝ 修剪体(T)... 命令；选取图 10.3.16 所示的实体为修剪目标，单击中键，选取图 10.3.16 所示的曲面为修剪工具；单击 按钮调整修剪方向，单击 < 确定 > 按钮，完成修剪体 1 的创建。

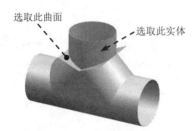

图 10.3.16　选取修剪对象　　　　　图 10.3.17　修剪体 1

Step7. 创建图 10.3.18 所示的拉伸特征 1。选择下拉菜单 插入(S) ➝ 设计特征(E) ▸ ➝ 拉伸(E)... 命令；选取 YZ 平面为草图平面，绘制图 10.3.19 所示的截面草图；在"拉伸"对话框的 偏置 下拉列表中选择 对称 选项，在 开始 文本框中输入值 0.1；在 限制 区域的 开始 下拉列表中选择 值 选项，在其下的 距离 文本框中输入值 0；在 结束 下拉列表中选择 贯通 选项，在 布尔 区域中选择 减去 选项，选择实体为求差对象；单击 < 确定 > 按钮，完成拉伸特征 1 的创建。

Step8. 将模型转换为钣金。在 应用模块 功能选项卡 设计 区域单击 钣金 按钮，进入"NX 钣金"设计环境；选择下拉菜单 插入(S) ➝ 转换(V) ▸ ➝ 转换为钣金(C)... 命令，选取图 10.3.20 所示的面；单击 确定 按钮，完成钣金转换操作。

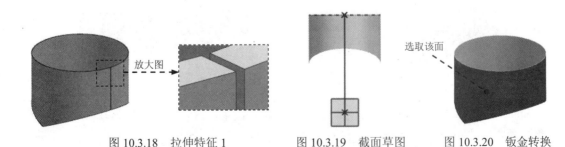

图 10.3.18　拉伸特征 1　　　图 10.3.19　截面草图　　　图 10.3.20　钣金转换

Step9. 保存钣金件模型。

Stage3. 创建补料子钣金件

Step1. 切换至 equally_cylinder_squarely_cone_transition_tee 窗口。

Step2. 在装配导航器区选择 ☑ 🔲 `equally_cylinder_squarely_cone_transition_tee` 并右击，在弹出的快捷菜单中选择 `WAVE ▶` ➡ `新建层` 命令，系统弹出"新建层"对话框。

Step3. 在"新建层"对话框中单击 `指定部件名` 按钮，在弹出的对话框中输入文件名 equally_cylinder_squarely_cone_transition_tee02，并单击 `OK` 按钮。

Step4. 在"新建层"对话框中单击 `类选择` 按钮，选取坐标系和图 10.3.21 所示的实体、曲面对象，单击两次 `确定` 按钮，完成新级别的创建。

Step5. 将 equally_cylinder_squarely_cone_transition_tee02 设为显示部件（确认在零件设计环境）。

Step6. 创建图 10.3.22 所示的修剪体 1。选择下拉菜单 `插入(S)` ➡ `修剪(T)` ➡ `修剪体(T)...` 命令。选取图 10.3.21 所示的实体为修剪目标，单击中键；选取图 10.3.21 所示的曲面 1 为修剪工具；单击 `< 确定 >` 按钮，完成修剪体 1 的创建。

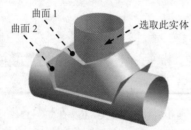

图 10.3.21 选取修剪对象（一）

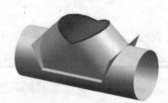

图 10.3.22 修剪体 1

Step7. 创建图 10.3.23 所示的修剪体 2。选择下拉菜单 `插入(S)` ➡ `修剪(T)` ➡ `修剪体(T)...` 命令。选取图 10.3.24 所示的实体为修剪目标，单击中键；选取图 10.3.24 所示的曲面为修剪工具；单击 `< 确定 >` 按钮，完成修剪体 2 的创建。

图 10.3.23 修剪体 2

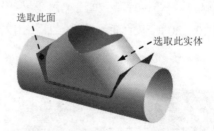

图 10.3.24 选取修剪对象（二）

Step8. 创建图 10.3.25 所示的拉伸特征 1。选择下拉菜单 `插入(S)` ➡ `设计特征(E)▶` ➡ `拉伸(E)...` 命令；选取 ZX 平面为草图平面，绘制图 10.3.26 所示的截面草图；在"拉伸"对话框的 `偏置` 下拉列表中选择 `对称` 选项，在 `开始` 文本框中输入值 0.1；在 `限制` 区域的 `开始` 下拉列表中选择 `值` 选项，在其下的 `距离` 文本框中输入值 0；在 `结束` 下拉列表中选择 `贯通` 选项，在布尔区域中选择 减去 选项，采用系统默认的求差对象；单击 < 确定 > 按钮，完成拉伸特征 1 的创建。

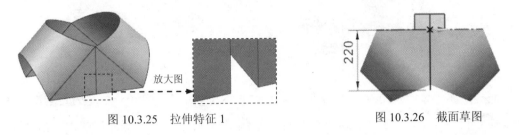

图 10.3.25 拉伸特征 1   图 10.3.26 截面草图

Step9. 将模型转换为钣金。在 应用模块 功能选项卡 设计 区域单击 钣金 按钮，进入"NX 钣金"设计环境；选择下拉菜单 插入(S) ➡ 转换(V) ▶ ➡ 转换为钣金(C)... 命令，选取图 10.3.27 所示的面；单击 确定 按钮，完成钣金转换操作。

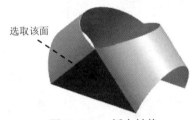

选取该面

图 10.3.27 钣金转换

Step10. 保存钣金件模型。

Stage4. 创建水平管

Step1. 切换至 equally_cylinder_squarely_cone_transition_tee 窗口。

Step2. 在装配导航器区选择 ☑ equally_cylinder_squarely_cone_transition_tee 并右击，在弹出的快捷菜单中选择 WAVE ▶ ➡ 新建层 命令，系统弹出"新建层"对话框。

Step3. 在"新建层"对话框中单击 指定部件名 按钮，在弹出的对话框中输入文件名 equally_cylinder_squarely_cone_transition_tee03，并单击 OK 按钮。

Step4. 在"新建层"对话框中单击 类选择 按钮，选取坐标系和图 10.3.28 所示的实体、曲面对象，单击两次 确定 按钮，完成新级别的创建。

Step5. 将 equally_cylinder_squarely_cone_transition_tee03 设为显示部件（确认在零件设计环境）。

Step6. 创建图 10.3.29 所示的修剪体 1。选择下拉菜单 插入(S) ➡ 修剪(T) ➡ 修剪体(T)... 命令。选取图 10.3.28 所示的实体为修剪目标，单击中键；选取图 10.3.28 所示的曲面为修剪工具；单击 按钮调整修剪方向，单击 < 确定 > 按钮，完成修剪体 1 的创建。

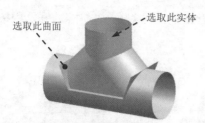

图 10.3.28　选取修剪对象　　　　　图 10.3.29　　修剪体 1

Step7. 创建图 10.3.30 所示的拉伸特征 1。选择下拉菜单 插入(S) ➡ 设计特征(E)▶ ➡ 拉伸(E)... 命令；选取 XY 平面为草图平面，绘制图 10.3.31 所示的截面草图；单击 按钮调整拉伸方向，在"拉伸"对话框的 偏置 下拉列表中选择 对称 选项，在 开始 文本框中输入值 0.1，在 限制 区域的 开始 下拉列表中选择 值 选项，在其下的 距离 文本框中输入值 0，在 结束 下拉列表中选择 贯通 选项，在 布尔 区域中选择 减去 选项，采用系统默认的求差对象；单击 〈确定〉 按钮，完成拉伸特征 1 的创建。

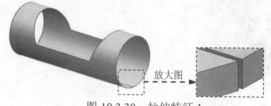
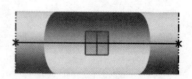

图 10.3.30　拉伸特征 1　　　　　　图 10.3.31　　截面草图

Step8. 将模型转换为钣金。在 应用模块 功能选项卡 设计 区域单击 钣金 按钮，进入"NX 钣金"设计环境；选择下拉菜单 插入(S) ➡ 转换(V)▶ ➡ 转换为钣金(C)... 命令，选取图 10.3.32 所示的面；单击 确定 按钮，完成钣金转换操作。

Step9. 保存钣金件模型。

Step10. 切换至 equally_cylinder_squarely_cone_transition_tee 窗口并保存文件，关闭所有文件窗口。

Stage5. 创建完整钣金件

新建一个装配文件，命名为 equally_cylinder_squarely_cone_transition_tee_asm，使用创建的等径圆管直交锥形过渡三通水平管、竖管以及补料子钣金件进行装配得到完整的钣金件（具体操作请参看随书光盘），结果如图 10.3.33 所示；保存钣金件模型并关闭所有文件窗口。

图 10.3.32　钣金转换　　　　　图 10.3.33　完整钣金件

Task2．展平等径圆管直交锥形过渡三通

Stage1．展平竖直管

Step1．打开文件 equally_cylinder_squarely_cone_transition_tee01。

Step2．选择下拉菜单 插入(S) ➡ 展平图样(L)... ▶ ➡ 展平实体(S)... 命令；取消选中 ☐移至绝对坐标系 复选框，选取图 10.3.20 所示的模型表面为固定面，单击 确定 按钮，展平结果如图 10.3.1c 所示；将模型另存为 equally_cylinder_squarely_cone_transition_tee_unfold01。

Stage2．展平补料子钣金件

Step1．打开文件 equally_cylinder_squarely_cone_transition_tee02。

Step2．选择下拉菜单 插入(S) ➡ 展平图样(L)... ▶ ➡ 展平实体(S)... 命令；取消选中 ☐移至绝对坐标系 复选框，选取图 10.3.27 所示的模型表面为固定面，单击 确定 按钮，展平结果如图 10.3.1d 所示；将模型另存为 equally_cylinder_squarely_cone_transition_tee_unfold02。

Stage3．展平水平管

Step1．打开文件 equally_cylinder_squarely_cone_transition_tee 03。

Step2．选择下拉菜单 插入(S) ➡ 展平图样(L)... ▶ ➡ 展平实体(S)... 命令；取消选中 ☐移至绝对坐标系 复选框，选取图 10.3.32 所示的模型表面为固定面，单击 确定 按钮，展平结果如图 10.3.1b 所示；将模型另存为 equally_cylinder_squarely_cone_transition_tee_unfold03。

10.4　等径圆管 Y 形三通

等径圆管 Y 形三通由三条轴线相交于一点的等径圆柱管组成。下面以图 10.4.1 所示的模型为例，介绍在 UG 中创建和展开等径圆管 Y 形三通的一般过程。

a）未展平状态　　　　b）上部竖管展开　　　　c）下部斜管展开

图 10.4.1　等径圆管 Y 形三通及其展平图样

Task 1．创建等径圆管 Y 形三通

Stage1．创建整体结构模型

Step1．新建一个零件模型文件，并命名为 equally_cylinder_Y_shape_tee。

Step2. 创建图 10.4.2 所示的拉伸特征 1。选择下拉菜单 插入(S) ➡ 设计特征(E)▶ ➡ 拉伸(E)... 命令；选取 XY 平面为草图平面，绘制图 10.4.3 所示的截面草图（一）；在"拉伸"对话框的 开始 下拉列表中选择 值 选项，在其下的 距离 文本框中输入值 0，在 结束 下拉列表中选择 值 选项，在其下的 距离 文本框中输入值 300；单击 < 确定 > 按钮，完成拉伸特征 1 的创建。

Step3. 创建基准平面 1。选择下拉菜单 插入(S) ➡ 基准/点(D)▶ ➡ 基准平面(D)... 命令；在 类型 区域的下拉列表中选择 成一角度 选项，选取 XY 平面为参考平面，选取 Y 轴为线性对象，并在 角度 文本框内输入角度值 30；单击 < 确定 > 按钮，完成基准平面 1 的创建。

Step4. 创建图 10.4.4 所示的拉伸特征 2。选择下拉菜单 插入(S) ➡ 设计特征(E)▶ ➡ 拉伸(E)... 命令；选取基准平面 1 为草图平面，绘制图 10.4.5 所示的截面草图（二）；单击 按钮调整拉伸方向；在"拉伸"对话框的 开始 下拉列表中选择 值 选项，在其下的 距离 文本框中输入值 0；在 结束 下拉列表中选择 值 选项，在其下的 距离 文本框中输入值 300；在 布尔 区域中选择 合并 选项，采用系统默认的求和对象；单击 < 确定 > 按钮，完成拉伸特征 2 的创建。

图 10.4.2 拉伸特征 1

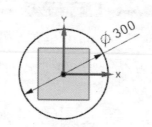
图 10.4.3 截面草图（一）

图 10.4.4 拉伸特征 2

Step5. 创建图 10.4.6 所示的镜像特征 1。选择下拉菜单 插入(S) ➡ 关联复制(A)▶ ➡ 镜像特征(M)... 命令；选取拉伸特征 2 为镜像对象，选取 YZ 基准平面为镜像平面；单击 < 确定 > 按钮，完成镜像特征 1 的创建。

Step6. 创建图 10.4.7 所示的抽壳特征 1。选择下拉菜单 插入(S) ➡ 偏置/缩放(O)▶ ➡ 抽壳(H)... 命令，选取图 10.4.8 所示模型的三个端面为要抽壳的面，在"抽壳"对话框中的 厚度 文本框内输入值 1.0，单击 < 确定 > 按钮，完成抽壳特征 1 的创建。

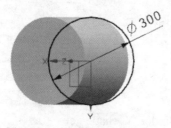
图 10.4.5 截面草图（二）

图 10.4.6 镜像特征 1

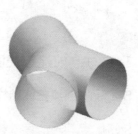
图 10.4.7 抽壳特征 1

Step7. 创建图 10.4.9 所示的拉伸特征 3。选择下拉菜单 插入(S) ➡ 设计特征(E)▶ ➡ 拉伸(E)... 命令；选取 ZX 平面为草图平面，绘制图 10.4.10 所示的截面草图（三）；在"拉伸"对话框 限制 区域的 开始 下拉列表中选择 对称值 选项，并在其下的 距离 文本框中输入数值 190，在 布尔 区域中选择 无 选项，单击 < 确定 > 按钮，完成拉伸特征 3 的创建。

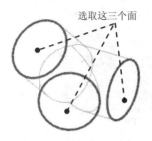

图 10.4.8 选取移除面

图 10.4.9 拉伸特征 3

图 10.4.10 截面草图（三）

Step8. 创建图 10.4.11 所示的拉伸特征 4。选择下拉菜单 插入(S) ➡ 设计特征(E)▶ ➡ 拉伸(E)... 命令；选取 ZX 平面为草图平面，绘制图 10.4.12 所示的截面草图（四）；在"拉伸"对话框 限制 区域的 开始 下拉列表中选择 对称值 选项，并在其下的 距离 文本框中输入数值 190，在 布尔 区域中选择 无 选项；单击 < 确定 > 按钮，完成拉伸特征 4 的创建。

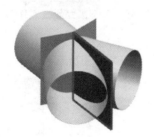

图 10.4.11 拉伸特征 4

图 10.4.12 截面草图（四）

Step9. 保存模型文件。

Stage2. 创建上部竖管

Step1. 在资源工具条区单击"装配导航器"按钮 ，切换至"装配导航器"界面，在装配导航器的空白处右击，在弹出的快捷菜单中选择 ☑ WAVE 模式 命令。

Step2. 在装配导航器区选择 ☑ equally_cylinder_Y_shape_tee 并右击，在弹出的快捷菜单中选择 WAVE ▶ ➡ 新建层 命令，系统弹出"新建层"对话框。

Step3. 在"新建层"对话框中单击 指定部件名 按钮，在弹出的对话框中输入文件名 equally_cylinder_Y_shape_tee01，并单击 OK 按钮。

Step4. 在"新建层"对话框中单击 类选择 按钮，选取坐标系和图 10.4.13 所示的实体、曲面对象，单击两次 确定 按钮，完成新级别的创建。

Step5. 将 equally_cylinder_Y_shape_tee01 设为显示部件。

Step6. 创建图 10.4.14 所示的修剪体 1。选择下拉菜单 插入(S) ➡ 修剪(T) ➡ 修剪体(T)... 命令。选取图 10.4.13 所示的实体为修剪目标，单击中键；选取图 10.4.13 所示的曲面为修剪工具；单击 按钮调整修剪方向；单击 < 确定 > 按钮，完成修剪体 1 的创建。

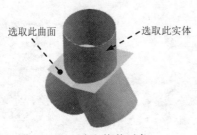 

选取此曲面　　　选取此实体

图 10.4.13　选取修剪对象　　　　　　图 10.4.14　修剪体 1

Step7. 创建图 10.4.15 所示的拉伸特征 1。选择下拉菜单 插入(S) ➡ 设计特征(E)▸ ➡ 拉伸(E)... 命令；选取 YZ 平面为草图平面，绘制图 10.4.16 所示的截面草图；在"拉伸"对话框的 偏置 下拉列表中选择 对称 选项，在 开始 文本框中输入值 0.1；在 限制 区域的 开始 下拉列表中选择 值 选项，在其下的 距离 文本框中输入值 0；在 结束 下拉列表中选择 贯通 选项，在 布尔 区域中选择 减去 选项，选择实体为求差对象；单击 < 确定 > 按钮，完成拉伸特征 1 的创建。

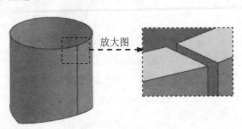 

放大图

图 10.4.15　拉伸特征 1　　　　　　图 10.4.16　截面草图

Step8. 将模型转换为钣金。在 应用模块 功能选项卡 设计 区域单击 钣金 按钮，进入"NX 钣金"设计环境；选择下拉菜单 插入(S) ➡ 转换(V)▸ ➡ 转换为钣金(C)... 命令，选取图 10.4.17 所示的面；单击 确定 按钮，完成钣金转换操作。

Step9. 保存钣金件模型。

Stage3. 创建下部斜管

Step1. 切换至 equally_cylinder_Y_shape_tee 窗口。

Step2. 在装配导航器区选择 ☑ equally_cylinder_Y_shape_tee 并右击，在弹出的快捷菜单中选择 WAVE ▸ ➡ 新建层 命令，系统弹出"新建层"对话框。

Step3. 在"新建层"对话框中单击 指定部件名 按钮，在弹出的对

话框中输入文件名 equally_cylinder_Y_shape_tee02，并单击 OK 按钮。

Step4. 在"新建层"对话框中单击 类选择 按钮，选取坐标系和图 10.4.18 所示的实体、曲面对象，单击两次 确定 按钮，完成新级别的创建。

Step5. 将 equally_cylinder_Y_shape_tee02 设为显示部件（确认在零件设计环境）。

Step6. 创建图 10.4.19 所示的修剪体 1。选择下拉菜单 插入(S) → 修剪(T) → 修剪体(T)... 命令。选取图 10.4.18 所示的实体为修剪目标，单击中键；选取图 10.4.18 所示的曲面 1 为修剪工具；单击 〈确定〉 按钮，完成修剪体 1 的创建。

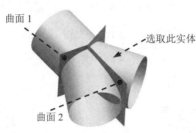

图 10.4.17　钣金转换　　　图 10.4.18　选取修剪对象（一）　　　图 10.4.19　修剪体 1

Step7. 创建图 10.4.20 所示的修剪体 2。选择下拉菜单 插入(S) → 修剪(T) → 修剪体(T)... 命令。选取图 10.4.21 所示的实体为修剪目标，单击中键；选取图 10.4.21 所示的曲面为修剪工具；单击 〈确定〉 按钮，完成修剪体 2 的创建。

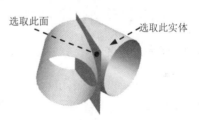

图 10.4.20　修剪体 2　　　　　　图 10.4.21　选取修剪对象（二）

Step8. 创建图 10.4.22 所示的拉伸特征 1。选择下拉菜单 插入(S) → 设计特征(E)▶ → 拉伸(E)... 命令；选取 YZ 平面为草图平面，绘制图 10.4.23 所示的截面草图；在"拉伸"对话框的 偏置 下拉列表中选择 对称 选项，在 开始 文本框中输入值 0.1；在 限制 区域的 开始 下拉列表中选择 值 选项，在其下的 距离 文本框中输入值 0；在 结束 下拉列表中选择 值 选项，在其下的 距离 文本框中输入值 20.0；在 布尔 区域中选择 减去 选项，采用系统默认的求差对象；单击 〈确定〉 按钮，完成拉伸特征 1 的创建。

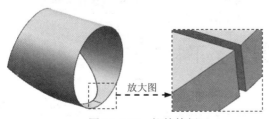

放大图

图 10.4.22　拉伸特征 1　　　　　　图 10.4.23　截面草图

Step9. 将模型转换为钣金。在 应用模块 功能选项卡 设计 区域单击 ⑤ 钣金按钮，进入 "NX 钣金"设计环境；选择下拉菜单 插入(S) ➡ 转换(V) ▶ ➡ 转换为钣金(C)... 命令，选取图 10.4.24 所示的面；单击 确定 按钮，完成钣金转换操作。

Step10. 保存钣金件模型。

Step11. 切换至 equally_cylinder_Y_shape_tee 窗口并保存文件，关闭所有文件窗口。

Stage4. 创建完整钣金件

新建一个装配文件，命名为 equally_cylinder_Y_shape_tee_asm，使用创建的等径圆管 Y 形三通上部竖管和下部斜管子钣金件进行装配得到完整的钣金件（具体操作请参看随书光盘），结果如图 10.4.25 所示；保存钣金件模型并关闭所有文件窗口。

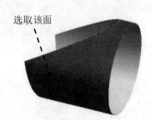

图 10.4.24　钣金转换

图 10.4.25　完整钣金件

Task2. 展平等径圆管 Y 形三通

Stage1. 展平上部竖管

Step1. 打开文件 equally_cylinder_Y_shape_tee01。

Step2. 选择下拉菜单 插入(S) ➡ 展平图样(L)... ▶ ➡ 展平实体(S)... 命令；取消选中 □ 移至绝对坐标系 复选框，选取图 10.4.17 所示的模型表面为固定面，单击 确定 按钮，展平结果如图 10.4.1b 所示；将模型另存为 equally_cylinder_Y_shape_tee_unfold01。

Stage2. 展平下部斜管

Step1. 打开文件 equally_cylinder_Y_shape_tee02。

Step2. 选择下拉菜单 插入(S) ➡ 展平图样(L)... ▶ ➡ 展平实体(S)... 命令；取消选中 □ 移至绝对坐标系 复选框，选取图 10.4.24 所示的模型表面为固定面，单击 确定 按钮，展平结果如图 10.4.1c 所示；将模型另存为 equally_cylinder_Y_shape_tee_unfold02。

10.5　等径圆管 Y 形补料三通

等径圆管 Y 形补料三通与等径圆管 Y 形三通相比，则是其下部两斜管轴线互相垂直，且两管之间存在一等径圆柱面补料。下面以图 10.5.1 所示的模型为例，介绍在 UG 中创建和展开等径圆管 Y 形补料三通的一般过程。

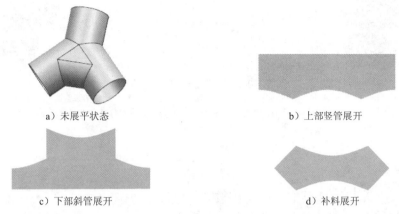

a）未展平状态　　　　　　　　　　　　　b）上部竖管展开

c）下部斜管展开　　　　　　　　　　　　d）补料展开

图 10.5.1　等径圆管 Y 形补料三通及其展平图样

Task 1. 创建等径圆管 Y 形补料三通

Stage1. 创建整体结构模型

Step1. 新建一个零件模型文件，并命名为 equally_cylinder_Y_shape_fill_tee。

Step2. 创建图 10.5.2 所示的拉伸特征 1。选择下拉菜单 插入(S) ➡ 设计特征(E) ➡ 拉伸(E)... 命令；选取 XY 平面为草图平面，绘制图 10.5.3 所示的截面草图（一）；在“拉伸”对话框的 开始 下拉列表中选择 值 选项，在其下的 距离 文本框中输入值 0；在 结束 下拉列表中选择 值 选项，在其下的 距离 文本框中输入值 300；单击 〈确定〉 按钮，完成拉伸特征 1 的创建。

Step3. 创建基准平面 1。选择下拉菜单 插入(S) ➡ 基准/点(D) ➡ 基准平面(D)... 命令；在 类型 区域的下拉列表中选择 成一角度 选项，选取 XY 平面为参考平面，选取 Y 轴为线性对象，并在 角度 文本框内输入角度值 45；单击 〈确定〉 按钮，完成基准平面 1 的创建。

Step4. 创建图 10.5.4 所示的拉伸特征 2。选择下拉菜单 插入(S) ➡ 设计特征(E) ➡ 拉伸(E)... 命令；选取基准平面 1 为草图平面，绘制图 10.5.5 所示的截面草图（二）；单击 按钮调整拉伸方向；在“拉伸”对话框的 开始 下拉列表中选择 值 选项，在其下的 距离 文本框中输入值 0，在 结束 下拉列表中选择 值 选项，在其下的 距离 文本框中输入值 400，在 布尔 区域中选择 合并 选项，采用系统默认的求和对象；单击 〈确定〉 按钮，完成拉伸特征 2 的创建。

Step5. 创建图 10.5.6 所示的镜像特征 1。选择下拉菜单 插入(S) ➡ 关联复制(A) ➡ 镜像特征(M)... 命令；选取拉伸特征 2 为镜像对象，选取 YZ 基准平面为镜像平面；单击 〈确定〉 按钮，完成镜像特征 1 的创建。

图 10.5.2　拉伸特征 1

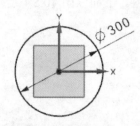
图 10.5.3　截面草图（一）

图 10.5.4　拉伸特征 2

Step6. 创建草图 1。选取 ZX 平面为草图平面，绘制图 10.5.7 所示的草图 1。

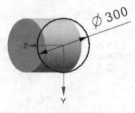
图 10.5.5　截面草图（二）

图 10.5.6　镜像特征 1

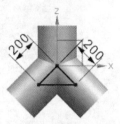
图 10.5.7　草图 1

Step7. 创建图 10.5.8 所示的拉伸特征 3。选择下拉菜单 插入(S) ➡ 设计特征(E)▶ ➡ 拉伸(E)... 命令；选取 YZ 平面为草图平面，绘制图 10.5.9 所示的截面草图（三）（添加圆弧中心与草图 1 中的底线重合）；在"拉伸"对话框的 开始 下拉列表中选择 直至下一个 选项，在 结束 下拉列表中选择 直至下一个 选项；在布尔区域中选择 合并 选项，采用系统默认的求和对象；单击 < 确定 > 按钮，完成拉伸特征 3 的创建。

Step8. 创建图 10.5.10 所示的抽壳特征 1。选择下拉菜单 插入(S) ➡ 偏置/缩放(O)▶ ➡ 抽壳(H)... 命令，选取图 10.5.11 所示模型的三个端面为要抽壳的面，在"抽壳"对话框中的 厚度 文本框内输入值 1.0，单击 < 确定 > 按钮，完成抽壳特征 1 的创建。

图 10.5.8　拉伸特征 3

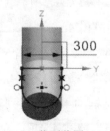
图 10.5.9　截面草图（三）

图 10.5.10　抽壳特征 1

Step9. 创建图 10.5.12 所示的拉伸特征 4。选择下拉菜单 插入(S) ➡ 设计特征(E)▶ ➡ 拉伸(E)... 命令；选取 ZX 平面为草图平面，绘制图 10.5.13 所示的截面草图（四）；在"拉伸"对话框 限制 区域的 开始 下拉列表中选择 对称值 选项，并在其下的 距离 文本框中输入数值 180，在布尔区域中选择 无 选项；单击 < 确定 > 按钮，完成拉伸特征 4 的创建。

选取这三个面

图 10.5.11　选取移除面

图 10.5.12　拉伸特征 4

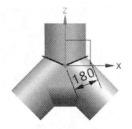
图 10.5.13　截面草图（四）

Step10. 创建图 10.5.14 所示的拉伸特征 5。选择下拉菜单 插入(S) ➡ 设计特征(E) ➡ ▥ 拉伸(E)... 命令；选取 ZX 平面为草图平面，绘制图 10.5.15 所示的截面草图（五）；在"拉伸"对话框 限制 区域的 开始 下拉列表中选择 ⬦ 对称值 选项，并在其下的 距离 文本框中输入数值 180，在 布尔 区域中选择 ✖ 无 选项；单击 <确定> 按钮，完成拉伸特征 5 的创建。

图 10.5.14　拉伸特征 5

图 10.5.15　截面草图（五）

Step11. 保存模型文件。

Stage2. 创建上部竖管

Step1. 在资源工具条区单击"装配导航器"按钮 🗂，切换至"装配导航器"界面，在装配导航器的空白处右击，在弹出的快捷菜单中选择 ✔ WAVE 模式 命令。

Step2. 在装配导航器区选择 ☑ 🗊 equally_cylinder_Y_shape_fill_tee 并右击，在弹出的快捷菜单中选择 WAVE ▸ ➡ 新建层 命令，系统弹出"新建层"对话框。

Step3. 在"新建层"对话框中单击 指定部件名 按钮，在弹出的对话框中输入文件名 equally_cylinder_Y_shape_fill_tee01，并单击 OK 按钮。

Step4. 在"新建层"对话框中单击 类选择 按钮，选取坐标系和图 10.5.16 所示的实体、曲面对象，单击两次 确定 按钮，完成新级别的创建。

Step5. 将 equally_cylinder_Y_shape_fill_tee01 设为显示部件。

Step6. 创建图 10.5.17 所示的修剪体 1。选择下拉菜单 插入(S) ➡ 修剪(T) ➡ ▱ 修剪体(T)... 命令；选取图 10.5.16 所示的实体为修剪目标，单击中键；选取图 10.5.16 所示的曲面为修剪工具；单击 ⇗ 按钮调整修剪方向；单击 <确定> 按钮，完成修剪体 1 的创建。

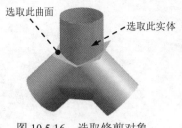

图 10.5.16　选取修剪对象　　　　　　　　　图 10.5.17　修剪体 1

Step7. 创建图 10.5.18 所示的拉伸特征 1。选择下拉菜单 插入(S) ➡ 设计特征(E)▶ ➡ 拉伸(E)... 命令；选取 YZ 平面为草图平面，绘制图 10.5.19 所示的截面草图；在 "拉伸" 对话框的 偏置 下拉列表中选择 对称 选项，在 开始 文本框中输入值 0.1；在 限制 区域的 开始 下拉列表中选择 值 选项，在其下的 距离 文本框中输入值 0，在 结束 下拉列表中选择 贯通 选项；在 布尔 区域中选择 减去 选项，选择实体为求差对象；单击 < 确定 > 按钮，完成拉伸特征 1 的创建。

Step8. 将模型转换为钣金。在 应用模块 功能选项卡 设计 区域单击 钣金 按钮，进入 "NX 钣金" 设计环境；选择下拉菜单 插入(S) ➡ 转换(V)▶ ➡ 转换为钣金(C)... 命令，选取图 10.5.20 所示的面；单击 确定 按钮，完成钣金转换操作。

Step9. 保存钣金件模型。

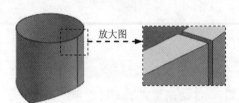

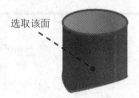

图 10.5.18　拉伸特征 1　　　　图 10.5.19　截面草图　　　　图 10.5.20　钣金转换

Stage3. 创建补料子钣金件

Step1. 切换至 equally_cylinder_Y_shape_fill_tee 窗口。

Step2. 在装配导航器区选择 ☑ equally_cylinder_Y_shape_fill_tee 并右击，在弹出的快捷菜单中选择 WAVE ▶ ➡ 新建层 命令，系统弹出 "新建层" 对话框。

Step3. 在 "新建层" 对话框中单击 指定部件名 按钮，在弹出的对话框中输入文件名 equally_cylinder_Y_shape_fill_tee02，并单击 OK 按钮。

Step4. 在 "新建层" 对话框中单击 类选择 按钮，选取坐标系和图 10.5.21 所示的实体、曲面对象，单击两次 确定 按钮，完成新级别的创建。

Step5. 将 equally_cylinder_Y_shape_fill_tee02 设为显示部件（确认在零件设计环境）。

Step6. 创建图 10.5.22 所示的修剪体 1。选择下拉菜单 插入(S) ➡ 修剪(T) ➡ 修剪体(T)... 命令。选取图 10.5.21 所示的实体为修剪目标，单击中键；选取图 10.5.21 所示的曲面为修剪工具；单击 <确定> 按钮，完成修剪体1的创建。

Step7. 将模型转换为钣金。在 应用模块 功能选项卡 设计 区域单击 钣金 按钮，进入 "NX 钣金"设计环境；选择下拉菜单 插入(S) ➡ 转换(V)▶ ➡ 转换为钣金(C)... 命令，选取图 10.5.23 所示的面；单击 确定 按钮，完成钣金转换操作。

Step8. 保存钣金件模型。

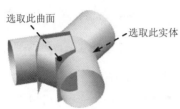

图 10.5.21 选取修剪对象

图 10.5.22 修剪体 1

图 10.5.23 钣金转换

Stage4. 创建下部斜管

Step1. 切换至 equally_cylinder_Y_shape_fill_tee 窗口。

Step2. 在装配导航器区选择 ☑ equally_cylinder_Y_shape_fill_tee 并右击，在弹出的快捷菜单中选择 WAVE ▶ ➡ 新建层 命令，系统弹出"新建层"对话框。

Step3. 在"新建层"对话框中单击 指定部件名 按钮，在弹出的对话框中输入文件名 equally_cylinder_Y_shape_fill_tee03，并单击 OK 按钮。

Step4. 在"新建层"对话框中单击 类选择 按钮，选取坐标系和图 10.5.24 所示的实体、曲面对象，单击两次 确定 按钮，完成新级别的创建。

Step5. 将 equally_cylinder_Y_shape_fill_tee03 设为显示部件（确认在零件设计环境中）。

Step6. 创建图 10.5.25 所示的修剪体1。选择下拉菜单 插入(S) ➡ 修剪(T) ➡ 修剪体(T)... 命令。选取图 10.5.24 所示的实体为修剪目标，单击中键；选取图 10.5.24 所示的曲面1为修剪工具；单击 <确定> 按钮，完成修剪体1的创建。

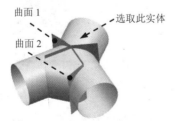

图 10.5.24 选取修剪对象（一）　　　图 10.5.25 修剪体 1

Step7. 创建图 10.5.26 所示的拉伸特征1。选择下拉菜单 插入(S) ➡ 设计特征(E)▶ ➡ 拉伸(E)... 命令；选取 ZX 平面为草图平面，绘制图 10.5.27 所示的截面草图（一）；在"拉伸"对话框 限制 区域的 开始 下拉列表中选择 对称值 选项，并在其下的 距离 文本框中输入数值 180；在 布尔 区域中选择 减去 选项，并选取实体为求差对象；单击 <确定> 按钮，完成拉伸特征 1 的创建。

图 10.5.26　拉伸特征 1

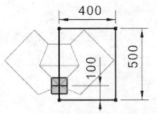

图 10.5.27　截面草图（一）

Step8. 创建图 10.5.28 所示的修剪体 2。选择下拉菜单 插入(S) ➡️ 修剪(T) ➡️ 修剪体(T)...命令。选取图 10.5.29 所示的实体为修剪目标，单击中键；选取图 10.5.29 所示的曲面为修剪工具；单击 <确定> 按钮，完成修剪体 2 的创建。

图 10.5.28　修剪体 2

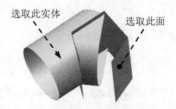

图 10.5.29　选取修剪对象（二）

Step9. 创建图 10.5.30 所示的拉伸特征 2。选择下拉菜单 插入(S) ➡️ 设计特征(E) ➡️ 拉伸(E)...命令；选取 YZ 平面为草图平面，绘制图 10.5.31 所示的截面草图（二）；单击 按钮调整拉伸方向；在"拉伸"对话框的 偏置 下拉列表中选择 对称 选项，在 开始 文本框中输入值 0.1；在 限制 区域的 开始 下拉列表中选择 值 选项，在其下的 距离 文本框中输入值 0；在 结束 下拉列表中选择 值 选项，在其下的 距离 文本框中输入值 200.0；在 布尔 区域中选择 减去 选项，采用系统默认的求差对象；单击 <确定> 按钮，完成拉伸特征 2 的创建。

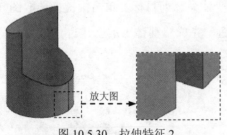

图 10.5.30　拉伸特征 2

图 10.5.31　截面草图（二）

Step10. 将模型转换为钣金。在 应用模块 功能选项卡 设计 区域单击 钣金按钮，进入"NX 钣金"设计环境；选择下拉菜单 插入(S) ➡️ 转换(V) ➡️ 转换为钣金(C)...命令，选取图 10.5.32 所示的面；单击 确定 按钮，完成钣金转换操作。

Step11. 保存钣金件模型。

Step12. 切换至 equally_cylinder_Y_shape_fill_tee 窗口并保存文件，关闭所有文件窗口。

Stage5. 创建完整钣金件

新建一个装配文件，命名为 equally_cylinder_Y_shape_fill_tee_asm，使用创建的等径圆管 Y 形补料三通上部竖管、下部斜管以及补料子钣金件进行装配得到完整的钣金件（具体操作请参看随书光盘），结果如图 10.5.33 所示；保存钣金件模型并关闭所有文件窗口。

图 10.5.32　钣金转换

图 10.5.33　完整钣金件

Task2. 展平等径圆管 Y 形补料三通

Stage1. 展平上部竖管

Step1. 打开文件 equally_cylinder_Y_shape_fill_tee01。

Step2. 选择下拉菜单 插入(S) ➡ 展平图样(L)... ▶ ➡ 展平实体(S)... 命令；取消选中 ☐ 移至绝对坐标系 复选框，选取图 10.5.20 所示的模型表面为固定面，单击 确定 按钮，展平结果如图 10.5.1b 所示；将模型另存为 equally_cylinder_Y_shape_fill_tee_unfold01。

Stage2. 展平补料子钣金件

Step1. 打开文件 equally_cylinder_Y_shape_fill_tee02。

Step2. 选择下拉菜单 插入(S) ➡ 展平图样(L)... ▶ ➡ 展平实体(S)... 命令；取消选中 ☐ 移至绝对坐标系 复选框，选取图 10.5.23 所示的模型表面为固定面，单击 确定 按钮，展平结果如图 10.5.1d 所示；将模型另存为 equally_cylinder_Y_shape_fill_tee_unfold02。

Stage3. 展平下部斜管

Step1. 打开文件 equally_cylinder_Y_shape_fill_tee03。

Step2. 选择下拉菜单 插入(S) ➡ 展平图样(L)... ▶ ➡ 展平实体(S)... 命令；取消选中 ☐ 移至绝对坐标系 复选框，选取图 10.5.32 所示的模型表面为固定面，单击 确定 按钮，展平结果如图 10.5.1c 所示；将模型另存为 equally_cylinder_Y_shape_fill_tee_unfold03。

10.6　变径圆管 V 形三通

变径圆管 V 形三通是由左右两平口偏心圆锥台结合而成的构件。下面以图 10.6.1 所示的模型为例，介绍在 UG 中创建和展开变径圆管 V 形三通的一般过程。

a）未展平状态　　　　　　　　　　b）展平状态（二分之一）

图 10.6.1　变径圆管 V 形三通及其展平图样

Task 1.　创建变径圆管 V 形三通

Stage1.　创建部分结构模型（二分之一）

Step1. 新建一个 NX 钣金模型文件，命名为 equally_cylinder_V_shape_tee。

Step2. 创建基准平面 1。选择下拉菜单 插入(S) ➡ 基准/点(D) ➡ 基准平面(D)... 命令；在 类型 区域的下拉列表中选择 按某一距离 选项，选取 XY 平面为参考平面，在 距离 文本框内输入偏移距离值 500，单击 〈确定〉 按钮，完成基准平面 1 的创建。

Step3. 创建草图 1。选取 XY 平面为草图平面，绘制图 10.6.2 所示的草图 1。

Step4. 创建草图 2。选取基准平面 1 为草图平面，绘制图 10.6.3 所示的草图 2。

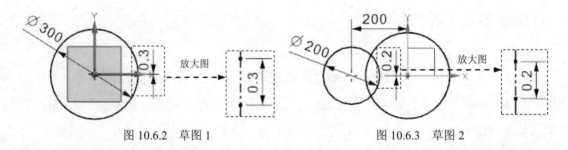

图 10.6.2　草图 1　　　　　　　　　　图 10.6.3　草图 2

Step5. 创建图 10.6.4 所示的放样弯边特征 1。选择下拉菜单 插入(S) ➡ 折弯(N) ▶ 放样弯边(D)... 命令，选取草图 1 和草图 2 分别为起始截面和终止截面；单击 厚度 文本框右侧的 ▤ 按钮，在系统弹出的快捷菜单中选择 使用局部值 选项，然后在 厚度 文本框中输入数值 1.0；单击 〈确定〉 按钮，完成放样弯边特征 1 的创建。

Step6. 创建图 10.6.5 所示的拉伸特征 1。选择下拉菜单 插入(S) ➡ 切割(T) ➡ 拉伸(E)... 命令；单击 按钮，选取 XZ 平面为草图平面，绘制图 10.6.6 所示的截面草图；在"拉伸"对话框 限制 区域的 开始 下拉列表中选择 对称值 选项，并在其下的 距离 文本框中输入数值 240；在 布尔 区域中选择 减去 选项，采用系统默认的求差对象；单击 〈确定〉 按钮，完成拉伸特征 1 的创建。

图 10.6.4　放样弯边特征 1

图 10.6.5　拉伸特征 1

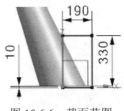
图 10.6.6　截面草图

Step7. 保存钣金件模型。

Stage2. 创建完整钣金件

新建一个装配文件，命名为 equally_cylinder_V_shape_tee_asm，使用创建的部分结构模型进行装配得到完整的钣金件（具体操作请参看随书光盘），结果如图 10.6.7 所示；保存钣金件模型并关闭文件窗口。

Task2. 展平变径圆管 V 形三通

Step1. 打开文件 equally_cylinder_V_shape_tee。

Step2. 选择下拉菜单 插入(S) ➡ 展平图样(L)... ▶ ➡ 展平实体(S)... 命令；取消选中 ☐ 移至绝对坐标系 复选框，选取图 10.6.8 所示的模型表面为固定面，单击 确定 按钮，展平结果如图 10.6.1b 所示；将模型另存为 equally_cylinder_V_shape_tee_unfold。

图 10.6.7　完整钣金件

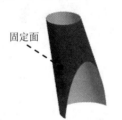
固定面
图 10.6.8　选取固定面

10.7　等径圆管人字形三通

等径圆管人字形三通可以看作为左右对称的两个90°四节圆形等径弯头结合而成的构件。下面以图 10.7.1 所示的模型为例，介绍在 UG 中创建和展开等径圆管人字形三通的一般过程。

Task 1. 创建等径圆管人字形三通

Stage1. 创建整体结构模型

Step1. 新建一个零件模型文件，并命名为 equally_cylinder_human_shape_tee。

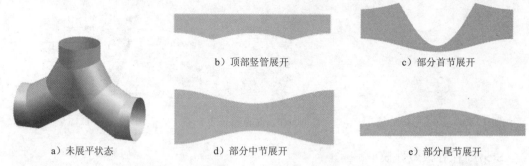

a) 未展平状态　　　d) 部分中节展开　　　e) 部分尾节展开

b) 顶部竖管展开

c) 部分首节展开

图 10.7.1　等径圆管人字形三通及其展平图样

Step2. 创建图 10.7.2 所示的拉伸特征 1。选择下拉菜单 插入(S) ➡ 设计特征(E)▶ ➡
拉伸(E)... 命令；选取 XY 平面为草图平面，绘制图 10.7.3 所示的截面草图（一）；在"拉
伸"对话框的 开始 下拉列表中选择 值 选项，在其下的 距离 文本框中输入值 0；在 结束 下拉
列表中选择 值 选项，在其下的 距离 文本框中输入值 150；单击 <确定> 按钮，完成拉伸
特征 1 的创建。

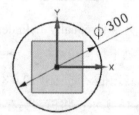

图 10.7.2　拉伸特征 1　　　　　　　　　图 10.7.3　截面草图（一）

Step3. 创建基准平面 1。选择下拉菜单 插入(S) ➡ 基准/点(D) ➡ 基准平面(D)... 命
令；在 类型 区域的下拉列表中选择 成一角度 选项，选取 XY 平面为平面参考，选取 Y 轴为
线性对象，并在 角度 文本框内输入角度值 30；单击 <确定> 按钮，完成基准平面 1 的创建。

Step4. 创建图 10.7.4 所示的拉伸特征 2。选择下拉菜单 插入(S) ➡ 设计特征(E)▶ ➡
拉伸(E)... 命令；选取基准平面 1 为草图平面，绘制图 10.7.5 所示的截面草图（二）；单击
按钮调整拉伸方向；在"拉伸"对话框的 开始 下拉列表中选择 值 选项，在其下的 距离 文
本框中输入值 0；在 结束 下拉列表中选择 值 选项，在其下的 距离 文本框中输入值 600；在
布尔 区域中选择 合并 选项，采用系统默认的求和对象；单击 <确定> 按钮，完成拉伸特
征 2 的创建。

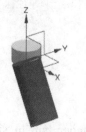

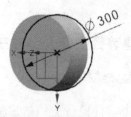

图 10.7.4　拉伸特征 2　　　　　　　　　图 10.7.5　截面草图（二）

Step5. 创建图 10.7.6 所示的镜像特征 1。选择下拉菜单 插入(S) ➡ 关联复制(A)▶ ➡ 镜像特征(M)... 命令；选取拉伸特征 2 为镜像对象，选取 YZ 基准平面为镜像平面；单击 < 确定 > 按钮，完成镜像特征 1 的创建。

Step6. 创建图 10.7.7 所示的抽壳特征 1。选择下拉菜单 插入(S) ➡ 偏置/缩放(O)▶ ➡ 抽壳(H)... 命令，选取图 10.7.8 所示模型的三个端面为要抽壳的面，在"抽壳"对话框中的 厚度 文本框内输入值 1.0；单击 < 确定 > 按钮，完成抽壳特征 1 的创建。

图 10.7.6　镜像特征 1

图 10.7.7　抽壳特征 1

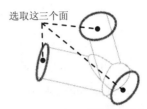

图 10.7.8　选取移除面

Step7. 创建图 10.7.9 所示的拉伸特征 3。选择下拉菜单 插入(S) ➡ 设计特征(E)▶ ➡ 拉伸(E)... 命令；选取 ZX 平面为草图平面，绘制图 10.7.10 所示的截面草图（三）；在"拉伸"对话框 限制 区域的 开始 下拉列表中选择 对称值 选项，并在其下的 距离 文本框中输入数值 180；在 布尔 区域中选择 无 选项；单击 < 确定 > 按钮，完成拉伸特征 3 的创建。

图 10.7.9　拉伸特征 3

图 10.7.10　截面草图（三）

Step8. 创建图 10.7.11 所示的拉伸特征 4。选择下拉菜单 插入(S) ➡ 设计特征(E)▶ ➡ 拉伸(E)... 命令；选取 ZX 平面为草图平面，绘制图 10.7.12 所示的截面草图（四）；在"拉伸"对话框 限制 区域的 开始 下拉列表中选择 对称值 选项，并在其下的 距离 文本框中输入数值 180；在 布尔 区域中选择 无 选项；单击 < 确定 > 按钮，完成拉伸特征 4 的创建。

图 10.7.11　拉伸特征 4

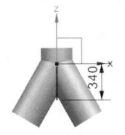

图 10.7.12　截面草图（四）

Step9. 保存模型文件。

Stage2. 创建顶部竖管

Step1. 在资源工具条区单击"装配导航器"按钮 ，切换至"装配导航器"界面，在装配导航器的空白处右击，在弹出的快捷菜单中选择 ☑ WAVE 模式 命令。

Step2. 在装配导航器区选择 ☑ ⬡ equally_cylinder_human_shape_tee 并右击，在弹出的快捷菜单中选择 WAVE ▶ ➡ 新建层 命令，系统弹出"新建层"对话框。

Step3. 在"新建层"对话框中单击 指定部件名 按钮，在弹出的对话框中输入文件名 equally_cylinder_human_shape_tee01，并单击 OK 按钮。

Step4. 在"新建层"对话框中单击 类选择 按钮，选取坐标系和图 10.7.13 所示的实体、曲面对象，单击两次 确定 按钮，完成新级别的创建。

Step5. 将 equally_cylinder_human_shape_tee01 设为显示部件。

Step6. 创建图 10.7.14 所示的修剪体 1。选择下拉菜单 插入(S) ➡ 修剪(T) ➡ 修剪体(T)... 命令。选取图 10.7.13 所示的实体为修剪目标，单击中键；选取图 10.7.13 所示的曲面为修剪工具；单击 ⤢ 按钮调整修剪方向；单击 < 确定 > 按钮，完成修剪体 1 的创建。

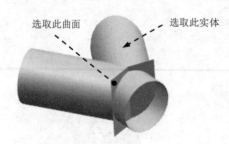

图 10.7.13　选取修剪对象

图 10.7.14　修剪体 1

Step7. 创建图 10.7.15 所示的拉伸特征 1。选择下拉菜单 插入(S) ➡ 设计特征(E)▶ ➡ 拉伸(E)... 命令；选取 YZ 平面为草图平面，绘制图 10.7.16 所示的截面草图；在"拉伸"对话框的 偏置 下拉列表中选择 对称 选项，在 开始 文本框中输入值 0.1；在 限制 区域的 开始 下拉列表中选择 值 选项，在其下的 距离 文本框中输入值 0；在 结束 下拉列表中选择 贯通 选项，在 布尔 区域中选择 减去 选项，选择实体为求差对象；单击 < 确定 > 按钮，完成拉伸特征 1 的创建。

Step8. 将模型转换为钣金。在 应用模块 功能选项卡 设计 区域单击 ⬡ 钣金 按钮，进入"NX 钣金"设计环境；选择下拉菜单 插入(S) ➡ 转换(V) ▶ ➡ 转换为钣金(C)... 命令，选取图 10.7.17 所示的面；单击 确定 按钮，完成钣金转换操作。

Step9. 保存钣金件模型。

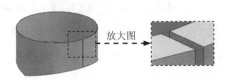
图 10.7.15 拉伸特征 1

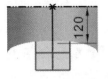
图 10.7.16 截面草图

图 10.7.17 钣金转换

Stage3. 创建其余部分结构模型

Step1. 切换至 equally_cylinder_human_shape_tee 窗口。

Step2. 在装配导航器区选择 ☑ 🗔 equally_cylinder_human_shape_tee 并右击，在弹出的快捷菜单中选择 WAVE ▶ ➡ 新建层 命令，系统弹出"新建层"对话框。

Step3. 在"新建层"对话框中单击 指定部件名 按钮，在弹出的对话框中输入文件名 equally_cylinder_human_shape_tee02，并单击 OK 按钮。

Step4. 在"新建层"对话框中单击 类选择 按钮，选取坐标系和图 10.7.18 所示的实体、曲面对象，单击两次 确定 按钮，完成新级别的创建。

Step5. 将 equally_cylinder_human_shape_tee02 设为显示部件（确认在零件设计环境中）。

Step6. 创建图 10.7.19 所示的修剪体 1。选择下拉菜单 插入(S) ➡ 修剪(T) ➡ 🗔 修剪体(T)... 命令。选取图 10.7.18 所示的实体为修剪目标，单击中键；选取图 10.7.18 所示的曲面 1 为修剪工具；单击 < 确定 > 按钮，完成修剪体 1 的创建。

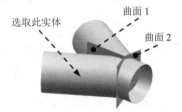
图 10.7.18 选取修剪对象（一）

图 10.7.19 修剪体 1

Step7. 创建图 10.7.20 所示的修剪体 2。选择下拉菜单 插入(S) ➡ 修剪(T) ➡ 🗔 修剪体(T)... 命令。选取图 10.7.21 所示的实体为修剪目标，单击中键；选取图 10.7.21 所示的曲面为修剪工具；单击 < 确定 > 按钮，完成修剪体 2 的创建。

Step8. 创建草图 1。选取 XZ 平面为草图平面，绘制图 10.7.22 所示的草图 1。

图 10.7.20 修剪体 2

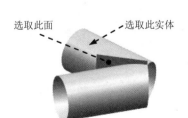
图 10.7.21 选取修剪对象（二）

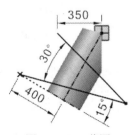
图 10.7.22 草图 1

Step9. 创建图 10.7.23 所示的拉伸特征 1。选择下拉菜单 插入(S) ➡ 设计特征(E)▶ ➡ 拉伸(E)... 命令；选取图 10.7.22 所示的单条直线（约束尺寸 350）；在"拉伸"对话框 限制 区域的 开始 下拉列表中选择 对称值 选项，并在其下的 距离 文本框中输入数值 180；在 布尔 区域中选择 无 选项；单击 < 确定 > 按钮，完成拉伸特征 1 的创建。

Step10. 创建图 10.7.24 所示的拉伸特征 2。选择下拉菜单 插入(S) ➡ 设计特征(E)▶ ➡ 拉伸(E)... 命令；选取图 10.7.22 所示的单条直线（约束尺寸 400）；在"拉伸"对话框 限制 区域的 开始 下拉列表中选择 对称值 选项，并在其下的 距离 文本框中输入数值 180；在 布尔 区域中选择 无 选项；单击 < 确定 > 按钮，完成拉伸特征 2 的创建。

Step11. 创建基准平面 1。选择下拉菜单 插入(S) ➡ 基准/点(D) ➡ 基准平面(D)... 命令；在 类型 区域的下拉列表中选择 两直线 选项，选取图 10.7.25 所示的实体中心线和 Y 轴为对象；单击 < 确定 > 按钮，完成基准平面 1 的创建。

图 10.7.23 拉伸特征 1

图 10.7.24 拉伸特征 2

图 10.7.25 基准平面 1

Step12. 创建图 10.7.26 所示的拉伸特征 3。选择下拉菜单 插入(S) ➡ 设计特征(E)▶ ➡ 拉伸(E)... 命令；选取基准平面 1 为草图平面，绘制图 10.7.27 所示的截面草图；在"拉伸"对话框的 偏置 下拉列表中选择 对称 选项，在 开始 文本框中输入值 0.1；在 限制 区域的 开始 下拉列表中选择 值 选项，在其下的 距离 文本框中输入值 0；在 结束 下拉列表中选择 贯通 选项，在 布尔 区域中选择 减去 选项，选择实体为求差对象；单击 < 确定 > 按钮，完成拉伸特征 3 的创建。

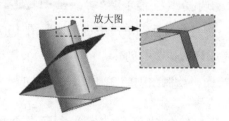
图 10.7.26 拉伸特征 3

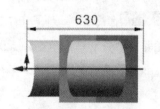
图 10.7.27 截面草图

Step13. 保存钣金件模型。

Stage4. 创建部分首节

Step1. 在资源工具条区单击"装配导航器"按钮 ，切换至"装配导航器"界面，在装配导航器的空白处右击，在弹出的快捷菜单中选择 ☑ WAVE 模式 命令。

Step2. 在装配导航器区选择 ☑ 🗐 equally_cylinder_human_shape_tee02 并右击，在弹出的快捷菜单中选择 WAVE ▶ ➡️ 新建层 命令，系统弹出"新建层"对话框。

Step3. 在"新建层"对话框中单击 指定部件名 按钮，在弹出的对话框中输入文件名 equally_cylinder_human_shape_tee02_01，并单击 OK 按钮。

Step4. 在"新建层"对话框中单击 类选择 按钮，选取图 10.7.26 所示的实体和曲面对象，单击两次 确定 按钮，完成新级别的创建。

Step5. 将 equally_cylinder_human_shape_tee02_01 设为显示部件。

Step6. 创建图 10.7.28 所示的修剪体 1。选择下拉菜单 插入(S) ➡️ 修剪(T) ➡️ 🔲 修剪体(T)... 命令。选取图 10.7.29 所示的实体为修剪目标，单击中键；选取图 10.7.29 所示的曲面为修剪工具；单击 ⚡ 按钮调整修剪方向；单击 < 确定 > 按钮，完成修剪体 1 的创建。

Step7. 将模型转换为钣金。在 应用模块 功能选项卡 设计 区域单击 🟢 钣金 按钮，进入"NX 钣金"设计环境；选择下拉菜单 插入(S) ➡️ 转换(V) ▶ ➡️ 🔲 转换为钣金(C)... 命令，选取图 10.7.30 所示的面；单击 确定 按钮，完成钣金转换操作。

选取此曲面　选取此实体

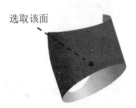
选取该面

图 10.7.28　修剪体 1　　　图 10.7.29　选取修剪对象　　　图 10.7.30　钣金转换

Step8. 保存钣金件模型。

Stage5. 创建部分中节

Step1. 切换至 equally_cylinder_human_shape_tee02 窗口。

Step2. 在装配导航器区选择 ☑ 🗐 equally_cylinder_human_shape_tee02 并右击，在弹出的快捷菜单中选择 WAVE ▶ ➡️ 新建层 命令，系统弹出"新建层"对话框。

Step3. 在"新建层"对话框中单击 指定部件名 按钮，在弹出的对话框中输入文件名 equally_cylinder_human_shape_tee02_02，并单击 OK 按钮。

Step4. 在"新建层"对话框中单击 类选择 按钮，选取图 10.7.29 所示的实体、曲面对象，单击两次 确定 按钮，完成新级别的创建。

Step5. 将 equally_cylinder_human_shape_tee02_02 设为显示部件（确认在零件设计环境中）。

Step6. 创建图 10.7.31 所示的修剪体 1。选择下拉菜单 插入(S) ➡️ 修剪(T) ➡️

命令。选取图 10.7.32 所示的实体为修剪目标，单击中键；选取图 10.7.32 所示的曲面 1 为修剪工具；单击 <确定> 按钮，完成修剪体 1 的创建。

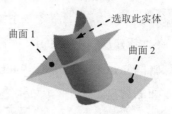

图 10.7.31　修剪体 1　　　　　　　　图 10.7.32　选取修剪对象（一）

Step7. 创建图 10.7.33 所示的修剪体 2。选择下拉菜单 插入(S) ➡ 修剪(T) ➡ 命令。选取图 10.7.34 所示的实体为修剪目标，单击中键；选取图 10.7.34 所示的曲面为修剪工具；单击 <确定> 按钮，完成修剪体 2 的创建。

Step8. 将模型转换为钣金。在 应用模块 功能选项卡 设计 区域单击 钣金 按钮，进入"NX 钣金"设计环境；选择下拉菜单 插入(S) ➡ 转换(V) ▸ ➡ 转换为钣金(C)... 命令，选取图 10.7.35 所示的面；单击 确定 按钮，完成钣金转换操作。

　　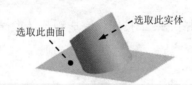　　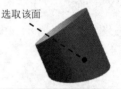

图 10.7.33　修剪体 2　　图 10.7.34　选取修剪对象（二）　　图 10.7.35　钣金转换

Step9. 保存钣金件模型。

Stage6. 创建部分尾节

Step1. 切换至 equally_cylinder_human_shape_tee02 窗口。

Step2. 在装配导航器区选择 ☑ equally_cylinder_human_shape_tee02 并右击，在弹出的快捷菜单中选择 WAVE ▸ ➡ 新建层 命令，系统弹出"新建层"对话框。

Step3. 在"新建层"对话框中单击 指定部件名 按钮，在弹出的对话框中输入文件名 equally_cylinder_human_shape_tee02_03，并单击 OK 按钮。

Step4. 在"新建层"对话框中单击 类选择 按钮，选取图 10.7.34 所示的实体和曲面对象，单击两次 确定 按钮，完成新级别的创建。

Step5. 将 equally_cylinder_human_shape_tee02_03 设为显示部件（确认在零件设计环境中）。

Step6. 创建图 10.7.36 所示的修剪体 1。选择下拉菜单 插入(S) ➡ 修剪(T) ➡ 命令。选取图 10.7.37 所示的实体为修剪目标，单击中键；选取图 10.7.37 所示的曲面为修剪工具；单击 按钮调整修剪方向；单击 <确定> 按钮，完成修剪体 1 的创建。

Step7. 将模型转换为钣金。在 应用模块 功能选项卡 设计 区域单击 📦钣金 按钮，进入"NX 钣金"设计环境；选择下拉菜单 插入(S) ➡ 转换(V) ▶ ➡ 🔧转换为钣金(C)... 命令，选取图 10.7.38 所示的面；单击 确定 按钮，完成钣金转换操作。

图 10.7.36　修剪体 1

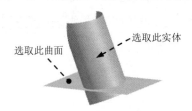
选取此曲面　　选取此实体
图 10.7.37　选取修剪对象

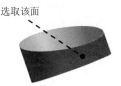
选取该面
图 10.7.38　钣金转换

Step8. 保存钣金件模型。

Step9. 切换至 equally_cylinder_human_shape_tee02 和 equally_cylinder_human_shape_tee 窗口并保存文件，关闭所有文件窗口。

Stage7. 创建完整钣金件

新建一个装配文件，命名为 equally_cylinder_human_shape_tee_asm01。使用创建的部分首节、部分中节和部分尾节进行装配得到部分的钣金件并保存（具体操作请参看随书光盘），结果如图 10.7.39 所示；再新建一个装配文件，命名为 equally_cylinder_human_shape_tee_asm，使用创建的顶部竖管和上一步创建的装配体部分钣金件进行装配得到完整的钣金件并保存（具体操作请参看随书光盘），结果如图 10.7.40 所示；保存钣金件模型并关闭所有文件窗口。

图 10.7.39　部分钣金件

图 10.7.40　完整钣金件

Task2. 展平等径圆管人字形三通

Stage1. 展平顶部竖管

Step1. 打开文件 equally_cylinder_human_shape_tee01。

Step2. 选择下拉菜单 插入(S) ➡ 展平图样(L)... ▶ ➡ 📐展平实体(S)... 命令；取消选中 ☐移至绝对坐标系 复选框，选取图 10.7.17 所示的模型表面为固定面，单击 确定 按钮，展平结果如图 10.7.1b 所示；将模型另存为 equally_cylinder_human_shape_tee_unfold01。

Stage2. 展平部分首节

Step1. 打开文件 equally_cylinder_human_shape_tee02_01。

Step2. 选择下拉菜单 插入(S) ➡ 展平图样(L)... ▶ ➡ 展平实体(S)... 命令；取消选中 ☐ 移至绝对坐标系 复选框，选取图 10.7.30 所示的模型表面为固定面，单击 确定 按钮，展平结果如图 10.7.1c 所示；将模型另存为 equally_cylinder_human_shape_tee_unfold02_01。

Stage3. 展平部分中节

Step1. 打开文件 equally_cylinder_human_shape_tee02_02。

Step2. 选择下拉菜单 插入(S) ➡ 展平图样(L)... ▶ ➡ 展平实体(S)... 命令；取消选中 ☐ 移至绝对坐标系 复选框，选取图 10.7.35 所示的模型表面为固定面，单击 确定 按钮，展平结果如图 10.7.1d 所示；将模型另存为 equally_cylinder_human_shape_tee_unfold02_02。

Stage4. 展平部分尾节

Step1. 打开文件 equally_cylinder_human_shape_tee02_03。

Step2. 选择下拉菜单 插入(S) ➡ 展平图样(L)... ▶ ➡ 展平实体(S)... 命令；取消选中 ☐ 移至绝对坐标系 复选框，选取图 10.7.38 所示的模型表面为固定面，单击 确定 按钮，展平结果如图 10.7.1e 所示；将模型另存为 equally_cylinder_human_shape_tee_unfold02_03。

第 **11** 章　长圆形弯头

本章提要　本章主要介绍长圆形弯头类的钣金在 UG 中的创建和展开过程，包括三节拱形（半长圆）直角弯头、四节拱形（半长圆）直角弯头、三节横拱形（倾斜半长圆）直角弯头和四节长圆形直角弯头。在创建和展开此类钣金时要注意定义切口的位置以及衔接位置的材料厚度方向。

11.1　三节拱形（半长圆）直角弯头

三节拱形（半长圆）直角弯头是由三节拱形（半长圆）柱管接合而成的构件，其中两端口平面夹角为 90°，且两端节较短，为中间节的一半。下面以图 11.1.1 所示的模型为例，介绍在 UG 中创建和展开三节拱形（半长圆）直角弯头的一般过程。

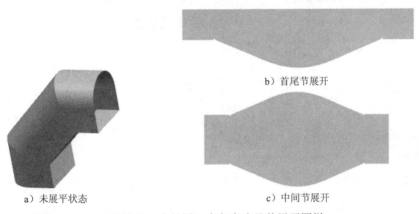

a）未展平状态

b）首尾节展开

c）中间节展开

图 11.1.1　三节拱形（半长圆）直角弯头及其展平图样

Task1. 创建三节拱形（半长圆）直角弯头

Stage1. 创建三节拱形（半长圆）直角弯头端节

Step1. 新建一个 NX 钣金模型文件，命名为 three_sec_arched_squarely_elbow。

Step2. 创建图 11.1.2 所示的轮廓弯边特征 1。选择下拉菜单 插入(S) ➡ 折弯(N) ▶ ➡ 轮廓弯边(C) 命令；选取 XY 平面为草图平面，绘制图 11.1.3 所示的截面草图；单击 厚度 文本框右侧的 ≡ 按钮，在系统弹出的快捷菜单中选择 使用局部值 选项，然后在 厚度 文本框中输入数值 1.0；在 宽度选项 下拉列表中选择 ■有限 选项，在 宽度 文本框中输入数值

800.0；单击 折弯半径 文本框右侧的 ▤ 按钮，在系统弹出的快捷菜单中选择 使用局部值 选项，然后在 折弯半径 文本框中输入数值 0.5；单击 < 确定 > 按钮，完成轮廓弯边特征 1 的创建。

Step3. 创建图 11.1.4 所示的草图 1。选择下拉菜单 插入(S) ➡ ⿴ 任务环境中的草图(S)... 命令，选取 YZ 平面为草图平面；单击 确定 按钮，系统进入草图环境，绘制图 11.1.4 所示的草图 1。

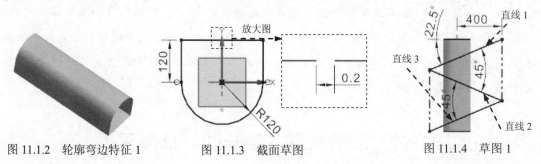

图 11.1.2　轮廓弯边特征 1　　　图 11.1.3　截面草图　　　图 11.1.4　草图 1

Step4. 创建图 11.1.5 所示的拉伸特征 1。选择下拉菜单 插入(S) ➡ 切割(T) ➡ ▥ 拉伸(E)... 命令，选取图 11.1.4 所示的直线 1 为拉伸的截面；在 限制 区域的 开始 下拉列表中选择 ⿻ 对称值 选项，在其下的 距离 文本框中输入数值 160；在 布尔 区域的下拉列表中选择 ⊗ 无 选项；单击 < 确定 > 按钮，完成拉伸特征 1 的创建。

Step5. 参看 Step4，创建图 11.1.6 所示的拉伸特征 2。

Step6. 参看 Step4，创建图 11.1.7 所示的拉伸特征 3。

图 11.1.5　拉伸特征 1　　　　图 11.1.6　拉伸特征 2　　　　图 11.1.7　拉伸特征 3

Stage2. 创建三节拱形（半长圆）直角弯头首节

Step1. 在资源工具条区单击"装配导航器"按钮 ⿴，切换至"装配导航器"界面，在装配导航器的空白处右击，在弹出的快捷菜单中确认 ☑ WAVE 模式 被选中。

Step2. 在装配导航区选择 ☑ ⿴ three_sec_arched_squarely_elbow 并右击，在弹出的快捷菜单中选择 WAVE ▶ ➡ 新建层 命令，系统弹出"新建层"对话框。

Step3. 在"新建层"对话框中单击 指定部件名 按钮，在弹出的对话框中输入文件名 three_sec_arched_squarely_elbow01，并单击 OK 按钮。

Step4. 在"新建层"对话框中单击 类选择 按钮，选取所有实体及曲面，单击两次 确定 按钮，完成新级别的创建。

Step5. 将 three_sec_arched_squarely_elbow01 设为显示部件。

Step6. 创建图 11.1.8 所示的修剪体 1。选择下拉菜单 插入(S) ➡ 修剪(T) ➡ 修剪体(T) 命令；选取图 11.1.9 所示的实体为修剪目标，单击中键；选取图 11.1.9 所示的平面为修剪工具；单击 按钮调整修剪方向；单击 < 确定 > 按钮，完成修剪体 1 的创建。

Step7. 保存钣金模型。

Stage3. 创建三节拱形（半长圆）直角弯头中节

Step1. 切换至 three_sec_arched_squarely_elbow 窗口。

Step2. 在装配导航器区选择 ☑ three_sec_arched_squarely_elbow 并右击，在弹出的快捷菜单中选择 WAVE ▶ ➡ 新建层 命令，系统弹出"新建层"对话框。

Step3. 在"新建层"对话框中单击 指定部件名 按钮，在弹出的对话框中输入文件名 three_sec_arched_squarely_elbow02，并单击 OK 按钮。

Step4. 在"新建层"对话框中单击 类选择 按钮，选取所有的实体和曲面对象，单击两次 确定 按钮，完成新级别的创建。

Step5. 将 three_sec_arched_squarely_elbow02 设为显示部件（确认在零件设计环境）。

Step6. 创建图 11.1.10 所示的修剪体 1。选择下拉菜单 插入(S) ➡ 修剪(T) ➡ 修剪体(T)... 命令；选取图 11.1.11 所示的实体为修剪目标，单击中键，选取图 11.1.11 所示的平面为修剪工具；单击 < 确定 > 按钮，完成修剪体 1 的创建。

图 11.1.8　修剪体 1

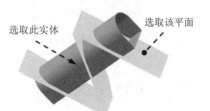
图 11.1.9　选取修剪对象

图 11.1.10　修剪体 1

Step7. 创建图 11.1.12 所示的修剪体 2。选择下拉菜单 插入(S) ➡ 修剪(T) ➡ 修剪体(T)... 命令；选取图 11.1.13 所示的实体为修剪目标，单击中键，选取图 11.1.13 所示的平面为修剪工具；单击 按钮调整修剪方向，单击 < 确定 > 按钮，完成修剪体 2 的创建。

Step8. 保存钣金模型。

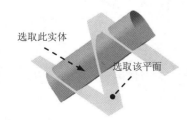
图 11.1.11　选取修剪对象（一）

图 11.1.12　修剪体 2

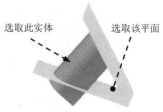
图 11.1.13　选取修剪对象（二）

Stage4. 装配，生成三节拱形（半长圆）直角弯头

新建一个装配文件，命名为 three_sec_arched_squarely_elbow_asm。使用创建的三节拱形（半长圆）直角弯头首节和中节进行装配得到完整的钣金件（具体操作请参看随书光盘），结果如图 11.1.14 所示；保存钣金件模型并关闭所有文件窗口，保存装配模型。

Task2. 展平三节拱形（半长圆）直角弯头

Stage1. 展平三节拱形（半长圆）直角弯头首节

Step1. 打开模型文件 three_sec_arched_squarely_elbow01.prt。

Step2. 创建图 11.1.1b 所示的展平实体。选择下拉菜单 插入(S) ➡ 展平图样(L)...▶ ➡ 展平实体(S)... 命令；选取图 11.1.15 所示的固定面，单击 确定 按钮，完成展平实体的创建；将模型另存为 three_sec_arched_squarely_elbow_unfold01。

图 11.1.14　装配三节拱形直角弯头　　　图 11.1.15　选取固定面

Stage2. 展平三节拱形（半长圆）直角弯头中节

展平三节拱形（半长圆）直角弯头中节（图 11.1.1c），将模型命名为 three_sec_arched_squarely_elbow_unfold02。详细操作步骤参考 Stage1。

11.2　四节拱形（半长圆）直角弯头

四节拱形（半长圆）直角弯头是由四节拱形（半长圆）柱管构成的，其中两端口平面夹角为 90°，且首尾两端节较短，为中间节的一半。下面以图 11.2.1 所示的模型为例，介绍在 UG 中创建和展开四节拱形（半长圆）直角弯头的一般过程。

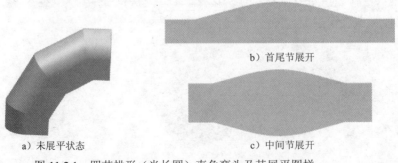

a）未展平状态　　　b）首尾节展开　　　c）中间节展开

图 11.2.1　四节拱形（半长圆）直角弯头及其展平图样

Task1. 创建四节拱形（半长圆）直角弯头

Stage1. 创建端节模型（首尾两端）

Step1. 新建一个 NX 钣金模型文件，命名为 four_sec_arched_squarely_elbow。

Step2. 创建图 11.2.2 所示的轮廓弯边特征 1。选择下拉菜单 插入(S) ➡ 折弯(N) ➡ 轮廓弯边(C)... 命令；选取 XY 平面为草图平面，绘制图 11.2.3 所示的截面草图；单击 厚度 文本框右侧的 三 按钮，在系统弹出的快捷菜单中选择 使用局部值 选项，然后在 厚度 文本框中输入数值 1.0；在 宽度选项 下拉列表中选择 有限 选项，在 宽度 文本框中输入数值 600.0，单击 折弯半径 文本框右侧的 三 按钮，在系统弹出的快捷菜单中选择 使用局部值 选项，然后在 折弯半径 文本框中输入数值 0.5；单击 〈 确定 〉 按钮，完成轮廓弯边特征 1 的创建。

Step3. 创建图 11.2.4 所示的草图 1。选取 YZ 平面为草图平面，绘制草图 1。

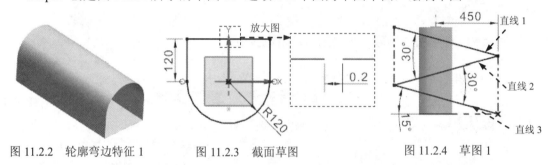

图 11.2.2　轮廓弯边特征 1　　　　图 11.2.3　截面草图　　　　图 11.2.4　草图 1

Step4. 创建图 11.2.5 所示的拉伸特征 1。选择下拉菜单 插入(S) ➡ 切割(T) ➡ 拉伸(E)... 命令，选取图 11.2.4 所示的直线 1 为拉伸的截面；在 限制 区域的 开始 下拉列表中选择 对称值 选项，在其下的 距离 文本框中输入数值 160；在 布尔 区域的下拉列表中选择 无 选项；单击 〈 确定 〉 按钮，完成拉伸特征 1 的创建。

Step5. 参看 Step4，创建图 11.2.6 所示的拉伸特征 2。

Step6. 参看 Step4，创建图 11.2.7 所示的拉伸特征 3。

Step7. 保存钣金模型。

图 11.2.5　拉伸特征 1　　　　图 11.2.6　拉伸特征 2　　　　图 11.2.7　拉伸特征 3

Stage2. 创建四节拱形（半长圆）直角弯头首节

Step1. 在资源工具条区单击"装配导航器"按钮 ，切换至"装配导航器"界面，在装配导航器的空白处右击，在弹出的快捷菜单中确认 ✔ WAVE 模式 被选中。

Step2. 在装配导航器区选择 ☑ 🗂 `four_sec_arched_squarely_elbow` 并右击，在弹出的快捷菜单中选择 `WAVE ▶` ➡ `新建层` 命令，系统弹出"新建层"对话框。

Step3. 在"新建层"对话框中单击 `指定部件名` 按钮，在弹出的对话框中输入文件名 four_sec_arched_squarely_elbow01，并单击 `OK` 按钮。

Step4. 在"新建层"对话框中单击 `类选择` 按钮，选取所有实体及曲面，单击两次 `确定` 按钮，完成新级别的创建。

Step5. 将 four_sec_arched_squarely_elbow01 设为显示部件。

Step6. 创建图 11.2.8 所示的修剪体 1。选择下拉菜单 `插入(S)` ➡ `修剪(T)` ➡ `▣ 修剪体(T)` 命令；选取图 11.2.9 所示的实体为修剪目标，单击中键；选取图 11.2.9 所示的平面为修剪工具；单击 `< 确定 >` 按钮，完成修剪体 1 的创建。

Step7. 保存钣金模型。

Stage3. 创建四节拱形（半长圆）直角弯头中节

Step1. 切换至 four_sec_arched_squarely_elbow 窗口。

Step2. 在装配导航器区选择 ☑ 🗂 `four_sec_arched_squarely_elbow` 并右击，在弹出的快捷菜单中选择 `WAVE ▶` ➡ `新建层` 命令，系统弹出"新建层"对话框。

Step3. 在"新建层"对话框中单击 `指定部件名` 按钮，在弹出的对话框中输入文件名 four_sec_arched_squarely_elbow02，并单击 `OK` 按钮。

Step4. 在"新建层"对话框中单击 `类选择` 按钮，选取所有的实体、曲面对象，单击两次 `确定` 按钮，完成新级别的创建。

Step5. 将 four_sec_arched_squarely_elbow02 设为显示部件（确认在零件设计环境）。

Step6. 创建图 11.2.10 所示的修剪体 1。选择下拉菜单 `插入(S)` ➡ `修剪(T)` ➡ `▣ 修剪体(T)...` 命令；选取图 11.2.11 所示的实体为修剪目标，单击中键；选取图 11.2.11 所示的平面为修剪工具；单击 `< 确定 >` 按钮，完成修剪体 1 的创建。

图 11.2.8　修剪体 1

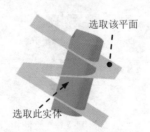

选取该平面

选取此实体

图 11.2.9　选取修剪对象

图 11.2.10　修剪体 1

Step7. 创建图 11.2.12 所示的修剪体 2。选择下拉菜单 `插入(S)` ➡ `修剪(T)` ➡ `▣ 修剪体(T)...` 命令；选取图 11.2.13 所示的实体为修剪目标，单击中键，选取图 11.2.13 所示的平面为修剪工具；单击 〈 确定 〉 按钮，完成修剪体 2 的创建。

图 11.2.11　选取修剪对象（一）　图 11.2.12　修剪体 2　图 11.2.13　选取修剪对象（二）

Step8. 保存钣金模型。

Stage4. 装配，生成四节拱形（半长圆）直角弯头

新建一个装配文件，命名为 four_sec_arched_squarely_elbow_asm。使用创建的四节拱形（半长圆）直角弯头首节和中节进行装配得到完整的钣金件（具体操作请参看随书光盘），结果如图 11.2.14 所示；保存钣金件模型并关闭所有文件窗口，保存装配模型。

Task2. 展平四节拱形（半长圆）直角弯头

Stage1. 展平四节拱形（半长圆）直角弯头首（尾）节

Step1. 打开模型文件 four_sec_arched_squarely_elbow01.prt。

Step2. 创建图 11.2.1b 所示的展平实体。选择下拉菜单 插入(S) ➡ 展平图样(L)... ▶ ➡ 展平实体(S)... 命令；选取图 11.2.15 所示的固定面，单击 确定 按钮，完成展平实体的创建；将模型另存为 four_sec_arched_squarely_elbow_unfold01。

 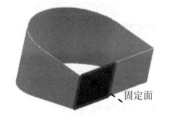

图 11.2.14　装配四节拱形直角弯头　　　　图 11.2.15　选取固定面

Stage2. 展平四节拱形（半长圆）直角弯头中节

展平四节拱形（半长圆）直角弯头中节（图 11.2.1c），将模型命名为 four_sec_arched_squarely_elbow_unfold02。详细操作参考 Stage1。

11.3　三节横拱形（倾斜半长圆）直角弯头

三节横拱形（倾斜半长圆）直角弯头是由三节横拱形（倾斜半长圆）柱管接合而成的

构件，其中两端节较短，为中间节的一半。下面以图 11.3.1 所示的模型为例，介绍在 UG 中创建和展开三节横拱形（倾斜半长圆）直角弯头的一般过程。

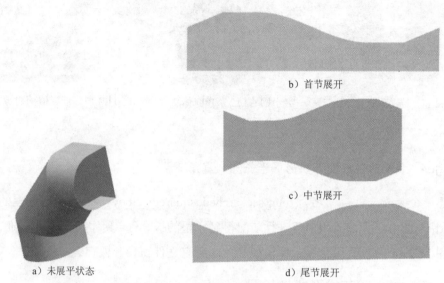

b) 首节展开

c) 中节展开

a) 未展平状态

d) 尾节展开

图 11.3.1　三节横拱形（倾斜半长圆）直角弯头及其展平图样

Task1. 创建三节横拱形（倾斜半长圆）直角弯头

Stage1. 创建端节

Step1. 新建一个 NX 钣金模型文件，命名为 three_sec_horizontal_arched_squarely_ elbow。

Step2. 创建图 11.3.2 所示的轮廓弯边特征 1。选择下拉菜单 插入(S) ➡ 折弯(N) ➡ 轮廓弯边(C)... 命令；选取 YZ 平面为草图平面，绘制图 11.3.3 所示的截面草图；单击 厚度 文本框右侧的 ☰ 按钮，在系统弹出的快捷菜单中选择 使用局部值 选项，然后在 厚度 文本框中输入数值 1.0；在 宽度选项 下拉列表中选择 有限 选项，在 宽度 文本框中输入数值 1000.0；单击 折弯半径 文本框右侧的 ☰ 按钮，在系统弹出的快捷菜单中选择 使用局部值 选项，然后在 折弯半径 文本框中输入数值 0.5；单击 < 确定 > 按钮，完成轮廓弯边特征 1 的创建。

图 11.3.2　轮廓弯边特征 1

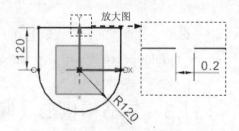

图 11.3.3　截面草图

Step3. 创建如图 11.3.4 所示的草图 1。选择 XY 平面为草图平面，绘制草图 1。

Step4. 创建图 11.3.5 所示的拉伸特征 1。选择下拉菜单 插入(S) ➡️ 切割(T) ➡️ 拉伸(E)... 命令，选取图 11.3.4 所示的直线 1 为拉伸的截面；在 限制 区域的 开始 下拉列表中选择 对称值 选项，在其下的 距离 文本框中输入数值 160；在 布尔 区域的下拉列表中选择 无 选项；单击 ＜确定＞ 按钮，完成拉伸特征 1 的创建。

Step5. 参照 Step4，创建图 11.3.6 所示的拉伸特征 2。

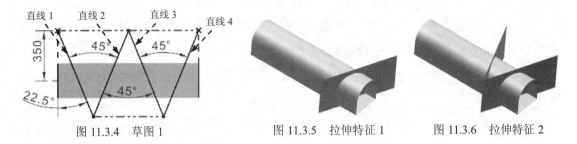

图 11.3.4 草图 1　　　　图 11.3.5 拉伸特征 1　　　　图 11.3.6 拉伸特征 2

Step6. 参照 Step4，创建图 11.3.7 所示的拉伸特征 3。

Step7. 参照 Step4，创建图 11.3.8 所示的拉伸特征 4。

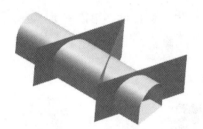 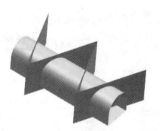

图 11.3.7 拉伸特征 3　　　　　　　　图 11.3.8 拉伸特征 4

Step8. 保存钣金模型。

Stage2. 创建三节横拱形（倾斜半长圆）直角弯头首节

Step1. 在资源工具条区单击"装配导航器"按钮 ，切换至"装配导航器"界面，在装配导航器的空白处右击，在弹出的快捷菜单中确认 ✔ WAVE 模式 被选中。

Step2. 在装配导航器区选择 ✔ three_sec_horizontal_arched_squarely_elbow 并右击，在弹出的快捷菜单中选择 WAVE ▶ ➡️ 新建层 命令，系统弹出"新建层"对话框。

Step3. 在"新建层"对话框中单击 指定部件名 按钮，在弹出的对话框中输入文件名 three_sec_horizontal_arched_squarely_elbow01，并单击 OK 按钮。

Step4. 在"新建层"对话框中单击 类选择 按钮，选取所有的实体和平面对象，单击两次 确定 按钮，完成新级别的创建。

Step5. 将 three_sec_horizontal_arched_squarely_elbow01 设为显示部件。

Step6. 创建图 11.3.9 所示的修剪体 1。选择下拉菜单 插入(S) ➡️ 修剪(T) ➡️

◻ 修剪体(T)... 命令；选取图 11.3.10 所示的实体为修剪目标，单击中键；选取图 11.3.10 所示的平面为修剪工具；单击 〈 确定 〉 按钮，完成修剪体 1 的创建。

Step7. 保存钣金模型。

Stage3. 创建三节横拱形（倾斜半长圆）直角弯头中节

Step1. 切换至 three_sec_horizontal_arched_squarely_elbow 窗口。

Step2. 在装配导航器区选择 ☑◻ three_sec_horizontal_arched_squarely_elbow 并右击，在弹出的快捷菜单中选择 WAVE ▶ ➡ 新建层 命令，系统弹出"新建层"对话框。

Step3. 在"新建层"对话框中单击 指定部件名 按钮，在弹出的对话框中输入文件名 three_sec_horizontal_arched_squarely_elbow02，并单击 OK 按钮。

Step4. 在"新建层"对话框中单击 类选择 按钮，选取所有的实体和曲面对象，单击两次 确定 按钮，完成新级别的创建。

Step5. 将 three_sec_horizontal_arched_squarely_elbow02 设为显示部件。

Step6. 创建图 11.3.11 所示的修剪体 1。选择下拉菜单 插入(S) ➡ 修剪(T) ➡ ◻ 修剪体(T)... 命令；选取图 11.3.12 所示的实体为修剪目标，单击中键，选取图 11.3.12 所示的平面为修剪工具；单击 〈 确定 〉 按钮，完成修剪体 1 的创建。

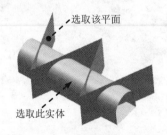
选取该平面
选取此实体

图 11.3.9　修剪体 1　　　　图 11.3.10　选取修剪对象　　　　图 11.3.11　修剪体 1

Step7. 创建图 11.3.13 所示的修剪体 2。选择下拉菜单 插入(S) ➡ 修剪(T) ➡ ◻ 修剪体(T)... 命令；选取图 11.3.14 所示的实体为修剪目标，单击中键，选取图 11.3.14 所示的平面为修剪工具；单击 ✗ 按钮调整修剪方向；单击 〈 确定 〉 按钮，完成修剪体 2 的创建。

Step8. 保存钣金模型。

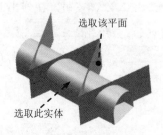
选取该平面
选取此实体

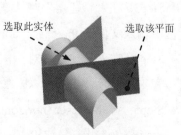
选取此实体
选取该平面

图 11.3.12　选取修剪对象（一）　　图 11.3.13　修剪体 2　　图 11.3.14　选取修剪对象（二）

Stage4. 创建三节横拱形（倾斜半长圆）直角弯头尾节

Step1. 切换至 three_sec_horizontal_arched_squarely_elbow 窗口。

Step2. 在装配导航器区选择 ☑ ⬡ `three_sec_horizontal_arched_squarely_elbow` 并右击，在弹出的快捷菜单中选择 `WAVE ▶` ➡ `新建层` 命令，系统弹出"新建层"对话框。

Step3. 在"新建层"对话框中单击 `指定部件名` 按钮，在弹出的对话框中输入文件名 three_sec_horizontal_arched_squarely_elbow03，并单击 `OK` 按钮。

Step4. 在"新建层"对话框中单击 `类选择` 按钮，选取所有的实体和曲面对象，单击两次 `确定` 按钮，完成新级别的创建。

Step5. 将 three_sec_horizontal_arched_squarely_elbow03 设为显示部件。

Step6. 创建图 11.3.15 所示的修剪体 1。选择下拉菜单 `插入(S)` ➡ `修剪(T)` ➡ `修剪体(T)...` 命令；选取图 11.3.16 所示的实体为修剪目标，单击中键；选取图 11.3.16 所示的平面为修剪工具；单击 ⚒ 按钮调整修剪方向；单击 `< 确定 >` 按钮，完成修剪体 1 的创建。

图 11.3.15　修剪体 1

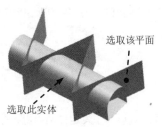

选取该平面

选取此实体

图 11.3.16　选取修剪对象

Step7. 保存钣金模型。

Stage5. 装配，生成三节拱形（半长圆）直角弯头

新建一个装配文件，命名为 three_sec_horizontal_arched_squarely_elbow_asm；使用创建的三节横拱形（倾斜半长圆）直角弯头首节、中节和尾节进行装配得到完整的钣金件（具体操作请参看随书光盘），结果如图 11.3.17 所示；保存钣金件模型并关闭所有文件窗口，保存装配模型。

Task2. 展平三节横拱形（倾斜半长圆）直角弯头

Stage1. 展平三节横拱形（倾斜半长圆）直角弯头首节

Step1. 打开模型文件 three_sec_horizontal_arched_squarely_elbow01.prt。

Step2. 创建图 11.3.1b 所示的展平实体。选择下拉菜单 `插入(S)` ➡ `展平图样(L)... ▶` ➡ `展平实体(S)...` 命令；选取图 11.3.18 所示的固定面，单击 `确定` 按钮，完成展平实体的创建；将模型另存为 three_sec_horizontal_arched_squarely_elbow_unfold01。

固定面

图 11.3.17　三节拱形直角弯头　　　　　　图 11.3.18　选取固定面

Stage2. 展平三节横拱形（倾斜半长圆）直角弯头中节

展平三节横拱形（倾斜半长圆）直角弯头中节（图 11.3.1c），将模型命名为 three_sec_horizontal_arched_squarely_elbow_unfold02。详细操作参考 Stage1。

Stage3. 展平三节横拱形（倾斜半长圆）直角弯头尾节

展平三节横拱形（倾斜半长圆）直角弯头尾节（图 11.3.1d），将模型命名为 three_sec_horizontal_arched_squarely_elbow_unfold03。详细操作参考 Stage1。

11.4　四节长圆形直角弯头

四节长圆形直角弯头是由四节长圆柱管构成的，其中两端口平面夹角为 90°，且首尾两端节较短，为中间节的一半。下面以图 11.4.1 所示的模型为例，介绍在 UG 中创建和展开四节长圆形直角弯头的一般过程。

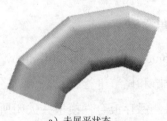
a）未展平状态

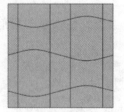
b）展平状态

图 11.4.1　四节长圆形直角弯头及其展平图样

Task1. 创建四节长圆形直角弯头

Stage1. 创建端节模型

Step1. 新建一个 NX 钣金模型文件，命名为 four_sec_long_circle_squarely_elbow。

Step2. 创建图 11.4.2 所示的轮廓弯边特征 1。选择下拉菜单 插入(S) ➞ 折弯(N) ➞ 轮廓弯边(C)... 命令；选取 XY 平面为草图平面，绘制图 11.4.3 所示的截面草图；单击 厚度 文本框右侧的 按钮，在系统弹出的快捷菜单中选择 使用局部值 选项，然后在 厚度 文本框中输入数值 1.0；在 宽度选项 下拉列表中选择 □ 有限 选项，在 宽度 文本框中输入数值 500.0，单击 ✕ 按钮调整方向；单击 < 确定 > 按钮，完成轮廓弯边特征 1 的创建。

图 11.4.2 轮廓弯边特征 1

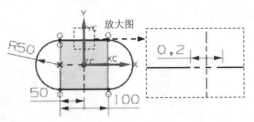

图 11.4.3 截面草图

Step3. 创建图 11.4.4 所示的拉伸特征 1。选择下拉菜单 插入(S) ➡ 切割(T) ➡ ▥ 拉伸(E)... 命令，选取图 11.4.5 所示的直线 1 为拉伸的截面；在 限制 区域的 开始 下拉列表中选择 ⊙ 对称值 选项，在其下的 距离 文本框中输入数值 100；在 布尔 区域的下拉列表中选择 ● 无 选项；单击 < 确定 > 按钮，完成拉伸特征 1 的创建。

Step4. 参照 Step3，创建图 11.4.6 所示的拉伸特征 2。

Step5. 参照 Step3，创建图 11.4.7 所示的拉伸特征 3。

图 11.4.4 拉伸特征 1

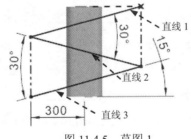

图 11.4.5 草图 1

图 11.4.6 拉伸特征 2

Step6. 保存钣金模型。

Stage2. 创建四节长圆形直角弯头首节

Step1. 在资源工具条区单击"装配导航器"按钮 ⌐，切换至"装配导航器"界面，在装配导航器的空白处右击，在弹出的快捷菜单中确认 ☑ WAVE 模式 被选中。

Step2. 在装配导航器区选择 ☑ four_sec_long_circle_squarely_elbow 并右击，在弹出的快捷菜单中选择 WAVE ▶ ➡ 新建层 命令，系统弹出"新建层"对话框。

Step3. 在"新建层"对话框中单击 指定部件名 按钮，在弹出的对话框中输入文件名 four_sec_long_circle_squarely_elbow01，并单击 OK 按钮。

Step4. 在"新建层"对话框中单击 类选择 按钮，选取所有实体及曲面，单击两次 确定 按钮，完成新级别的创建。

Step5. 将 four_sec_long_circle_squarely_elbow01 设为显示部件。

Step6. 创建图 11.4.8 所示的修剪体 1。选择下拉菜单 插入(S) ➡ 修剪(T) ➡

 命令。选取图 11.4.9 所示的实体为修剪目标，单击中键；选取图 11.4.9 所示的平面为修剪工具；单击 ✗ 按钮调整修剪方向；单击 < 确定 > 按钮，完成修剪体 1 的创建。

Step7. 保存钣金模型。

图 11.4.7　拉伸特征 3

图 11.4.8　修剪体 1

选取该平面

选取此实体

图 11.4.9　选取修剪对象

Stage3. 创建四节长圆形直角弯头中节 1

Step1. 切换至 four_sec_long_circle_squarely_elbow 窗口。

Step2. 在装配导航器区选择 ☑ 📄 four_sec_long_circle_squarely_elbow 并右击，在弹出的快捷菜单中选择 WAVE ▶ ➡ 新建层 命令，系统弹出"新建层"对话框。

Step3. 在"新建层"对话框中单击 指定部件名 按钮，在弹出的对话框中输入文件名 four_sec_long_circle_squarely_elbow02，并单击 OK 按钮。

Step4. 在"新建层"对话框中单击 类选择 按钮，选取所有的实体和曲面对象，单击两次 确定 按钮，完成新级别的创建。

Step5. 将 four_sec_long_circle_squarely_elbow02 设为显示部件。

Step6. 创建图 11.4.10 所示的修剪体 1。选择下拉菜单 插入(S) ➡ 修剪(T) ➡ 修剪体(T)... 命令。选取图 11.4.11 所示的实体为修剪目标，单击中键；选取图 11.4.11 所示的平面为修剪工具。单击 < 确定 > 按钮，完成修剪体的创建。

Step7. 创建图 11.4.12 所示的修剪体 2。选择下拉菜单 插入(S) ➡ 修剪(T) ➡ 修剪体(T)... 命令。选取图 11.4.13 所示的实体为修剪目标，单击中键；选取图 11.4.13 所示的平面为修剪工具；单击 ✗ 按钮调整修剪方向；单击 < 确定 > 按钮，完成修剪体 2 的创建。

Step8. 保存钣金模型。

选取该平面

选取此实体

图 11.4.10　修剪体 1

图 11.4.11　选取修剪对象（一）

图 11.4.12　修剪体 2

Stage4. 创建四节长圆形直角弯头中节 2

Step1. 切换至 four_sec_long_circle_squarely_elbow 窗口。

Step2. 在装配导航器区选择 ☑ 🔧 `four_sec_long_circle_squarely_elbow` 并右击，在弹出的快捷菜单中选择 `WAVE ▶` ➞ `新建层` 命令，系统弹出"新建层"对话框。

Step3. 在"新建层"对话框中单击 `指定部件名` 按钮，在弹出的对话框中输入文件名 four_sec_long_circle_squarely_elbow03，并单击 `OK` 按钮。

Step4. 在"新建层"对话框中单击 `类选择` 按钮，选取所有的实体和曲面对象，单击两次 `确定` 按钮，完成新级别的创建。

Step5. 将 four_sec_long_circle_squarely_elbow03 设为显示部件。

Step6. 创建图 11.4.14 所示的修剪体 1。选择下拉菜单 `插入(S)` ➞ `修剪(T)` ➞ `修剪体(T)...` 命令。选取图 11.4.15 所示的实体为修剪目标，单击中键；选取图 11.4.15 所示的平面为修剪工具；单击 ⚒ 按钮调整修剪方向；单击 `< 确定 >` 按钮，完成修剪体 1 的创建。

图 11.4.13　选取修剪对象（二）　　图 11.4.14　修剪体 1　　图 11.4.15　选取修剪对象（一）

Step7. 创建图 11.4.16 所示的修剪体 2。选择下拉菜单 `插入(S)` ➞ `修剪(T)` ➞ `修剪体(T)...` 命令。选取图 11.4.17 所示的实体为修剪目标，单击中键；选取图 11.4.17 所示的平面为修剪工具；单击 ⚒ 按钮调整修剪方向；单击 `< 确定 >` 按钮，完成修剪体 2 的创建。

Step8. 保存钣金模型。

图 11.4.16　修剪体 2

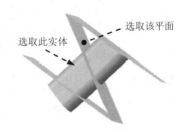

图 11.4.17　选取修剪对象（二）

Stage5. 创建四节长圆形直角弯头尾节

Step1. 切换至 four_sec_long_circle_squarely_elbow 窗口。

Step2. 在装配导航器区选择 ☑ 🔧 `four_sec_long_circle_squarely_elbow` 并右击，在弹出的快捷菜单中选择 `WAVE ▶` ➞ `新建层` 命令，系统弹出"新建层"对话框。

Step3. 在"新建层"对话框中单击 [指定部件名] 按钮，在弹出的对话框中输入文件名 four_sec_long_circle_squarely_elbow04，并单击 [OK] 按钮。

Step4. 在"新建层"对话框中单击 [类选择] 按钮，选取所有实体及曲面，单击两次 [确定] 按钮，完成新级别的创建。

Step5. 将 four_sec_long_circle_squarely_elbow04 设为显示部件。

Step6. 创建图 11.4.18 所示的修剪体 1。选择下拉菜单 [插入(S)] ➡ [修剪(T)] ➡ [修剪体(T)...] 命令。选取图 11.4.19 所示的实体为修剪目标，单击中键；选取图 11.4.19 所示的平面为修剪工具。单击 [< 确定 >] 按钮，完成修剪体 1 的创建。

Step7. 保存钣金模型。

Stage6. 装配，生成四节长圆形直角弯头

新建一个装配文件，命名为 four_sec_long_circle_squarely_elbow_asm。使用创建的四节长圆形直角弯头首节、中节（1、2）和尾节进行装配得到完整的钣金件（具体操作请参看随书光盘），结果如图 11.4.20 所示；保存钣金件模型并关闭所有文件窗口，保存装配模型。

图 11.4.18　修剪体 1　　　　图 11.4.19　选取修剪对象　　　　图 11.4.20　装配四节长圆形直角弯头

Task2. 展平四节长圆形直角弯头

Stage1. 展平四节长圆形直角弯头首节

Step1. 打开模型文件 four_sec_long_circle_squarely_elbow01.prt。

Step2. 创建图 11.4.21 所示的展平实体。选择下拉菜单 [插入(S)] ➡ [展平图样(L)...] ➡ [展平实体(S)...] 命令；选取图 11.4.22 所示的固定面，单击 [确定] 按钮，完成展平实体的创建；将模型另存为 four_sec_long_circle_squarely_elbow_unfold01。

图 11.4.21　展平实体

图 11.4.22　选取固定面

Stage2. 展平四节长圆形直角弯头中节 1

展平四节长圆形直角弯头中节 1（图 11.4.23），将模型命名为 four_sec_long_circle_squarely_elbow_unfold02。详细操作参考 Stage1。

Stage3. 展平四节长圆形直角弯头中节 2

展平四节长圆形直角弯头中节 2（图 11.4.24），将模型命名为 four_sec_long_circle_squarely_elbow_unfold03。详细操作参考 Stage1。

图 11.4.23　四节长圆形直角弯头中节 1 展开

图 11.4.24　四节长圆形直角弯头中节 2 展开

Stage4. 展平四节长圆形直角弯头尾节

展平四节长圆形直角弯头尾节（图 11.4.25），将模型命名为 four_sec_long_circle_squarely_elbow_unfold04。详细操作参考 Stage1。

Stage5. 装配展开图

新建一个装配文件，命名为 four_sec_long_circle_squarely_elbow_unfold_asm。依次插入零件"四节长圆形直角弯头尾节展开""四节长圆形直角弯头中节展开 2""四节长圆形直角弯头中节展开 1""四节长圆形直角弯头首节展开"（具体操作请参看随书光盘），结果如图 11.4.26 所示；保存钣金件模型并关闭所有文件窗口。

图 11.4.25　四节长圆形直角弯头尾节展开

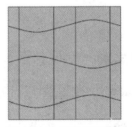

图 11.4.26　装配展开

第**12**章　长圆管三通

本章提要　本章主要介绍了长圆管三通钣金在 UG 中的创建和展开过程，包括长圆管直交三通和长圆管 Y 形三通。此类钣金都是采用 wave 新建级别方法来创建的。

12.1　长圆管直交三通

长圆管直交三通是由两端截面为长圆形的长圆管直交连接形成的钣金结构。图 12.1.1 所示分别是其钣金件及展开图，下面介绍其在 UG 中的创建和展开的操作过程。

此类钣金件的创建是先创建钣金结构零件，然后使用 wave 新建级别方法将其拆分成两个子钣金件，而后分别将其转换成钣金件并对其进行展开，最后使用装配方法得到完整钣金件。

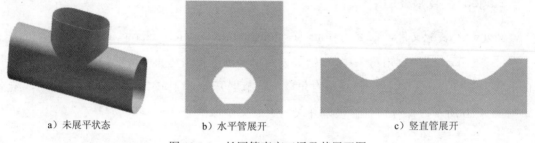

a）未展平状态　　　　　b）水平管展开　　　　　c）竖直管展开

图 12.1.1　长圆管直交三通及其展开图

Task1.　创建长圆管直交三通钣金件

Stage1.　创建整体结构零件模型

Step1.　新建一个零件模型文件，并命名为 long_circle_squarely_tee。

Step2.　创建图 12.1.2 所示的拉伸特征 1。选择下拉菜单 插入(S) ➡ 设计特征(E)▶ ➡ 拉伸(E)... 命令；选取 YZ 平面为草图平面，绘制图 12.1.3 所示的截面草图（一）；在"拉伸"对话框 限制 区域的 开始 下拉列表中选择 对称值 选项，并在其下的 距离 文本框中输入数值 250；单击 < 确定 > 按钮，完成拉伸特征 1 的创建。

Step3.　创建图 12.1.4 所示的拉伸特征 2。选择下拉菜单 插入(S) ➡ 设计特征(E)▶ ➡ 拉伸(E)... 命令；选取 ZX 平面为草图平面，绘制图 12.1.5 所示的截面草图（二）；在"拉伸"对话框的 开始 下拉列表中选择 值 选项，在其下的 距离 文本框中输入数值 0；在 结束 下

拉列表中选择 ![值] 选项，在其下的 ![距离] 文本框中输入数值 200；在 ![布尔] 区域中选择 ![合并] 选项，采用系统默认的求和对象；单击 ![确定] 按钮，完成拉伸特征 2 的创建。

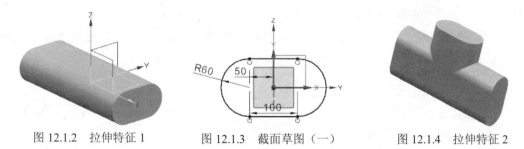

图 12.1.2　拉伸特征 1　　　　图 12.1.3　截面草图（一）　　　　图 12.1.4　拉伸特征 2

Step4. 创建图 12.1.6 所示的抽壳特征 1。选择下拉菜单 ![插入(S)] ➡ ![偏置/缩放(O)] ➡ ![抽壳(H)...] 命令，选取图 12.1.7 所示的模型的三个端面为要抽壳的面，在"抽壳"对话框中的 ![厚度] 文本框内输入值 1.0，单击 ![确定] 按钮，完成抽壳特征 1 的创建。

图 12.1.5　截面草图（二）　　　　图 12.1.6　抽壳特征 1　　　　图 12.1.7　选取移除面

Step5. 创建图 12.1.8 所示的拉伸特征 3。选择下拉菜单 ![插入(S)] ➡ ![设计特征(E)] ➡ ![拉伸(E)...] 命令；选取 XY 平面为草图平面，绘制图 12.1.9 所示的截面草图（三）（注：具体参数和操作参见随书光盘）。

Step6. 保存模型文件。

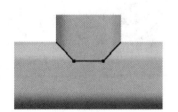

图 12.1.8　拉伸特征 3　　　　　　　　图 12.1.9　截面草图（三）

Stage2. 创建竖直管子钣金件

Step1. 在资源工具条区单击"装配导航器"按钮 ![图标]，切换至"装配导航器"界面；在装配导航器的空白处右击，在弹出的快捷菜单中选择 ![WAVE 模式] 命令。

Step2. 在装配导航器区选择 ![long_circle_squarely_tee] 并右击，在弹出的快捷菜单中选择 WAVE ▸ ➡ 新建层 命令，系统弹出"新建层"对话框。

Step3. 在"新建层"对话框中单击 指定部件名 按钮，在弹出的对话框中输入文件名 long_circle_squarely_tee01，并单击 OK 按钮。

Step4. 在"新建层"对话框中单击 类选择 按钮，选取坐标系和所有的实体和曲面对象，单击两次 确定 按钮，完成新级别的创建。

Step5. 将 long_circle_squarely_tee01 设为显示部件。

Step6. 创建图 12.1.10 所示的修剪体。选择下拉菜单 插入(S) ➡ 修剪(T) ➡ 修剪体(T) 命令。选取图 12.1.11 所示的实体为修剪目标，单击中键；选取图 12.1.11 所示的曲面为修剪工具；单击 ✕ 按钮调整修剪方向；单击 〈 确定 〉 按钮，完成修剪体的创建。

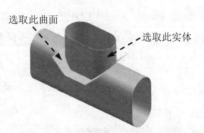

选取此曲面
选取此实体

图 12.1.10 修剪体   图 12.1.11 选取修剪对象

Step7. 创建图 12.1.12 所示的拉伸特征 1。选择下拉菜单 插入(S) ➡ 设计特征(E) ▸ ➡ 拉伸(E)... 命令；选取 XY 平面为草图平面，绘制图 12.1.13 所示的截面草图；在"拉伸"对话框的 偏置 下拉列表中选择 对称 选项，在 开始 文本框中输入数值 0.1；在 限制 区域的 开始 下拉列表中选择 值 选项，在其下的 距离 文本框中输入数值 0；在 结束 下拉列表中选择 贯通 选项，在 布尔 区域中选择 减去 选项，选择实体为求差对象；单击 〈 确定 〉 按钮，完成拉伸特征 1 的创建。

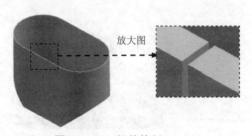
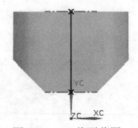

放大图

图 12.1.12 拉伸特征 1   图 12.1.13 截面草图

Step8. 将模型转换为钣金。在 应用模块 功能选项卡 设计 区域单击 钣金 按钮，进入"NX 钣金"设计环境；选择下拉菜单 插入(S) ➡ 转换(V) ▸ ➡ 转换为钣金(C)... 命令，选取图 12.1.14 所示的面；单击 确定 按钮，完成钣金转换操作。

Step9. 保存钣金件模型。

Stage3. 创建水平管子钣金件

Step1. 切换至 long_circle_squarely_tee 窗口。

Step2. 在装配导航器区选择 ☑️📁 `long_circle_squarely_tee` 并右击，在弹出的快捷菜单中选择 `WAVE ▶` ➡️ `新建层` 命令，系统弹出"新建层"对话框。

Step3. 在"新建层"对话框中单击 `指定部件名` 按钮，在弹出的对话框中输入文件名 long_circle_squarely_tee02，并单击 `OK` 按钮。

Step4. 在"新建层"对话框中单击 `类选择` 按钮，选取坐标系和图 12.1.15 所示的实体和曲面对象，单击两次 `确定` 按钮，完成新级别的创建。

Step5. 将 long_circle_squarely_tee02 设为显示部件（确认在零件设计环境）。

Step6. 创建图 12.1.16 所示的修剪体。选择下拉菜单 `插入(S)` ➡️ `修剪(T)` ➡️ `修剪体(T)...` 命令。选取图 12.1.15 所示的实体为修剪目标，单击中键；选取图 12.1.15 所示的曲面为修剪工具；单击 `⤫` 按钮调整修剪方向；单击 `〈确定〉` 按钮，完成修剪体的创建。

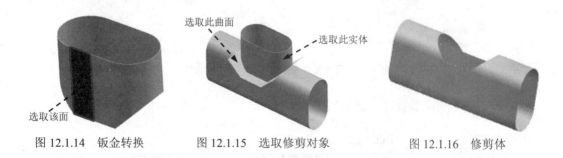

图 12.1.14　钣金转换　　　图 12.1.15　选取修剪对象　　　图 12.1.16　修剪体

Step7. 创建图 12.1.17 所示的拉伸特征 1。选择下拉菜单 `插入(S)` ➡️ `设计特征(E)▶` ➡️ `拉伸(E)...` 命令；选取 XY 平面为草图平面，绘制图 12.1.18 所示的截面草图；在"拉伸"对话框的 `偏置` 下拉列表中选择 `对称` 选项，在 `开始` 文本框中输入数值 0.1；在 `限制` 区域的 `开始` 下拉列表中选择 `值` 选项，在其下的 `距离` 文本框中输入数值 0；在 `结束` 下拉列表中选择 `贯通` 选项，在 `布尔` 区域中选择 `减去` 选项，采用系统默认的求差对象；单击 `〈确定〉` 按钮，完成拉伸特征 1 的创建。

图 12.1.17　拉伸特征 1　　　　　　　　图 12.1.18　截面草图

Step8. 将模型转换为钣金。在 `应用模块` 功能选项卡 `设计` 区域单击 `钣金` 按钮，进入

"NX 钣金"设计环境；选择下拉菜单 插入(S) ➡ 转换(V) ▶ ➡ ▣ 转换为钣金(C)... 命令，选取图 12.1.19 所示的面；单击 确定 按钮，完成钣金转换操作。

Step9. 保存钣金件模型。

Step10. 切换至 long_circle_squarely_tee 窗口并保存文件。

Stage4. 创建完整钣金件

新建一个装配文件，命名为 long_circle_squarely_tee_asm。使用创建的水平管子钣金件和竖直管子钣金件进行装配得到完整的钣金件（具体操作请参看随书光盘），结果如图 12.1.20 所示；保存钣金件模型并关闭所有文件窗口。

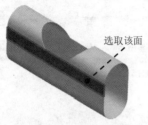
图 12.1.19　钣金转换

图 12.1.20　完整钣金件

Task2. 展平长圆管直交三通钣金件

Stage1. 展平长圆管直交三通竖直管

Step1. 打开文件 long_circle_squarely_tee01。

Step2. 选择下拉菜单 插入(S) ➡ 展平图样(L)... ▶ ➡ ▣ 展平实体(S)... 命令；取消选中 □ 移至绝对坐标系 复选框，选取图 12.1.21 所示的模型表面为固定面，单击 确定 按钮，展平结果如图 12.1.1c 所示；将模型另存为 long_circle_squarely_tee_unfold01。

Stage2. 展平长圆管直交三通水平管

Step1. 打开文件 long_circle_squarely_tee02。

Step2. 选择下拉菜单 插入(S) ➡ 展平图样(L)... ▶ ➡ ▣ 展平实体(S)... 命令；取消选中 □ 移至绝对坐标系 复选框，选取图 12.1.22 所示的模型表面为固定面，单击 确定 按钮，展平结果如图 12.1.1b 所示；将模型另存为 long_circle_squarely_tee_unfold02。

图 12.1.21　选取固定面

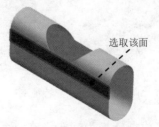
图 12.1.22　选取固定面

12.2　长圆管 Y 形三通

长圆管 Y 形三通是由三个长圆管 Y 形连接形成的钣金结构。图 12.2.1 所示分别是其钣金件及展开图，下面介绍其在 UG 中的创建和展开的操作过程。

此类钣金件的创建是先创建钣金结构零件，然后使用 wave 新建级别方法，将其拆分成两个子钣金件，最后分别将其转换成钣金件，对其进行展开，并使用装配方法得到完整钣金件。

a）未展平状态　　　　　　　　　　　　　　b）展开状态

图 12.2.1　长圆管 Y 形三通及其展开图

创建长圆管 Y 形三通钣金件

Stage1. 创建整体结构零件模型

Step1. 新建一个零件模型文件，并命名为 long_circle_Y_shape_tee。

Step2. 创建图 12.2.2 所示的拉伸特征 1。选择下拉菜单 插入(S) ➡ 设计特征(E) ➡ 拉伸(E)... 命令；选取 YZ 平面为草图平面，绘制图 12.2.3 所示的截面草图（一）；在"拉伸"对话框的 开始 下拉列表中选择 值 选项，在其下的 距离 文本框中输入值 0；在 结束 下拉列表中选择 值 选项，在其下的 距离 文本框中输入值 200；单击 < 确定 > 按钮，完成拉伸特征 1 的创建。

Step3. 创建图 12.2.4 所示的圆形阵列 1。选择下拉菜单 插入(S) ➡ 关联复制(A) ➡ 阵列几何特征(T)... 命令，在特征树中选取 Step2 所创建的拉伸特征 1 为要阵列的特征；在"阵列几何特征"对话框的 布局 下拉列表中选择 圆形 选项；在 边界定义 区域的 边界 下拉列表中选择 无 选项，在对话框的 旋转轴 区域中单击 * 指定矢量 后面的 按钮，选择 ZC 轴为旋转轴；然后单击"点对话框"中的 按钮，在 X 、 Y 和 Z 文本框中均输入数值 0，单击 确定 按钮；在"阵列几何特征"对话框的 角度方向 区域的 间距 下拉列表中选择 数量和间隔 选项，然后在 数量 文本框中输入阵列数量值为 3，在 节距角 文本框中输入阵列角度值为 120；单击 确定 按钮，完成圆形阵列 1 的创建。

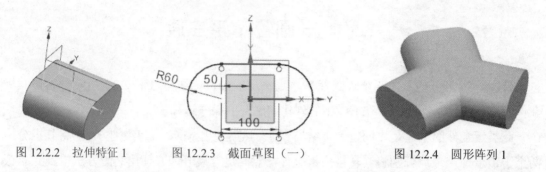

图 12.2.2　拉伸特征 1　　　　图 12.2.3　截面草图（一）　　　　图 12.2.4　圆形阵列 1

Step4. 添加实体求和 1。选择下拉菜单 插入(S) ➡ 组合(B)▶ ➡ 合并(U). 命令；选取拉伸特征 1 实体为目标，选取通过圆形阵列创建的两个实体特征为刀具；单击 〈确定〉 按钮，完成该布尔操作。

Step5. 创建图 12.2.5 所示的抽壳特征 1。选择下拉菜单 插入(S) ➡ 偏置/缩放(O)▶ ➡ 抽壳(H)... 命令；选取图 12.2.6 所示的模型的三个端面为要抽壳的面，在"抽壳"对话框中的 厚度 文本框内输入值 1.0；单击 〈确定〉 按钮，完成抽壳特征 1 的创建。

图 12.2.5　抽壳特征 1　　　　　　图 12.2.6　选取移除面

Step6. 创建图 12.2.7 所示的拉伸特征 2。选择下拉菜单 插入(S) ➡ 设计特征(E)▶ ➡ 拉伸(E)... 命令；选取 XY 平面为草图平面，绘制图 12.2.8 所示的截面草图（二）；在"拉伸"对话框 限制 区域的 开始 下拉列表中选择 对称值 选项，并在其下的 距离 文本框中输入数值 85，在 布尔 区域中选择 无 选项；单击 〈确定〉 按钮，完成拉伸特征 2 的创建。

Step7. 保存模型文件。

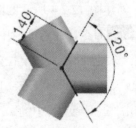

图 12.2.7　拉伸特征 2　　　　　　图 12.2.8　截面草图（二）

Stage2. 创建长圆管 Y 形三通子构件

Step1. 在资源工具条区单击"装配导航器"按钮 ，切换至"装配导航器"界面，在装配导航器的空白处右击，在弹出的快捷菜单中选择 ✓ WAVE 模式 命令。

Step2. 在装配导航器区选择 ✓ ⬛ long_circle_Y_shape_tee 并右击，在弹出的快捷菜单中选择 WAVE ▶ ➡ 新建层 命令，系统弹出"新建层"对话框。

Step3. 在"新建层"对话框中单击 指定部件名 按钮，在弹出的对话框中输入文件名 long_circle_Y_shape_tee01，并单击 OK 按钮。

Step4. 在"新建层"对话框中单击 类选择 按钮，选取坐标系和所有的实体、曲面对象，单击两次 确定 按钮，完成新级别的创建。

Step5. 将 long_circle_Y_shape_tee01 设为显示部件。

Step6. 创建图 12.2.9 所示的修剪体。选择下拉菜单 插入(S) ➡ 修剪(T) ➡ ⬛ 修剪体(T)... 命令。选取图 12.2.10 所示的实体为修剪目标，单击中键；选取图 12.2.10 所示的面为修剪工具。单击 ＜ 确定 ＞ 按钮，完成修剪体的创建。

图 12.2.9　修剪体

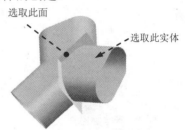

图 12.2.10　选取修剪对象

Step7. 创建图 12.2.11 所示的拉伸特征 1。选择下拉菜单 插入(S) ➡ 设计特征(E)▶ ➡ ⬛ 拉伸(E)... 命令；选取 XY 平面为草图平面，绘制图 12.2.12 所示的截面草图；在"拉伸"对话框的 偏置 下拉列表中选择 对称 选项，在 开始 文本框中输入值 0.1；在 限制 区域的 开始 下拉列表中选择 值 选项，在其下的 距离 文本框中输入值 0；在 结束 下拉列表中选择 贯通 选项，在 布尔 区域中选择 减去 选项，选择实体为求差对象；单击 ＜ 确定 ＞ 按钮，完成拉伸特征 1 的创建。

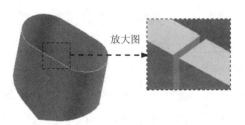

图 12.2.11　拉伸特征 1

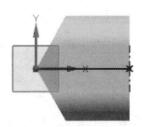

图 12.2.12　截面草图

Step8. 后面的详细操作过程请参见随书光盘中 video\ch12\reference 文件下的语音视频讲解文件"长圆管 Y 形三通-r01.exe"。

第 **13** 章 正 棱 锥 管

本章提要　本章主要介绍了正棱锥管的钣金在 UG 中的创建和展开过程，包括正三棱锥、正四棱锥、正六棱锥等。此类钣金都是由抽壳和实体转换钣金等方法来创建的。

13.1　正 三 棱 锥

图 13.1.1 所示分别是正三棱锥钣金件及其展开图，下面介绍其在 UG 中创建和展开的操作过程。

　　　a）未展平状态　　　　　　　　　　　　　　　　b）展平状态

图 13.1.1　正三棱锥及其展开图

Task1. 创建正三棱锥

Step1. 新建一个零件模型文件，并命名为 three_arris_cone。

Step2. 创建草图 1。选取 XY 平面为草图平面，绘制图 13.1.2 所示的草图 1。

Step3. 创建基准平面 1。选择下拉菜单 插入(S) ➡ 基准/点(D) ➡ 基准平面(D)… 命令；单击 <确定> 按钮，完成基准平面 1 的创建（注：具体参数和操作参见随书光盘）。

Step4. 创建草图 2。选取基准平面 1 为草图平面，绘制图 13.1.3 所示的草图 2。

注意：草图 2 为在圆心处的一个点。

Step5. 创建图 13.1.4 所示的通过曲线组特征。选择下拉菜单 插入(S) ➡ 网格曲面(M) ➡ 通过曲线组(T)… 命令，依次选取草图 1 和草图 2 为起始截面和终止截面；单击 设置 右侧的 ∨，在 体类型 下拉列表中选择 实体 选项；单击 <确定> 按钮，完成通过曲线组特征的创建。

Step6. 创建图 13.1.5 所示的抽壳特征 1。选择下拉菜单 插入(S) ➡ 偏置/缩放(O) ➡ 抽壳(H)… 命令，选取图 13.1.6 所示模型的面为要抽壳的面，在"抽壳"对话框中的 厚度 文本框内输入值 1.0；单击 <确定> 按钮，完成抽壳特征 1 的创建。

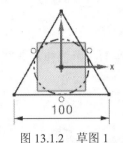

图 13.1.2　草图 1

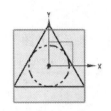

图 13.1.3　草图 2

图 13.1.4　通过曲线组特征

Step7. 在 应用模块 功能选项卡 设计 区域单击 钣金 按钮，进入"NX 钣金"设计环境。

Step8. 将模型转换为钣金。选择下拉菜单 插入(S) ➡ 转换(V) ➡ 转换为钣金(C) 命令，选取图 13.1.7 所示的面为基本面，选择图 13.1.7 所示的边为切口边；在 选择折弯面 (0) 下拉列表中选择 圆形 选项；单击 深度 文本框右侧的 按钮，在系统弹出的快捷菜单中选择 使用局部值 选项，然后在 深度 文本框中输入数值 0.5；单击 宽度 文本框右侧的 按钮，在系统弹出的快捷菜单中选择 使用局部值 选项，然后在 宽度 文本框中输入数值 0.5，选中 保持折弯半径为零 选项；单击 确定 按钮，完成钣金转换操作。

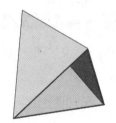

图 13.1.5　抽壳特征 1

图 13.1.6　选取移除面

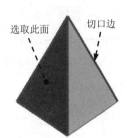

图 13.1.7　钣金转换

Step9. 保存钣金件模型。

Task2. 展平正三棱锥

创建图 13.1.8 所示的展平实体。选择下拉菜单 插入(S) ➡ 展平图样(L)... ➡ 展平实体(S)... 命令；取消选中 移至绝对坐标系 复选框，选取图 13.1.9 所示的固定面，单击 确定 按钮，完成展平实体的创建；将零件另存为 three_arris_cone_unfold。

图 13.1.8　展平实体

图 13.1.9　选取固定面

13.2　正 四 棱 锥

图 13.2.1 所示分别是正四棱锥钣金件及展开图，下面介绍其在 UG 中创建和展开的操作过程。

a）未展平状态　　　　　　　　　　　　　　b）展平状态

图 13.2.1　正四棱锥及其展开图

Task1. 创建正四棱锥

Step1. 新建一个零件模型文件，并命名为 four_arris_cone。

Step2. 创建草图 1。选取 XY 平面为草图平面，绘制图 13.2.2 所示的草图 1。

Step3. 创建基准平面 1。选择下拉菜单 插入(S) ➡ 基准/点(D) ➡ 基准平面(D)... 命令；在 类型 区域的下拉列表中选择 按某一距离 选项，选取 XY 平面为参考平面，在 距离 文本框内输入偏移距离值 100；单击 〈 确定 〉 按钮，完成基准平面 1 的创建。

Step4. 创建草图 2。选取基准平面 1 为草图平面，绘制图 13.2.3 所示的草图 2。

说明：草图 2 为位于矩形中心处的一个点。

Step5. 创建图 13.2.4 所示的通过曲线组特征。选择下拉菜单 插入(S) ➡ 网格曲面(M) ➡ 通过曲线组(T)... 命令，依次选取草图 1 和草图 2 为起始截面和终止截面；单击 设置 右侧的 ∨，在 体类型 下拉列表中选择 片体 选项；单击 〈 确定 〉 按钮，完成通过曲线组特征的创建。

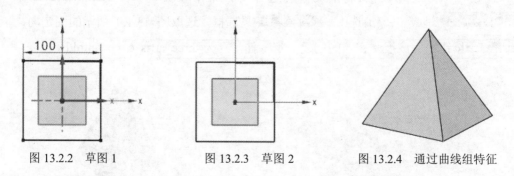

图 13.2.2　草图 1　　　　　图 13.2.3　草图 2　　　　　图 13.2.4　通过曲线组特征

Step6. 在 应用模块 功能选项卡 设计 区域单击 钣金 按钮，进入"NX 钣金"设计环境。

Step7. 创建图 13.2.5 所示的钣金转换。选择下拉菜单 插入(S) ➡ 折弯(N) ➡ 📦 实体特征转换为钣金(S)... 命令。选取图 13.2.6 所示的正四棱锥的四个面作为腹板面；单击 📦 按钮，选择图 13.2.7 所示的三个边作为折弯边；单击 厚度 文本框右侧的 ☰ 按钮，在系统弹出的快捷菜单中选择 使用局部值 选项，然后在 厚度 文本框中输入数值 1.0，单击 ⟋ 按钮；单击 折弯半径 文本框右侧的 ☰ 按钮，在系统弹出的快捷菜单中选择 使用局部值 选项，然后在 折弯半径 文本框中输入数值 0.5。单击 止裂口 右侧的 ⌄，在 折弯止裂口 下拉列表中选择 ⌇ 正方形 选项；单击 深度 文本框右侧的 ☰ 按钮，在系统弹出的快捷菜单中选择 使用局部值 选项，然后在 深度 文本框中输入数值 0.2；单击 宽度 文本框右侧的 ☰ 按钮，在系统弹出的快捷菜单中选择 使用局部值 选项，然后在 宽度 文本框中输入数值 0.2。单击 确定 按钮，完成钣金转换操作。

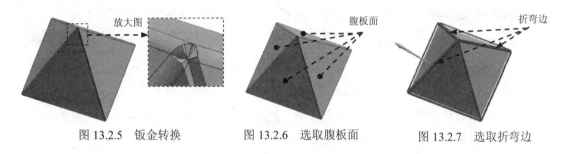

图 13.2.5　钣金转换　　　图 13.2.6　选取腹板面　　　图 13.2.7　选取折弯边

Step8. 保存钣金件模型。

Task2. 展平正四棱锥

创建图 13.2.8 所示的展平实体。打开 four_arris_cone 文件，选择下拉菜单 插入(S) ➡ 展平图样(L)... ▶ ➡ 展平实体(S)... 命令；取消选中 □ 移至绝对坐标系 复选框，选取图 13.2.9 所示的固定面，单击 确定 按钮，完成展平实体的创建；将模型另存为 four_arris_cone_unfold。

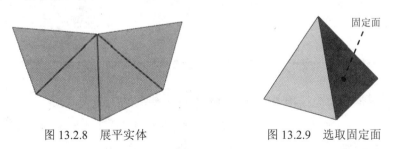

图 13.2.8　展平实体　　　　　图 13.2.9　选取固定面

13.3　正 六 棱 锥

图 13.3.1 所示分别是正六棱锥钣金件及其展开图，下面介绍其在 UG 中创建和展开的

操作过程。

 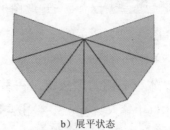

a）未展平状态   b）展平状态

图 13.3.1   正六棱锥及其展开图

Task1. 创建正六棱锥

Step1. 新建一个零件模型文件，并命名为 six_arris_cone。

Step2. 创建草图 1。选取 XY 平面为草图平面，绘制图 13.3.2 所示的草图 1。

Step3. 创建基准平面 1。选择下拉菜单 插入(S) ➡ 基准/点(D) ➡ 基准平面(D)... 命令；在 类型 区域的下拉列表中选择 按某一距离 选项，选取 XY 平面为参考平面，在 距离 文本框内输入偏移距离值 100；单击 < 确定 > 按钮，完成基准平面 1 的创建。

Step4. 创建草图 2。选取基准平面 1 为草图平面，绘制图 13.3.3 所示的草图 2。

说明：草图 2 为位于正六边形中心处的一个点。

Step5. 创建图 13.3.4 所示的通过曲线组特征。选择下拉菜单 插入(S) ➡ 网格曲面(M) ➡ 通过曲线组(T)... 命令，依次选取草图 1 和草图 2 为起始截面和终止截面；单击 < 确定 > 按钮，完成通过曲线组特征的创建。

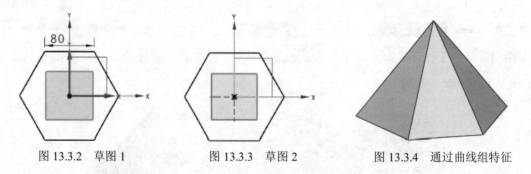

图 13.3.2   草图 1   图 13.3.3   草图 2   图 13.3.4   通过曲线组特征

Step6. 在 应用模块 功能选项卡 设计 区域单击 钣金 按钮，进入"NX 钣金"设计环境。

Step7. 创建图 13.3.5 所示的钣金转换。选择下拉菜单 插入(S) ➡ 折弯(N) ➡ 实体特征转换为钣金(S)... 命令。选取图 13.3.6 所示的正六棱锥的六个面作为腹板面；单击 按钮，选择图 13.3.7 所示的五条边作为折弯边。单击 厚度 文本框右侧的 按钮，在系统弹出的快捷菜单中选择 使用局部值 选项，然后在 厚度 文本框中输入数值 1.0。单击 折弯参数 右侧的 ，单击 折弯半径 文本框右侧的 按钮，在系统弹出的快捷菜单中选择 使用局部值 选项，

然后在 折弯半径 文本框中输入数值 0.5。单击 止裂口 右侧的 ￬，在 折弯止裂口 下拉列表中选择 ～圆形 选项，单击 深度 文本框右侧的 ▤ 按钮，在系统弹出的快捷菜单中选择 使用局部值 选项，然后在 深度 文本框中输入数值 3；单击 宽度 文本框右侧的 ▤ 按钮，在系统弹出的快捷菜单中选择 使用局部值 选项，然后在 宽度 文本框中输入数值 3；单击 确定 按钮，完成钣金转换操作。

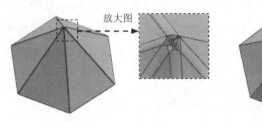
图 13.3.5 钣金转换

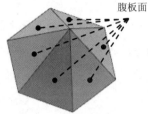
图 13.3.6 选取腹板面

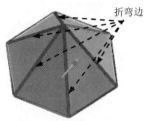
图 13.3.7 选取折弯边

Step8. 保存钣金件模型。

Task2. 展平正六棱锥

创建图 13.3.8 所示的展平实体。打开 six_arris_cone 文件，选择下拉菜单 插入(S) ➡ 展平图样(L)... ▶ ➡ ⬜ 展平实体(S)... 命令；取消选中 ☐ 移至绝对坐标系 复选框，选取图 13.3.9 所示的固定面，单击 确定 按钮，完成展平实体的创建；将模型另存为 six_arris_cone_unfold。

图 13.3.8 展平实体

图 13.3.9 选取固定面

第 14 章 方 锥 管

本章提要 本章主要介绍了方锥管的钣金在 UG 中的创建和展开过程，包括平口方锥管、斜口方锥管、斜口偏心方锥管、上下口垂直方锥管、上下垂直偏心方锥管以及成角度的方锥管和方口斜漏斗等。此类钣金都是采用放样、抽壳等方法来创建，然后通过实体转换成钣金件，再进行展开。

14.1 平口方锥管

平口方锥管是由两个平行平面中的方形截面经过放样得到的钣金结构。图 14.1.1 所示分别是平口方锥管钣金件及其展开图，下面介绍其在 UG 中创建和展开的操作过程。

a）未展平状态   b）展平状态

图 14.1.1 平口方锥管及其展开图

Task1. 创建平口方锥管钣金件

Step1. 新建一个零件模型文件，并命名为 level_square_cone。

Step2. 创建草图 1。选取 XY 平面为草图平面，绘制图 14.1.2 所示的草图 1。

Step3. 创建基准平面 1。选择下拉菜单 插入(S) ➡ 基准/点(D) ➡ 基准平面(D)... 命令；在 类型 区域的下拉列表中选择 按某一距离 选项，选取 XY 平面为参考平面，在 距离 文本框内输入偏移距离值 100；单击 确定 按钮，完成基准平面 1 的创建。

Step4. 创建草图 2。选取基准平面 1 为草图平面，绘制图 14.1.3 所示的草图 2。

图 14.1.2 草图 1   图 14.1.3 草图 2

Step5. 创建图 14.1.4 所示的通过曲线组特征 1。选择下拉菜单 插入(S) ➡ 网格曲面(M) ➡ 通过曲线组(T)... 命令，依次选取草图 1 和草图 2 为起始截面和终止截面；在 体类型 下拉列表中选择 片体 选项；单击 确定 按钮，完成通过曲线组特征 1 的创建。

图 14.1.4　通过曲线组特征 1

Step6. 在 应用模块 功能选项卡 设计 区域单击 钣金 按钮，进入 "NX 钣金" 设计环境；选择下拉菜单 插入(S) ➡ 折弯(N) ➡ 实体特征转换为钣金(S)... 命令。选取图 14.1.5 所示的平口方锥管的四个面作为腹板面；单击 按钮，选择图 14.1.6 所示的三条边作为折弯边；单击 厚度 文本框右侧的 按钮，在系统弹出的快捷菜单中选择 使用局部值 选项，然后在 厚度 文本框中输入数值 1.0，单击 "反向" 按钮；单击 折弯参数 右侧的 ∨，单击 折弯半径 文本框右侧的 按钮，在系统弹出的快捷菜单中选择 使用局部值 选项，然后在 折弯半径 文本框中输入数值 0.5；单击 确定 按钮，完成钣金转换操作。

Step7. 保存钣金件模型。

Task2. 展平平口方锥管钣金件

创建图 14.1.1b 所示的展平实体。选择下拉菜单 插入(S) ➡ 展平图样(L)... ▶ ➡ 展平实体(S)... 命令；取消选中 □ 移至绝对坐标系 复选框，选取图 14.1.7 所示的固定面，单击 确定 按钮，完成展平实体的创建；将模型另存为 level_square_cone_unfold。

图 14.1.5　选取腹板面

图 14.1.6　选取折弯边

图 14.1.7　选取固定面

14.2　斜口方锥管

斜口方锥管是由一与底面成一定角度的正垂面截断一方锥管的下部形成的钣金结构。图 14.2.1 所示分别是斜口方锥管钣金件及其展开图，下面介绍其在 UG 中创建和展开的操作过程。

Task1. 创建斜口方锥管钣金件

Step1. 新建一个零件模型文件，并命名为 bevel_square_cone。

a）未展平状态   b）展平状态

图 14.2.1　斜口方锥管及其展开图

Step2. 创建草图 1。选取 XY 平面为草图平面，绘制图 14.2.2 所示的草图 1。

Step3. 创建基准平面 1。选择下拉菜单 插入(S) ➡ 基准/点(D) ➡ 基准平面(D)... 命令；在 类型 区域的下拉列表中选择 按某一距离 选项，选取 XY 平面为参考平面，在 距离 文本框内输入偏移距离值 100；单击 < 确定 > 按钮，完成基准平面 1 的创建。

Step4. 创建草图 2。选取基准平面 1 为草图平面，绘制图 14.2.3 所示的草图 2。

Step5. 创建图 14.2.4 所示的通过曲线组特征。选择下拉菜单 插入(S) ➡ 网格曲面(M) ➡ 通过曲线组(T)... 命令，依次选取草图 1 和草图 2 为起始和终止截面；单击 设置 右侧的 ⌄ ，在 体类型 下拉列表中选择 片体 选项；单击 < 确定 > 按钮，完成通过曲线组特征的创建。

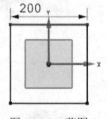
图 14.2.2　草图 1

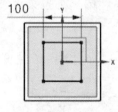
图 14.2.3　草图 2

图 14.2.4　通过曲线组特征

Step6. 创建图 14.2.5 所示的拉伸特征 1。选择下拉菜单 插入(S) ➡ 设计特征(E) ➡ 拉伸(E)... 命令；选取 XZ 平面为草图平面，绘制图 14.2.6 所示的截面草图；在"拉伸"对话框 开始 下拉列表中选择 贯通 选项，在 结束 下拉列表中选择 贯通 选项；在 布尔 区域的 布尔 下拉列表中选择 减去 选项；单击 < 确定 > 按钮，完成拉伸特征 1 的创建。

Step7. 将模型转换为钣金件。在 应用模块 功能选项卡 设计 区域单击 钣金 按钮，进入"NX 钣金"设计环境；选择下拉菜单 插入(S) ➡ 折弯(N) ➡ 实体特征转换为钣金(S)... 命令。选取图 14.2.7 所示的斜口方锥管的四个面作为腹板面；单击 按钮，选择图 14.2.8 所示的三条边作为折弯边。单击 厚度 文本框右侧的 按钮，在系统弹出的快捷菜单中选择 使用局部值 选项，然后在 厚度 文本框中输入数值 1.0，单击"反向"按钮 ；单击 折弯参数 右

侧的 ∨，单击 折弯半径 文本框右侧的 ☰ 按钮，在系统弹出的快捷菜单中选择 使用局部值 选项，然后在 折弯半径 文本框中输入数值 0.5；单击 确定 按钮，完成钣金转换操作。

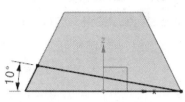
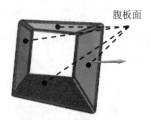

图 14.2.5　拉伸特征 1　　　　图 14.2.6　截面草图　　　　图 14.2.7　选取腹板面

Step8. 保存钣金件模型。

Task2. 展平斜口方锥管钣金件

创建图 14.2.1b 所示的展平实体。选择下拉菜单 插入(S) ➡ 展平图样(L)... ▶ 展平实体(S)... 命令；取消选中 □ 移至绝对坐标系 复选框，选取图 14.2.9 所示的固定面，单击 确定 按钮，完成展平实体的创建；将模型另存为 bevel_square_cone_unfold。

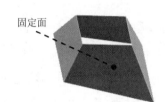

图 14.2.8　选取折弯边　　　　　　　图 14.2.9　选取固定面

14.3　平口矩形锥管

平口矩形锥管是由两个平行平面上的矩形截面经过放样得到的钣金结构。图 14.3.1 所示分别是平口矩形锥管钣金件及其展开图，下面介绍其在 UG 中创建和展开的操作过程。

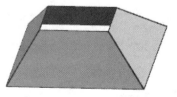

a）未展平状态　　　　　　　b）展平状态

图 14.3.1　平口矩形锥管的展开图

Task1. 创建平口矩形锥管钣金件

Step1. 新建一个零件模型文件，并命名为 level_rectangle_cone。

Step2. 创建草图 1。选取 XY 平面为草图平面，绘制图 14.3.2 所示的草图 1。

Step3. 创建基准平面 1。选择下拉菜单 插入(S) ➡️ 基准/点(D) ➡️ 基准平面(D)... 命令；在 类型 区域的下拉列表中选择 按某一距离 选项，选取 XY 平面为参考平面，在 距离 文本框内输入偏移距离值 100；单击 < 确定 > 按钮，完成基准平面 1 的创建。

Step4. 创建草图 2。选取基准平面 1 为草图平面，绘制图 14.3.3 所示的草图 2。

Step5. 创建图 14.3.4 所示的通过曲线组特征。选择下拉菜单 插入(S) ➡️ 网格曲面(M) ➡️ 通过曲线组(T)... 命令，依次选取草图 1 和草图 2 为起始截面和终止截面；在 体类型 下拉列表中选择 片体 选项；单击 < 确定 > 按钮，完成通过曲线组特征的创建。

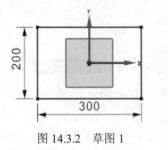
图 14.3.2 草图 1

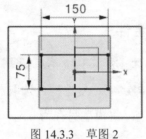
图 14.3.3 草图 2

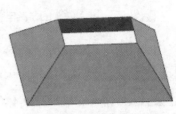
图 14.3.4 通过曲线组特征

Step6. 将模型转换为钣金件。在 应用模块 功能选项卡 设计 区域单击 钣金 按钮，进入 "NX 钣金" 设计环境；选择下拉菜单 插入(S) ➡️ 折弯(N) ➡️ 实体特征转换为钣金(S)... 命令。选取图 14.3.5 所示的平口矩形锥管的四个面作为腹板面；单击 按钮，选择图 14.3.6 所示的三条边作为折弯边。单击 厚度 文本框右侧的 按钮，在系统弹出的快捷菜单中选择 使用局部值 选项，然后在 厚度 文本框中输入数值 1.0，单击 "反向" 按钮 ；单击 折弯参数 右侧的 ，单击 折弯半径 文本框右侧的 按钮，在系统弹出的快捷菜单中选择 使用局部值 选项，然后在 折弯半径 文本框中输入数值 0.5；单击 确定 按钮，完成钣金转换操作。

Step7. 保存钣金件模型。

Task2. 展平平口矩形锥管钣金件

创建图 14.3.1b 所示的展平实体。选择下拉菜单 插入(S) ➡️ 展平图样(L)... ➡️ 展平实体(S)... 命令；取消选中 移至绝对坐标系 复选框，选取图 14.3.7 所示的固定面，单击 确定 按钮，完成展平实体的创建；将模型另存为 level_rectangle_cone_unfold。

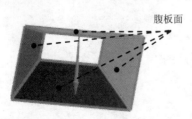
图 14.3.5 选取腹板面

图 14.3.6 选取折弯边

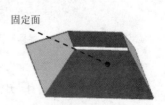
图 14.3.7 选取固定面

14.4 斜口矩形锥管

斜口矩形锥管是由一与底面成一定角度的正垂面截断一矩形锥管的下部形成的钣金结构。图 14.4.1 所示分别是斜口矩形锥管钣金件及其展开图,下面介绍其在 UG 中创建和展开的操作过程。

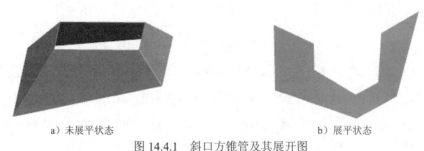

a)未展平状态　　　　　　　　　　　　　　b)展平状态

图 14.4.1　斜口方锥管及其展开图

Task1. 创建斜口矩形锥管钣金件

Step1. 新建一个零件模型文件,并命名为 bevel_rectangle_cone。

Step2. 创建草图 1。选取 XY 平面为草图平面,绘制图 14.4.2 所示的草图 1。

Step3. 创建基准平面 1。选择下拉菜单 插入(S) ➡ 基准/点(D) ➡ 基准平面(D)... 命令;在 类型 区域的下拉列表中选择 按某一距离 选项,选取 XY 平面为参考平面,在 距离 文本框内输入偏移距离值 100;单击 < 确定 > 按钮,完成基准平面 1 的创建。

Step4. 创建草图 2。选取基准平面 1 为草图平面,绘制图 14.4.3 所示的草图 2。

Step5. 创建图 14.4.4 所示的通过曲线组特征。选择下拉菜单 插入(S) ➡ 网格曲面(M) ➡ 通过曲线组(T)... 命令,依次选取草图 1 和草图 2 为起始截面和终止截面;单击 设置 右侧的 ∨,在 体类型 下拉列表中选择 片体 选项;单击 < 确定 > 按钮,完成通过曲线组特征的创建。

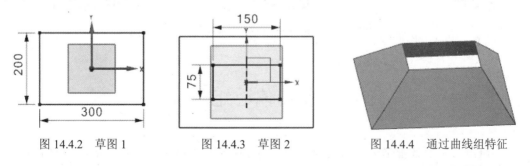

图 14.4.2　草图 1　　　　　　图 14.4.3　草图 2　　　　　　图 14.4.4　通过曲线组特征

Step6. 创建图 14.4.5 所示的拉伸特征 1。选择下拉菜单 插入(S) ➡ 设计特征(E) ➡ 拉伸(E)... 命令;选取 XZ 平面为草图平面,绘制图 14.4.6 所示的截面草图;在"拉伸"对

话框的 开始 下拉列表中选择 贯通 选项，在 结束 下拉列表中选择 贯通 选项；在 布尔 区域的 布尔 下拉列表中选择 减去 选项；单击 〈确定〉 按钮，完成拉伸特征 1 的创建。

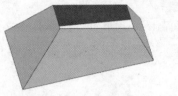

图 14.4.5　拉伸特征 1

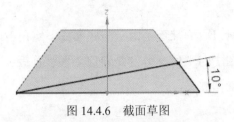

图 14.4.6　截面草图

Step7. 将模型转换为钣金件。在 应用模块 功能选项卡 设计 区域单击 钣金 按钮，进入 "NX 钣金"设计环境；选择下拉菜单 插入(S) ➡ 折弯(N) ➡ 实体特征转换为钣金(S)... 命令。选取图 14.4.7 所示的斜口矩形锥管的四个面作为腹板面；单击 按钮，选择图 14.4.8 所示的三条边作为折弯边。单击 厚度 文本框右侧的 按钮，在系统弹出的快捷菜单中选择 使用局部值 选项，然后在 厚度 文本框中输入数值 1.0，单击"反向"按钮 ；单击 折弯参数 右侧的 ，单击 折弯半径 文本框右侧的 按钮，在系统弹出的快捷菜单中选择 使用局部值 选项，然后在 折弯半径 文本框中输入数值 0.5；单击 确定 按钮，完成钣金转换操作。

Step8. 保存钣金件模型。

Task2. 展平斜口矩形锥管钣金件

创建图 14.4.1b 所示的展平实体。选择下拉菜单 插入(S) ➡ 展平图样(L)... ➡ 展平实体(S)... 命令；取消选中 移至绝对坐标系 复选框，选取图 14.4.9 所示的固定面，单击 确定 按钮，完成展平实体的创建；将模型另存为 bevel_rectangle_cone_unfold。

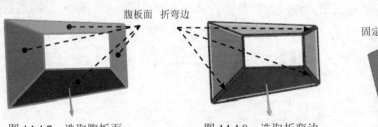

图 14.4.7　选取腹板面　　图 14.4.8　选取折弯边

图 14.4.9　选取固定面

14.5　斜口偏心矩形锥管

斜口偏心矩形锥管是由一与底面成一定角度的正垂面截断一偏心矩形锥管的下部形成的钣金结构。图 14.5.1 所示分别是斜口偏心矩形锥管钣金件及其展开图，下面介绍其在 UG 中创建和展开的操作过程。

a）未展平状态

b）展平状态

图 14.5.1　斜口偏心矩形锥管及其展开图

Task1．创建斜口偏心矩形锥管钣金件

Step1. 新建一个零件模型文件，并命名为 bevel_rectangle_cone。

Step2. 创建草图 1。选取 XY 平面为草图平面，绘制图 14.5.2 所示的草图 1。

Step3. 创建基准平面 1。选择下拉菜单 插入(S) ➡ 基准/点(D) ➡ 基准平面(D)... 命令；在 类型 区域的下拉列表中选择 按某一距离 选项，选取 XY 平面为参考平面，在 距离 文本框内输入偏移距离值 150；单击 < 确定 > 按钮，完成基准平面 1 的创建。

Step4. 创建草图 2。选取基准平面 1 为草图平面，绘制图 14.5.3 所示的草图 2。

Step5. 创建图 14.5.4 所示的通过曲线组特征。选择下拉菜单 插入(S) ➡ 网格曲面(M) ➡ 通过曲线组(T)... 命令，依次选取草图 1 和草图 2 为起始截面和终止截面；单击 设置 右侧的 ⌄，在 体类型 下拉列表中选择 片体 选项；单击 < 确定 > 按钮，完成通过曲线组特征的创建。

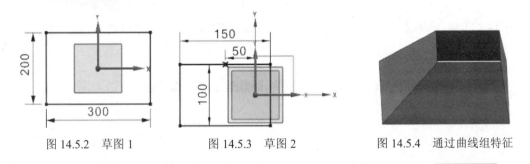

图 14.5.2　草图 1　　　　图 14.5.3　草图 2　　　　图 14.5.4　通过曲线组特征

Step6. 创建图 14.5.5 所示的拉伸特征 1。选择下拉菜单 插入(S) ➡ 设计特征(E) ➡ 拉伸(E)... 命令；选取 XZ 平面为草图平面，绘制图 14.5.6 所示的截面草图；在"拉伸"对话框的 开始 下拉列表中选择 贯通 选项，在 结束 下拉列表中选择 贯通 选项；在 布尔 区域的 布尔 下拉列表中选择 减去 选项；单击 < 确定 > 按钮，完成拉伸特征 1 的创建。

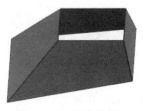

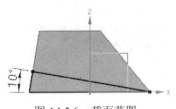

图 14.5.5　拉伸特征 1　　　　　　　图 14.5.6　截面草图

Step7. 将模型转换为钣金件。在 应用模块 功能选项卡 设计 区域单击 钣金 按钮，进入"NX 钣金"设计环境；选择下拉菜单 插入(S) ➡ 折弯(N) ➡ 实体特征转换为钣金(S)... 命令。选取图 14.5.7 所示的斜口偏心矩形锥管的四个面作为腹板面；单击 按钮，选择图 14.5.8 所示的三条边作为折弯边。单击 厚度 文本框右侧的 按钮，在系统弹出的快捷菜单中选择 使用局部值 选项，然后在 厚度 文本框中输入数值 1.0，单击"反向"按钮。单击 折弯参数 右侧的 ，单击 折弯半径 文本框右侧的 按钮，在系统弹出的快捷菜单中选择 使用局部值 选项，然后在 折弯半径 文本框中输入数值 0.5。单击 确定 按钮，完成钣金转换操作。

Step8. 保存钣金件模型。

Task2. 展平斜口偏心矩形锥管钣金件

创建图 14.5.1b 所示的展平实体。选择下拉菜单 插入(S) ➡ 展平图样(L)... ➡ 展平实体(S)... 命令；取消选中 □ 移至绝对坐标系 复选框，选取图 14.5.9 所示的固定面，单击 确定 按钮，完成展平实体的创建；将模型另存为 bevel_rectangle_cone_unfold。

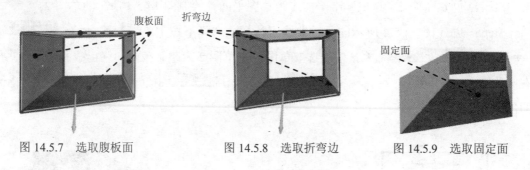

图 14.5.7　选取腹板面　　　　图 14.5.8　选取折弯边　　　　图 14.5.9　选取固定面

14.6　斜口双偏心矩形锥管

斜口双偏心矩形锥管是由一与底面成一定角度的正垂面截断一双偏心矩形锥管的上部形成的钣金结构。图 14.6.1 所示分别是斜口双偏心矩形锥管钣金件及其展开图，下面介绍其在 UG 中创建和展开的操作过程。

a）未展平状态　　　　　　　　　　　　b）展平状态

图 14.6.1　斜口双偏心矩形锥管及其展开图

Task1. 创建斜口双偏心矩形锥管钣金件

Step1. 新建一个零件模型文件，并命名为 bevel_double_eccentric_rectangle_cone。

Step2. 创建草图 1。选取 XY 平面为草图平面，绘制图 14.6.2 所示的草图 1。

Step3. 创建基准平面 1。选择下拉菜单 插入(S) ➡ 基准/点(D) ➡ 基准平面(D)... 命令；在 类型 区域的下拉列表中选择 按某一距离 选项，选取 XY 平面为参考平面，在 距离 文本框内输入偏移距离值 150；单击 〈确定〉 按钮，完成基准平面 1 的创建。

Step4. 创建草图 2。选取基准平面 1 为草图平面，绘制图 14.6.3 所示的草图 2。

Step5. 创建图 14.6.4 所示的通过曲线组特征。选择下拉菜单 插入(S) ➡ 网格曲面(M) ➡ 通过曲线组(T)... 命令，依次选取草图 1 和草图 2 为起始截面和终止截面；在 体类型 下拉列表中选择 片体 选项；单击 〈确定〉 按钮，完成通过曲线组特征的创建。

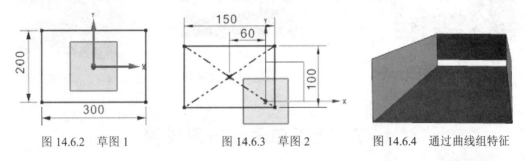

图 14.6.2　草图 1　　　　　图 14.6.3　草图 2　　　　　图 14.6.4　通过曲线组特征

Step6. 创建图 14.6.5 所示的拉伸特征 1。选择下拉菜单 插入(S) ➡ 设计特征(E) ➡ 拉伸(E)... 命令；选取 XZ 平面为草图平面，绘制图 14.6.6 所示的截面草图；在 "拉伸" 对话框的 开始 下拉列表中选择 贯通 选项，在 结束 下拉列表中选择 贯通 选项；在 布尔 区域的 布尔 下拉列表中选择 减去 选项；单击 〈确定〉 按钮，完成拉伸特征 1 的创建。

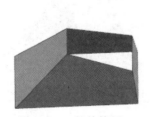　　　　　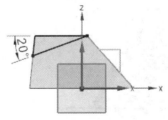

图 14.6.5　拉伸特征 1　　　　　图 14.6.6　截面草图

Step7. 将模型转换为钣金件。在 应用模块 功能选项卡 设计 区域单击 钣金 按钮，进入 "NX 钣金"设计环境；选择下拉菜单 插入(S) ➡ 折弯(N) ➡ 实体特征转换为钣金(S)... 命令。选取图 14.6.7 所示的斜口双偏心矩形锥管的四个面作为腹板面；单击 按钮，选择图 14.6.8 所示的三条边作为折弯边。单击 厚度 文本框右侧的 按钮，在系统弹出的快捷菜单中选择 使用局部值 选项，然后在 厚度 文本框中输入数值 1.0，单击 "反向" 按钮 ；单击 折弯参数 右侧的 ，单击 折弯半径 文本框右侧的 按钮，在系统弹出的快捷菜单中选择 使用局部值 选项，然后在 折弯半径 文本框中输入数值 0.5；单击 确定 按钮，完成钣金转换操作。

Step8. 保存钣金件模型。

Task2. 展平斜口双偏心矩形锥管钣金件

创建图 14.6.1b 所示的展平实体。选择下拉菜单 插入(S) ➡ 展平图样(L)... ▶ ➡ 展平实体(S)... 命令；取消选中 □移至绝对坐标系 复选框，选取图 14.6.9 所示的固定面，单击 确定 按钮，完成展平实体的创建；将模型另存为 bevel_double_eccentric_rectangle_cone_unfold。

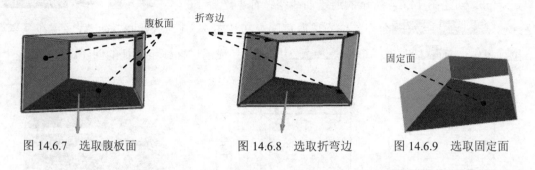

图 14.6.7　选取腹板面　　　图 14.6.8　选取折弯边　　　图 14.6.9　选取固定面

14.7　上下口垂直方形锥管

上下口垂直方形锥管是由两互相垂直的方形截面经过一定混合连接形成的钣金结构。图 14.7.1 所示分别是上下口垂直方形锥管钣金件及其展开图，下面介绍其在 UG 中创建和展开的操作过程。

a）未展平状态　　　　　　　　　　　b）后侧板展开

图 14.7.1　上下口垂直方形锥管及其展开图

Task1. 创建上下口垂直方形锥管钣金件

Step1. 新建一个零件模型文件，并命名为 up_down_squarely_square_cone。

Step2. 创建草图 1。选取 XY 平面为草图平面，绘制图 14.7.2 所示的草图 1。

Step3. 创建图 14.7.3 所示的基准平面 1。选择下拉菜单 插入(S) ➡ 基准/点(D) ➡

🗋 基准平面(D)... 命令；在 类型 区域的下拉列表中选择 🔳 按某一距离 选项，选取 YZ 平面为参考平面，在 距离 文本框内输入偏移距离值 200；单击 〈 确定 〉 按钮，完成基准平面 1 的创建。

Step4. 创建草图 2。选取基准平面 1 为草图平面，绘制图 14.7.4 所示的草图 2。

图 14.7.2 草图 1　　　　图 14.7.3 基准平面 1　　　　图 14.7.4 草图 2

Step5. 创建图 14.7.5 所示的直线 1。选择下拉菜单 插入(S) ➡ 曲线(C) ▸ ➡ ✏ 直线(L)... 命令；选取图 14.7.6 所示的点为直线的两端点，单击 〈 确定 〉 按钮，完成直线 1 的创建。

Step6. 参照 Step5，创建图 14.7.7 所示的其余五条直线。

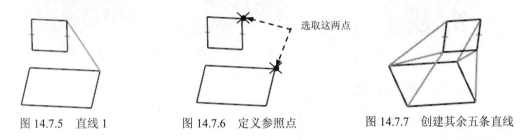

图 14.7.5 直线 1　　　　图 14.7.6 定义参照点　　　　图 14.7.7 创建其余五条直线

Step7. 创建图 14.7.8 所示的有界平面 1，选择 插入(S) ➡ 曲面(R) ➡ 🖼 有界平面(B)... ；在"曲线规则"下拉列表中选择 单条曲线 选项，选取图 14.7.9 所示的三条边作为有界平面的边界；单击 确定 按钮，完成有界平面 1 的创建。

Step8. 参照 Step7，创建图 14.7.10 所示的其余五个有界平面。

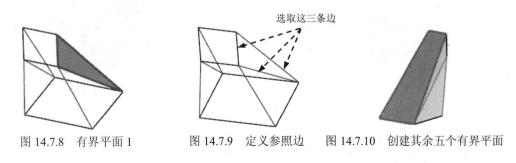

图 14.7.8 有界平面 1　　　　图 14.7.9 定义参照边　　　图 14.7.10 创建其余五个有界平面

Step9. 对曲面进行缝合。选择下拉菜单 插入(S) ➡ 组合(B) ➡ 📖 缝合(W)... 命令；选取六个有界平面，单击 确定 按钮，完成曲面的缝合。

Step10. 对曲面进行加厚。选择下拉菜单 插入(S) ➡ 偏置/缩放(O) ➡ 加厚(T)... 命令；在设计树中选择缝合曲面，在 厚度 区域的 偏置 1 文本框中输入厚度值 1，方向如图 14.7.11 所示；单击 确定 按钮，完成曲面的加厚。

Step11. 将模型转换为钣金件。在 应用模块 功能选项卡 设计 区域单击 钣金 按钮，进入"NX 钣金"设计环境；选择下拉菜单 插入(S) ➡ 折弯(N) ➡ 实体特征转换为钣金(S)... 命令。选取图 14.7.12 所示的上下口垂直方形锥管的所有面作为腹板面；单击 按钮，选择图 14.7.13 所示的五条边作为折弯边；单击 厚度 文本框右侧的 按钮，在系统弹出的快捷菜单中选择 使用局部值 选项，然后在 厚度 文本框中输入数值 1.0，单击"反向"按钮；单击 折弯参数 右侧的 ，单击 折弯半径 文本框右侧的 按钮，在系统弹出的快捷菜单中选择 使用局部值 选项，然后在 折弯半径 文本框中输入数值 0.5；单击 确定 按钮，完成钣金转换操作。

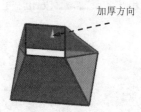
图 14.7.11 加厚曲面

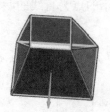
图 14.7.12 选取腹板面

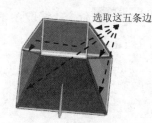
图 14.7.13 选取折弯边

Step12. 保存钣金件模型。

Task2. 展平上下口垂直方形锥管钣金件

创建图 14.7.14 所示的展平实体。选择下拉菜单 插入(S) ➡ 展平图样(L)... ▶ ➡ 展平实体(S)... 命令；取消选中 移至绝对坐标系 复选框，选取图 14.7.15 所示的固定面，单击 确定 按钮，完成展平实体的创建；将模型另存为 up_down_squarely_square_cone_unfold。

图 14.7.14 展平实体

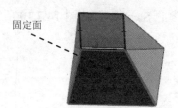
图 14.7.15 选取固定面

14.8　上下口垂直偏心矩形锥管

上下口垂直偏心矩形锥管是由两互相垂直的矩形截面经过一定混合连接形成的钣金结

构。图 14.8.1 所示分别是其钣金件及其展开图，下面介绍其在 UG 中创建和展开的操作过程。

Task1. 创建上下口垂直偏心矩形锥管钣金件

Step1. 新建一个零件模型文件，并命名为 up_down_squarely_eccentric_rectangle_cone。

a）未展平状态

b）展平状态

图 14.8.1　上下口垂直偏心矩形锥管及其展开图

Step2. 创建草图 1。选取 XY 平面为草图平面，绘制图 14.8.2 所示的草图 1。

Step3. 创建图 14.8.3 所示的基准平面 1。选择下拉菜单 插入(S) ➡️ 基准/点(D) ➡️ ▢ 基准平面(D)... 命令（注：具体参数和操作参见随书光盘）。

Step4. 创建草图 2。选取基准平面 1 为草图平面，绘制图 14.8.4 所示的草图 2。

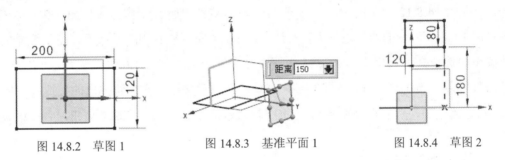

图 14.8.2　草图 1　　　　　图 14.8.3　基准平面 1　　　　　图 14.8.4　草图 2

Step5. 创建图 14.8.5 所示的直线 1。选择下拉菜单 插入(S) ➡️ 曲线(C) ▸ ➡️ ╱ 直线(L)... 命令；选取图 14.8.6 所示的点为直线的两端点；单击 〈 确定 〉 按钮，完成直线 1 的创建。

Step6. 参照 Step5，创建图 14.8.7 所示的其余四条直线。

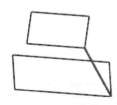

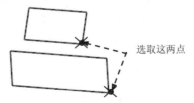
选取这两点

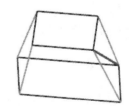

图 14.8.5　直线 1　　　　　图 14.8.6　定义参照点　　　　　图 14.8.7　创建其余四条直线

Step7. 创建图14.8.8所示的有界平面 1。选择 插入(S) ➡️ 曲面(R) ➡️ 🔲 有界平面(B)...，在"曲线规则"下拉列表中选择 单条曲线 选项，选取图 14.8.9 所示的三条边作为有界平面的边界，单击 确定 按钮，完成有界平面 1 创建。

Step8. 参照 Step7，创建图 14.8.10 所示的其余四个有界平面。

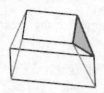
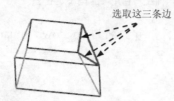

选取这三条边

图 14.8.8　有界平面 1　　　　图 14.8.9　定义参照边　　　　图 14.8.10　创建其余四个有界平面

Step9. 对曲面进行缝合。选择下拉菜单 插入(S) ➡ 组合(B) ➡ 📖缝合(W)... 命令；选取 5 个有界平面；单击 确定 按钮，完成曲面的缝合。

Step10. 对曲面进行加厚。选择下拉菜单 插入(S) ➡ 偏置/缩放(O) ➡ 加厚(T)... 命令；在特征树中选择缝合曲面，在 厚度 区域的 偏置 1 文本框中输入厚度值 1，方向如图 14.8.11 所示；单击 确定 按钮，完成曲面的加厚。

Step11. 将模型转换为钣金件。在 应用模块 功能选项卡 设计 区域单击 🪟钣金 按钮，进入 "NX 钣金"设计环境；选择下拉菜单 插入(S) ➡ 折弯(N) ➡ 🔲实体特征转换为钣金(S)... 命令。选取图 14.8.12 所示的上下口垂直偏心矩形锥管的所有面作为腹板面；单击 🔲 按钮，选择图 14.8.13 所示的四条边作为折弯边。单击 厚度 文本框右侧的 ≡ 按钮，在系统弹出的快捷菜单中选择 使用局部值 选项，然后在 厚度 文本框中输入数值 1.0，单击"反向"按钮 ✕。单击 折弯参数 右侧的 ✕，单击 折弯半径 文本框右侧的 ≡ 按钮，在系统弹出的快捷菜单中选择 使用局部值 选项，然后在 折弯半径 文本框中输入数值 0.5。单击 确定 按钮，完成钣金转换操作。

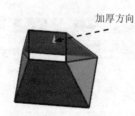

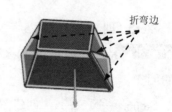

加厚方向　　　　　　　　　　　　　　　　　　　　折弯边

图 14.8.11　加厚曲面　　　　图 14.8.12　选取腹板面　　　　图 14.8.13　选取折弯边

Step12. 保存钣金件模型。

Task2. 展平上下口垂直偏心矩形锥管钣金件

创建图 14.8.14 所示的展平实体。选择下拉菜单 插入(S) ➡ 展平图样(L)... ▶ ➡ 🔲展平实体(S)... 命令；取消选中 ☐移至绝对坐标系 复选框，选取图 14.8.15 所示的固定面，单击 确定 按钮，完成展平实体的创建；将模型另存为 up_down_squarely_square_cone_unfold。

图 14.8.14 展平实体

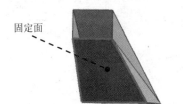

图 14.8.15 选取固定面

14.9 45° 扭转矩形锥管

45° 扭转矩形锥管是由两个夹角为 45° 的矩形经过一定混合连接形成的钣金结构。图 14.9.1 所示分别是其钣金件及其展开图，下面介绍其在 UG 中创建和展开的操作过程。

a）未展平状态   b）展平状态

图 14.9.1 45° 扭转矩形锥管及其展开图

Task1. 创建 45° 扭转矩形锥管钣金件

Step1. 新建一个零件模型文件，并命名为 45deg_turn_rectangle_cone。

Step2. 创建草图 1。选取 XY 平面为草图平面，绘制图 14.9.2 所示的草图 1。

Step3. 创建基准平面 1。选择下拉菜单 插入(S) ➡ 基准/点(D) ➡ 基准平面(D)... 命令；在 类型 区域的下拉列表中选择 按某一距离 选项，选取 XY 平面为参考平面，在 距离 文本框内输入偏移距离值 150；单击 〈 确定 〉 按钮，完成基准平面 1 的创建。

Step4. 创建草图 2。选取基准平面 1 为草图平面，绘制图 14.9.3 所示的草图 2。

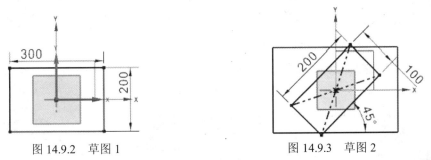

图 14.9.2 草图 1   图 14.9.3 草图 2

Step5. 创建图 14.9.4 所示的直线 1。选择下拉菜单 插入(S) ➡ 曲线(C) ➡ 直线(L)... 命令；选取图 14.9.5 所示的点为直线的两端点；单击 〈 确定 〉 按钮，完成直线 1 的创建。

Step6. 参照 Step5，创建图 14.9.6 所示的其余七条直线。

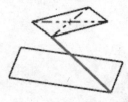

图 14.9.4　直线 1

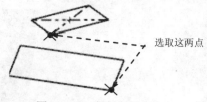

图 14.9.5　定义参照点

选取这两点

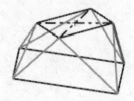

图 14.9.6　创建其余七条直线

Step7. 创建图 14.9.7 所示的有界平面 1，选择 插入(S) ➡ 曲面(R) ➡ 有界平面(B)；在"曲线规则"下拉列表中选择 单条曲线 选项，选取图 14.9.8 所示的三条边作为有界平面 1 的边界；单击 确定 按钮，完成有界平面 1 创建。

Step8. 参照 Step7，创建图 14.9.9 所示的其余各有界平面。

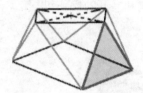

图 14.9.7　有界平面 1

选取这三条边

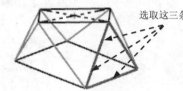

图 14.9.8　定义参照边

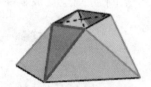

图 14.9.9　创建其余有界平面

Step9. 对曲面进行缝合。选择下拉菜单 插入(S) ➡ 组合(B) ➡ 缝合(W)... 命令；选取 8 个有界平面，单击 确定 按钮，完成曲面的缝合。

Step10. 对曲面进行加厚。选择下拉菜单 插入(S) ➡ 偏置/缩放(O) ➡ 加厚(T)... 命令；在设计树中选择缝合曲面，在 厚度 区域的 偏置 1 文本框中输入厚度值 1，方向如图 14.9.10 所示；单击 确定 按钮，完成曲面的加厚。

Step11. 将模型转换为钣金件。在 应用模块 功能选项卡 设计 区域单击 钣金 按钮，进入"NX 钣金"设计环境；选择下拉菜单 插入(S) ➡ 折弯(N) ➡ 实体特征转换为钣金(S)... 命令。选取图 14.9.11 所示的 45°扭转矩形锥管的所有面作为腹板面；单击 按钮，选择图 14.9.12 所示的七条边作为折弯边；单击 厚度 文本框右侧的 按钮，在系统弹出的快捷菜单中选择 使用局部值 选项，然后在 厚度 文本框中输入数值 1.0，单击"反向"按钮 ；单击 折弯参数 右侧的 ，单击 折弯半径 文本框右侧的 按钮，在系统弹出的快捷菜单中选择 使用局部值 选项，然后在 折弯半径 文本框中输入数值 0.5；单击 确定 按钮，完成钣金转换操作。

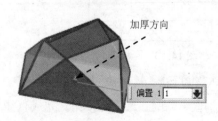

加厚方向

偏置 1 ▕1▕ ▼

图 14.9.10　加厚曲面

图 14.9.11　选取腹板面

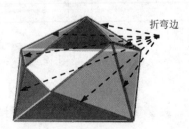

折弯边

图 14.9.12　选取折弯边

Step12. 保存钣金件模型。

Task2. 展平45°扭转矩形锥管钣金件

创建图 14.9.13 所示的展平实体。选择下拉菜单 插入(S) ➝ 展平图样(L)... ➝ 展平实体(S)... 命令；取消选中 □移至绝对坐标系 复选框，选取图 14.9.14 所示的固定面，单击 确定 按钮，完成展平实体的创建；将模型另存为 45deg_turn_rectangle_cone_unfold。

图 14.9.13 展平实体

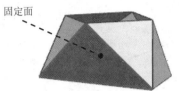

固定面

图 14.9.14 选取固定面

14.10 45°扭转偏心矩形锥管

45°扭转偏心矩形锥管是由两个夹角为 45°的偏心矩形经过一定混合连接形成的钣金结构。图 14.10.1 所示分别是其钣金件及其展开图，下面介绍其在 UG 中创建和展开的操作过程。

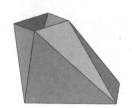

a）未展平状态

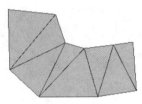

b）展平状态

图 14.10.1 45°扭转偏心矩形锥管及其展开图

Task1. 创建45°扭转偏心矩形锥管钣金件

Step1. 新建一个零件模型文件，并命名为 45deg_turn_eccentric_rectangle_cone。

Step2. 创建草图 1。选取 XY 平面为草图平面，绘制图 14.10.2 所示的草图 1。

Step3. 创建基准平面 1。选择下拉菜单 插入(S) ➝ 基准/点(D) ➝ □基准平面(D)... 命令；在 类型 区域的下拉列表中选择 按某一距离 选项，选取 XY 平面为参考平面，在 距离 文本框内输入偏移距离值 240；单击 <确定> 按钮，完成基准平面 1 的创建。

Step4. 创建草图 2。选取基准平面 1 为草图平面，绘制图 14.10.3 所示的草图 2。

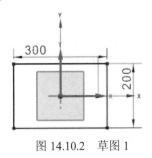

图 14.10.2 草图 1

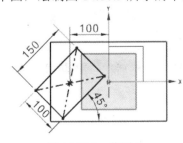

图 14.10.3 草图 2

Step5. 创建图 14.10.4 所示的直线 1。选择下拉菜单 插入(S) ➡ 曲线(C) ▶ ➡ ✎ 直线(L)... 命令；选取图 14.10.5 所示的点为直线的两端点，单击 < 确定 > 按钮，完成直线 1 的创建。

Step6. 参照 Step5，创建图 14.10.6 所示的其余七条直线。

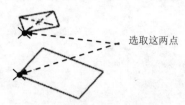
选取这两点

图 14.10.4　直线 1　　　　图 14.10.5　定义参照点　　　图 14.10.6　创建其余七条直线

Step7. 创建图 14.10.7 所示的有界平面 1，选择 插入(S) ➡ 曲面(R) ➡ 有界平面(B). 命令，在"曲线规则"下拉列表中选择 单条曲线 选项，选取图 14.10.8 所示的三条边作为有界平面 1 的边界；单击 确定 按钮，完成有界平面 1 的创建。

Step8. 参照 Step7，创建图 14.10.9 所示的其余各有界平面。

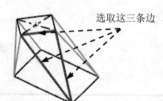
选取这三条边

图 14.10.7　有界平面 1　　　　图 14.10.8　定义参照边　　　图 14.10.9　创建其余有界平面

Step9. 对曲面进行缝合。选择下拉菜单 插入(S) ➡ 组合(B) ➡ 📖 缝合(W)... 命令；选取八个有界平面，单击 确定 按钮，完成曲面的缝合。

Step10. 对曲面进行加厚。选择下拉菜单 插入(S) ➡ 偏置/缩放(O) ➡ 加厚(T). 命令；在设计树中选择缝合曲面，在 厚度 区域的 偏置 1 文本框中输入厚度值 1，方向如图 14.10.10 所示；单击 确定 按钮，完成曲面的加厚。

Step11. 将模型转换为钣金件。在 应用模块 功能选项卡 设计 区域单击 🟦 钣金 按钮，进入"NX 钣金"设计环境；选择下拉菜单 插入(S) ➡ 折弯(N) ➡ 🟦 实体特征转换为钣金(S)... 命令。选取图 14.10.11 所示的 45° 扭转偏心矩形锥管的所有面作为腹板面；单击 🟦 按钮，选择图 14.10.12 所示的七条边作为折弯边；单击 厚度 文本框右侧的 🟰 按钮，在系统弹出的快捷菜单中选择 使用局部值 选项，然后在 厚度 文本框中输入数值 1.0，单击"反向"按钮 🟦；单击 折弯参数 右侧的 ∨，单击 折弯半径 文本框右侧的 🟰 按钮，在系统弹出的快捷菜单中选择 使用局部值 选项，然后在 折弯半径 文本框中输入数值 0.5；单击 确定 按钮，完成钣金转换操作。

Step12. 保存钣金件模型。

Task2. 展平 45°扭转偏心矩形锥管钣金件

创建图 14.10.13 所示的展平实体。选择下拉菜单 插入(S) ➡ 展平图样(L)... ➡ 展平实体(S)... 命令；取消选中 □移至绝对坐标系 复选框，选取图 14.10.14 所示的固定面，单击 确定 按钮，完成展平实体的创建；将模型另存为 45deg_turn_eccentric_rectangle_cone_ unfold。

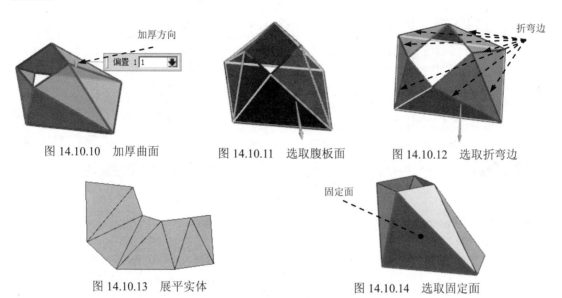

图 14.10.10　加厚曲面　　　　图 14.10.11　选取腹板面　　　　图 14.10.12　选取折弯边

图 14.10.13　展平实体　　　　　　　图 14.10.14　选取固定面

14.11　45°扭转双偏心矩形锥管

45°扭转双偏心矩形锥管是由两个夹角为 45°的偏心矩形经过一定混合连接形成的钣金结构。图 14.11.1 所示分别是其钣金件及其展开图，下面介绍其在 UG 中创建和展开的操作过程。

a）未展平状态　　　　　　　　　　　　b）展平状态

图 14.11.1　45°扭转双偏心矩形锥管及其展开图

Task1. 创建 45°扭转双偏心矩形锥管钣金件

Step1. 新建一个零件模型文件，并命名为 45deg_double_turn_eccentric_rectangle_cone。

Step2. 创建草图 1。选取 XY 平面为草图平面，绘制图 14.11.2 所示的草图 1。

Step3. 创建基准平面 1。选择下拉菜单 插入(S) ➡ 基准/点(D) ➡ 基准平面(D)... 命令；在 类型 区域的下拉列表中选择 按某一距离 选项，选取 XY 平面为参考平面，在 距离 文本框内输入偏移距离值 240；单击 < 确定 > 按钮，完成基准平面 1 的创建。

Step4. 创建草图 2。选取基准平面 1 为草图平面，绘制图 14.11.3 所示的草图 2。

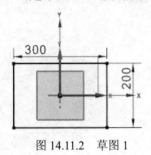

图 14.11.2 草图 1

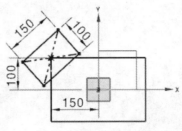

图 14.11.3 草图 2

Step5. 创建图 14.11.4 所示的直线 1。选择下拉菜单 插入(S) ➡ 曲线(C) ▶ ➡ 直线(L)... 命令；选取图 14.11.5 所示的点为直线的两端点；单击 < 确定 > 按钮，完成直线 1 的创建。

Step6. 参照 Step5，创建图 14.11.6 所示的其余七条直线。

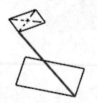

图 14.11.4 直线 1

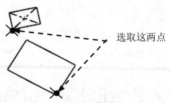

选取这两点

图 14.11.5 定义参照点

图 14.11.6 创建其余七条直线

Step7. 创建图 14.11.7 所示的有界平面 1。选择 插入(S) ➡ 曲面(R) ➡ 有界平面(B)；在"曲线规则"下拉列表中选择 单条曲线 选项，选取图 14.11.8 所示的三条边作为有界平面 1 的边界；单击 确定 按钮，完成有界平面 1 创建。

Step8. 参照 Step7，创建图 14.11.9 所示的其余各有界平面。

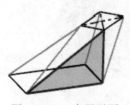

图 14.11.7 有界平面 1

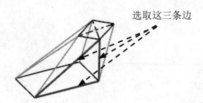

选取这三条边

图 14.11.8 定义参照边

图 14.11.9 创建其余有界平面

Step9. 对曲面进行缝合。选择下拉菜单 插入(S) ➡ 组合(B) ➡ 缝合(W)... 命令；选取八个有界平面，单击 确定 按钮，完成曲面的缝合。

Step10. 对曲面进行加厚。选择下拉菜单 插入(S) ➡ 偏置/缩放(O) ➡ 加厚(T)...

命令；在设计树中选择缝合曲面，在 厚度 区域的 偏置 1 文本框中输入厚度值 1，方向如图 14.11.10 所示；单击 确定 按钮，完成曲面的加厚。

　　Step11. 将模型转换为钣金件。在 应用模块 功能选项卡 设计 区域单击 ❸ 钣金 按钮，进入 "NX 钣金"设计环境；选择下拉菜单 插入(S) ➡ 折弯(N) ➡ 🔷 实体特征转换为钣金(S)... 命令。选取图 14.11.11 所示的 45° 扭转双偏心矩形锥管的所有面作为腹板面；单击 🔲 按钮，选择图 14.11.12 所示的七条边作为折弯边；单击 厚度 文本框右侧的 ▤ 按钮，在系统弹出的快捷菜单中选择 使用局部值 选项，然后在 厚度 文本框中输入数值 1.0，单击"反向"按钮 ✕；单击 折弯参数 右侧的 ✕，单击 折弯半径 文本框右侧的 ▤ 按钮，在系统弹出的快捷菜单中选择 使用局部值 选项，然后在 折弯半径 文本框中输入数值 0.5；单击 确定 按钮，完成钣金转换操作。

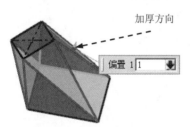
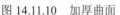

图 14.11.10 加厚曲面

图 14.11.11 选取腹板面

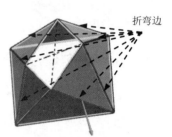

图 14.11.12 选取折弯边

Step12. 保存钣金件模型。

Task2. 展平 45° 扭转双偏心矩形锥管钣金件

　　创建图 14.11.13 所示的展平实体。选择下拉菜单 插入(S) ➡ 展平图样(L)... ▶ ➡ 🔻 展平实体(S)... 命令；取消选中 ☐ 移至绝对坐标系 复选框，选取图 14.11.14 所示的固定面，单击 确定 按钮，完成展平实体的创建；将模型另存为 45deg_double_turn_rectangle_cone_unfold。

图 14.11.13 展平实体

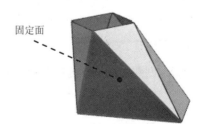

图 14.11.14 选取固定面

14.12　方口斜漏斗

方口斜漏斗是由两互成角度的方形截面和矩形截面经过一定混合连接形成的钣金结构。图 14.12.1 所示分别是其钣金件及其展开图，下面介绍其在 UG 中创建和展开的操作过程。

a）未展平状态　　　　　　　　　　　　　　b）展平状态

图 14.12.1　方口斜漏斗及其展开图

Task1．创建方口斜漏斗钣金件

Step1．新建一个零件模型文件，并命名为 square_bevel_filler。

Step2．创建草图 1。选取 XY 平面为草图平面，绘制图 14.12.2 所示的草图 1。

Step3．创建草图 2。选取 XZ 平面为草图平面，绘制图 14.12.3 所示的草图 2。

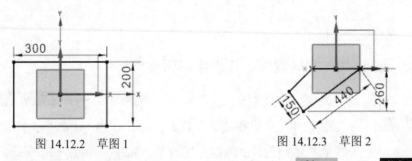

图 14.12.2　草图 1　　　　　　　　　　　图 14.12.3　草图 2

Step4．创建图 14.12.4 所示的基准平面 1。选择下拉菜单 插入(S) ➡ 基准/点(D) ➡ 基准平面(D)... 命令；在 类型 区域的下拉列表中选择 成一角度 选项，选取 XZ 平面为参考平面，选取图 14.12.4 所示的边，在 角度 文本框中输入数值 90；单击 < 确定 > 按钮，完成基准平面 1 的创建。

Step5．创建草图 3。选取基准平面 1 为草图平面，绘制图 14.12.5 所示的草图 3。

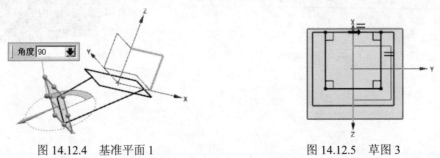

图 14.12.4　基准平面 1　　　　　　　　　图 14.12.5　草图 3

Step6. 创建图 14.12.6 所示的直线 1。选择下拉菜单 插入(S) ➞ 曲线(C) ▶ ➞ ∕ 直线(L)... 命令；选取图 14.12.7 所示的点为直线的两端点，单击 < 确定 > 按钮，完成直线 1 的创建。

Step7. 参照 Step6，创建图 14.12.8 所示的其余五条直线。

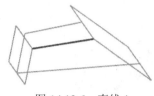
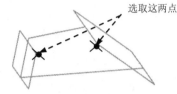

图 14.12.6　直线 1　　　　　图 14.12.7　定义参照点　　　　图 14.12.8　创建其余五条直线

Step8. 创建图 14.12.9 所示的有界平面 1，选择 插入(S) ➞ 曲面(R) ➞ 有界平面(B)...；在"曲线规则"下拉列表中选择 单条曲线 选项，选取图 14.12.10 所示的三条边作为有界平面 1 的边界；单击 确定 按钮，完成有界平面 1 的创建。

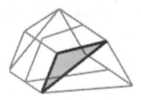
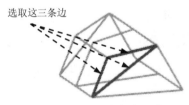

图 14.12.9　有界平面 1　　　　　　　　图 14.12.10　定义参照边

Step9. 参照 Step8，创建图 14.12.11 所示的其余各有界平面。

Step10. 对曲面进行缝合。选择下拉菜单 插入(S) ➞ 组合(B) ➞ 缝合(W)... 命令；选取六个有界平面，单击 确定 按钮，完成曲面的缝合。

Step11. 对曲面进行加厚。选择下拉菜单 插入(S) ➞ 偏置/缩放(O) ➞ 加厚(T)... 命令；在设计树中选择缝合曲面，在 厚度 区域的 偏置 1 文本框中输入厚度值 1，方向如图 14.12.12 所示；单击 确定 按钮，完成曲面的加厚。

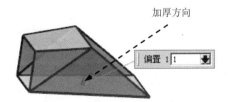

图 14.12.11　其余有界平面　　　　　图 14.12.12　加厚曲面

Step12. 将模型转换为钣金件。在 应用模块 功能选项卡 设计 区域单击 钣金 按钮，进入"NX 钣金"设计环境；选择下拉菜单 插入(S) ➞ 折弯(N) ➞ 实体特征转换为钣金(S)... 命令。选取图 14.12.13 所示的方口斜漏斗的所有面作为腹板面；单击 按钮，选择图 14.12.14

所示的五条边作为折弯边。单击 厚度 文本框右侧的 ≡ 按钮，在系统弹出的快捷菜单中选择 使用局部值 选项，然后在 厚度 文本框中输入数值 1.0，单击"反向"按钮 ⊠；单击 折弯参数 右侧的 ∨，单击 折弯半径 文本框右侧的 ≡ 按钮，在系统弹出的快捷菜单中选择 使用局部值 选项，然后在 折弯半径 文本框中输入数值 0.5；单击 确定 按钮，完成钣金转换操作。

Step13. 保存钣金件模型。

图 14.12.13　选取腹板面

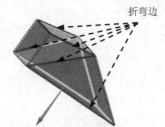

图 14.12.14　选取折弯边

Task2. 展平方口斜漏斗钣金件

创建图 14.12.15 所示的展平实体。选择下拉菜单 插入(S) ➡ 展平图样(L)... ▶ ➡ 展平实体(S)... 命令；取消选中 □ 移至绝对坐标系 复选框，选取图 14.12.16 所示的固定面，单击 确定 按钮，完成展平实体的创建；将模型另存为 square_bevel_filler_unfold。

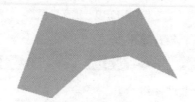

图 14.12.15　展平实体

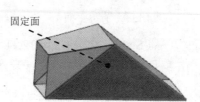

图 14.12.16　选取固定面

第 **15** 章 等径方形弯头

本章提要 本章主要介绍等径方形弯头的钣金在 UG 中的创建和展开过程，包括两节（三节）直角等径方形弯头、两节任意角等径方形弯头、45° 扭转两节直角等径方形弯头、两节圆角等径方形弯头、三节偏心等径方形弯头、三节直偏心等径方形弯头、三节 S 形偏心等径方形弯头、三节直角换向管和三节错位换向管。此类钣金都是采用抽壳和钣金转换等方法来创建的。

15.1 两节直角等径方形弯头

两节直角等径方形弯头是由两节等径方形管直角连接得到的钣金结构。图 15.1.1 所示分别是其钣金件及其展开图，下面介绍其在 UG 中创建和展开的操作过程。

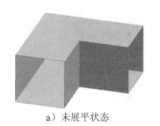

a）未展平状态　　　　　　　　　　　　b）展平状态

图 15.1.1　两节直角等径方形弯头及其展开图

Task1. 创建两节直角等径弯头

Step1. 新建一个零件模型文件，并命名为 two_sec_squarely_equally_square_elbow。

Step2. 创建图 15.1.2 所示的拉伸特征 1。选择下拉菜单 插入(S) ➡ 设计特征(E) ➡ ▣ 拉伸(E)... 命令；选取 XY 平面为草图平面，绘制图 15.1.3 所示的截面草图；在"拉伸"对话框 限制 区域的 开始 下拉列表中选择 对称值 选项，并在其下的 距离 文本框中输入数值 50；单击 < 确定 > 按钮，完成拉伸特征 1 的创建。

图 15.1.2　拉伸特征 1

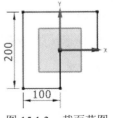

图 15.1.3　截面草图

Step3. 创建图 15.1.4 所示的抽壳特征 1。选择下拉菜单 插入(S) ➡ 偏置/缩放(O)▶ ➡ 抽壳(H)... 命令；选取图 15.1.5 所示模型的两个端面为要抽壳的面，在"抽壳"对话框中的 厚度 文本框内输入 1.0；单击 <确定> 按钮，完成抽壳特征 1 的创建。

图 15.1.4　抽壳特征 1

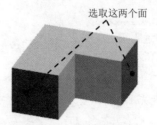

选取这两个面

图 15.1.5　选取移除面

Step4. 将模型转换为钣金。

（1）在 应用模块 功能选项卡 设计 区域单击 钣金 按钮，进入"NX 钣金"设计环境；选择下拉菜单 插入(S) ➡ 转换(V) ▶ ➡ 转换为钣金(C)... 命令；选取图 15.1.6 所示的模型表面为基本面；选取图 15.1.6 所示的边；单击 按钮，选择图 15.1.6 所示的面为草图平面，绘制图 15.1.7 所示的截面草图。

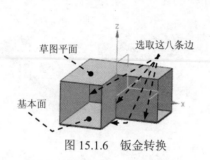

草图平面

选取这八条边

基本面

图 15.1.6　钣金转换

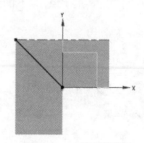

图 15.1.7　截面草图

（2）完成草图的绘制后在 止裂口 区域 折弯止裂口 下拉列表中选择 圆形 选项，单击 深度 文本框右侧的 按钮，在系统弹出的快捷菜单中选择 使用本地值 选项，然后在 深度 文本框中输入数值 1.0；单击 宽度 文本框右侧的 按钮，在系统弹出的快捷菜单中选择 使用本地值 选项，然后在 宽度 文本框中输入数值 1.0；单击 确定 按钮，完成钣金转换操作。

Step5. 保存钣金件模型。

Task2. 展平两节直角等径弯头

Step1. 打开文件：two_sec_squarely_equally_square_elbow。

Step2. 选择下拉菜单 插入(S) ➡ 展平图样(L)... ▶ ➡ 展平实体(S)... 命令；取消选中 □移至绝对坐标系 复选框，选取图 15.1.8 所示的模型表面为固定面，单击 确定 按钮，展平结果如图 15.1.1b 所示；将模型另存为 two_sec_squarely_equally_square_elbow_unfold。

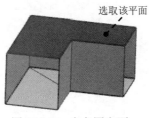

图 15.1.8 定义固定面

15.2 两节任意角等径矩形弯头

两节任意角等径矩形弯头是由两节等径矩形管任意角连接得到的钣金结构。图 15.2.1 所示分别是其钣金件及其展开图，下面介绍其在 UG 中创建和展开的操作过程。

a）未展平状态

b）展平状态

图 15.2.1 两节任意角等径矩形弯头及其展开图

Task1. 创建两节任意角等径矩形弯头

Step1. 新建一个零件模型文件，并命名为 two_sec_random_equally_rectangle_elbow。

Step2. 创建图 15.2.2 所示的拉伸特征 1。选择下拉菜单 插入(S) ➞ 设计特征(E)▶ ➞ 拉伸(E)... 命令；选取 XY 平面为草图平面，绘制图 15.2.3 所示的截面草图；在"拉伸"对话框 限制 区域的 开始 下拉列表中选择 对称值 选项，并在其下的 距离 文本框中输入数值 40；单击 〈确定〉 按钮，完成拉伸特征 1 的创建。

图 15.2.2 拉伸特征 1

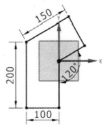

图 15.2.3 截面草图

Step3. 创建图 15.2.4 所示的抽壳特征 1。选择下拉菜单 插入(S) ➞ 偏置/缩放(O)▶ ➞ 抽壳(H)... 命令，选取图 15.2.5 所示模型的两个端面为要抽壳的面，在"抽壳"对话框中的 厚度 文本框内输入值 1.0；单击 〈确定〉 按钮，完成抽壳特征 1 的创建。

图 15.2.4　抽壳特征 1

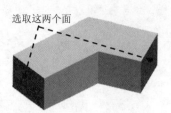

选取这两个面

图 15.2.5　选取移除面

Step4. 将模型转换为钣金。

（1）在 应用模块 功能选项卡 设计 区域单击 钣金 按钮，进入"NX 钣金"设计环境；选择下拉菜单 插入(S) ➡ 转换(V) ➡ 转换为钣金(C) 命令，选取图 15.2.6 所示的模型表面为基本面；选取图 15.2.6 所示的边；单击 按钮，选择图 15.2.6 所示的面为草图平面，绘制图 15.2.7 所示的截面草图。

（2）完成草图的绘制后在 止裂口 区域的 折弯止裂口 下拉列表中选择 圆形 选项，单击 深度 文本框右侧的 按钮，在系统弹出的快捷菜单中选择 使用局部值 选项，然后在 深度 文本框中输入数值 1.0；单击 宽度 文本框右侧的 按钮，在系统弹出的快捷菜单中选择 使用局部值 选项，然后在 宽度 文本框中输入数值 1.0；单击 确定 按钮，完成钣金转换操作。

Step5. 保存钣金件模型。

Task2. 展平两节任意角等径矩形弯头

Step1. 打开文件：two_sec_random_equally_rectangle_elbow。

Step2. 选择下拉菜单 插入(S) ➡ 展平图样(L) ➡ 展平实体(S) 命令；取消选中 移至绝对坐标系 复选框，选取图 15.2.8 所示的模型表面为固定面，单击 确定 按钮，展平结果如图 15.2.1b 所示；将模型另存为 two_sec_random_equally_rectangle_elbow _unfold。

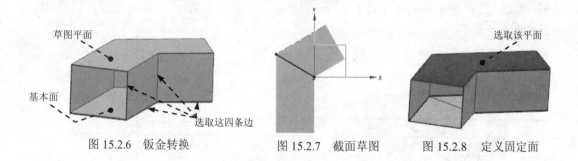

草图平面

基本面

选取这四条边

图 15.2.6　钣金转换

图 15.2.7　截面草图

选取该平面

图 15.2.8　定义固定面

15.3　45°扭转两节直角等径方形弯头

45°扭转两节直角等径方形弯头是由两节互成 45°夹角的等径方形管连接得到的钣金结构。图 15.3.1 所示分别是其钣金件及其展开图，下面介绍其在 UG 中创建和展开的操作过程。

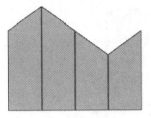

a）未展平状态　　　　　　　　　　　　b）展平状态

图 15.3.1　45°扭转两节直角等径方形弯头及其展开图

Task1. 创建 45°扭转两节直角等径方形弯头

Stage1. 创建 45°扭转两节直角等径方形弯头

Step1. 新建一个零件模型文件，命名为 45deg_turn_two_sec_squarely_equally_square_elbow。

Step2. 创建图 15.3.2 所示的轮廓弯边特征。切换至"NX 钣金"设计环境。选择下拉菜单 插入(S) ➡ 折弯(N) ➡ 轮廓弯边(C)... 命令，选取 XY 平面为草图平面，绘制图 15.3.3 所示的截面草图；单击 厚度 文本框右侧的 三 按钮，在系统弹出的快捷菜单中选择 使用局部值 选项，在 厚度 文本框中输入数值 1，单击 按钮调整厚度方向；在 宽度 区域 宽度选项 下拉列表中选择 有限 选项，在 宽度 文本框中输入数值 300，单击 按钮；单击 折弯参数 区域 折弯半径 文本框右侧的 三 按钮，在系统弹出的快捷菜单中选择 使用局部值 选项，在 折弯半径 文本框中输入数值 1；单击 〈确定〉 按钮，完成轮廓弯边特征的创建。

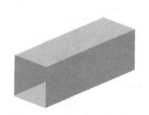

图 15.3.2　轮廓弯边特征

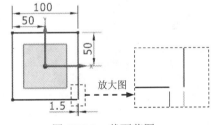

图 15.3.3　截面草图

Step3. 创建图 15.3.4 所示的基准平面。切换至"建模"环境。选择下拉菜单 插入(S) ➡ 基准/点(D) ➡ 基准平面(D)... 命令；在 类型 区域下拉列表中选择 成一角度 选项，在图形区选取 YZ 基准平面为参考平面，选取 Z 轴为通过轴；在 角度 区域 角度选项 下拉列表中选择 值 选项，在 角度 文本框中输入数值 45。单击 〈确定〉 按钮，完成基准平面的创建。

Step4. 创建图 15.3.5 所示的拉伸特征。选择下拉菜单 插入(S) ➡ 设计特征(E) ➡ 拉伸(E)... 命令；选取基准平面 1 为草图平面，绘制图 15.3.6 所示的截面草图；在"拉伸"对话框 限制 区域的 开始 下拉列表中选择 对称值 选项，并在其下的 距离 文本框中输入数值 95，在 布尔 区域中选择 减去 选项；单击 〈确定〉 按钮，完成拉伸特征的创建。

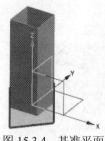
图 15.3.4　基准平面

图 15.3.5　拉伸特征

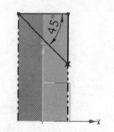
图 15.3.6　截面草图

Step5. 保存模型文件。

Stage2. 创建完整钣金件

新建一个装配文件，命名为 45deg_turn_two_sec_squarely_equally_square_elbow_asm，使用创建的 45°扭转两节直角等径方形弯头钣金件进行装配得到完整的钣金件（具体操作请参看随书光盘），结果如图 15.3.7 所示；保存钣金件模型并关闭所有文件窗口。

Task2. 展平 45°扭转两节直角等径方形弯头钣金件

Step1. 打开文件：45deg_turn_two_sec_squarely_equally_square_elbow。

Step2. 切换至"NX 钣金"设计环境。选择下拉菜单 插入(S) ➡ 展平图样(L)... ▶ ➡ 展平实体(S)... 命令；取消选中 □移至绝对坐标系 复选框，选取图 15.3.8 所示的模型表面为固定面，单击 确定 按钮，展平结果如图 15.3.1b 所示；将模型另存为 45deg_turn_two_sec_squarely_equally_square_elbow_unfold。

图 15.3.7　完整钣金件

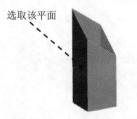
选取该平面
图 15.3.8　定义固定面

15.4　三节直角等径方形弯头

三节直角等径方形弯头是由三节等径方形管两两垂直连接构成的钣金结构。图 15.4.1 所示分别是其钣金件及其展开图，下面介绍其在 UG 中创建和展开的操作过程。

Task1. 创建三节直角等径方形弯头

Stage1. 创建整体结构模型

Step1. 新建一个零件模型文件，并命名为 three_sec_squarely_equally_square_elbow。

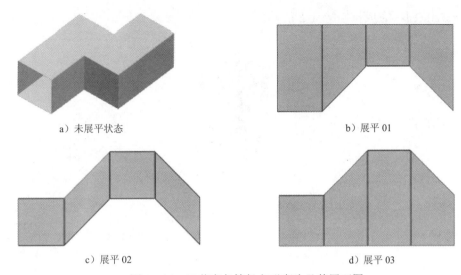

a）未展平状态　　　　　　　　　　　　b）展平 01

c）展平 02　　　　　　　　　　　　　d）展平 03

图 15.4.1　三节直角等径方形弯头及其展开图

Step2. 创建图 15.4.2 所示的轮廓弯边特征。切换至"NX 钣金"设计环境。选择下拉菜单 插入(S) ➡ 折弯(N) ▸ ➡ 轮廓弯边(C)... 命令，选取 XY 平面为草图平面，绘制图 15.4.3 所示的截面草图；单击 厚度 文本框右侧的 ☰ 按钮，在系统弹出的快捷菜单中选择 使用局部值 选项，然后在 厚度 文本框中输入数值 1，单击 ⚡ 按钮调整厚度方向；在 宽度 区域的 宽度选项 下拉列表中选择 ▮ 有限 选项，在 宽度 文本框中输入数值 400，单击 ⚡ 按钮；单击 折弯参数 区域 折弯半径 文本框右侧的 ☰ 按钮，在系统弹出的快捷菜单中选择 使用局部值 选项，然后在 折弯半径 文本框中输入数值 1；单击 < 确定 > 按钮，完成轮廓弯边的创建。

图 15.4.2　轮廓弯边特征

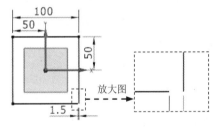

图 15.4.3　截面草图

Step3. 创建图 15.4.4 所示的草图 1。选取 XZ 基准平面为草图平面，绘制草图 1。

Step4. 创建图 15.4.5 所示的拉伸特征 1。切换至"建模"环境。选择下拉菜单 插入(S) ➡ 设计特征(E)▸ ➡ 拉伸(E)... 命令，绘制图 15.4.6 所示的截面草图；在"拉伸"对话框 限制 区域的 开始 下拉列表中选择 对称值 选项，并在其下的 距离 文本框中输入数值 95，在 布尔 区域中选择 无 选项；单击 < 确定 > 按钮，完成拉伸特征 1 的创建。

Step5. 创建图 15.4.7 所示的拉伸特征 2。选择下拉菜单 插入(S) ➡ 设计特征(E)▸ ➡ 拉伸(E)... 命令，绘制图 15.4.8 所示的曲线；在"拉伸"对话框 限制 区域的 开始 下拉列表中选择 对称值 选项，并在其下的 距离 文本框中输入数值 95，在 布尔 区域中选择 无 选项；单

击 <确定> 按钮，完成拉伸特征 2 的创建。

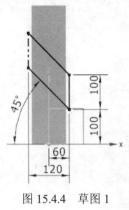

图 15.4.4　草图 1

图 15.4.5　拉伸特征 1

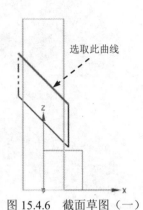

图 15.4.6　截面草图（一）

图 15.4.7　拉伸特征 2

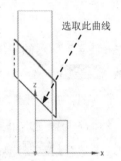

图 15.4.8　截面草图（二）

Step6. 保存模型文件。

Stage2. 创建三节直角等径方形弯头 01

Step1. 在资源工具条区单击"装配导航器"按钮 ，切换至"装配导航器"界面，在装配导航器的空白处右击，在弹出的快捷菜单中选择 ☑ WAVE 模式 命令。

Step2. 在装配导航器区选择 ☑ three_sec_squarely_equally_square_elbow 并右击，在弹出的快捷菜单中选择 WAVE ▶ ➡️ 新建层 命令，系统弹出"新建层"对话框。

Step3. 在"新建层"对话框中单击 指定部件名 按钮，在弹出的对话框中输入文件名 three_sec_squarely_equally_square_elbow01，并单击 OK 按钮。

Step4. 在"新建层"对话框中单击 类选择 按钮，选取图 15.4.9 所示的实体和曲面对象，单击两次 确定 按钮，完成新级别的创建。

Step5. 将 three_sec_squarely_equally_square_elbow01 设为显示部件。

Step6. 创建图 15.4.10 所示的修剪体。选择下拉菜单 插入(S) ➡️ 修剪(T) ➡️ 🔲 修剪体(T)... 命令。选取图 15.4.9 所示的实体为修剪目标，单击中键；选取图 15.4.9 所示的曲面为修剪工具；单击 <确定> 按钮，完成修剪体的创建。

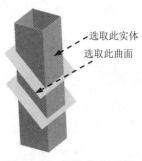

图 15.4.9　选取修剪对象

图 15.4.10　修剪体

Step7. 保存钣金件模型。

Stage3. 创建三节直角等径方形弯头 02

Step1. 切换至 three_sec_squarely_equally_square_elbow 窗口。

Step2. 在装配导航器区选择☑ 🗌 equally_cylinder_squarely_tee 并右击，在弹出的快捷菜单中选择 WAVE ▶ ➡ 新建层 命令，系统弹出"新建层"对话框。

Step3. 在"新建层"对话框中单击 指定部件名 按钮，在弹出的对话框中输入文件名 three_sec_squarely_equally_square_elbow02，并单击 OK 按钮。

Step4. 在"新建层"对话框中单击 类选择 按钮，选取图 15.4.12 所示的实体和曲面对象，单击两次 确定 按钮，完成新级别的创建。

Step5. 将 three_sec_squarely_equally_square_elbow02 设为显示部件。

Step6. 创建图 15.4.11 所示的修剪体 1。选择下拉菜单 插入(S) ➡ 修剪(T) ➡ 🗌 修剪体(T)... 命令。选取图 15.4.12 所示的实体为修剪目标，单击中键；选取图 15.4.12 所示的曲面 1 为修剪工具；单击 ＜ 确定 ＞ 按钮，完成修剪体 1 的创建。

Step7. 创建图 15.4.13 所示的修剪体 2。选择下拉菜单 插入(S) ➡ 修剪(T) ➡ 🗌 修剪体(T)... 命令。选取图 15.4.12 所示的实体为修剪目标，单击中键；选取图 15.4.12 所示的曲面 2 为修剪工具；单击 ⚒ 按钮调整修剪方向；单击 ＜ 确定 ＞ 按钮，完成修剪体 2 的创建。

图 15.4.11　修剪体 1

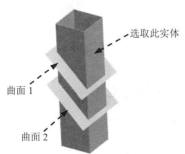

图 15.4.12　选取修剪对象

图 15.4.13　修剪体 2

Step8. 保存钣金件模型。

Stage4. 创建三节直角等径方形弯头 03

Step1. 切换至 three_sec_squarely_equally_square_elbow 窗口。

Step2. 在装配导航器区选择☑ 🔲equally_cylinder_squarely_tee 并右击，在弹出的快捷菜单中选择 WAVE ▶ ➡ 新建层 命令，系统弹出"新建层"对话框。

Step3. 在"新建层"对话框中单击 指定部件名 按钮，在弹出的对话框中输入文件名 three_sec_squarely_equally_square_elbow03，并单击 OK 按钮。

Step4. 在"新建层"对话框中单击 类选择 按钮，选取图 15.4.14 所示的实体和曲面对象，单击两次 确定 按钮，完成新级别的创建。

Step5. 将 three_sec_squarely_equally_square_elbow03 设为显示部件。

Step6. 创建图 15.4.15 所示的修剪体 1。选择下拉菜单 插入(S) ➡ 修剪(T) ➡ 🔲 修剪体(T)... 命令。选取图 15.4.14 所示的实体为修剪目标，单击中键；选取图 15.4.14 所示的曲面为修剪工具；单击 ✗ 按钮调整修剪方向；单击 〈 确定 〉 按钮，完成修剪体 1 的创建。

Step7. 保存钣金件模型。

Step8. 切换至 three_sec_squarely_equally_square_elbow 窗口并保存文件，关闭所有文件窗口。

Stage5. 创建完整钣金件

新建一个装配文件，命名为 three_sec_squarely_equally_square_elbow_asm，使用创建的三节直角等径方形弯头 01、02、03 钣金件进行装配得到完整的钣金件（具体操作请参看随书光盘），结果如图 15.4.16 所示；保存钣金件模型并关闭所有文件窗口。

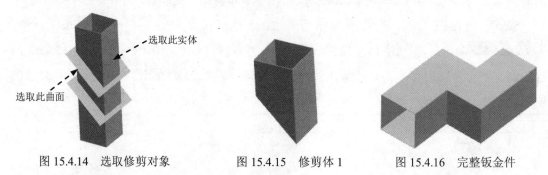

图 15.4.14 选取修剪对象   图 15.4.15 修剪体 1   图 15.4.16 完整钣金件

Task2. 展平三节直角等径方形弯头

Stage1. 展平三节直角等径方形弯头 01

Step1. 打开文件：three_sec_squarely_equally_square_elbow01（确认在钣金环境中）。

Step2. 选择下拉菜单 插入(S) ➡ 展平图样(L)... ▶ ➡ 展平实体(S)... 命令；取消选中 □ 移至绝对坐标系 复选框，选取图 15.4.17 所示的模型表面为固定面，单击 确定 按钮，展平结果如图 15.4.1b 所示；将模型另存为 three_sec_squarely_equally_square_elbow_unfold01。

Stage2. 展平三节直角等径方形弯头 02

Step1. 打开文件：three_sec_squarely_equally_square_elbow02（确认在钣金环境中）。

Step2. 选择下拉菜单 插入(S) ➡ 展平图样(L)... ▶ ➡ 展平实体(S)... 命令；取消选中 □ 移至绝对坐标系 复选框，选取图 15.4.18 所示的模型表面为固定面，单击 确定 按钮，展平结果如图 15.4.1c 所示；将模型另存为 three_sec_squarely_equally_square_elbow_unfold02。

Stage3. 展平三节直角等径方形弯头 03

Step1. 打开文件：three_sec_squarely_equally_square_elbow03（确认在钣金环境中）。

Step2. 选择下拉菜单 插入(S) ➡ 展平图样(L)... ▶ ➡ 展平实体(S)... 命令；取消选中 □ 移至绝对坐标系 复选框，选取图 15.4.19 所示的模型表面为固定面，单击 确定 按钮，展平结果如图 15.4.1d 所示；将模型另存为 three_sec_squarely_equally_square_elbow_unfold03。

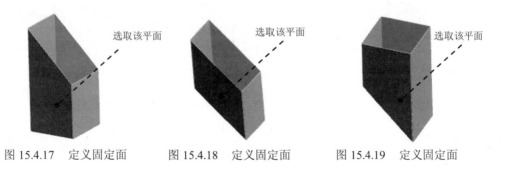

图 15.4.17　定义固定面　　　图 15.4.18　定义固定面　　　图 15.4.19　定义固定面

15.5　三节偏心等径方形弯头

三节偏心等径方形弯头是由三节偏心等径方管两两连接形成的钣金结构。图 15.5.1 所示分别是其钣金件及其展开图，下面介绍其在 UG 中创建和展开的操作过程。

Task1. 创建三节偏心等径方形弯头

Stage1. 创建整体结构模型

Step1. 新建一个零件模型文件，并命名为 three_sec_eccentric_equally_square_elbow。

Step2. 创建图 15.5.2 所示的基准平面 1。选择下拉菜单 插入(S) ➡ 基准/点(D) ➡ □ 基准平面(D)... 命令，在 类型 区域的下拉列表中选择 按某一距离 选项，在图形区选取 XY 基准平面，输入偏移值 400；单击 < 确定 > 按钮，完成基准平面 1 的创建。

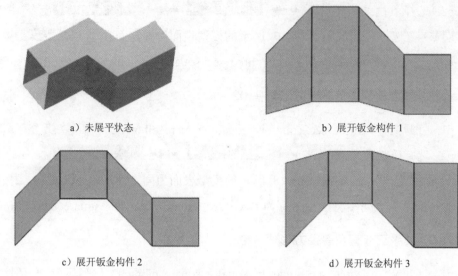

a）未展平状态   b）展开钣金构件 1

c）展开钣金构件 2   d）展开钣金构件 3

图 15.5.1　三节偏心等径方形弯头及其展开图

Step3. 创建图 15.5.3 所示的草图 1。选取 XY 基准平面为草图平面，绘制草图 1。

Step4. 创建图 15.5.4 所示的草图 2。选取基准平面 1 为草图平面，绘制草图 2。

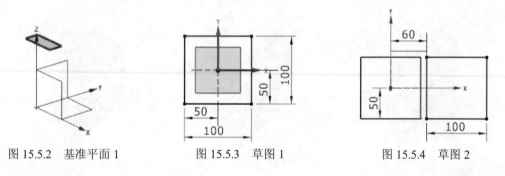

图 15.5.2　基准平面 1　　　图 15.5.3　草图 1　　　图 15.5.4　草图 2

Step5. 创建图 15.5.5 所示的通过曲线组特征 1。选择下拉菜单 插入(S) ➡ 网格曲面(M) ➡ 通过曲线组(T)... 命令；依次选取草图 1 和草图 2 为特征截面；单击 < 确定 > 按钮，完成通过曲线组特征 1 的创建。

Step6. 将模型转换为钣金。在 应用模块 功能选项卡 设计 区域单击 钣金 按钮，进入"NX 钣金"设计环境；选择下拉菜单 插入(S) ➡ 折弯(N) ➡ 实体特征转换为钣金(S)... 命令，选取图 15.5.6 所示的模型的四个侧表面为腹板面，选择图 15.5.6 所示的边为折弯边；单击 厚度 文本框右侧的 三 按钮，在系统弹出的快捷菜单中选择 使用局部值 选项，然后在 厚度 文本框中输入数值 1.0；单击 折弯参数 区域 折弯半径 文本框右侧的 三 按钮，在系统弹出的快捷菜单中选择 使用局部值 选项，然后在 折弯半径 文本框中输入数值 0.5；单击 确定 按钮，完成钣金转换操作。

Step7. 创建图 15.5.7 所示的草图 3。选取 XZ 基准平面为草图平面，绘制草图 3。

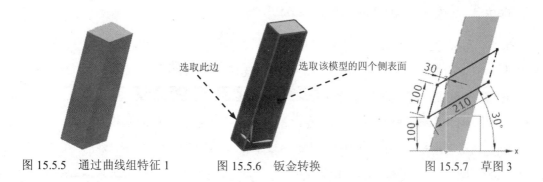

图 15.5.5 通过曲线组特征 1　　图 15.5.6 钣金转换　　图 15.5.7 草图 3

Step8. 创建图 15.5.8 所示的拉伸特征 1。选择下拉菜单 插入(S) ➡ 设计特征(E)▸ ➡ 拉伸(E)... 命令；绘制图 15.5.9 所示的曲线；在"拉伸"对话框 限制 区域的 开始 下拉列表中选择 对称值 选项，并在其下的 距离 文本框中输入数值 95，在 布尔 区域中选择 无 选项；单击 〈确定〉 按钮，完成拉伸特征 1 的创建。

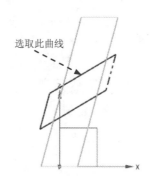

图 15.5.8 拉伸特征 1　　　　图 15.5.9 截面草图（一）

Step9. 创建图 15.5.10 所示的拉伸特征 2。选择下拉菜单 插入(S) ➡ 设计特征(E)▸ ➡ 拉伸(E)... 命令，绘制图 15.2.11 所示的曲线；在"拉伸"对话框 限制 区域的 开始 下拉列表中选择 对称值 选项，并在其下的 距离 文本框中输入数值 95，在 布尔 区域中选择 无 选项；单击 〈确定〉 按钮，完成拉伸特征 2 的创建。

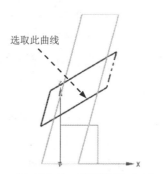

图 15.5.10 拉伸特征 2　　　　图 15.5.11 截面草图（二）

Step10. 保存模型文件。

Stage2. 创建三节偏心等径方形弯头 01

Step1. 在资源工具条区单击"装配导航器"按钮 ，切换至"装配导航器"界面，在装配导航器的空白处右击，在弹出的快捷菜单中选择 ✔ WAVE 模式 命令。

Step2. 在装配导航器区选择 ☑ three_sec_eccentric_equally_square_elbow 并右击，在弹出的快捷菜单中选择 WAVE ▶ ➡ 新建层 命令，系统弹出"新建层"对话框。

Step3. 在"新建层"对话框中单击 指定部件名 按钮，在弹出的对话框中输入文件名 three_sec_eccentric_equally_square_elbow01，并单击 OK 按钮。

Step4. 在"新建层"对话框中单击 类选择 按钮，选取图 15.5.12 所示的实体和曲面对象，单击两次 确定 按钮，完成新级别的创建。

Step5. 将 three_sec_eccentric_equally_square_elbow01 设为显示部件。

Step6. 创建图 15.5.13 所示的修剪体。选择下拉菜单 插入(S) ➡ 修剪(T) ➡ 修剪体(T) 命令。选取图 15.5.12 所示的实体为修剪目标，单击中键；选取图 15.5.12 所示的曲面为修剪工具；单击 < 确定 > 按钮，完成修剪体的创建。

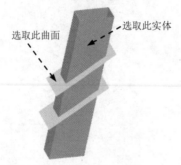

图 15.5.12　选取修剪对象　　　　图 15.5.13　修剪体

Step7. 保存钣金件模型。

Stage3. 创建三节偏心等径方形弯头 02

Step1. 切换至 three_sec_eccentric_equally_square_elbow 窗口。

Step2. 在装配导航器区选择 ☑ three_sec_eccentric_equally_square_elbow 并右击，在弹出的快捷菜单中选择 WAVE ▶ ➡ 新建层 命令，系统弹出"新建层"对话框。

Step3. 在"新建层"对话框中单击 指定部件名 按钮，在弹出的对话框中输入文件名 three_sec_eccentric_equally_square_elbow02，并单击 OK 按钮。

Step4. 在"新建层"对话框中单击 类选择 按钮，选取图 15.5.14 所示的实体和曲面对象，单击两次 确定 按钮，完成新级别的创建。

Step5. 将 three_sec_eccentric_equally_square_elbow02 设为显示部件。

Step6. 创建图 15.5.15 所示的修剪体 1。选择下拉菜单 插入(S) ➡ 修剪(T) ➡

修剪体(T)...命令。选取图 15.5.14 所示的实体为修剪目标，单击中键；选取图 15.5.14 所示的曲面 1 为修剪工具；单击 按钮调整修剪方向，单击 < 确定 > 按钮，完成修剪体 1 的创建。

Step7. 创建图 15.5.16 所示的修剪体 2。选择下拉菜单 插入(S) ➡ 修剪(T) ➡ 修剪体(T)...命令。选取图 15.5.14 所示的实体为修剪目标，单击中键；选取图 15.5.14 所示的曲面 2 为修剪工具；单击 < 确定 > 按钮，完成修剪体 2 的创建。

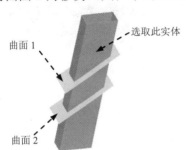  

图 15.5.14　选取修剪对象　　　图 15.5.15　修剪体 1　　　图 15.5.16　修剪体 2

Step8. 保存钣金件模型。

Stage4. 创建三节偏心等径方形弯头 03

Step1. 切换至 three_sec_eccentric_equally_square_elbow 窗口。

Step2. 在装配导航器区选择 ☑ three_sec_eccentric_equally_square_elbow 并右击，在弹出的快捷菜单中选择 WAVE ▶ ➡ 新建层 命令，系统弹出"新建层"对话框。

Step3. 在"新建层"对话框中单击 指定部件名 按钮，在弹出的对话框中输入文件名 three_sec_eccentric_equally_square_elbow03，并单击 OK 按钮。

Step4. 在"新建层"对话框中单击 类选择 按钮，选取图 15.5.18 所示的实体和曲面对象，单击两次 确定 按钮，完成新级别的创建。

Step5. 将 three_sec_eccentric_equally_square_elbow03 设为显示部件。

Step6. 创建图 15.5.17 所示的修剪体 1。选择下拉菜单 插入(S) ➡ 修剪(T) ➡ 修剪体(T)...命令。选取图 15.5.18 所示的实体为修剪目标，单击中键；选取图 15.5.18 所示的曲面为修剪工具；单击 按钮调整修剪方向；单击 < 确定 > 按钮，完成修剪体 1 的创建。

Step7. 保存钣金件模型。

Step8. 切换至 three_sec_eccentric_equally_square_elbow 窗口并保存文件，关闭所有文件窗口。

Stage5. 创建完整钣金件

新建一个装配文件，命名为 three_sec_eccentric_equally_square_elbow_asm，使用创建

的三节偏心等径方形弯头 01、02、03 钣金件进行装配得到完整的钣金件（具体操作请参看随书光盘），结果如图 15.5.19 所示；保存钣金件模型并关闭所有文件窗口。

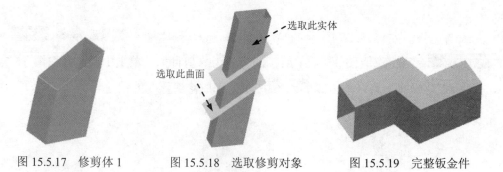

图 15.5.17　修剪体 1　　　图 15.5.18　选取修剪对象　　　图 15.5.19　完整钣金件

Task2. 展平三节偏心等径方形弯头

Stage1. 展平三节偏心等径方形弯头 01

Step1. 打开文件：three_sec_eccentric_equally_square_elbow01（确认在钣金设计环境中）。

Step2. 选择下拉菜单 插入(S) ➡ 展平图样(L)... ▶ ➡ 展平实体(S)... 命令；取消选中 ☐ 移至绝对坐标系 复选框，选取图 15.5.20 所示的模型表面为固定面，单击 确定 按钮，展平结果如图 15.5.1b 所示；将模型另存为 three_sec_eccentric_equally_square_elbow_unfold01。

Stage2. 展平三节偏心等径方形弯头 02

Step1. 打开文件：three_sec_eccentric_equally_square_elbow02（确认在钣金设计环境中）。

Step2. 选择下拉菜单 插入(S) ➡ 展平图样(L)... ▶ ➡ 展平实体(S)... 命令；取消选中 ☐ 移至绝对坐标系 复选框，选取图 15.5.21 所示的模型表面为固定面，单击 确定 按钮，展平结果如图 15.5.1c 所示；将模型另存为 three_sec_eccentric_equally_square_elbow_unfold02。

Stage3. 展平三节偏心等径方形弯头 03

Step1. 打开文件：three_sec_eccentric_equally_square_elbow 03（确认在钣金设计环境中）。

Step2. 选择下拉菜单 插入(S) ➡ 展平图样(L)... ▶ ➡ 展平实体(S)... 命令；取消选中 ☐ 移至绝对坐标系 复选框，选取图 15.5.22 所示的模型表面为固定面，单击 确定 按钮，展平结果如图 15.5.1d 所示；将模型另存为 three_sec_eccentric_equally_square_elbow_unfold03。

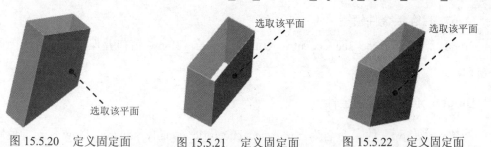

图 15.5.20　定义固定面　　　图 15.5.21　定义固定面　　　图 15.5.22　定义固定面

15.6　三节直角矩形换向管

三节直角矩形换向管是由位于两个方向的矩形截面，中间使用过渡钣金连接形成的钣金结构。图 15.6.1 所示分别是其钣金件及其展开图，下面介绍其在 UG 中创建和展开的操作过程。

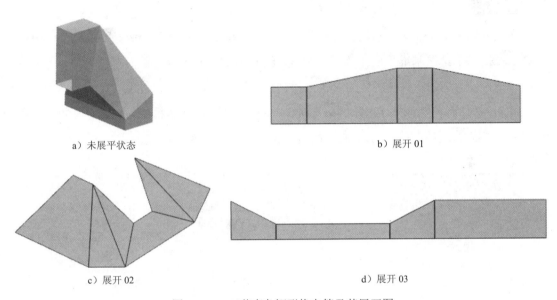

a）未展平状态　　　　　　　　　　　　　b）展开 01

c）展开 02　　　　　　　　　　　　　d）展开 03

图 15.6.1　三节直角矩形换向管及其展开图

Task1．创建三节直角矩形换向管

Stage1．创建整体结构模型

Step1．新建一个零件模型文件，并命名为 three_sec_squarely_commutator。

Step2．创建图 15.6.2 所示的拉伸特征 1。选择下拉菜单 插入(S) ➡ 设计特征(E)▶ ➡ 拉伸(E)... 命令；选取 XY 平面为草图平面，绘制图 15.6.3 所示的截面草图（一）；在"拉伸"对话框 限制 区域的 开始 下拉列表中选择 值 选项，在其下的 距离 文本框中输入值 0，在 结束 下拉列表中选择 值 选项，并在其下的 距离 文本框中输入数值 100；单击 〈确定〉 按钮，完成拉伸特征 1 的创建。

Step3．创建图 15.6.4 所示的拉伸特征 2。选择下拉菜单 插入(S) ➡ 设计特征(E)▶ ➡ 拉伸(E)... 命令；选取 YZ 平面为草图平面，绘制图 15.6.5 所示的截面草图（二）；在"拉伸"对话框 限制 区域的 开始 下拉列表中选择 对称值 选项，并在其下的 距离 文本框中输入数值 150，在 布尔 区域中选择 减去 选项；单击 〈确定〉 按钮，完成拉伸特征 2 的创建。

图 15.6.2　拉伸特征 1

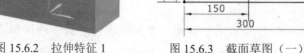
图 15.6.3　截面草图（一）

图 15.6.4　拉伸特征 2

Step4. 创建图 15.6.6 所示的基准平面 1。选择下拉菜单 插入(S) ➡ 基准/点(D) ➡ 基准平面(D)...命令（注：具体参数和操作参见随书光盘）。

Step5. 创建图 15.6.7 所示的拉伸特征 3。选择下拉菜单 插入(S) ➡ 设计特征(E)▶ ➡ 拉伸(E)...命令；选取基准平面 1 为草图平面，绘制图 15.6.8 所示的截面草图（二）；单击 ↗ 按钮调整拉伸方向；在 限制 区域的 开始 下拉列表中选择 ⊕ 值 选项，在其下的 距离 文本框中输入值 0，在 结束 下拉列表中选择 ⊕ 值 选项，并在其下的 距离 文本框中输入数值 100，在 布尔 区域中选择 ✖ 无 选项；单击 ＜确定＞ 按钮，完成拉伸特征 3 的创建。

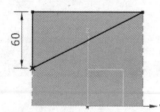
图 15.6.5　截面草图 （二）

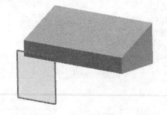
图 15.6.6　基准平面 1

图 15.6.7　拉伸特征 3

Step6. 创建图 15.6.9 所示的拉伸特征 4。选择下拉菜单 插入(S) ➡ 设计特征(E)▶ ➡ 拉伸(E)...命令；选取 YZ 平面为草图平面，绘制图 15.6.10 所示的截面草图（四）；在"拉伸"对话框 限制 区域的 开始 下拉列表中选择 ⊕ 对称值 选项，并在其下的 距离 文本框中输入数值 150，在 布尔 区域中选择 ⬛ 减去 选项，然后在图形区选择拉伸特征 3；单击 ＜确定＞ 按钮，完成拉伸特征 4 的创建。

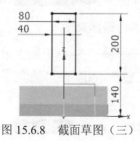
图 15.6.8　截面草图（三）

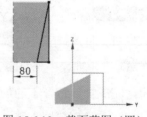
图 15.6.9　拉伸特征 4

图 15.6.10　截面草图（四）

Step7. 创建图 15.6.11 所示的直线 1。选择下拉菜单 插入(S) ➡ 曲线(C)▶ ➡ 直线(L)...命令；选取图 15.6.12 所示的点为直线的两端点，单击 ＜确定＞ 按钮，完成直线 1 的创建。

Step8. 参照 Step5，创建图 15.6.13 所示的其余五条直线。

图 15.6.11　直线 1

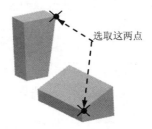

选取这两点

图 15.6.12　定义参照点

图 15.6.13　创建其余五条直线

Step9. 创建图 15.6.14 所示的有界平面 1。选择下拉菜单 插入(S) ➡ 曲面(R) ➡ 有界平面(B)... 命令；选取图 15.6.15 所示边线，单击 〈确定〉 按钮，完成有界平面 1 的创建。

Step10. 参照 Step9，创建图 15.6.16 所示的有界平面 2~6。

图 15.6.14　有界平面 1

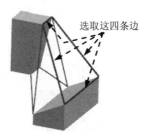

选取这四条边

图 15.6.15　定义参照边（一）

图 15.6.16　创建有界平面 2~6

Step11. 创建图 15.6.17 所示的缝合特征 1。选择下拉菜单 插入(S) ➡ 组合(B) ▶ ➡ 缝合(W)... 命令，选取有界平面 1 为目标体，选取其余各有界平面为刀具体。单击 确定 按钮，完成缝合特征 1 的创建。

Step12. 创建有界平面 7。选取图 15.6.18 所示边线。详细操作过程参照 Step9。

Step13. 创建有界平面 8。选取图 15.6.19 所示边线。详细操作过程参照 Step9。

图 15.6.17　缝合特征 1

图 15.6.18　定义参照边（二）

图 15.6.19　定义参照边（三）

Step14. 创建缝合特征 2。选择下拉菜单 插入(S) ➡ 组合(B) ▶ ➡ 缝合(W)... 命令；选取缝合特征 1 为目标体，选取有界平面 7 和有界平面 8 为刀具体；单击 确定 按钮，完成缝合特征 2 的创建。

Step15. 创建求和特征。选择下拉菜单 插入(S) → 组合(B) ▸ → 合并(U)... 命令，选取图 15.6.20 所示的目标体和刀具体；单击 < 确定 > 按钮，完成求和特征的创建。

Step16. 创建图 15.6.21 所示的拉伸特征 5。选择下拉菜单 插入(S) → 设计特征(E) ▸ → 拉伸(E)... 命令；选取 YZ 平面为草图平面，绘制图 15.6.22 所示的截面草图（五）；在"拉伸"对话框 限制 区域的 开始 下拉列表中选择 对称值 选项，并在其下的 距离 文本框中输入数值 90，在 布尔 区域中选择 无 选项；单击 < 确定 > 按钮，完成拉伸特征 5 的创建。

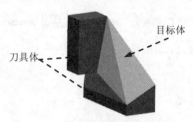

图 15.6.20　求和特征

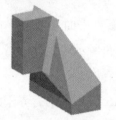

图 15.6.21　拉伸特征 5

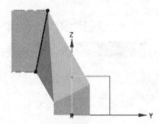

图 15.6.22　截面草图（五）

Step17. 创建图 15.6.23 所示的拉伸特征 6。选择下拉菜单 插入(S) → 设计特征(E) ▸ → 拉伸(E)... 命令；选取 YZ 平面为草图平面，绘制图 15.6.24 所示的截面草图（六）；在"拉伸"对话框 限制 区域的 开始 下拉列表中选择 对称值 选项，并在其下的 距离 文本框中输入数值 200，在 布尔 区域中选择 无 选项；单击 < 确定 > 按钮，完成拉伸特征 6 的创建。

Step18. 保存模型文件。

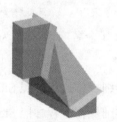

图 15.6.23　拉伸特征 6

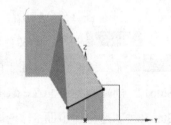

图 15.6.24　截面草图（六）

Stage2. 创建三节直角矩形换向管 01

Step1. 在资源工具条区单击"装配导航器"按钮 ，切换至"装配导航器"界面，在装配导航器的空白处右击，在弹出的快捷菜单中选择 ✔ WAVE 模式 命令。

Step2. 在装配导航器区选择 ☑ three_sec_squarely_commutator 并右击，在弹出的快捷菜单中选择 WAVE ▸ → 新建层 命令，系统弹出"新建层"对话框。

Step3. 在"新建层"对话框中单击 指定部件名 按钮，在弹出的对话框中输入文件名 three_sec_squarely_commutator01，并单击 OK 按钮。

Step4. 在"新建层"对话框中单击 ▢类选择 按钮，选取图 15.6.26 所示的实体和曲面对象，单击两次 ▢确定 按钮，完成新级别的创建。

Step5. 将 three_sec_squarely_commutator01 设为显示部件。

Step6. 创建图 15.6.25 所示的修剪体。选择下拉菜单 插入(S) ➡ 修剪(T) ➡ ▢ 修剪体(T) 命令。选取图 15.6.26 所示的实体为修剪目标，单击中键；选取图 15.6.26 所示的曲面为修剪工具；单击 ⬈ 按钮调整修剪方向；单击 < 确定 > 按钮，完成修剪体的创建。

Step7. 将模型转换为钣金。在 应用模块 功能选项卡 设计 区域单击 🗗 钣金 按钮，进入"NX 钣金"设计环境；选择下拉菜单 插入(S) ➡ 折弯(N) ▸ ➡ 🗗 实体特征转换为钣金(S)... 命令，选取图 15.6.27 所示模型的四个侧表面为腹板面，选择图 15.6.27 所示的边为折弯边；单击 厚度 文本框右侧的 ▤ 按钮，在系统弹出的快捷菜单中选择 使用局部值 选项，然后在 厚度 文本框中输入数值 1.0；单击 折弯参数 区域 折弯半径 文本框右侧的 ▤ 按钮，在系统弹出的快捷菜单中选择 使用局部值 选项，然后在 折弯半径 文本框中输入数值 0.5；然后在 止裂口 区域的 折弯止裂口 下拉列表中选择 ∿ 圆形 选项；单击 确定 按钮，完成钣金转换操作。

图 15.6.25　修剪体

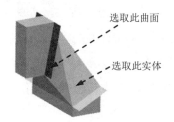
选取此曲面
选取此实体
图 15.6.26　选取修剪对象

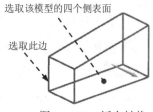
选取该模型的四个侧表面
选取此边
图 15.6.27　钣金转换

Step8. 保存钣金件模型。

Stage3. 创建三节直角矩形换向管 02

Step1. 切换至 three_sec_squarely_commutator 窗口。

Step2. 在装配导航器区选择 ☑ 🗗 three_sec_squarely_commutator 并右击，在弹出的快捷菜单中选择 WAVE ▸ ➡ 新建层 命令，系统弹出"新建层"对话框。

Step3. 在"新建层"对话框中单击 指定部件名 按钮，在弹出的对话框中输入文件名 three_sec_squarely_commutator02，并单击 OK 按钮。

Step4. 在"新建层"对话框中单击 类选择 按钮，选取图 15.6.28 所示的实体和曲面对象，单击两次 确定 按钮，完成新级别的创建。

Step5. 将 three_sec_squarely_commutator02 设为显示部件（确认在零件设计环境）。

Step6. 创建图 15.6.29 所示的修剪体 1。选择下拉菜单 插入(S) ➡ 修剪(T) ➡ ▢ 修剪体(T)... 命令。选取图 15.6.28 所示的实体为修剪目标，单击中键；选取图 15.6.28 所示的曲面 1 为修剪工具；单击 < 确定 > 按钮，完成修剪体 1 的创建。

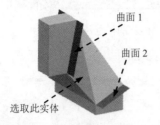

图 15.6.28 选取修剪对象（一）

图 15.6.29 修剪体 1

Step7. 创建图 15.6.30 所示的修剪体 2。选择下拉菜单 插入(S) —➤ 修剪(T) —➤ 修剪体(T)... 命令。选取图 15.6.31 所示的实体为修剪目标，单击中键，选取图 15.6.31 所示的曲面 2 为修剪工具；单击 按钮调整修剪方向，单击 < 确定 > 按钮，完成修剪体 2 的创建。

Step8. 将模型转换为钣金。在 应用模块 功能选项卡 设计 区域单击 钣金 按钮，进入"NX 钣金"设计环境；选择下拉菜单 插入(S) —➤ 折弯(N) ▶ —➤ 实体特征转换为钣金(S)... 命令，选取图 15.6.32 所示的六个面为腹板面，选择图 15.6.32 所示的边为折弯边；单击 厚度 文本框右侧的 按钮，在系统弹出的快捷菜单中选择 使用局部值 选项，然后在 厚度 文本框中输入数值 1.0；单击 折弯参数 区域 折弯半径 文本框右侧的 按钮，在系统弹出的快捷菜单中选择 使用局部值 选项，然后在 折弯半径 文本框中输入数值 0.5；然后在 止裂口 区域 折弯止裂口 下拉列表中选择 圆形 选项；单击 确定 按钮，完成钣金转换操作。

Step9. 保存钣金件模型。

图 15.6.30 修剪体 2

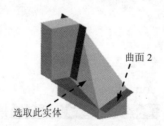

图 15.6.31 选取修剪对象（二）

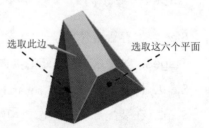

图 15.6.32 钣金转换

Stage4. 创建三节直角矩形换向管 03

Step1. 切换至 three_sec_squarely_commutator 窗口。

Step2. 在装配导航器区选择 ☑ three_sec_squarely_commutator 并右击，在弹出的快捷菜单中选择 WAVE ▶ —➤ 新建层 命令，系统弹出"新建层"对话框。

Step3. 在"新建层"对话框中单击 指定部件名 按钮，在弹出的对话框中输入文件名 three_sec_squarely_commutator03，并单击 OK 按钮。

Step4. 在"新建层"对话框中单击 类选择 按钮，选取图 15.6.33 所示的实体和曲面对象，单击两次 确定 按钮，完成新级别的创建。

Step5. 将 three_sec_squarely_commutator03 设为显示部件（确认在零件设计环境中）。

Step6. 创建图 15.6.34 所示的修剪体。选择下拉菜单 插入(S) ➡ 修剪(T) ➡ 修剪体(T) 命令。选取图 15.6.33 所示的实体为修剪目标，单击中键；选取图 15.6.33 所示的曲面为修剪工具；单击 < 确定 > 按钮，完成修剪体的创建。

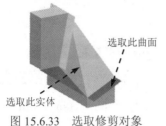

图 15.6.33　选取修剪对象　　　　　　　图 15.6.34　修剪体

Step7. 将模型转换为钣金。在 应用模块 功能选项卡 设计 区域单击 钣金 按钮，进入"NX 钣金"设计环境；选择下拉菜单 插入(S) ➡ 折弯(N) ▶ ➡ 实体特征转换为钣金(S) 命令，选取图 15.6.35 所示的四个面为腹板面，选择图 15.6.35 所示的边为折弯边；单击 厚度 文本框右侧的 三 按钮，在系统弹出的快捷菜单中选择 使用局部值 选项，然后在 厚度 文本框中输入数值 1.0；单击 折弯参数 区域 折弯半径 文本框右侧的 三 按钮，在系统弹出的快捷菜单中选择 使用局部值 选项，在 折弯半径 文本框中输入数值 0.5；在 止裂口 区域的 折弯止裂口 下拉列表中选择 圆形 选项；单击 确定 按钮，完成钣金转换操作。

Step8. 保存钣金件模型。

Step9. 切换至 three_sec_squarely_commutator 窗口并保存文件，关闭所有文件窗口。

Stage5. 创建完整钣金件

新建一个装配文件，命名为 three_sec_squarely_commutator_asm，使用创建的三节直角矩形换向管钣金件 01、02、03 进行装配得到完整的钣金件（具体操作请参看随书光盘），结果如图 15.6.36 所示；保存钣金件模型并关闭所有文件窗口。

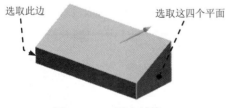

图 15.6.35　钣金转换　　　　　　　　图 15.6.36　完整钣金件

Task2. 展平三节直角矩形换向管

Stage1. 展平三节直角矩形换向管 01

Step1. 打开文件：three_sec_squarely_commutator01。

Step2. 选择下拉菜单 插入(S) ➡ 展平图样(L)... ▶ ➡ 展平实体(S)... 命令；取消选中 □移至绝对坐标系 复选框，选取图 15.6.37 所示的模型表面为固定面，单击 确定 按钮，展平结果如图 15.6.1b 所示；将模型另存为 three_sec_squarely_commutator_unfold01。

Stage2. 展平三节直角矩形换向管 02

Step1. 打开文件：three_sec_squarely_commutator02。

Step2. 选择下拉菜单 插入(S) ➡ 展平图样(L)... ▶ ➡ 展平实体(S)... 命令；取消选中 □移至绝对坐标系 复选框，选取图 15.6.38 所示的模型表面为固定面，单击 确定 按钮，展平结果如图 15.6.1c 所示；将模型另存为 three_sec_squarely_commutator_unfold02。

Stage3. 展平三节直角矩形换向管 03

Step1. 打开文件：three_sec_squarely_commutator03。

Step2. 选择下拉菜单 插入(S) ➡ 展平图样(L)... ▶ ➡ 展平实体(S)... 命令；取消选中 □移至绝对坐标系 复选框，选取图 15.6.39 所示的模型表面为固定面，单击 确定 按钮，展平结果如图 15.6.1d 所示，将模型另存为 three_sec_squarely_commutator_unfold03。

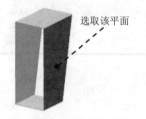 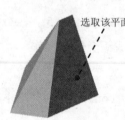 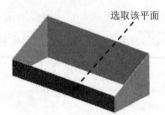

图 15.6.37 定义固定面　　图 15.6.38 定义固定面　　图 15.6.39 定义固定面

15.7 三节错位矩形换向管

三节错位矩形换向管是由位于两个方向的矩形截面中间使用过渡钣金连接形成的钣金结构，图 15.7.1 所示分别是其钣金件及其展开图，下面介绍其在 UG 中创建和展开的操作过程。

Task1. 创建三节错位矩形换向管

Stage1. 创建整体结构模型

Step1. 新建一个零件模型文件，并命名为 three_sec_dislocation_commutator。

Step2. 创建图 15.7.2 所示的拉伸特征 1。选择下拉菜单 插入(S) ➡ 设计特征(E)▶ ➡ 拉伸(E)... 命令；选取 YZ 平面为草图平面，绘制图 15.7.3 所示的截面草图（一）；在"拉伸"对话框 限制 区域的 开始 下拉列表中选择 对称值 选项，并在其下的 距离 文本框中输入数值 50；

单击 <确定> 按钮，完成拉伸特征 1 的创建。

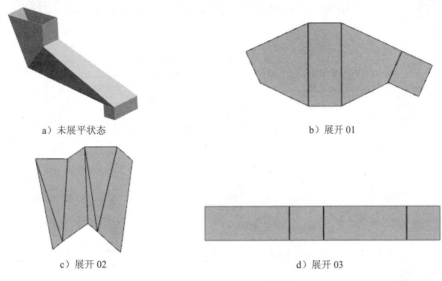

a）未展平状态　　　　　　　　　　　　　　b）展开 01

c）展开 02　　　　　　　　　　　　　　d）展开 03

图 15.7.1　三节错位矩形换向管及其展开图

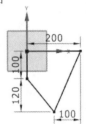

图 15.7.2　拉伸特征 1　　　　　　　　　　图 15.7.3　截面草图（一）

Step3. 创建图 15.7.4 所示的基准平面 1。选择下拉菜单 插入(S) ➡ 基准/点(D) ➡ 基准平面(D)... 命令（注：具体参数和操作参见随书光盘）。

Step4. 创建图 15.7.5 所示的拉伸特征 2。选择下拉菜单 插入(S) ➡ 设计特征(E) ➡ 拉伸(E)... 命令；选取基准平面 1 为草图平面，绘制图 15.7.6 所示的截面草图（二）；单击 按钮调整拉伸方向，在 限制 区域的 开始 下拉列表中选择 值 选项，在其下的 距离 文本框中输入值 0，在 结束 下拉列表中选择 值 选项，并在其下的 距离 文本框中输入数值 60，在 布尔 区域中选择 无 选项；单击 <确定> 按钮，完成拉伸特征 2 的创建。

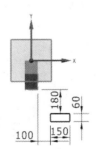

图 15.7.4　基准平面 1　　　　图 15.7.5　拉伸特征 2　　　　图 15.7.6　截面草图（二）

Step5. 创建图 15.7.7 所示的直线 1。选择下拉菜单 插入(S) ➡ 曲线(C) ▶ ➡ ✏ 直线(L)... 命令；选取图 15.7.8 所示的点为直线的两端点，单击 〈 确定 〉 按钮，完成直线 1 的创建。

Step6. 参照 Step5，创建图 15.7.9 所示的其余五条直线。

选取这两点

图 15.7.7　直线 1　　　　图 15.7.8　定义参照点　　　　图 15.7.9　创建其余五条直线

Step7. 创建图 15.7.10 所示的有界平面 1。选择下拉菜单 插入(S) ➡ 曲面(R) ➡ ⬜ 有界平面(B)... 命令；选取图 15.7.11 所示边线，单击 〈 确定 〉 按钮，完成有界平面 1 的创建。

Step8. 参照 Step7，创建图 15.7.12 所示的有界平面 2~6。

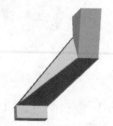

图 15.7.10　有界平面 1　　　图 15.7.11　定义参照边（一）　　　图 15.7.12　创建有界平面 2~6

Step9. 创建有界平面 7。选取图 15.7.13 所示边线。详细操作过程参照 Step7。

Step10. 创建有界平面 8。选取图 15.7.14 所示边线。详细操作过程参照 Step7。

Step11. 创建图 15.7.15 所示的缝合特征 1。选择下拉菜单 插入(S) ➡ 组合(B) ▶ ➡ 📖 缝合(W)... 命令；选取有界平面 8 为目标体，选取有界平面 1~7 为刀具体；单击 确定 按钮，完成缝合特征 1 的创建。

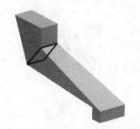

图 15.7.13　定义参照边（二）　　　图 15.7.14　定义参照边（三）　　　图 15.7.15　缝合特征 1

Step12. 创建求和特征。选择下拉菜单 插入(S) ➡ 组合(B) ➡ 合并(U)...命令，选取图 15.7.16 所示的缝合特征为目标体，选取图 15.7.16 所示的拉伸特征为刀具体；单击 <确定> 按钮，完成求和特征的创建。

Step13. 创建图 15.7.17 所示的拉伸特征 3。选择下拉菜单 插入(S) ➡ 设计特征(E) ➡ 拉伸(E)...命令；选取 YZ 平面为草图平面，绘制图 15.7.18 所示的截面草图（三）；在"拉伸"对话框 限制 区域的 开始 下拉列表中选择 对称值 选项，并在其下的 距离 文本框中输入数值 110，在 布尔 区域中选择 无 选项；单击 <确定> 按钮，完成拉伸特征 3 的创建。

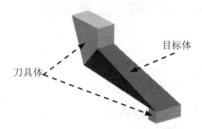

图 15.7.16　求和特征　　　图 15.7.17　拉伸特征 3　　　图 15.7.18　截面草图（三）

Step14. 创建图 15.7.19 所示的拉伸特征 4。选择下拉菜单 插入(S) ➡ 设计特征(E) ➡ 拉伸(E)...命令；选取 YZ 平面为草图平面，绘制图 15.7.20 所示的截面草图（四）；在"拉伸"对话框 限制 区域的 开始 下拉列表中选择 值 选项，在其下的 距离 文本框中输入值 0；在 结束 下拉列表中选择 值 选项，在其下的 距离 文本框中输入值 350，在 布尔 区域中选择 无 选项；单击 <确定> 按钮，完成拉伸特征 4 的创建。

图 15.7.19　拉伸特征 4　　　　　　图 15.7.20　截面草图（四）

Step15. 保存模型文件。

Stage2. 创建三节错位矩形换向管 01

Step1. 在资源工具条区单击"装配导航器"按钮 ，切换至"装配导航器"界面，在装配导航器的空白处右击，在弹出的快捷菜单中选择 ✔ WAVE 模式 命令。

Step2. 在装配导航器区选择 ☑ three_sec_dislocation_commutator 并右击，在弹出的快捷菜单中选择 WAVE ➡ 新建层 命令，系统弹出"新建层"对话框。

Step3. 在"新建层"对话框中单击 指定部件名 按钮，在弹出的对话框中输入文件名 three_sec_dislocation_commutator01，并单击 OK 按钮。

Step4. 在"新建层"对话框中单击 类选择 按钮，选取图 15.7.22 所示的实体和曲面对象，单击两次 确定 按钮，完成新级别的创建。

Step5. 将 three_sec_dislocation_commutator01 设为显示部件。

Step6. 创建图 15.7.21 所示的修剪体。选择下拉菜单 插入(S) ➔ 修剪(T) ➔ 修剪体(T) 命令。选取图 15.7.22 所示的实体为修剪目标，单击中键；选取图 15.7.22 所示的曲面为修剪工具；单击 < 确定 > 按钮，完成修剪体的创建。

Step7. 将模型转换为钣金。在 应用模块 功能选项卡 设计 区域单击 钣金 按钮，进入"NX 钣金"设计环境；选择下拉菜单 插入(S) ➔ 折弯(N) ▶ ➔ 实体特征转换为钣金(S)... 命令，选取图 15.7.23 所示的四个面为腹板面，选择图 15.7.23 所示的边为折弯边；单击 厚度 文本框右侧的 ☰ 按钮，在系统弹出的快捷菜单中选择 使用局部值 选项，然后在 厚度 文本框中输入数值 1.0；单击 折弯参数 区域 折弯半径 文本框右侧的 ☰ 按钮，在系统弹出的快捷菜单中选择 使用局部值 选项，在 折弯半径 文本框中输入数值 0.5；在 止裂口 区域的 折弯止裂口 下拉列表中选择 ▼ 圆形 选项；单击 确定 按钮，完成钣金转换操作。

图 15.7.21　修剪体

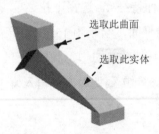
选取此曲面
选取此实体
图 15.7.22　选取修剪对象

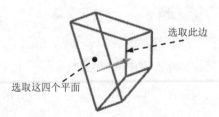
选取此边
选取这四个平面
图 15.7.23　钣金转换

Step8. 保存钣金件模型。

Stage3. 创建三节错位矩形换向管 02

Step1. 切换至 three_sec_dislocation_commutator 窗口。

Step2. 在装配导航器区选择 ☑ three_sec_dislocation_commutator 并右击，在弹出的快捷菜单中选择 WAVE ▶ ➔ 新建层 命令，系统弹出"新建层"对话框。

Step3. 在"新建层"对话框中单击 指定部件名 按钮，在弹出的对话框中输入文件名 three_sec_dislocation_commutator02，并单击 OK 按钮。

Step4. 在"新建层"对话框中单击 类选择 按钮，选取图 15.7.25 所示的实体和曲面对象，单击两次 确定 按钮，完成新级别的创建。

Step5. 将 three_sec_dislocation_commutator02 设为显示部件（确认在零件设计环境中）。

Step6. 创建图 15.7.24 所示的修剪体 1。选择下拉菜单 插入(S) ➔ 修剪(T) ➔ 修剪体(T)... 命令。选取图 15.7.25 所示的实体为修剪目标，单击中键；选取图 15.7.25 所示的曲面 1 为修剪工具；单击 ☒ 按钮调整修剪方向；单击 < 确定 > 按钮，完成修剪体 1 的创建。

图 15.7.24 修剪体 1

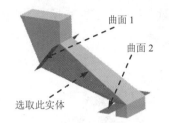

图 15.7.25 选取修剪对象（一）

Step7. 创建图 15.7.26 所示的修剪体 2。选择下拉菜单 插入(S) ➡ 修剪(T) ➡ 修剪体(T)... 命令。选取图 15.7.27 所示的实体为修剪目标，单击中键；选取图 15.7.27 所示的曲面 2 为修剪工具；单击 < 确定 > 按钮，完成修剪体 2 的创建。

Step8. 将模型转换为钣金。在 应用模块 功能选项卡 设计 区域单击 钣金 按钮，进入"NX 钣金"设计环境；选择下拉菜单 插入(S) ➡ 折弯(N) ▶ ➡ 实体特征转换为钣金(S)... 命令，选取图 15.7.28 所示模型的六个侧表面为腹板面，选择图 15.7.28 所示的边为折弯边；单击 厚度 文本框右侧的 三 按钮，在系统弹出的快捷菜单中选择 使用局部值 选项，然后在 厚度 文本框中输入数值 1.0；单击 折弯参数 区域 折弯半径 文本框右侧的 三 按钮，在系统弹出的快捷菜单中选择 使用局部值 选项，然后在 折弯半径 文本框中输入数值 0.5；然后在 止裂口 区域的 折弯止裂口 下拉列表中选择 圆形 选项；单击 确定 按钮，完成钣金转换操作。

图 15.7.26 修剪体 2

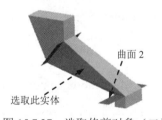

图 15.7.27 选取修剪对象（二）

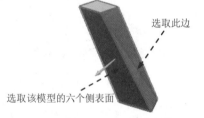

图 15.7.28 钣金转换

Step9. 保存钣金件模型。

Stage4. 创建三节错位矩形换向管 03

Step1. 切换至 three_sec_dislocation_commutator 窗口。

Step2. 在装配导航器区选择 ☑ three_sec_dislocation_commutator 并右击，在弹出的快捷菜单中选择 WAVE ▶ ➡ 新建层 命令，系统弹出"新建层"对话框。

Step3. 在"新建层"对话框中单击 指定部件名 按钮，在弹出的对话框中输入文件名 three_sec_dislocation_commutator03，并单击 OK 按钮。

Step4. 在"新建层"对话框中单击 类选择 按钮，选取图 15.7.29 所示的实体和曲面对象，单击两次 确定 按钮，完成新级别的创建。

Step5. 将 three_sec_dislocation_commutator03 设为显示部件（确认在零件设计环境中）。

Step6. 创建图 15.7.30 所示的修剪体。选择下拉菜单 插入(S) ➡ 修剪(T) ➡ 修剪体(T) 命令。选取图 15.7.29 所示的实体为修剪目标，单击中键；选取图 15.7.29 所示的曲面 2 为修剪工具；单击 按钮调整修剪方向；单击 〈 确定 〉按钮，完成修剪体的创建。

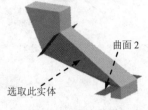

图 15.7.29　选取修剪对象

图 15.7.30　修剪体

Step7. 将模型转换为钣金。在 应用模块 功能选项卡 设计 区域单击 钣金 按钮，进入"NX 钣金"设计环境；选择下拉菜单 插入(S) ➡ 折弯(N) ▶ ➡ 实体特征转换为钣金(S).. 命令，选取图 15.7.31 所示模型的四个侧表面为腹板面，选择图 15.7.31 所示的边为折弯边；单击 厚度 文本框右侧的 按钮，在系统弹出的快捷菜单中选择 使用局部值 选项，然后在 厚度 文本框中输入数值 1.0；单击 折弯参数 区域 折弯半径 文本框右侧的 按钮，在系统弹出的快捷菜单中选择 使用局部值 选项，然后在 折弯半径 文本框中输入数值 0.5；然后在 止裂口 区域的 折弯止裂口 下拉列表中选择 圆形 选项；单击 确定 按钮，完成钣金转换操作。

Step8. 保存钣金件模型。

Step9. 切换至 three_sec_dislocation_commutator 窗口并保存文件，关闭所有文件窗口。

Stage5. 创建完整钣金件

新建一个装配文件，命名为 three_sec_dislocation_commutator_asm，使用创建的三节错位矩形换向管钣金件 01、02、03 进行装配得到完整的钣金件（具体操作请参看随书光盘），结果如图 15.7.32 所示；保存钣金件模型并关闭所有文件窗口。

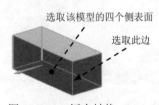

图 15.7.31　钣金转换

图 15.7.32　完整钣金件

Task2. 展平三节错位矩形换向管

Stage1. 展平三节直角矩形换向管 01

Step1. 打开文件：three_sec_dislocation_commutator01。

Step2. 选择下拉菜单 插入(S) ➡ 展平图样(L)... ▶ ➡ 展平实体(S)... 命令；取消选中 □ 移至绝对坐标系 复选框，选取图 15.7.33 所示的模型表面为固定面，单击 确定 按钮，展平结果如图 15.7.1b 所示；将模型另存为 three_sec_dislocation_commutator_unfold01。

Stage2. 展平三节直角矩形换向管 02

Step1. 打开文件：three_sec_dislocation_commutator02。

Step2. 选择下拉菜单 插入(S) ➡ 展平图样(L)... ▶ ➡ 展平实体(S)... 命令；取消选中 □ 移至绝对坐标系 复选框，选取图 15.7.34 所示的模型表面为固定面，单击 确定 按钮，展平结果如图 15.7.1c 所示；将模型另存为 three_sec_dislocation_commutator_unfold02。

Stage3. 展平三节直角矩形换向管 03

Step1. 打开文件：three_sec_dislocation_commutator03。

Step2. 选择下拉菜单 插入(S) ➡ 展平图样(L)... ▶ ➡ 展平实体(S)... 命令；取消选中 □ 移至绝对坐标系 复选框，选取图 15.7.35 所示的模型表面为固定面，单击 确定 按钮，展平结果如图 15.7.1d 所示；将模型另存为 three_sec_dislocation_commutator_unfold03。

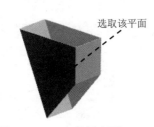 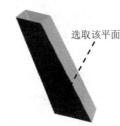 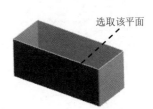

图 15.7.33　定义固定面　　　图 15.7.34　定义固定面　　　图 15.7.35　定义固定面

第 **16** 章　方形三通

本章提要　本章主要介绍等径方管三通及多通的钣金在 UG 中的创建和展开过程，包括等径方管三通及多通、等径方管斜交三通、方管 Y 形三通、异径方管 V 形偏心三通和等径矩形管裤型三通。此类钣金都是采用抽壳等方法来创建，然后通过实体转换成钣金件再进行展开的。

16.1　等径方管直交三通

等径方管直交三通是由两节等径方形管正交连接得到的钣金结构。图 16.1.1 所示分别是其钣金件及其展开图，下面介绍其在 UG 中创建和展开的操作过程。

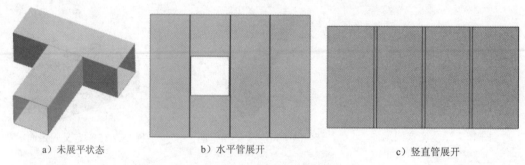

a）未展平状态　　　　b）水平管展开　　　　　　c）竖直管展开

图 16.1.1　等径方管直交三通及其展开图

Task1. 创建等径方管直交三通

Stage1. 创建整体结构模型

Step1. 新建一个零件模型文件，并命名为 equally_square_squarely_tee。

Step2. 创建图 16.1.2 所示的拉伸特征 1。选择下拉菜单 插入(S) ➡ 设计特征(E)▶ ➡ 拉伸(E)... 命令；选取 XY 平面为草图平面，绘制图 16.1.3 所示的截面草图（一）（注：具体参数和操作参见随书光盘）。

Step3. 创建图 16.1.4 所示的抽壳特征 1。选择下拉菜单 插入(S) ➡ 偏置/缩放(O)▶ ➡ 抽壳(H)... 命令；选取图 16.1.5 所示的模型的三个端面为要抽壳的面，在"抽壳"对话框中的 厚度 文本框内输入数值 1.0；单击 < 确定 > 按钮，完成抽壳特征 1 的创建。

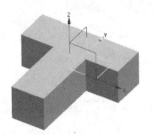

图 16.1.2　拉伸特征 1

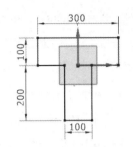

图 16.1.3　截面草图（一）

图 16.1.4　抽壳特征 1

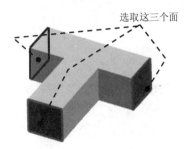

选取这三个面

图 16.1.5　选取移除面

Step4. 创建图 16.1.6 所示的拉伸特征 2。选择下拉菜单 插入(S) ➡ 设计特征(E)▶ ➡ 拉伸(E)... 命令；选取 XY 平面为草图平面，绘制图 16.1.7 所示的截面草图（二）；在"拉伸"对话框 限制 区域的 开始 下拉列表中选择 对称值 选项，并在其下的 距离 文本框中输入数值 60，在 布尔 区域中选择 无 选项；单击 〈确定〉 按钮，完成拉伸特征 2 的创建。

图 16.1.6　拉伸特征 2

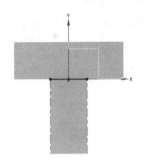

图 16.1.7　截面草图（二）

Step5. 保存模型文件。

Stage2. 创建水平管

Step1. 在资源工具条区单击"装配导航器"按钮 ，切换至"装配导航器"界面，在装配导航器的空白处右击，在弹出的快捷菜单中选择 ✔ WAVE 模式 命令。

Step2. 在装配导航器区选择 ☑ equally_square_squarely_tee 并右击，在弹出的快捷菜单中选择 WAVE ▶ ➡ 新建层 命令，系统弹出"新建层"对话框。

Step3. 在"新建层"对话框中单击 指定部件名 按钮，在弹出的对

话框中输入文件名 equally_square_squarely_tee01，并单击 OK 按钮。

Step4. 在"新建层"对话框中单击 类选择 按钮，选取图 16.1.9 所示的实体和曲面对象，单击两次 确定 按钮，完成新级别的创建。

Step5. 将 equally_square_squarely_tee01 设为显示部件。

Step6. 创建图 16.1.8 所示的修剪体。选择下拉菜单 插入(S) ➡ 修剪(T) ➡ 修剪体(T) 命令。选取图 16.1.9 所示的实体为修剪目标，单击中键，选取图 16.1.9 所示的曲面为修剪工具；单击 ＜确定＞ 按钮，完成修剪体的创建。

图 16.1.8　修剪体

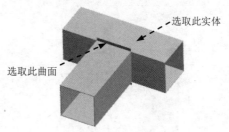

图 16.1.9　选取修剪对象

Step7. 将模型转换为钣金。在 应用模块 功能选项卡 设计 区域单击 钣金 按钮，进入"NX 钣金"设计环境；选择下拉菜单 插入(S) ➡ 折弯(N) ▶ ➡ 实体特征转换为钣金(S)... 命令，选取图 16.1.10 所示模型的四个面为腹板面，选择图 16.1.11 所示的边为折弯边；单击 厚度 文本框右侧的 按钮，在系统弹出的快捷菜单中选择 使用局部值 选项，然后在 厚度 文本框中输入数值 1.0；单击 按钮调整厚度方向向内，单击 折弯参数 区域 折弯半径 文本框右侧的 按钮，在系统弹出的快捷菜单中选择 使用局部值 选项，然后在 折弯半径 文本框中输入数值 0.5；单击 ＜确定＞ 按钮，完成钣金转换操作。

Step8. 保存钣金件模型。

Stage3. 创建竖直管

Step1. 切换至 equally_square_squarely_tee 窗口。

Step2. 在装配导航器区选择 ☑ equally_square_squarely_tee 并右击，在弹出的快捷菜单中选择 WAVE ▶ ➡ 新建层 命令，系统弹出"新建层"对话框。

Step3. 在"新建层"对话框中单击 指定部件名 按钮，在弹出的对话框中输入文件名 equally_square_squarely_tee02，并单击 OK 按钮。

Step4. 在"新建层"对话框中单击 类选择 按钮，选取图 16.1.12 所示的实体、曲面对象，单击两次 确定 按钮，完成新级别的创建。

Step5. 将 equally_square_squarely_tee02 设为显示部件（确认在零件设计环境中）。

Step6. 创建图 16.1.11 所示的修剪体。选择下拉菜单 插入(S) ➡ 修剪(T) ➡ 修剪体(T)

命令。选取图 16.1.12 所示的实体为修剪目标，单击中键；选取图 16.1.12 所示的曲面为修剪工具；单击 ⚒ 按钮调整修剪方向；单击 〈 确定 〉 按钮，完成修剪体的创建。

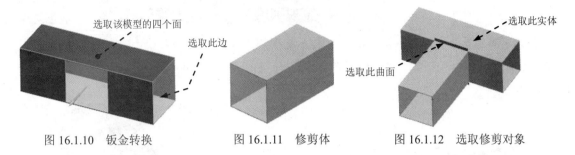

图 16.1.10 钣金转换　　　　图 16.1.11 修剪体　　　　图 16.1.12 选取修剪对象

Step7. 将模型转换为钣金。在 应用模块 功能选项卡 设计 区域单击 💿 钣金 按钮，进入"NX 钣金"设计环境；选择下拉菜单 插入(S) ➡ 转换(V) ▶ ➡ 💿 转换为钣金(C)... 命令，选取图 16.1.13 所示的面；单击中键，选取图 16.1.13 所示的边，单击 确定 按钮，完成钣金转换操作。

Step8. 保存钣金件模型。

Step9. 切换至 equally_square_squarely_tee 窗口并保存文件，关闭所有文件窗口。

Stage4. 创建完整钣金件

新建一个装配文件，命名为 equally_square_squarely_tee_asm，使用创建的等径方管直交三通水平管和竖直管子钣金件进行装配得到完整的钣金件（具体操作请参看随书光盘），结果如图 16.1.14 所示；保存钣金件模型并关闭所有文件窗口。

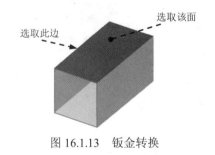

图 16.1.13 钣金转换

图 16.1.14 完整钣金件

Task2. 展平等径方管直交三通

Stage1. 展平水平管

Step1. 打开文件：equally_square_squarely_tee01。

Step2. 选择下拉菜单 插入(S) ➡ 展平图样(L)... ▶ ➡ 🔲 展平实体(S)... 命令；取消选中 ☐ 移至绝对坐标系 复选框，选取图 16.1.15 所示的模型表面为固定面，单击 确定 按钮，展平结果如图 16.1.1b 所示；将模型另存为 equally_square_squarely_tee_unfold01。

Stage2. 展平竖直管

Step1. 打开文件：equally_square_squarely_tee02。

Step2. 选择下拉菜单 插入(S) ➡ 展平图样(L)... ▶ ➡ 展平实体(S)... 命令；取消选中 □ 移至绝对坐标系 复选框，选取图 16.1.16 所示的模型表面为固定面，单击 确定 按钮，展平结果如图 16.1.1c 所示；将模型另存为 equally_square_squarely_tee_unfold02。

图 16.1.15 定义固定面

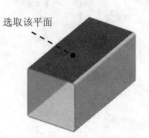

图 16.1.16 定义固定面

16.2 等径方管斜交三通

等径方管斜交三通是由两节等径方形管斜交连接得到的钣金结构，图 16.2.1 所示分别是其钣金件及其展开图，下面介绍其在 UG NX 11.0 中创建和展开的操作过程。

a）未展平状态

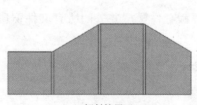

b）倾斜管展开

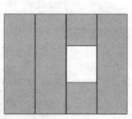

c）水平管展开

图 16.2.1 等径方管斜交三通及其展开图

Task1. 创建等径方管斜交三通

Stage1. 创建整体结构模型

Step1. 新建一个零件模型文件，并命名为 equally_square_bevel_tee。

Step2. 创建图 16.2.2 所示的拉伸特征 1。选择下拉菜单 插入(S) ➡ 设计特征(E)▶ ➡ 拉伸(E)... 命令；选取 XY 平面为草图平面，绘制图 16.2.3 所示的截面草图（一）；在"拉伸"对话框 限制 区域的 开始 下拉列表中选择 对称值 选项，并在其下的 距离 文本框中输入数值 50，单击 <确定> 按钮，完成拉伸特征 1 的创建。

Step3. 创建图 16.2.4 所示的抽壳特征 1。选择下拉菜单 插入(S) ➡ 偏置/缩放(O)▶ ➡

命令；选取图 16.2.5 所示模型的三个端面为要抽壳的面，在"抽壳"对话框中的文本框内输入数值 1.0；单击按钮，完成抽壳特征 1 的创建。

图 16.2.2 拉伸特征 1

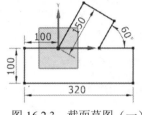

图 16.2.3 截面草图（一）

图 16.2.4 抽壳特征 1

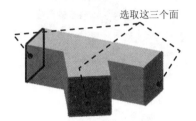

选取这三个面

图 16.2.5 选取移除面

Step4. 创建图 16.2.6 所示的拉伸特征 2。选择下拉菜单 插入(S) ➡ 设计特征(E)▶ ➡ 拉伸(E)... 命令；选取 XY 平面为草图平面，绘制图 16.2.7 所示的截面草图（二）；在"拉伸"对话框 限制 区域的 开始 下拉列表中选择 对称值 选项，并在其下的 距离 文本框中输入数值 60，在 布尔 区域中选择 无 选项；单击 < 确定 > 按钮，完成拉伸特征 2 的创建。

Step5. 保存模型文件。

图 16.2.6 拉伸特征 2

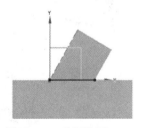

图 16.2.7 截面草图（二）

Stage2. 创建水平管

Step1. 在资源工具条区单击"装配导航器"按钮 ，切换至"装配导航器"界面，在装配导航器的空白处右击，在弹出的快捷菜单中选择 WAVE 模式 命令。

Step2. 在装配导航器区选择 equally_square_bevel_tee 并右击，在弹出的快捷菜单中选择 WAVE ▶ ➡ 新建层 命令，系统弹出"新建层"对话框。

Step3. 在"新建层"对话框中单击 指定部件名 按钮，在弹出的对

话框中输入文件名 equally_square_bevel_tee01，并单击 OK 按钮。

Step4. 在"新建层"对话框中单击 类选择 按钮，选取图 16.2.9 所示的实体和曲面对象，单击两次 确定 按钮，完成新级别的创建。

Step5. 将 equally_square_bevel_tee01 设为显示部件。

Step6. 创建图 16.2.8 所示的修剪体。选择下拉菜单 插入(S) ➡ 修剪(T) ➡ 修剪体(T) 命令。选取图 16.2.9 所示的实体为修剪目标，单击中键；选取图 16.2.9 所示的曲面为修剪工具；单击 按钮调整修剪方向；单击 < 确定 > 按钮，完成修剪体的创建。

图 16.2.8　修剪体

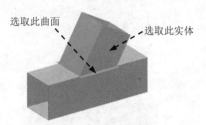

图 16.2.9　选取修剪对象

Step7. 将模型转换为钣金。在 应用模块 功能选项卡 设计 区域单击 钣金按钮，进入"NX 钣金"设计环境；选择下拉菜单 插入(S) ➡ 折弯(N) ➡ 实体特征转换为钣金(S)... 命令，选取图 16.2.10 所示模型的四个面为腹板面，选择图 16.2.10 所示的边为折弯边；单击 厚度 文本框右侧的 按钮，在系统弹出的快捷菜单中选择 使用局部值 选项，然后在 厚度 文本框中输入数值 1.0；单击 按钮调整厚度方向向内，单击 折弯参数 区域 折弯半径 文本框右侧的 按钮，在系统弹出的快捷菜单中选择 使用局部值 选项，然后在 折弯半径 文本框中输入数值 0.5；单击 < 确定 > 按钮，完成钣金转换操作。

Step8. 保存钣金件模型。

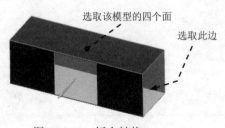

图 16.2.10　钣金转换

Stage3. 创建竖直管

Step1. 切换至 equally_square_bevel_tee 窗口。

Step2. 在装配导航器区选择 ☑ equally_square_bevel_tee 并右击，在弹出的快捷菜单中选择 WAVE ➡ 新建层 命令，系统弹出"新建层"对话框。

Step3. 在"新建层"对话框中单击 指定部件名 按钮，在弹出的对

话框中输入文件名 equally_square_bevel_tee02，并单击 OK 按钮。

Step4. 在"新建层"对话框中单击 类选择 按钮，选取图 16.2.12 所示的实体和曲面对象，单击两次 确定 按钮，完成新级别的创建。

Step5. 将 equally_square_bevel_tee02 设为显示部件（确认在零件设计环境中）。

Step6. 创建图 16.2.11 所示的修剪体。选择下拉菜单 插入(S) ➡ 修剪(T) ➡ 修剪体(T) 命令。选取图 16.2.12 所示的实体为修剪目标，单击中键；选取图 16.2.12 所示的曲面为修剪工具；单击 < 确定 > 按钮，完成修剪体的创建。

 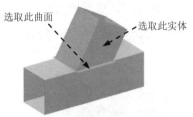

图 16.2.11 修剪体　　　　图 16.2.12 选取修剪对象

Step7. 将模型转换为钣金。在 应用模块 功能选项卡 设计 区域单击 钣金 按钮，进入"NX钣金"设计环境；选择下拉菜单 插入(S) ➡ 转换(V) ➡ 转换为钣金(C)... 命令，选取图 16.2.13 所示的面；单击中键，选取图 16.2.13 所示的边；单击 确定 按钮，完成钣金转换操作。

Step8. 保存钣金件模型。

Step9. 切换至 equally_square_bevel_tee 窗口并保存文件，关闭所有文件窗口。

Stage4. 创建完整钣金件

新建一个装配文件，命名为 equally_square_squarely_tee_asm，使用创建的等径方管斜交三通水平管和竖直管子钣金件进行装配得到完整的钣金件（具体操作请参看随书光盘），结果如图 16.2.14 所示；保存钣金件模型并关闭所有文件窗口。

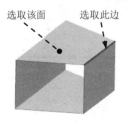 

图 16.2.13 钣金转换　　　　图 16.2.14 完整钣金件

Task2. 展平等径方管斜交三通

Stage1. 展平水平管

Step1. 打开文件：equally_square_bevel_tee01。

Step2. 选择下拉菜单 插入(S) ➡ 展平图样(L)... ▶ ➡ 展平实体(S)... 命令；取消选中 □移至绝对坐标系 复选框，选取图 16.2.15 所示的模型表面为固定面，单击 确定 按钮，展平结果如图 16.2.1b 所示；将模型另存为 equally_square_bevel_tee_unfold01。

Stage2. 展平倾斜管

Step1. 打开文件：equally_square_bevel_tee02。

Step2. 选择下拉菜单 插入(S) ➡ 展平图样(L)... ▶ ➡ 展平实体(S)... 命令；取消选中 □移至绝对坐标系 复选框，选取图 16.2.16 所示的模型表面为固定面，单击 确定 按钮，展平结果如图 16.2.1c 所示；将模型另存为 equally_square_bevel_tee_unfold02。

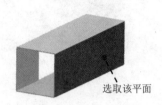

图 16.2.15　定义固定面

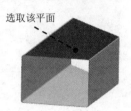

图 16.2.16　定义固定面

16.3　方管 Y 形三通

　　方管 Y 形三通是由三节互成 120° 夹角的方形管连接得到的钣金结构，图 16.3.1 所示分别是其钣金件及其展开图，下面介绍其在 UG 中创建和展开的操作过程。

a）未展平状态

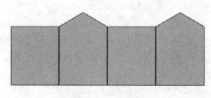
b）展平状态

图 16.3.1　方管 Y 形三通及其展开图

Task1. 创建方管 Y 形三通

Stage1. 创建整体结构模型

Step1. 新建一个零件模型文件，并命名为 equally_square_Y_shape_tee。

Step2. 创建图 16.3.2 所示的拉伸特征 1。选择下拉菜单 插入(S) ➡ 设计特征(E)▶ ➡ 拉伸(E)... 命令；选取 XY 平面为草图平面，绘制图 16.3.3 所示的截面草图（一）；在"拉伸"对话框 限制 区域的 开始 下拉列表中选择 对称值 选项，并在其下的 距离 文本框中输入数值 50；单击 < 确定 > 按钮，完成拉伸特征 1 的创建。

图 16.3.2　拉伸特征 1

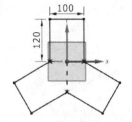

图 16.3.3　截面草图（一）

Step3. 创建图 16.3.4 所示的拉伸特征 2。选择下拉菜单 插入(S) ➡ 设计特征(E)▶ ➡ ▥ 拉伸(E)... 命令；选取 XY 平面为草图平面，绘制图 16.3.5 所示的截面草图（二）；在"拉伸"对话框 限制 区域的 开始 下拉列表中选择 对称值 选项，并在其下的 距离 文本框中输入数值 70，在 布尔 区域中选择 无 选项；单击 ＜确定＞ 按钮，完成拉伸特征 2 的创建。

Step4. 保存模型文件。

图 16.3.4　拉伸特征 2

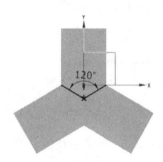

图 16.3.5　截面草图（二）

Stage2. 创建分支管

Step1. 在资源工具条区单击"装配导航器"按钮 ，切换至"装配导航器"界面，在装配导航器的空白处右击，在弹出的快捷菜单中选择 ✔ WAVE 模式 命令。

Step2. 在装配导航器区选择 ✔ equally_square_Y_shape_tee 并右击，在弹出的快捷菜单中选择 WAVE ▶ ➡ 新建层 命令，系统弹出"新建层"对话框。

Step3. 在"新建层"对话框中单击 指定部件名 按钮，在弹出的对话框中输入文件名 equally_square_Y_shape_tee01，并单击 OK 按钮。

Step4. 在"新建层"对话框中单击 类选择 按钮，选取图 16.3.7 所示的实体和曲面对象，单击两次 确定 按钮，完成新级别的创建。

Step5. 将 equally_square_Y_shape_tee01 设为显示部件。

Step6. 创建图 16.3.6 所示的修剪体。选择下拉菜单 插入(S) ➡ 修剪(T) ➡ 修剪体(T) 命令。选取图 16.3.7 所示的实体为修剪目标，单击中键；选取图 16.3.7 所示的曲面为修剪工具；单击 ＜确定＞ 按钮，完成修剪体的创建。

图 16.3.6　修剪体

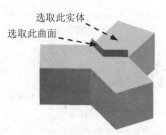

选取此实体
选取此曲面

图 16.3.7　选取修剪对象

Step7. 将模型转换为钣金。在 应用模块 功能选项卡 设计 区域单击 🗗钣金按钮，进入"NX 钣金"设计环境；选择下拉菜单 插入(S) ➡ 折弯(N) ▶ ➡ 🗇 实体特征转换为钣金(S)...命令，选取图 16.3.8 所示模型的四个侧表面为腹板面，选择图 16.3.8 所示的边为折弯边；单击 厚度 文本框右侧的 三按钮，在系统弹出的快捷菜单中选择 使用局部值 选项，然后在 厚度 文本框中输入数值 1.0；单击 按钮调整厚度方向向内，单击 折弯参数 区域 折弯半径 文本框右侧的 三按钮，在系统弹出的快捷菜单中选择 使用局部值 选项，在 折弯半径 文本框中输入数值 0.5；单击 ⟨ 确定 ⟩ 按钮，完成钣金转换操作。

Step8. 保存钣金件模型。

Step9. 切换至 equally_square_Y_shape_tee 窗口并保存文件，关闭所有文件窗口。

Stage3. 创建完整钣金件

新建一个装配文件，命名为 equally_square_Y_shape_tee_asm，使用创建的方管 Y 形三通分支管子钣金件进行装配得到完整的钣金件（具体操作请参看随书光盘），结果如图 16.3.9 所示；保存钣金件模型并关闭所有文件窗口。

Task2. 展平方管 Y 形三通分支管

Step1. 打开文件：equally_square_Y_shape_tee01。

Step2. 选择下拉菜单 插入(S) ➡ 展平图样(L)... ▶ ➡ 🔲 展平实体(S)... 命令；取消选中 □ 移至绝对坐标系 复选框，选取图 16.3.10 所示的模型表面为固定面，单击 确定 按钮，展平结果如图 16.3.1b 所示；将模型另存为 equally_square_Y_shape_tee_unfold01。

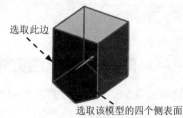

选取此边
选取该模型的四个侧表面

图 16.3.8　钣金转换

图 16.3.9　完整钣金件

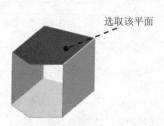

选取该平面

图 16.3.10　定义固定面

16.4 异径方管 V 形偏心三通

异径方管 V 形偏心三通是由两节等径方形管呈 V 形连接得到的钣金结构。图 16.4.1 所示分别是其钣金件及其展开图,下面介绍其在 UG 中创建和展开的操作过程。

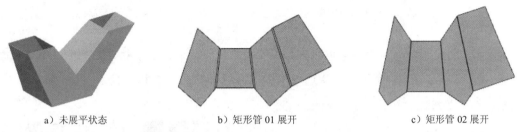

a) 未展平状态   b) 矩形管 01 展开   c) 矩形管 02 展开

图 16.4.1 异径方管 V 形偏心三通及其展开图

Task1. 创建异径方管 V 形偏心三通

Stage1. 创建整体结构模型

Step1. 新建一个零件模型文件,并命名为 unequal_square_V_shape_eccentric_tee。

Step2. 创建基准平面 1。选择下拉菜单 插入(S) ➞ 基准/点(D) ➞ 基准平面(D)... 命令,在 类型 区域的下拉列表框中选择 按某一距离 选项,在图形区选取 XY 基准平面,输入偏移值 180;单击 〈确定〉 按钮,完成基准平面 1 的创建。

Step3. 创建图 16.4.2 所示的草图 1。选取 XY 基准平面为草图平面;绘制图 16.4.2 所示的草图 1。

Step4. 创建图 16.4.3 所示的草图 2。选取基准平面 1 为草图平面;绘制图 16.4.3 所示的草图 2。

Step5. 创建图 16.4.4 所示的草图 3。选取基准平面 1 为草图平面;绘制图 16.4.4 所示的草图 3。

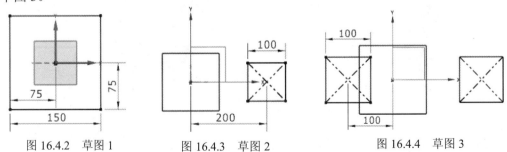

图 16.4.2 草图 1   图 16.4.3 草图 2   图 16.4.4 草图 3

Step6. 创建图 16.4.5 所示的通过曲线组特征 1。选择下拉菜单 插入(S) ➞ 网格曲面(M)▶ ➞ 通过曲线组(T)... 命令;依次选取图 16.4.6 所示的曲线 1 和曲线 2,并分别单击中键确认;单击 〈确定〉 按钮,完成通过曲线组特征 1 的创建。

图 16.4.5　通过曲线组特征 1

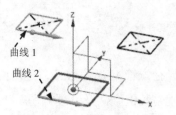

图 16.4.6　定义参照线（一）

Step7. 创建图 16.4.7 所示的通过曲线组特征 2。选择下拉菜单 插入(S) ➡ 网格曲面(M)▶ ➡ 通过曲线组(T)... 命令；依次选取图 16.4.8 所示的曲线 1 和曲线 2，并分别单击中键确认；单击 〈确定〉 按钮，完成通过曲线组特征 2 的创建。

Step8. 创建求和特征。选择下拉菜单 插入(S) ➡ 组合(B)▶ ➡ 合并(U)... 命令，选取图 16.4.9 所示的通过曲线组特征 1 为目标体，选取图 16.4.9 所示的通过曲线组特征 2 为刀具体；单击 〈确定〉 按钮，完成求和特征的创建。

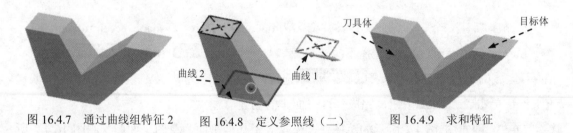

图 16.4.7　通过曲线组特征 2　　图 16.4.8　定义参照线（二）　　图 16.4.9　求和特征

Step9. 创建图 16.4.10 所示的抽壳特征。选择下拉菜单 插入(S) ➡ 偏置/缩放(O)▶ ➡ 抽壳(H)... 命令，选取图 16.4.11 所示模型的三个端面为要抽壳的面，在"抽壳"对话框中的 厚度 文本框内输入数值 1.0；单击 〈确定〉 按钮，完成抽壳操作。

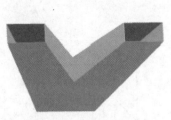

图 16.4.10　抽壳特征

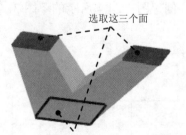

图 16.4.11　选取移除面

Step10. 创建图 16.4.12 所示的拉伸特征 1。选择下拉菜单 插入(S) ➡ 设计特征(E)▶ ➡ 拉伸(E)... 命令；选取 XZ 平面为草图平面，绘制图 16.4.13 所示的截面草图；在"拉伸"对话框 限制 区域的 开始 下拉列表中选择 对称值 选项，并在其下的 距离 文本框中输入数值 100，在 布尔 区域中选择 无 选项；单击 〈确定〉 按钮，完成拉伸特征 1 的创建。

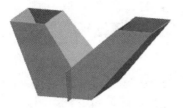

图 16.4.12　拉伸特征 1

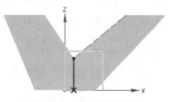

图 16.4.13　截面草图

Step11. 保存模型文件。

Stage2. 创建异径方管 V 形偏心三通 01

Step1. 在资源工具条区单击"装配导航器"按钮 ▣，切换至"装配导航器"界面，在装配导航器的空白处右击，在弹出的快捷菜单中选择 ☑ `WAVE 模式` 命令。

Step2. 在装配导航器区选择 ☑ ⬜ `unequal_square_V_shape_eccentric_tee` 并右击，在弹出的快捷菜单中选择 `WAVE ▶` ➡ `新建层` 命令，系统弹出"新建层"对话框。

Step3. 在"新建层"对话框中单击 `指定部件名` 按钮，在弹出的对话框中输入文件名 unequal_square_V_shape_eccentric_tee01，并单击 `OK` 按钮。

Step4. 在"新建层"对话框中单击 `类选择` 按钮，选取图 16.4.14 所示的实体和曲面对象，单击两次 `确定` 按钮，完成新级别的创建。

Step5. 将 unequal_square_V_shape_eccentric_tee01 设为显示部件。

Step6. 创建图 16.4.15 所示的修剪体。选择下拉菜单 `插入(S)` ➡ `修剪(T)` ➡ `修剪体(T)` 命令。选取图 16.4.14 所示的实体为修剪目标，单击中键；选取图 16.4.14 所示的曲面为修剪工具；单击 按钮调整修剪方向；单击 `< 确定 >` 按钮，完成修剪体的创建。

Step7. 将模型转换为钣金。在 `应用模块` 功能选项卡 `设计` 区域单击 ⬡`钣金`按钮，进入"NX 钣金"设计环境；选择下拉菜单 `插入(S)` ➡ `转换(V) ▶` ➡ `转换为钣金(C)...` 命令，选取图 16.4.16 所示的面；选择图 16.4.16 所示的边为切边；单击 `确定` 按钮，完成钣金转换操作。

图 16.4.14　选取修剪对象　　　　图 16.4.15　修剪体　　　　图 16.4.16　钣金转换

Step8. 保存钣金件模型。

Stage3. 创建异径方管 V 形偏心三通 02

Step1. 切换至 unequal_square_V_shape_eccentric_tee 窗口。

Step2. 在装配导航器区选择 unequal_square_V_shape_eccentric_tee 并右击，在弹出的快捷菜单中选择 WAVE ▸ → 新建层 命令，系统弹出“新建层”对话框。

Step3. 在“新建层”对话框中单击 指定部件名 按钮，在弹出的对话框中输入文件名 unequal_square_V_shape_eccentric_tee02，并单击 OK 按钮。

Step4. 在“新建层”对话框中单击 类选择 按钮，选取图 16.4.18 所示的实体和曲面对象，单击两次 确定 按钮，完成新级别的创建。

Step5. 将 unequal_square_V_shape_eccentric_tee02 设为显示部件。

Step6. 创建图 16.4.17 所示的修剪体。选择下拉菜单 插入(S) → 修剪(T) → 修剪体(T)... 命令。选取图 16.4.18 所示的实体为修剪目标，单击中键；选取图 16.4.18 所示的曲面为修剪工具；单击 < 确定 > 按钮，完成修剪体的创建。

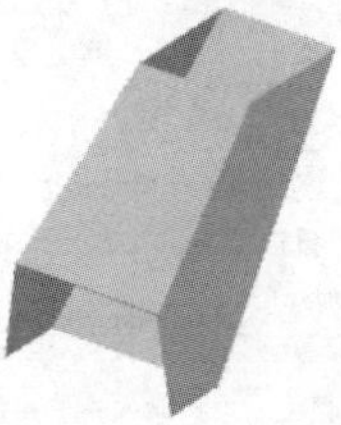

图 16.4.17　修剪体

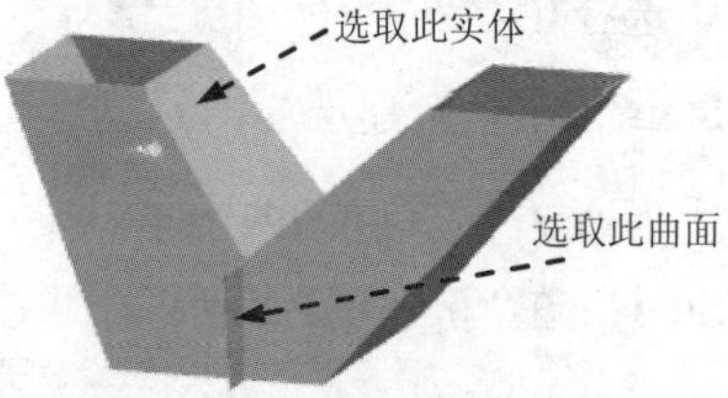
选取此实体
选取此曲面

图 16.4.18　选取修剪对象

Step7. 将模型转换为钣金。在 应用模块 功能选项卡 设计 区域单击 钣金 按钮，进入“NX 钣金”设计环境；选择下拉菜单 插入(S) → 转换(V) ▸ → 转换为钣金(C)... 命令，选取图 16.4.19 所示的面；选择图 16.4.19 所示的边为切边；单击 确定 按钮，完成钣金转换操作。

Step8. 保存钣金件模型。

Stage4. 创建完整钣金件

新建一个装配文件，命名为 unequal_square_V_shape_eccentric_tee_asm；使用创建的异径方管 V 形偏心三通 01 和 02 钣金件进行装配得到完整的钣金件（具体操作请参看随书光盘），结果如图 16.4.20 所示；保存钣金件模型并关闭所有文件窗口。

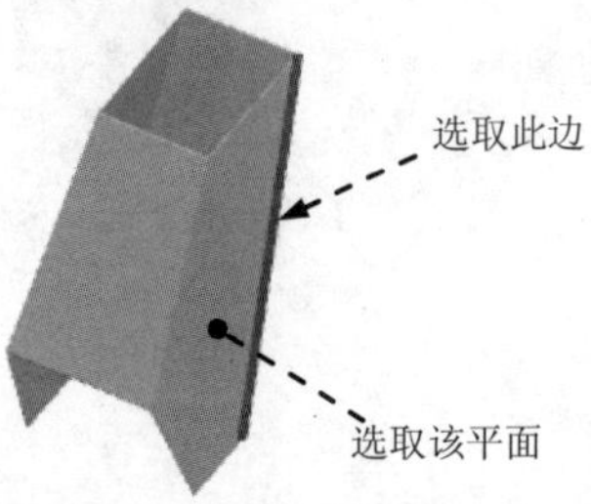
选取此边
选取该平面

图 16.4.19　钣金转换

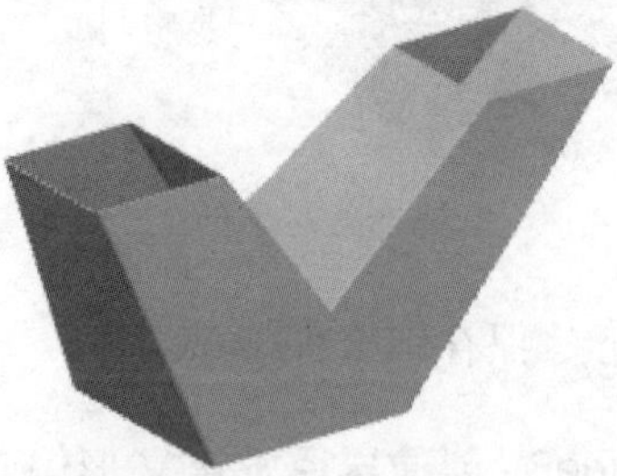

图 16.4.20　完整钣金件

Task2. 展平异径方管 V 形偏心三通

Stage1. 展平异径方管 V 形偏心三通 01

Step1. 打开文件：unequal_square_V_shape_eccentric_tee01。

Step2. 选择下拉菜单 插入(S) ➡ 展平图样(L)... ▶ ➡ 🔲 展平实体(S)... 命令；取消选中 ☐ 移至绝对坐标系 复选框，选取图 16.4.21 所示的模型表面为固定面，单击 确定 按钮，展平结果如图 16.4.1b 所示，将模型另存为 unequal_square_V_shape_eccentric_tee_unfold01。

Stage2. 展平异径方管 V 形偏心三通 02

Step1. 打开文件：unequal_square_V_shape_eccentric_tee02.prt。

Step2. 选择下拉菜单 插入(S) ➡ 展平图样(L)... ▶ ➡ 🔲 展平实体(S)... 命令；取消选中 ☐ 移至绝对坐标系 复选框，选取图 16.4.22 所示的模型表面为固定面，单击 确定 按钮，展平结果如图 16.4.1c 所示，将模型另存为 unequal_square_V_shape_eccentric_tee_unfold02。

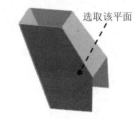
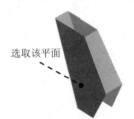

图 16.4.21　定义固定面　　　图 16.4.22　定义固定面

16.5　等径矩形管裤形三通

等径矩形管裤形三通是由等径矩形截面连接形成的裤形三通钣金结构。图 16.5.1 所示分别是其钣金件及其展开图，下面介绍其在 UG 中创建和展开的操作过程。

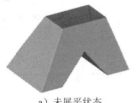
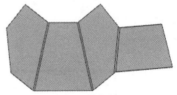

a）未展平状态　　　　　　　　　　　b）展平状态

图 16.5.1　等径矩形管裤形三通及其展开图

Task1. 创建等径矩形管裤形三通

Stage1. 创建整体结构模型

Step1. 新建一个零件模型文件，并命名为 equally_rectangle_trousers_tee。

Step2. 创建图 16.5.2 所示的草图 1。选取 XY 基准平面为草图平面，绘制草图 1。

Step3. 创建图 16.5.3 所示的草图 2。选取 XZ 基准平面为草图平面，绘制草图 2。

Step4. 创建图 16.5.4 所示的基准平面 1。选择下拉菜单 插入(S) ➡️ 基准/点(D) ➡️ 基准平面(D)... 命令；在 类型 区域的下拉列表中选择 点和方向 选项，绘制图 16.5.4 所示的点，然后在 法向 区域的 "指定矢量" 下拉列表中选择 ZC↑ 选项；单击 <确定> 按钮，完成基准平面 1 的创建。

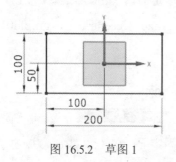

图 16.5.2　草图 1

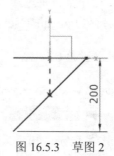

图 16.5.3　草图 2

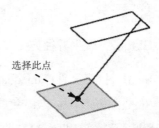

图 16.5.4　基准平面 1

Step5. 创建图 16.5.5 所示的草图 3。选取基准平面 1 为草图平面，绘制草图 3。

Step6. 创建图 16.5.6 所示的通过曲线组特征 1。选择下拉菜单 插入(S) ➡️ 网格曲面(M)▶ ➡️ 通过曲线组(T)... 命令；依次选取图 16.5.7 所示的曲线 1 和曲线 2，并分别单击中键确认；单击 <确定> 按钮，完成通过曲线组特征 1 的创建。

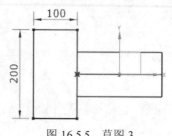

图 16.5.5　草图 3

图 16.5.6　通过曲线组特征 1

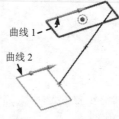

图 16.5.7　定义参照线

Step7. 创建图 16.5.8 所示的镜像特征 1。选择下拉菜单 插入(S) ➡️ 关联复制(A)▶ ➡️ 镜像特征(M)... 命令；在图形区中选取 Step6 所创建的通过曲线组特征 1 为要镜像的特征；在 镜像平面 区域中单击 按钮，在图形区中选取 YZ 基准平面作为镜像平面；单击 确定 按钮，完成镜像特征 1 的创建。

Step8. 创建求和特征。选择下拉菜单 插入(S) ➡️ 组合(B) ▶ ➡️ 合并(U)... 命令，选取图 16.5.9 所示的通过曲线组特征 1 为目标体，选取图 16.5.9 所示的镜像特征 1 为刀具体；单击 <确定> 按钮，完成求和特征的创建。

Step9. 创建图 16.5.10 所示的抽壳特征。选择下拉菜单 插入(S) ➡️ 偏置/缩放(Q)▶ ➡️ 抽壳(H)... 命令；选取图 16.5.11 所示模型的三个端面为要抽壳的面，在 "抽壳" 对话框中的 厚度 文本框内输入数值 1.0；单击 <确定> 按钮，完成抽壳特征的创建。

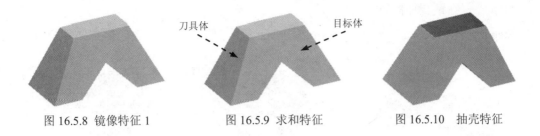

图 16.5.8 镜像特征 1　　　图 16.5.9 求和特征　　　图 16.5.10 抽壳特征

Step10. 创建图 16.5.12 所示的拉伸特征 1。选择下拉菜单 插入(S) ➡ 设计特征(E)▶ ➡ 🛍 拉伸(E)... 命令；选取 XZ 平面为草图平面，绘制图 16.5.13 所示的截面草图；在"拉伸"对话框 限制 区域的 开始 下拉列表中选择 🕀 对称值 选项，并在其下的 距离 文本框中输入数值 100，在 布尔 区域中选择 🌑 无 选项；单击 〈 确定 〉 按钮，完成拉伸特征 1 的创建。

Step11. 保存模型文件。

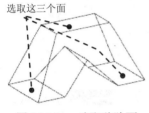

图 16.5.11 选取移除面　　　图 16.5.12 拉伸特征 1　　　图 16.5.13 截面草图

Stage2. 创建等径矩形管裤形三通 01

Step1. 在资源工具条区单击"装配导航器"按钮 🔚，切换至"装配导航器"界面，在装配导航器的空白处右击，在弹出的快捷菜单中选择 ✓ WAVE 模式 命令。

Step2. 在装配导航器区选择 ✓🗊 equally_rectangle_trousers_tee 并右击，在弹出的快捷菜单中选择 WAVE ▶ ➡ 新建层 命令，系统弹出"新建层"对话框。

Step3. 在"新建层"对话框中单击 指定部件名 按钮，在弹出的对话框中输入文件名 equally_rectangle_trousers_tee01，并单击 OK 按钮。

Step4. 在"新建层"对话框中单击 类选择 按钮，选取图 16.5.14 所示的实体和曲面对象，单击两次 确定 按钮，完成新级别的创建。

Step5. 将 equally_rectangle_trousers_tee01 设为显示部件。

Step6. 创建图 16.5.15 所示的修剪体。选择下拉菜单 插入(S) ➡ 修剪(T) ➡ 🗐 修剪体(T)... 命令。选取图 16.5.14 所示的实体为修剪目标，单击中键；选取图 16.5.14 所示的曲面为修剪工具；单击 〈 确定 〉 按钮，完成修剪体的创建。

Step7. 将模型转换为钣金。在 应用模块 功能选项卡 设计 区域单击 🗐 钣金 按钮，进入"NX 钣金"设计环境；选择下拉菜单 插入(S) ➡ 转换(V) ▶ ➡ 🗐 转换为钣金(C)... 命令，选取图 16.5.16 所示的面；选取图 16.5.16 所示的边，单击 确定 按钮，完成钣金转换操作。

Step8. 保存钣金件模型。

Step9. 切换至 equally_rectangle_trousers_tee 窗口并保存文件，关闭所有文件窗口。

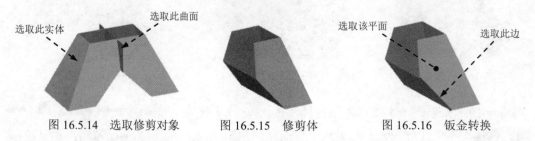

图 16.5.14　选取修剪对象　　图 16.5.15　修剪体　　图 16.5.16　钣金转换

Stage3. 创建完整钣金件

新建一个装配文件，命名为 equally_rectangle_trousers_tee_asm；使用创建的等径矩形管裤型三通钣金件进行装配得到完整的钣金件（具体操作请参看随书光盘），结果如图 16.5.17 所示；保存钣金件模型并关闭所有文件窗口。

Task2. 展平等径矩形管裤形三通

Step1. 打开文件：equally_rectangle_trousers_tee01。

Step2. 选择下拉菜单 插入(S) ➡ 展平图样(L)... ▶ ➡ ⬛ 展平实体(S)... 命令；取消选中 ☐ 移至绝对坐标系 复选框，选取图 16.5.18 所示的模型表面为固定面，单击 确定 按钮，展平结果如图 16.5.1b 所示；将模型另存为 equally_rectangle_trousers_tee_unfold01。

图 16.5.17　完整钣金件

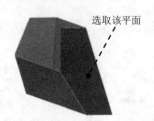

图 16.5.18　定义固定面

第 **17** 章　方圆过渡（天圆地方）

本章提要　本章主要介绍了方圆过渡的钣金在 UG 中的创建和展开过程，包括平口天圆地方、平口偏心天圆地方、平口双偏心天圆地方、方口倾斜天圆地方、方口倾斜双偏心天圆地方、圆口倾斜天圆地方、圆口倾斜双偏心天圆地方和方圆口垂直偏心天圆地方。此类钣金都是采用放样折弯等方法来创建的。

17.1　平口天圆地方

平口天圆地方是由两个平行的同心圆形截面和方形截面使用钣金放样得到的钣金结构。图 17.1.1 所示分别是其钣金件及其展开图，下面介绍其在 UG 中的创建和展开操作过程。

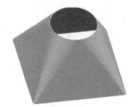　

a）未展平状态　　　　　　　　　　　b）展平状态

图 17.1.1　平口天圆地方及其展开图

Task1. 创建平口天圆地方钣金件

Stage1. 创建整体结构模型

Step1. 新建一个 NX 钣金模型文件，并命名为 level_neighborhood。

Step2. 创建草图 1。选取 XY 平面为草图平面，绘制图 17.1.2 所示的草图 1。

Step3. 创建基准平面 1。选择下拉菜单 插入(S) ➡ 基准/点(D) ➡ 基准平面(D)... 命令；在 类型 区域的下拉列表中选择 按某一距离 选项，选取 XY 平面为参考平面，在 距离 文本框内输入偏移距离值 100；单击 < 确定 > 按钮，完成基准平面 1 的创建。

Step4. 创建草图 2。选取基准平面 1 为草图平面，绘制图 17.1.3 所示的草图 2。

Step5. 创建图 17.1.4 所示的放样弯边特征 1。选择下拉菜单 插入(S) ➡ 折弯(N) ➡ 放样弯边(D)... 命令，依次选取草图 1 和草图 2 为起始截面和终止截面；单击 厚度 文本框右侧的 按钮，在系统弹出的快捷菜单中选择 使用局部值 选项，然后在 厚度 文本框中输入数值 1.0；单击 < 确定 > 按钮，完成放样弯边特征 1 的创建。

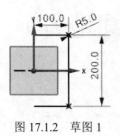

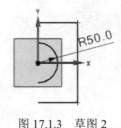

图 17.1.2　草图 1　　　　　图 17.1.3　草图 2　　　　图 17.1.4　放样弯边特征 1

Step6. 保存钣金件模型。

Stage2. 创建完整钣金件

新建一个装配文件，命名为 level_neighborhood_asm。使用创建的钣金件进行装配得到完整的钣金件（具体操作请参看随书光盘），结果如图 17.1.1a 所示；保存钣金件模型并关闭所有文件窗口。

Task2. 展平平口天圆地方钣金件

Step1. 创建图 17.1.5 所示的展平实体。打开 level_neighborhood.prt 文件，选择下拉菜单 插入(S) ➡ 展平图样(L) ➡ 展平实体(S) 命令；取消选中 ☐ 移至绝对坐标系 复选框，选取图 17.1.6 所示的固定面，单击 确定 按钮，完成展平实体的创建，将模型另存为 level_neighborhood_unfold。

Step2. 新建一个装配文件，命名为 level_neighborhood_unfold_asm。使用创建的展平钣金件进行装配得到完整的展平钣金件（具体操作请参看随书光盘），结果如图 17.1.7 所示。保存钣金件模型并关闭所有文件窗口。

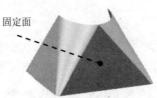

图 17.1.5　展平实体　　　　图 17.1.6　选取固定面　　　　图 17.1.7　完整展平钣金件

17.2　平口偏心天圆地方

平口偏心天圆地方是由两个平行的偏心圆形截面和方形截面使用钣金放样得到的钣金结构。图 17.2.1 所示分别是其钣金件及其展开图，下面介绍其在 UG 中创建和展开的操作过程。

a）未展平状态　　　　　　　　　　　　　　　b）展平状态

图 17.2.1　平口偏心天圆地方及其展开图

Task1. 创建平口偏心天圆地方钣金件

Stage1. 创建整体结构模型

Step1. 新建一个 NX 钣金模型文件，并命名为 level_eccentric_neighborhood。

Step2. 创建草图 1。选取 XY 平面为草图平面，绘制图 17.2.2 所示的草图 1。

Step3. 创建基准平面 1。选择下拉菜单 插入(S) ➡ 基准/点(D) ➡ 基准平面(D) 命令；在 类型 区域的下拉列表中选择 按某一距离 选项，选取 XY 平面为参考平面，在 距离 文本框内输入偏移距离值 100；单击 〈 确定 〉 按钮，完成基准平面 1 的创建。

Step4. 创建草图 2。选取基准平面 1 为草图平面，绘制图 17.2.3 所示的草图 2。

Step5. 创建图 17.2.4 所示的放样弯边特征 1。选择下拉菜单 插入(S) ➡ 折弯(N) ➡ 放样弯边(O) 命令，依次选取草图 1 和草图 2 为起始截面和终止截面；单击 厚度 文本框右侧的 按钮，在系统弹出的快捷菜单中选择 使用局部值 选项，然后在 厚度 文本框中输入数值 1.0；单击 〈 确定 〉 按钮，完成放样弯边特征 1 的创建。

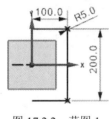

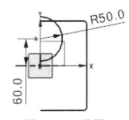

图 17.2.2　草图 1　　　　　　图 17.2.3　草图 2　　　　　　图 17.2.4　放样弯边特征 1

Step6. 保存钣金件模型。

Stage2. 创建完整钣金件

新建一个装配文件，命名为 level_eccentric_neighborhood_asm。使用创建的钣金件进行装配得到完整的钣金件（具体操作请参看随书光盘），结果如图 17.2.1a 所示。保存钣金件模型并关闭所有文件窗口。

Task2. 展平平口偏心天圆地方钣金件

Step1. 创建图 17.2.5 所示的展平实体。打开 level_eccentric_neighborhood.prt 文件，选

择下拉菜单 插入(S) ➡ 展平图样(L)... ▶ ➡ ⊤ 展平实体(S)... 命令；取消选中 □ 移至绝对坐标系 复选框，选取图 17.2.6 所示的固定面，单击 确定 按钮，完成展平实体的创建；将模型另存为 level_eccentric_neighborhood_unfold。

Step2. 新建一个装配文件，命名为 level_eccentric_neighborhood_unfold_asm；使用创建的平口偏心天圆地方展平钣金件进行装配得到完整的展平钣金件（具体操作请参看随书光盘），结果如图 17.2.7 所示。保存钣金件模型并关闭所有文件窗口。

 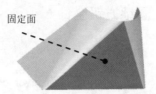 

图 17.2.5　展平实体　　　　图 17.2.6　选取固定面　　　　图 17.2.7　完整展平钣金件

17.3　平口双偏心天圆地方

平口双偏心天圆地方是由两个平行的偏心圆形截面和方形截面使用钣金放样得到的钣金结构。图 17.3.1 所示分别是其钣金件及其展开图，下面介绍其在 UG 中创建和展开的操作过程。

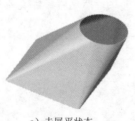 

a）未展平状态　　　　　　　　　　　　　　b）展平状态

图 17.3.1　平口双偏心天圆地方及其展开图

Task1. 创建平口双偏心天圆地方钣金件

Stage1. 创建整体结构模型

Step1. 新建一个 NX 钣金模型文件，并命名为 level_double_eccentric_neighborhood。

Step2. 创建草图 1。选取 XY 平面为草图平面，绘制图 17.3.2 所示的草图 1。

Step3. 创建基准平面 1。选择下拉菜单 插入(S) ➡ 基准/点(D) ➡ □ 基准平面(D)... 命令；在 类型 区域的下拉列表中选择 ⊞ 按某一距离 选项，选取 XY 平面为参考平面，在 距离 文本框内输入偏移距离值 100；单击 〈 确定 〉 按钮，完成基准平面 1 的创建。

Step4. 创建草图 2。选取基准平面 1 为草图平面，绘制图 17.3.3 所示的草图 2。

Step5. 创建图 17.3.4 所示的放样弯边特征 1。选择下拉菜单 插入(S) ➡ 折弯(N) ➡ 放样弯边(O).... 命令；依次选取草图 1 和草图 2 为起始截面和终止截面；单击 厚度 文本框右侧的 ☰ 按钮，在系统弹出的快捷菜单中选择 使用局部值 选项，然后在 厚度 文本框中输入数值 1.0；单击 < 确定 > 按钮，完成放样弯边特征 1 的创建。

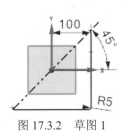

图 17.3.2 草图 1

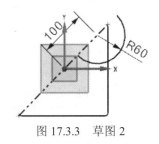

图 17.3.3 草图 2

图 17.3.4 放样弯边特征 1

Step6. 保存钣金件模型。

Stage2. 创建完整钣金件

新建一个装配文件，命名为 level_double_eccentric_neighborhood_asm；使用创建的钣金件进行装配得到完整的钣金件（具体操作请参看随书光盘），结果如图 17.3.1a 所示。保存钣金件模型并关闭所有文件窗口。

Task2. 展平平口双偏心天圆地方钣金件

Step1. 创建图 17.3.5 所示的展平实体。打开 level_double_eccentric_neighborhood.prt 文件，选择下拉菜单 插入(S) ➡ 展平图样(L)... ➡ 展平实体(S)命令；取消选中 ☐ 移至绝对坐标系 复选框，选取图 17.3.6 所示的固定面，单击 确定 按钮，完成展平实体的创建；将模型另存为 level_double_eccentric_neighborhood_unfold。

Step2. 新建一个装配文件，命名为 level_double_eccentric_neighborhood_ unfold_asm；使用创建的展平钣金件进行装配得到完整的展平钣金件（具体操作请参看随书光盘），结果如图 17.3.7 所示。保存钣金件模型并关闭所有文件窗口。

图 17.3.5 展平实体

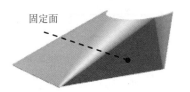

固定面

图 17.3.6 选取固定面

图 17.3.7 完整展平钣金件

17.4 方口倾斜天圆地方

方口倾斜天圆地方是由偏心圆形截面和方形截面使用钣金放样得到的钣金结构。图

17.4.1 所示分别是其钣金件及其展开图，下面介绍其在 UG 中创建和展开的操作过程。

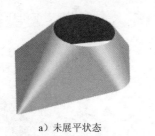

a）未展平状态   b）展平状态

图 17.4.1   方口倾斜天圆地方及其展开图

Task1. 创建方口倾斜天圆地方钣金件

Stage1. 创建整体结构模型

Step1. 新建一个 NX 钣金模型文件，并命名为 square_level_neighborhood。

Step2. 创建草图 1。选取 XY 平面为草图平面，绘制图 17.4.2 所示的草图 1。

Step3. 创建基准平面 1。选择下拉菜单 插入(S) ➞ 基准/点(D) ➞ 基准平面(D)... 命令；在 类型 区域的下拉列表中选择 按某一距离 选项，选取 XY 平面为参考平面，在 距离 文本框内输入偏移距离值 100，单击 < 确定 > 按钮，完成基准平面 1 的创建。

Step4. 创建草图 2。选取基准平面 1 为草图平面，绘制图 17.4.3 所示的草图 2。

Step5. 创建图 17.4.4 所示的放样弯边特征 1。选择下拉菜单 插入(S) ➞ 折弯(N) ➞ 放样弯边(D)... 命令，依次选取草图 1 和草图 2 为起始截面和终止截面；单击 厚度 文本框右侧的 三 按钮，在系统弹出的快捷菜单中选择 使用局部值 选项，然后在 厚度 文本框中输入数值 1.0；单击 < 确定 > 按钮，完成放样弯边特征 1 的创建。

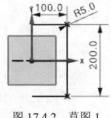

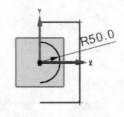

图 17.4.2　草图 1　　　　　图 17.4.3　草图 2　　　　　图 17.4.4　放样弯边特征 1

Step6. 创建图 17.4.5 所示的拉伸特征 1。选择下拉菜单 插入(S) ➞ 切割(T) ➞ 拉伸(E)... 命令；选取 YZ 平面为草图平面，绘制图 17.4.6 所示的截面草图；在"拉伸"对话框 结束 下拉列表中选择 贯通 选项；在 布尔 区域的 布尔 下拉列表中选择 减去 选项；单击 < 确定 > 按钮，完成拉伸特征 1 的创建。

图 17.4.5　拉伸特征 1

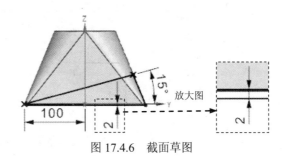

图 17.4.6　截面草图

Step7. 保存钣金件模型。

Stage2. 创建完整钣金件

新建一个装配文件，命名为 square_level_neighborhood_asm；使用创建钣金件进行装配得到完整的钣金件（具体操作请参看随书光盘），结果如图 17.4.1a 所示。保存钣金件模型并关闭所有文件窗口。

Task2. 展平方口倾斜天圆地方钣金件

Step1. 创建图 17.4.7 所示的展平实体。打开 square_level_neighborhood.prt 文件，选择下拉菜单 插入(S) ➡ 展平图样(L)... ▶ ➡ 展平实体(S)... 命令；取消选中 □移至绝对坐标系 复选框，选取图 17.4.8 所示的固定面，单击 确定 按钮，完成展平实体的创建；将模型另存为 square_level_neighborhood_unfold。

Step2. 新建一个装配文件，命名为 square_level_neighborhood_unfold_asm；使用创建的展平钣金件进行装配得到完整的展平钣金件（具体操作请参看随书光盘），结果如图 17.4.9 所示。保存钣金件模型并关闭所有文件窗口。

图 17.4.7　展平实体

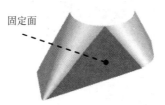

固定面

图 17.4.8　选取固定面

图 17.4.9　完整展平钣金件

17.5　方口倾斜双偏心天圆地方

方口倾斜双偏心天圆地方是由偏心圆形截面和方形截面使用钣金放样得到的钣金结构。图 17.5.1 所示分别是其钣金件及其展开图，下面介绍其在 UG 中创建和展开的操作过程。

a）未展平状态   b）展平状态

图 17.5.1　方口倾斜双偏心天圆地方及其展开图

Task1. 创建方口倾斜双偏心天圆地方钣金件

Stage1. 创建整体结构模型

Step1. 新建一个 NX 钣金模型文件，命名为 square_level_double_eccentric_neighborhood。

Step2. 创建草图 1。选取 XY 平面为草图平面，绘制图 17.5.2 所示的草图 1。

Step3. 创建基准平面 1。选择下拉菜单 插入(S) ➡ 基准/点(D) ➡ 基准平面(D)... 命令；在 类型 区域的下拉列表中选择 按某一距离 选项，选取 XY 平面为参考平面，在 距离 文本框内输入偏移距离值 100，单击 < 确定 > 按钮，完成基准平面 1 的创建。

Step4. 创建草图 2。选取基准平面 1 为草图平面，绘制图 17.5.3 所示的草图 2。

Step5. 创建图 17.5.4 所示的放样弯边特征 1。选择下拉菜单 插入(S) ➡ 折弯(N) ▶ ➡ 放样弯边(D)... 命令，依次选取草图 1 和草图 2 为起始截面和终止截面；单击 厚度 文本框右侧的 ☰ 按钮，在系统弹出的快捷菜单中选择 使用局部值 选项，然后在 厚度 文本框中输入数值 1.0；单击 < 确定 > 按钮，完成特征的创建。

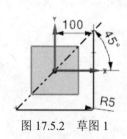   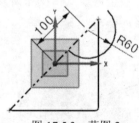   

图 17.5.2　草图 1   图 17.5.3　草图 2   图 17.5.4　放样弯边特征 1

Step6. 保存钣金件模型。

Stage2. 创建完整钣金件

Step1. 新建一个装配文件，命名为 square_level_double_eccentric_neighborhood_asm；使用创建的钣金件进行装配得到完整的钣金件，结果如图 17.5.1a 所示。

Step2. 在特征树中激活 square_level_double_eccentric_neighborhood。

Step3. 创建图 17.5.5 所示的拉伸特征 1。选择下拉菜单 插入(S) ➡ 切割(T) ➡

拉伸(E)... 命令；选取 YZ 平面为草图平面，绘制图 17.5.6 所示的截面草图（一）；在"拉伸"对话框 开始 下拉列表中选择 贯通 选项，在 结束 下拉列表中选择 贯通 选项；在 布尔 区域的 布尔 下拉列表中选择 减去 选项；单击 < 确定 > 按钮，完成拉伸特征 1 的创建。

图 17.5.5 拉伸特征 1

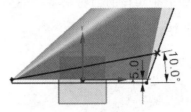

图 17.5.6 截面草图（一）

Step4. 在特征树中激活 mirror_square_level_double_eccentric_neighborhood。

Step5. 创建图 17.5.7 所示的拉伸特征 2。选择下拉菜单 插入(S) ➡ 切割(T) ➡ 拉伸(E)... 命令；选取 YZ 平面为草图平面，绘制图 17.5.8 所示的截面草图（二）；在"拉伸"对话框 开始 下拉列表中选择 贯通 选项，在 结束 下拉列表中选择 贯通 选项；在 布尔 区域的 布尔 下拉列表中选择 减去 选项；单击 < 确定 > 按钮，完成拉伸特征 2 的创建。

图 17.5.7 拉伸特征 2

图 17.5.8 截面草图（二）

Step6. 在特征树中激活 square_level_double_eccentric_neighborhood_asm，保存钣金件模型并关闭所有文件窗口。

Task2. 展平方口倾斜双偏心天圆地方钣金件

Step1. 创建图 17.5.9 所示的展平实体。打开 square_level_double_eccentric_neighborhood.prt 文件，选择下拉菜单 插入(S) ➡ 展平图样(L)... ▶ ➡ 展平实体(S)... 命令；取消选中 □ 移至绝对坐标系 复选框，选取图 17.5.10 所示的固定面（一），单击 确定 按钮，完成展平实体的创建；将模型另存为 square_level_double_eccentric_neighborhood_unfold。

图 17.5.9 展平实体

固定面

图 17.5.10 选取固定面（一）

Step2. 创建图 17.5.11 所示的展平实体。打开 mirror_square_level_double_eccentric_neighborhood.prt 文件，选择下拉菜单 插入(S) ➡ 展平图样(L)... ▶ ➡ 展平实体(S)... 命令；取消选中 □移至绝对坐标系 复选框，选取图 17.5.12 所示的固定面（二），单击 确定 按钮，完成展平实体的创建；将模型另存为 mirror_square_level_double_eccentric_neighborhood_unfold。

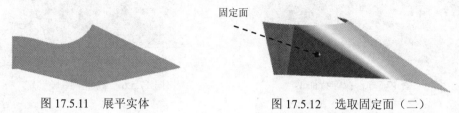

固定面

图 17.5.11　展平实体　　　　　　　　　图 17.5.12　选取固定面（二）

Step3. 新建一个装配文件，命名为 square_level_double_eccentric_neighborhood_unfold_asm；使用创建的展平钣金件进行装配得到完整的展平钣金件，结果如图 17.5.1b 所示。保存钣金件模型并关闭所有文件窗口。

17.6　圆口倾斜天圆地方

圆口倾斜天圆地方是由圆形截面和方形截面使用钣金放样得到的钣金结构。图 17.6.1 所示分别是其钣金件及其展开图，下面介绍其在 UG 中创建和展开的操作过程。

a）未展平状态　　　　　　　　　　　b）展平状态

图 17.6.1　圆口倾斜天圆地方及其展开图

Task1．创建圆口倾斜天圆地方钣金件

Stage1．创建整体结构模型

Step1. 新建一个 NX 钣金模型文件，并命名为 circle_level_neighborhood。

Step2. 创建草图 1。选取 XY 平面为草图平面，绘制图 17.6.2 所示的草图 1。

Step3. 创建基准平面 1。选择下拉菜单 插入(S) ➡ 基准/点(D) ➡ 基准平面(D)... 命令；在 类型 区域的下拉列表中选择 按某一距离 选项，选取 XY 平面为参考平面，在 距离 文本框内输入偏移距离值 100，单击 < 确定 > 按钮，完成基准平面 1 的创建。

Step4. 创建草图 2。选取基准平面 1 为草图平面，绘制图 17.6.3 所示的草图 2。

Step5. 创建图 17.6.4 所示的放样弯边特征 1。选择下拉菜单 插入(S) ➞ 折弯(N) ➞ 放样弯边(O)... 命令；依次选取草图 1 和草图 2 为起始截面和终止截面；单击 厚度 文本框右侧的 三 按钮，在系统弹出的快捷菜单中选择 使用局部值 选项，然后在 厚度 文本框中输入数值 1.0；单击 〈 确定 〉 按钮，完成放样弯边特征 1 的创建。

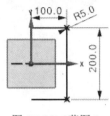

图 17.6.2 草图 1

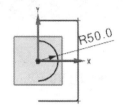

图 17.6.3 草图 2

图 17.6.4 放样弯边特征 1

Step6. 创建图 17.6.5 所示的拉伸特征 1。选择下拉菜单 插入(S) ➞ 切割(T) ➞ 拉伸(E)... 命令；选取 YZ 平面为草图平面，绘制图 17.6.6 所示的截面草图；在"拉伸"对话框的 结束 下拉列表中选择 贯通 选项；在 布尔 区域的 布尔 下拉列表中选择 减去 选项；单击 〈 确定 〉 按钮，完成拉伸特征 1 的创建。

图 17.6.5 拉伸特征 1

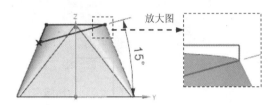

图 17.6.6 截面草图

Step7. 保存钣金件模型。

Stage2. 创建完整钣金件

新建一个装配文件，命名为 circle_level_neighborhood_asm；使用创建的钣金件进行装配得到完整的钣金件（具体操作请参看随书光盘），结果如图 17.6.1a 所示。保存钣金件模型并关闭所有文件窗口。

Task2. 展平圆口倾斜天圆地方钣金件

Step1. 创建图 17.6.7 所示的展平实体。打开 circle_level_neighborhood.prt 文件，选择下拉菜单 插入(S) ➞ 展平图样(L)... ➞ 展平实体(S)... 命令；取消选中 □ 移至绝对坐标系 复选框，选取图 17.6.8 所示的固定面，单击 确定 按钮，完成展平实体的创建；将模型另存为 circle_level_neighborhood_unfold。

Step2. 新建一个装配文件，命名为 circle_level_neighborhood_unfold_asm；使用创建的展平钣金件进行装配得到完整的展平钣金件（具体操作请参看随书光盘），结果如图 17.6.9

所示。保存钣金件模型并关闭所有文件窗口。

图 17.6.7　展平实体

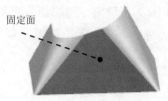

图 17.6.8　选取固定面

图 17.6.9　完整展平钣金件

17.7　圆口倾斜双偏心天圆地方

圆口倾斜双偏心天圆地方是由偏心圆形截面和方形截面使用钣金放样得到的钣金结构。图 17.7.1 所示分别是其钣金件及其展开图，下面介绍其在 UG 中创建和展开的操作过程。

a）未展平状态

b）展平状态

图 17.7.1　圆口倾斜双偏心天圆地方及其展开图

Task1.　创建圆口倾斜双偏心天圆地方钣金件

Stage1.　创建整体结构模型

Step1. 新建一个 NX 钣金模型文件，命名为 circle_level_double_eccentric_neighborhood。

Step2. 创建草图 1。选取 XY 平面为草图平面，绘制图 17.7.2 所示的草图 1。

Step3. 创建基准平面 1。选择下拉菜单 插入(S) ➡ 基准/点(D) ➡ 基准平面(D)... 命令；在 类型 区域的下拉列表中选择 按某一距离 选项，选取 XY 平面为参考平面，在 距离 文本框内输入偏移距离值 100；单击 < 确定 > 按钮，完成基准平面 1 的创建。

Step4. 创建草图 2。选取基准平面 1 为草图平面，绘制图 17.7.3 所示的草图 2。

Step5. 创建图 17.7.4 所示的放样弯边特征 1。选择下拉菜单 插入(S) ➡ 折弯(N) ▶ ➡ 放样弯边(O)... 命令，依次选取草图 1 和草图 2 为起始截面和终止截面；单击 厚度 文本框右侧的 ☰ 按钮，在系统弹出的快捷菜单中选择 使用局部值 选项，然后在 厚度 文本框中输入数值 1.0；单击 < 确定 > 按钮，完成放样弯边特征 1 的创建。

Step6. 保存钣金件模型。

Stage2.　创建完整钣金件

Step1. 新建一个装配文件，命名为 circle_level_double_eccentric_neighborhood_asm；使用创建的钣金件进行装配得到完整的钣金件，结果如图 17.7.1a 所示。

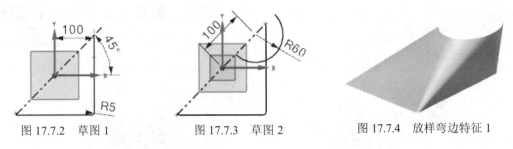

图 17.7.2　草图 1　　　　图 17.7.3　草图 2　　　　图 17.7.4　放样弯边特征 1

Step2. 在特征树中激活 circle_level_double_eccentric_neighborhood。

Step3. 创建图 17.7.5 所示的拉伸特征 1。选择下拉菜单 插入(S) ➡ 切割(T) ➡ 拉伸(E)... 命令；选取 YZ 平面为草图平面，绘制图 17.7.6 所示的截面草图（一）；在"拉伸"对话框的 开始 下拉列表中选择 贯通 选项，在 结束 下拉列表中选择 贯通 选项；在 布尔 区域的 布尔 下拉列表中选择 减去 选项；单击 〈确定〉 按钮，完成拉伸特征 1 的创建。

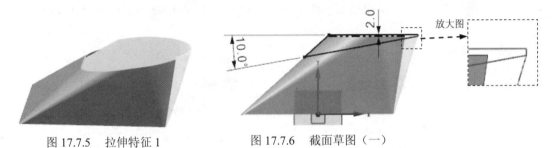

图 17.7.5　拉伸特征 1　　　　图 17.7.6　截面草图（一）

Step4. 在特征树中激活 mirror_circle_level_double_eccentric_neighborhood。

Step5. 创建图 17.7.7 所示的拉伸特征 2。选择下拉菜单 插入(S) ➡ 切割(T) ➡ 拉伸(E)... 命令；选取 XY 平面为草图平面，绘制图 17.7.8 所示的截面草图（二）；在"拉伸"对话框的 开始 下拉列表中选择 贯通 选项，在 结束 下拉列表中选择 贯通 选项；在 布尔 区域的 布尔 下拉列表中选择 减去 选项；单击 〈确定〉 按钮，完成拉伸特征 2 的创建。

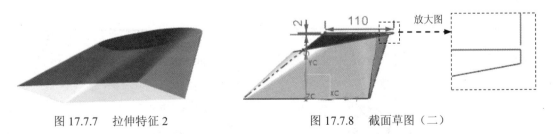

图 17.7.7　拉伸特征 2　　　　图 17.7.8　截面草图（二）

Step6. 在特征树中激活 circle_level_double_eccentric_neighborhood_asm，保存钣金件模型并关闭所有文件窗口。

Task2. 展平圆口倾斜双偏心天圆地方钣金件

Step1. 创建图 17.7.9 所示的展平实体（一）。打开 circle_level_double_eccentric_neighborhood.prt 文件，选择下拉菜单 插入(S) ➡️ 展平图样(L)... ▶ 🔲 展平实体(S)... 命令；取消选中 ☐ 移至绝对坐标系 复选框，选取图 17.7.10 所示的固定面（一），单击 确定 按钮，完成展平实体的创建；将模型另存为 circle_level_double_eccentric_neighborhood_unfold。

图 17.7.9 展平实体（一）

图 17.7.10 选取固定面（一）

Step2. 创建图 17.7.11 所示的展平实体（二）。打开 mirror_circle_level_double_eccentric_neighborhood.prt 文件，选择下拉菜单 插入(S) ➡️ 展平图样(L)... ▶ 🔲 展平实体(S)... 命令；取消选中 ☐ 移至绝对坐标系 复选框，选取图 17.7.12 所示的固定面（二），单击 确定 按钮，完成展平实体的创建；将模型另存为 mirror_circle_level_double_eccentric_neighborhood_unfold。

图 17.7.11 展平实体（二）

图 17.7.12 选取固定面（二）

Step3. 新建一个装配文件，命名为 circle_level_double_eccentric_neighborhood_unfold_asm；使用创建的展平钣金件进行装配得到完整的展平钣金件，结果如图 17.7.1b 所示。保存钣金件模型并关闭所有文件窗口。

17.8 方口垂直偏心天圆地方

方口垂直偏心天圆地方是由两个垂直的圆形截面和方形截面使用钣金放样得到的钣金结构。图 17.8.1 所示分别是其钣金件及其展开图，下面介绍其在 UG 中创建和展开的操作过程。

a）未展平状态

b）展平状态

图 17.8.1 方口垂直偏心天圆地方及其展开图

此类钣金的创建方法是先使用基础建模的方法创建钣金零件，然后使用分析工具对模型表面进行展开并使用钣金工具创建展平的钣金件。

Task1. 创建方口垂直天圆地方钣金件

Stage1. 创建整体结构模型

Step1. 新建一个零件模型文件，并命名为 squarely_eccentric_neighborhood。

Step2. 创建草图 1。选取 XY 平面为草图平面，绘制图 17.8.2 所示的草图 1。

Step3. 创建基准平面 1。选择下拉菜单 插入(S) ➡️ 基准/点(D) ➡️ 基准平面(D)... 命令；在 类型 区域的下拉列表中选择 按某一距离 选项，选取 XZ 平面为参考平面，在 距离 文本框内输入偏移距离值 150，单击 〈 确定 〉 按钮，完成基准平面 1 的创建。

Step4. 创建草图 2。选取基准平面 1 为草图平面，绘制图 17.8.3 所示的草图 2。

Step5. 创建图 17.8.4 所示的通过曲线组特征。选择下拉菜单 插入(S) ➡️ 网格曲面(M) ➡️ 通过曲线组(T)... 命令，依次选取草图 1 和草图 2 为起始截面和终止截面，单击 〈 确定 〉 按钮，完成通过曲线组特征的创建。

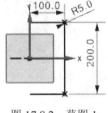

图 17.8.2　草图 1

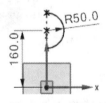

图 17.8.3　草图 2

图 17.8.4　通过曲线组特征

Step6. 创建图 17.8.5 所示的加厚。选择下拉菜单 插入(S) ➡️ 偏置/缩放(O) ➡️ 加厚(T)... 命令；框选整个曲面作为加厚的曲面，在 偏置 1 文本框中输入 1；单击 〈 确定 〉 按钮，完成加厚操作。

Step7. 保存模型。

Stage2. 创建完整钣金件

新建一个装配文件，命名为 squarely_eccentric_neighborhood_asm；使用创建的钣金件进行装配得到完整的钣金件（具体操作请参看随书光盘），结果如图 17.8.1a 所示。保存钣金件模型并关闭所有文件窗口。

Task2. 展平方口垂直天圆地方钣金件

Step1. 创建图 17.8.6 所示的一步式展开特征，打开 squarly_eccentric_neighborhood.prt 文件，选择下拉菜单 分析(L) ➡️ 分析可成型性 － 一步式(Z)... 命令；选取图 17.8.7 所示模型的五个面作为展开区域；单击 目标区域 的 按钮，选择图 17.8.8 所示的面作为目标区域。单击 "网格" 按钮 ，单击 "计算" 按钮 ，完成一步式展开特征的创建，结果如图 17.8.6 所示。

图 17.8.5　加厚

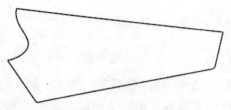
图 17.8.6　一步式展开特征

Step2. 在 应用模块 功能选项卡 设计 区域单击 钣金 按钮，进入 "NX 钣金" 设计环境；选择下拉菜单 插入(S) ➡ 突出块(B)... 命令。选取图 17.8.8 所示的展开曲线作为轮廓曲线，在 厚度 文本框中输入 1，单击 < 确定 > 按钮，完成展平钣金件的创建；将模型另存为 squarly_eccentric_neighborhood_unfold。

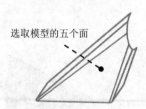
选取模型的五个面
图 17.8.7　选取展开区域

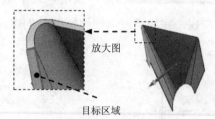
放大图
目标区域
图 17.8.8　选取目标区域

Step3. 新建一个装配文件，命名为 squarly_eccentric_neighborhood_unfold_asm；使用创建的展平钣金件进行装配得到完整的展平钣金件（具体操作请参看随书光盘），结果如图 17.8.1b 所示。保存钣金件模型并关闭所有文件窗口。

第 **18** 章 方圆过渡三通及多通

本章提要 本章主要介绍方圆过渡三通及多通的钣金在 UG 中的创建和展开过程，包括圆管方管直交三通、圆管方管斜交三通、主方管分圆管 V 形三通、主方管分圆管偏心 V 形三通、主方管分异径圆管偏心 V 形三通、主圆管分异径方管偏心 V 形三通、主圆管分异径方管放射形四通和主圆管分异径方管放射形五通。此类钣金都是采用抽壳和转换钣金等方法来创建的。

18.1 圆管方管直交三通

圆管方管直交三通是由圆管和方管直交连接形成的钣金结构。图 18.1.1 所示分别是其钣金件及其展开图，下面介绍其在 UG 中创建和展开的操作过程。

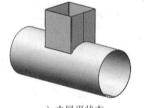  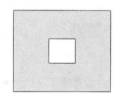

a）未展平状态　　　　　　　　b）方管展开　　　　　　　　c）圆柱管展开

图 18.1.1　圆管方管直交三通及其展开图

Task1. 创建圆管方管直交三通

Stage1. 创建整体结构模型

Step1. 新建一个零件模型文件，并命名为 cylinder_square_squarely_tee。

Step2. 创建图 18.1.2 所示的拉伸特征 1。选择下拉菜单 插入(S) ➡ 设计特征(E) ➡ 拉伸(E)... 命令；选取 YZ 平面为草图平面，绘制图 18.1.3 所示的截面草图（注：具体参数和操作参见随书光盘）。

Step3. 创建图 18.1.4 所示的拉伸特征 2。选择下拉菜单 插入(S) ➡ 设计特征(E) ➡ 拉伸(E)... 命令；选取 XY 平面为草图平面，绘制图 18.1.5 所示的截面草图；在"拉伸"对话框的 开始 下拉列表中选择 值 选项，在其下的 距离 文本框中输入值 0，在 结束 下拉列表中选择 值 选项，在其下的 距离 文本框中输入值 180；在 布尔 区域中选择 合并 选项，采用系统默认的求和对象；单击 <确定> 按钮，完成拉伸特征 2 的创建。

图 18.1.2　拉伸特征 1

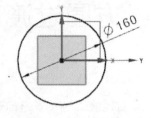
图 18.1.3　截面草图（一）

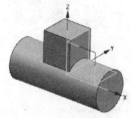
图 18.1.4　拉伸特征 2

Step4. 创建图 18.1.6 所示的抽壳特征 1。选择下拉菜单 插入(S) ➝ 偏置/缩放(O)▸ ➝ 抽壳(H)... 命令；选取图 18.1.7 模型的三个端面为要抽壳的面，在"抽壳"对话框中的 厚度 文本框内输入数值 1.0；单击 <确定> 按钮，完成抽壳特征 1 的创建。

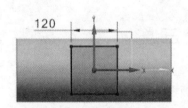
图 18.1.5　截面草图（二）

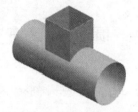
图 18.1.6　抽壳特征 1

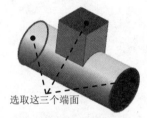
图 18.1.7　选取移除面

Step5. 创建图 18.1.8 所示的拉伸特征 3。选择下拉菜单 插入(S) ➝ 设计特征(E)▸ ➝ 拉伸(E)... 命令；选取 ZX 平面为草图平面，绘制图 18.1.9 所示的截面草图（三）；在"拉伸"对话框 限制 区域的 开始 下拉列表中选择 对称值 选项，并在其下的 距离 文本框中输入数值 200，在 布尔 区域中选择 无 选项；单击 <确定> 按钮，完成拉伸特征 3 的创建。

Step6. 保存模型文件。

图 18.1.8　拉伸特征 3

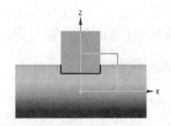
图 18.1.9　截面草图（三）

Stage2. 创建方管

Step1. 在资源工具条区单击"装配导航器"按钮 ，切换至"装配导航器"界面，在装配导航器的空白处右击，在弹出的快捷菜单中选择 ✓ WAVE 模式 命令。

Step2. 在装配导航器区选择 ☑ cylinder_square_squarely_tee 并右击，在弹出的快捷菜单中选择 WAVE ▸ ➝ 新建层 命令，系统弹出"新建层"对话框。

Step3. 在"新建层"对话框中单击 指定部件名 按钮，在弹出的对

话框中输入文件名 cylinder_square_squarely_tee01，并单击 <kbd>OK</kbd> 按钮。

Step4. 在"新建层"对话框中单击 <kbd>类选择</kbd> 按钮，选取坐标系和图 18.1.10 所示的实体和曲面对象，单击两次 <kbd>确定</kbd> 按钮，完成新级别的创建。

Step5. 将 cylinder_square_squarely_tee01 设为显示部件。

Step6. 创建图 18.1.11 所示的修剪体。选择下拉菜单 <kbd>插入(S)</kbd> ➡ <kbd>修剪(T)</kbd> ➡ <kbd>修剪体(T)</kbd> 命令。选取图 18.1.10 所示的实体为修剪目标，单击中键，选取图 18.1.10 所示的曲面为修剪工具，单击 <kbd>✕</kbd> 按钮调整修剪方向；单击 <kbd>〈确定〉</kbd> 按钮，完成修剪体的创建。

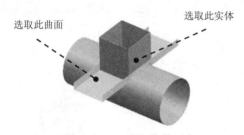

图 18.1.10　选取修剪对象　　　　　　图 18.1.11　修剪体

Step7. 创建图 18.1.12 所示的拉伸特征 1。选择下拉菜单 <kbd>插入(S)</kbd> ➡ <kbd>设计特征(E)▶</kbd> ➡ <kbd>拉伸(E)...</kbd> 命令；选取 YZ 平面为草图平面，绘制图 18.1.13 所示的截面草图；在"拉伸"对话框的 <kbd>偏置</kbd> 下拉列表中选择 <kbd>对称</kbd> 选项，在 <kbd>开始</kbd> 文本框中输入值 0.1；在 <kbd>限制</kbd> 区域的 <kbd>开始</kbd> 下拉列表中选择 <kbd>值</kbd> 选项，在其下的 <kbd>距离</kbd> 文本框中输入值 0；在 <kbd>结束</kbd> 下拉列表中选择 <kbd>贯通</kbd> 选项，在 <kbd>布尔</kbd> 区域中选择 <kbd>减去</kbd> 选项，选择实体为求差对象；单击 <kbd>〈确定〉</kbd> 按钮，完成拉伸特征 1 的创建。

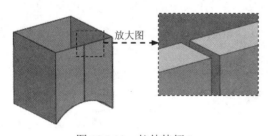
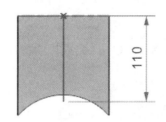

图 18.1.12　拉伸特征 1　　　　　　图 18.1.13　截面草图

Step8. 将模型转换为钣金。在 <kbd>应用模块</kbd> 功能选项卡 <kbd>设计</kbd> 区域单击 <kbd>钣金</kbd> 按钮，进入"NX 钣金"设计环境；选择下拉菜单 <kbd>插入(S)</kbd> ➡ <kbd>转换(V) ▶</kbd> ➡ <kbd>转换为钣金(C)...</kbd> 命令，选取图 18.1.14 所示的面；单击 <kbd>确定</kbd> 按钮，完成钣金转换操作。

Step9. 保存钣金件模型。

Stage3. 创建圆管

Step1. 切换至 cylinder_square_squarely_tee 窗口。

Step2. 在装配导航器区选择☑ equally_cylinder_squarely_tee 并右击，在弹出的快捷菜单中选择 WAVE ➤ ➡ 新建层 命令，系统弹出"新建层"对话框。

Step3. 在"新建层"对话框中单击 指定部件名 按钮，在弹出的对话框中输入文件名 cylinder_square_squarely_tee02，并单击 OK 按钮。

Step4. 在"新建层"对话框中单击 类选择 按钮，选取坐标系和图 18.1.16 所示的实体和曲面对象，单击两次 确定 按钮，完成新级别的创建。

Step5. 将 cylinder_square_squarely_tee02 设为显示部件（确认在零件设计环境中）。

Step6. 创建图 18.1.15 所示的修剪体。选择下拉菜单 插入(S) ➡ 修剪(T) ➡ 修剪体(T)... 命令。选取图 18.1.16 所示的实体为修剪目标，单击中键；选取图 18.1.16 所示的曲面为修剪工具；单击 < 确定 > 按钮，完成修剪体的创建。

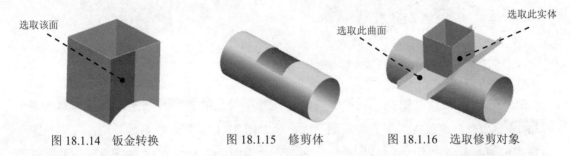

图 18.1.14　钣金转换　　　　图 18.1.15　修剪体　　　　图 18.1.16　选取修剪对象

Step7. 创建图 18.1.17 所示的拉伸特征 1。选择下拉菜单 插入(S) ➡ 设计特征(E)▸ ➡ 拉伸(E)... 命令；选取 XY 平面为草图平面，绘制图 18.1.18 所示的截面草图；单击 ✗ 按钮调整拉伸方向；在"拉伸"对话框的 偏置 下拉列表中选择 对称 选项，在 开始 文本框中输入值 0.1；在 限制 区域的 开始 下拉列表中选择 值 选项，在其下的 距离 文本框中输入值 0；在 结束 下拉列表中选择 贯通 选项，在 布尔 区域中选择 减去 选项，采用系统默认的求差对象；单击 < 确定 > 按钮，完成拉伸特征 1 的创建。

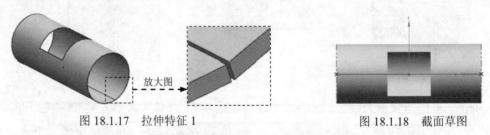

图 18.1.17　拉伸特征 1　　　　　　　图 18.1.18　截面草图

Step8. 将模型转换为钣金。在 应用模块 功能选项卡 设计 区域单击 🌐钣金 按钮，进入"NX 钣金"设计环境；选择下拉菜单 插入(S) ➡ 转换(V) ▸ ➡ 转换为钣金(C)... 命令，选取图 18.1.19 所示的面；单击 确定 按钮，完成钣金转换操作。

Step9. 保存钣金件模型。

Step10. 切换至 cylinder_square_squarely_tee 窗口并保存文件，关闭所有文件窗口。

Stage4. 创建完整钣金件

新建一个装配文件，命名为 cylinder_square_squarely_tee_asm；使用创建的圆管和方管钣金件进行装配得到完整的钣金件（具体操作请参看随书光盘），结果如图 18.1.20 所示；保存钣金件模型并关闭所有文件窗口。

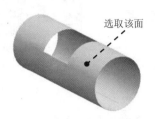

图 18.1.19 钣金转换

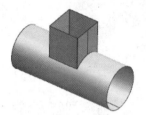

图 18.1.20 完整钣金件

Task2. 展平圆管方管直角三通

Stage1. 展平方管

Step1. 打开文件：cylinder_square_squarely_tee01。

Step2. 选择下拉菜单 插入(S) ➡ 展平图样(L)... ▶ ➡ 展平实体(S)... 命令；取消选中 □ 移至绝对坐标系 复选框，选取图 18.1.21 所示的模型表面为固定面，单击 确定 按钮，展平结果如图 18.1.1b 所示；将模型另存为 cylinder_square_squarely_tee_unfold01。

Stage2. 展平圆管

Step1. 打开文件：cylinder_square_squarely_tee02。

Step2. 选择下拉菜单 插入(S) ➡ 展平图样(L)... ▶ ➡ 展平实体(S)... 命令；取消选中 □ 移至绝对坐标系 复选框，选取图 18.1.22 所示的模型表面为固定面，单击 确定 按钮，展平结果如图 18.1.1c 所示；将模型另存为 cylinder_square_squarely_tee_unfold02。

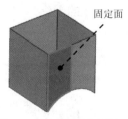

图 18.1.21 选取固定面

图 18.1.22 选取固定面

18.2 圆管方管斜交三通

圆管方管斜交三通是由圆管和方管斜交连接形成的钣金结构。图 18.2.1 所示分别是其钣金件及其展开图，下面介绍其在 UG 中创建和展开的操作过程。

a）未展平状态

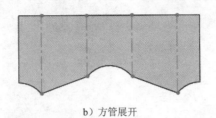
b）方管展开

c）圆柱管展开

图 18.2.1　圆管方管斜交三通及其展开图

Task 1. 创建圆管方管斜交三通

Stage1. 创建整体结构模型

Step1. 新建一个零件模型文件，并命名为 cylinder_square_bevel_tee。

Step2. 创建图 18.2.2 所示的拉伸特征 1。选择下拉菜单 插入(S) ➡ 设计特征(E)▸ ➡ 拉伸(E)... 命令；选取 YZ 平面为草图平面，绘制图 18.2.3 所示的截面草图（一）；在"拉伸"对话框 限制 区域的 开始 下拉列表中选择 对称值 选项，并在其下的 距离 文本框中输入数值200，单击 确定 按钮，完成拉伸特征 1 的创建。

Step3. 创建基准平面 1。选择下拉菜单 插入(S) ➡ 基准/点(D) ➡ 基准平面(D)... 命令；在 类型 区域的下拉列表中选择 成一角度 选项，选取 XY 平面为参考平面，选择 Y 轴作为旋转轴，在 角度 文本框内输入数值15；单击 确定 按钮，完成基准平面 1 的创建。

Step4. 创建图 18.2.4 所示的拉伸特征 2。选择下拉菜单 插入(S) ➡ 设计特征(E)▸ ➡ 拉伸(E)... 命令；选取基准平面 1 为草图平面，绘制图 18.2.5 所示的截面草图（二）；在"拉伸"对话框的 开始 下拉列表中选择 值 选项，在其下的 距离 文本框中输入值 0；在 结束 下拉列表中选择 值 选项，在其下的 距离 文本框中输入值 180；在 布尔 区域中选择 合并 选项，采用系统默认的求和对象；单击 确定 按钮，完成拉伸特征 2 的创建。

图 18.2.2　拉伸特征 1

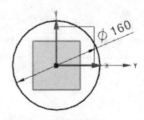
图 18.2.3　截面草图（一）

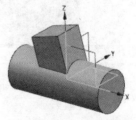
图 18.2.4　拉伸特征 2

Step5. 创建图 18.2.6 所示的抽壳特征 1。选择下拉菜单 插入(S) ➡ 偏置/缩放(O)▸ ➡ 抽壳(H)... 命令；选取图 18.2.7 模型的三个端面为要抽壳的面，在"抽壳"对话框中的 厚度文本框内输入 1.0；单击 〈 确定 〉 按钮，完成抽壳特征 1 的创建。

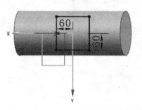

图 18.2.5　截面草图（二）

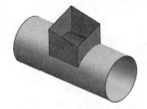

图 18.2.6　抽壳特征 1

选取这三个端面

图 18.2.7　选取移除面

Step6. 创建图 18.2.8 所示的拉伸特征 3。选择下拉菜单 插入(S) ➞ 设计特征(E)▶ ➞ 拉伸(E)... 命令；选取 ZX 平面为草图平面，绘制图 18.2.9 所示的截面草图（三）；在"拉伸"对话框 限制 区域的 开始 下拉列表中选择 对称值 选项，并在其下的 距离 文本框中输入数值 80，在 布尔 区域中选择 无 选项；单击 〈 确定 〉 按钮，完成拉伸特征 3 的创建。

Step7. 保存模型文件。

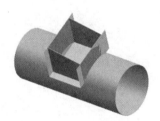

图 18.2.8　拉伸特征 3

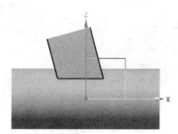

图 18.2.9　截面草图（三）

Stage2. 创建方管

Step1. 在资源工具条区单击"装配导航器"按钮，切换至"装配导航器"界面，在装配导航器的空白处右击，在弹出的快捷菜单中选择 ☑ WAVE 模式 命令。

Step2. 在装配导航器区选择 ☑ cylinder_square_bevel_tee 并右击，在弹出的快捷菜单中选择 WAVE ▶ ➞ 新建层 命令，系统弹出"新建层"对话框。

Step3. 在"新建层"对话框中单击 指定部件名 按钮，在弹出的对话框中输入文件名 cylinder_square_bevel_tee01，并单击 OK 按钮。

Step4. 在"新建层"对话框中单击 类选择 按钮，选取坐标系和图 18.2.10 所示的实体和曲面对象，单击两次 确定 按钮，完成新级别的创建。

Step5. 将 cylinder_square_bevel_tee01 设为显示部件。

Step6. 创建图 18.2.11 所示的修剪体。选择下拉菜单 插入(S) ➞ 修剪(T) ➞ 修剪体(T) 命令。选取图 18.2.10 所示的实体为修剪目标，单击中键；选取图 18.2.10 所示的曲面为修剪工具；单击 〈 确定 〉 按钮，完成修剪体的创建。

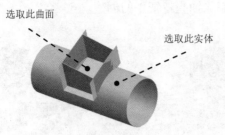

图 18.2.10　选取修剪对象　　　　图 18.2.11　修剪体

Step7. 创建图 18.2.12 所示的拉伸特征 1。选择下拉菜单 插入(S) ➡ 设计特征(E)▶ ➡ 拉伸(E)... 命令；选取 YZ 平面为草图平面，绘制图 18.2.13 所示的截面草图；在"拉伸"对话框的 偏置 下拉列表中选择 对称 选项，在 开始 文本框中输入值 0.1；在 限制 区域的 开始 下拉列表中选择 值 选项，在其下的 距离 文本框中输入值 0；在 结束 下拉列表中选择 贯通 选项，在 布尔 区域中选择 减去 选项；单击 〈确定〉 按钮，完成拉伸特征 1 的创建。

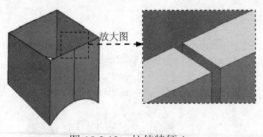
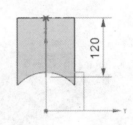

放大图

120

图 18.2.12　拉伸特征 1　　　　图 18.2.13　截面草图

Step8. 将模型转换为钣金。在 应用模块 功能选项卡 设计 区域单击 钣金 按钮，进入"NX 钣金"设计环境；选择下拉菜单 插入(S) ➡ 转换(V) ▶ ➡ 转换为钣金(C)... 命令，选取图 18.2.14 所示的面；单击 确定 按钮，完成钣金转换操作。

Step9. 保存钣金件模型。

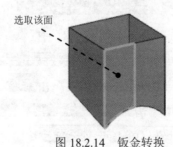

选取该面

图 18.2.14　钣金转换

Stage3. 创建圆管

Step1. 切换至 cylinder_square_bevel_tee 窗口。

Step2. 在装配导航器区选择 ☑ cylinder_square_bevel_tee 并右击，在弹出的快捷菜单中选择 WAVE ▶ ➡ 新建层 命令，系统弹出"新建层"对话框。

Step3. 在"新建层"对话框中单击 指定部件名 按钮，在弹出的对话框中输入文件名 cylinder_square_bevel_tee02，并单击 OK 按钮。

Step4. 在"新建层"对话框中单击 类选择 按钮，选取坐标系和图 18.2.15 所示的实体和曲面对象，单击两次 确定 按钮，完成新级别的创建。

Step5. 将 cylinder_square_bevel_tee02 设为显示部件（确认在零件设计环境中）。

Step6. 创建图 18.2.16 所示的修剪体。选择下拉菜单 插入(S) ➞ 修剪(T) ➞ 修剪体(T) 命令。选取图 18.2.15 所示的实体为修剪目标，单击中键；选取图 18.2.15 所示的曲面为修剪工具；单击 按钮调整修剪方向；单击 < 确定 > 按钮，完成修剪体的创建。

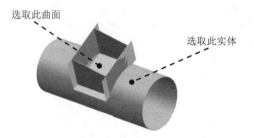

图 18.2.15　选取修剪对象　　　　　图 18.2.16　修剪体

Step7. 创建图 18.2.17 所示的拉伸特征 1。选择下拉菜单 插入(S) ➞ 设计特征(E)▸ ➞ 拉伸(E)... 命令；选取 XY 平面为草图平面，绘制图 18.2.18 所示的截面草图；单击 按钮调整拉伸方向；在"拉伸"对话框的 偏置 下拉列表中选择 对称 选项，在 开始 文本框中输入值 0.1；在 限制 区域的 开始 下拉列表中选择 值 选项，在其下的 距离 文本框中输入值 0；在 结束 下拉列表中选择 贯通 选项，在 布尔 区域中选择 减去 选项，采用系统默认的求差对象；单击 < 确定 > 按钮，完成拉伸特征 1 的创建。

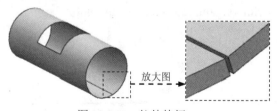

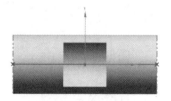

图 18.2.17　拉伸特征 1　　　　　图 18.2.18　截面草图

Step8. 将模型转换为钣金。在 应用模块 功能选项卡 设计 区域单击 钣金 按钮，进入"NX 钣金"设计环境；选择下拉菜单 插入(S) ➞ 转换(V)▸ ➞ 转换为钣金(C)... 命令，选取图 18.2.19 所示的面；单击 确定 按钮，完成钣金转换操作。

Step9. 保存钣金件模型。

Step10. 切换至 cylinder_square_bevel_tee 窗口并保存文件，关闭所有文件窗口。

Stage4. 创建完整钣金件

新建一个装配文件，命名为 cylinder_square_bevel_tee_asm，使用创建的圆管和方管钣金件进行装配得到完整的钣金件（具体操作请参看随书光盘），结果如图 18.2.20 所示；保存钣金件模型并关闭所有文件窗口。

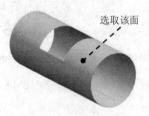

图 18.2.19　钣金转换

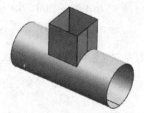

图 18.2.20　完整钣金件

Task2. 展平圆管方管斜交三通

Stage1. 展平方管

Step1. 打开文件：cylinder_square_bevel_tee01。

Step2. 选择下拉菜单 插入(S) ➡ 展平图样(L)... ▶ ➡ 展平实体(S)... 命令；取消选中 移至绝对坐标系 复选框，选取图 18.2.21 所示的模型表面为固定面，单击 确定 按钮，展平结果如图 18.2.1b 所示；将模型另存为 cylinder_square_bevel_unfold01。

Stage2. 展平圆管

Step1. 打开文件：cylinder_square_bevel_tee02。

Step2. 选择下拉菜单 插入(S) ➡ 展平图样(L)... ▶ ➡ 展平实体(S)... 命令；取消选中 移至绝对坐标系 复选框，选取图 18.2.22 所示的模型表面为固定面，单击 确定 按钮，展平结果如图 18.2.1c 所示；将模型另存为 cylinder_square_bevel_tee_unfold02。

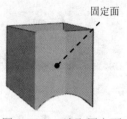

图 18.2.21　选取固定面

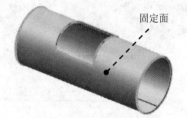

图 18.2.22　选取固定面

18.3　主方管分圆管 V 形三通

主方管分圆管 V 形三通是由两个天圆地方组合连接形成的三通管。图 18.3.1 所示分别是其钣金件及其展开图，下面介绍其在 UG 中的创建和展开的操作过程。

Task 1. 创建主方管分圆管 V 形三通

Stage1. 创建整体结构模型

Step1. 新建一个 NX 钣金模型文件，并命名为 primary_square_V_shape_tee。

a）未展平状态

b）展平状态

图 18.3.1 主方管分圆管 V 形三通及其展开图

Step2. 创建草图 1。选取 XY 平面为草图平面，绘制图 18.3.2 所示的草图 1。

Step3. 创建基准平面 1。选择下拉菜单 插入(S) ➡ 基准/点(D) ➡ 🔲基准平面(D)... 命令（注：具体参数和操作参见随书光盘）。

Step4. 创建草图 2。选取基准平面 1 为草图平面，绘制图 18.3.3 所示的草图 2。

Step5. 创建图 18.3.4 所示的放样弯边特征 1。选择下拉菜单 插入(S) ➡ 折弯(N) ▶ ➡ 放样弯边(O)... 命令，依次选取草图 1 和草图 2 为起始截面和终止截面；单击 厚度 文本框右侧的 ▤ 按钮，在系统弹出的快捷菜单中选择 使用局部值 选项，然后在 厚度 文本框中输入数值 1.0；单击 〈确定〉 按钮，完成放样弯边特征 1 的创建。

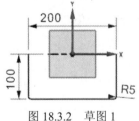
图 18.3.2 草图 1

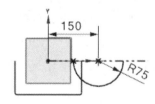
图 18.3.3 草图 2

图 18.3.4 放样弯边特征 1

Step6. 创建图 18.3.5 所示的拉伸特征 1（切换至建模环境）。选择下拉菜单 插入(S) ➡ 设计特征(E) ▶ ➡ 📖 拉伸(E)... 命令；选取 XZ 平面为草图平面，绘制图 18.3.6 所示的截面草图；在"拉伸"对话框的 开始 下拉列表中选择 🔳 贯通 选项，在 结束 下拉列表中选择 🔳 贯通 选项，在 布尔 区域中选择 🔳 减去 选项；单击 〈确定〉 按钮，完成拉伸特征 1 的创建。

图 18.3.5 拉伸特征 1

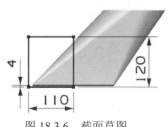
图 18.3.6 截面草图

Step7. 保存钣金件模型。

Stage2. 创建完整钣金件

Step1. 新建一个装配文件，命名为 primary_square_tee_asm。使用创建的二分之一主方管分圆管 V 形三通钣金件进行装配，结果如图 18.3.7 所示。

Step2. 新建一个装配文件，命名为 primary_square_V_tee_asm。使用创建的二分之一主方管分圆管 V 形三通钣金件进行装配得到完整的钣金件，结果如图 18.3.8 所示。

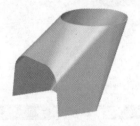

图 18.3.7 装配钣金件

图 18.3.8 完整钣金件

Task2. 展平主方管分圆管 V 形三通钣金件

Step1. 打开文件：primary_square_V_shape_tee.prt，进入钣金环境。

Step2. 选择下拉菜单 插入(S) ➡ 展平图样(L)... ▶ ➡ 展平实体(S)... 命令；取消选中 □ 移至绝对坐标系 复选框，选取图 18.3.9 所示的模型表面为固定面，单击 确定 按钮，展平结果如图 18.3.10 所示。

Step3. 保存展开钣金件模型，命名为 primary_square_V_shape_tee_unfold。

Step4. 新建一个装配文件，命名为 primary_square_V_shape_tee_unfold_asm。使用创建的展平钣金件进行装配得到完整的展平钣金件，结果如图 18.3.1b 所示。保存钣金件模型并关闭所有文件窗口。

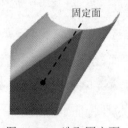

图 18.3.9 选取固定面

图 18.3.10 展平图样

18.4 主圆管分异径方管放射形四通

主圆管分异径方管放射形四通是由三个天圆地方组合连接形成的四通管。图 18.4.1 所示分别是其钣金件及其展开图，下面介绍其在 UG 中创建和展开的操作过程。

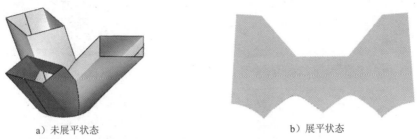

　　a）未展平状态　　　　　　　　　　　b）展平状态

图 18.4.1　主圆管分异径方管放射形四通及其展开图

Task 1. 创建主圆管分异径方管放射形四通

Stage1. 创建整体结构模型

Step1. 新建一个 NX 钣金模型文件，并命名为 primary_cylinder_radioactive_four_hatch。

Step2. 创建草图 1。选取 XY 平面为草图平面，绘制图 18.4.2 所示的草图 1。

Step3. 创建基准平面 1。选择下拉菜单 插入(S) ➡ 基准/点(D) ➡ 基准平面(D)... 命令；在 类型 区域的下拉列表中选择 按某一距离 选项，选取 XY 平面为参考平面，在 距离 文本框内输入偏移距离值 180；单击 〈 确定 〉 按钮，完成基准平面 1 的创建。

Step4. 创建草图 2。选取基准平面 1 为草图平面，绘制图 18.4.3 所示的草图 2。

Step5. 创建图 18.4.4 所示的放样弯边特征 1。选择下拉菜单 插入(S) ➡ 折弯(N) ➡ 放样弯边(O)... 命令，依次选取草图 1 和草图 2 为起始截面和终止截面；单击 厚度 文本框右侧的 ☰ 按钮，在系统弹出的快捷菜单中选择 使用局部值 选项，然后在 厚度 文本框中输入数值 1.0；单击 〈 确定 〉 按钮，完成放样弯边特征 1 的创建。

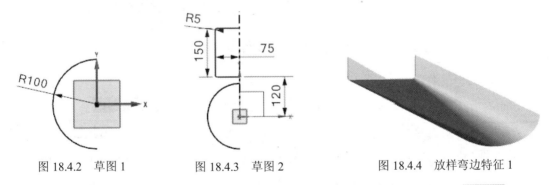

图 18.4.2　草图 1　　　　　图 18.4.3　草图 2　　　　　图 18.4.4　放样弯边特征 1

Step6. 创建图 18.4.5 所示的拉伸特征 1（切换至建模环境）。选择下拉菜单 插入(S) ➡ 设计特征(E) ➡ 拉伸(E)... 命令；选取 XY 平面为草图平面，绘制图 18.4.6 所示的截面草图；在"拉伸"对话框的 开始 下拉列表中选择 贯通 选项，在 结束 下拉列表中选择 贯通 选项；在 布尔 区域中选择 减去 选项，采用系统默认的求和对象；单击 〈 确定 〉 按钮，完成拉伸特征 1 的创建。

图 18.4.5 拉伸特征 1

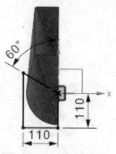

图 18.4.6 截面草图

Step7. 保存钣金件模型。

Stage2. 创建完整钣金件

Step1. 新建一个装配文件，命名为 primary_cylinder_radioactive_four_hatch_asm01。使用创建的二分之一主圆管分异径方管放射形四通钣金件进行装配，结果如图 18.4.7 所示。

Step2. 新建一个装配文件，命名为 primary_cylinder_radioactive_four_hatch_asm。使用创建的二分之一主圆管分异径方管放射形四通钣金件进行装配得到完整的钣金件，结果如图 18.4.8 所示。

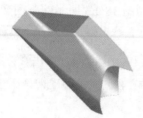

图 18.4.7 装配钣金件

图 18.4.8 完整钣金件

Task2. 展平主圆管分异径方管放射形四通

Step1. 打开文件：primary_cylinder_radioactive_four_hatch.prt。

Step2. 选择下拉菜单 插入(S) ➡ 展平图样(L)... ▶ ➡ 展平实体(S)... 命令；取消选中 □ 移至绝对坐标系 复选框，选取图 18.4.9 所示的模型表面为固定面，单击 确定 按钮，展平结果如图 18.4.10 所示；将模型另存为 primary_cylinder_radioactive_four_hatch_unfold。

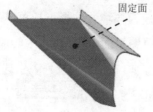

固定面

图 18.4.9 选取固定面

图 18.4.10 展平图样

Step3. 新建一个装配文件，命名为 primary_cylinder_radioactive_four_hatch_unfold_asm。使用创建的展平钣金件进行装配得到完整的展平钣金件，结果如图 18.4.1b 所示。保存钣金件模型并关闭所有文件窗口。

18.5　主圆管分异径方管放射形五通

主圆管分异径方管放射形五通是由四个天圆地方组合连接形成的五通管。图 18.5.1 所示分别是其钣金件及其展开图，下面介绍其在 UG 中创建和展开的操作过程。

a）未展平状态　　　　　　　　　b）展平状态

图 18.5.1　主圆管分异径方管放射形五通及其展开图

Task 1. 创建主圆管分异径方管放射形五通

Stage1. 创建整体结构模型

Step1. 新建一个 NX 钣金模型文件，并命名为 primary_cylinder_radioactive_five_hatch。

Step2. 创建草图 1。选取 XY 平面为草图平面，绘制图 18.5.2 所示的草图 1。

Step3. 创建基准平面 1。选择下拉菜单 插入(S) ➡ 基准/点(D) ➡ 基准平面(D)... 命令；在 类型 区域的下拉列表中选择 按某一距离 选项，选取 XY 平面为参考平面，在 距离 文本框内输入偏移距离值 220；单击 〈 确定 〉 按钮，完成基准平面 1 的创建。

Step4. 创建草图 2。选取基准平面 1 为草图平面，绘制图 18.5.3 所示的草图 2。

Step5. 创建图 18.5.4 所示的放样弯边特征 1。选择下拉菜单 插入(S) ➡ 折弯(N) ➡ 放样弯边(O)... 命令，依次选取草图 1 和草图 2 为起始截面和终止截面；单击 厚度 文本框右侧的 ▤ 按钮，在系统弹出的快捷菜单中选择 使用局部值 选项，然后在 厚度 文本框中输入数值 1.0；单击 〈 确定 〉 按钮，完成放样弯边特征 1 的创建。

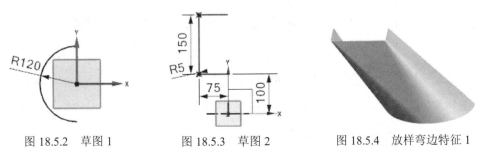

图 18.5.2　草图 1　　　　图 18.5.3　草图 2　　　　图 18.5.4　放样弯边特征 1

Step6. 创建图 18.5.5 所示的拉伸特征 1。选择下拉菜单 插入(S) ➡️ 切割(T) ➡️ 拉伸(E)... 命令；选取 XY 平面为草图平面，绘制图 18.5.6 所示的截面草图；在"拉伸"对话框的 开始 下拉列表中选择 贯通 选项，在 结束 下拉列表中选择 贯通 选项，在 布尔 区域中选择 减去 选项，采用系统默认的求和对象；单击 < 确定 > 按钮，完成拉伸特征 1 的创建。

Step7. 保存钣金件模型。

图 18.5.5 拉伸特征 1

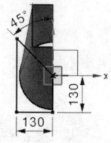

图 18.5.6 截面草图

Stage2. 创建完整钣金件

Step1. 新建一个装配文件，命名为 primary_cylinder_radioactive_five_hatch_asm01。使用创建的二分之一主圆管分异径方管放射形五通钣金件进行装配，结果如图 18.5.7 所示。

Step2. 新建一个装配文件，命名为 primary_cylinder_radioactive_five_hatch_asm，使用创建的二分之一主圆管分异径方管放射形五通钣金件进行装配得到完整的钣金件，结果如图 18.5.8 所示。

图 18.5.7 装配钣金件

图 18.5.8 完整钣金件

Task2. 展平主圆管分异径方管放射形五通

Step1. 打开文件：primary_cylinder_radioactive_five_hatch.prt。

Step2. 选择下拉菜单 插入(S) ➡️ 展平图样(L)... ▶ ➡️ 展平实体(S)... 命令；取消选中 □ 移至绝对坐标系 复选框，选取图 18.5.9 所示的模型表面为固定面，单击 确定 按钮，展平结果如图 18.5.10 所示；将模型另存为 primary_cylinder_radioactive_five_hatch_unfold。

Step3. 新建一个装配文件，命名为 primary_cylinder_radioactive_five_hatch_unfold_asm。使用创建的展平钣金件进行装配得到完整的展平钣金件，结果如图 18.5.1b 所示。保存钣金件模型并关闭所有文件窗口。

图 18.5.9 选取固定面

图 18.5.10 展平图样

第 **19** 章　其他相贯体

本章提要　本章主要介绍相贯体类的钣金在 UG 中的创建和展开过程，包括之前介绍的几种常见基本体的相贯得到的较为复杂的相贯钣金件，如圆柱与圆台、圆锥的相贯，矩形管（或方形管）与圆柱、圆锥或圆台之间的相贯等。此类钣金都是采用实体抽壳后分割并转化为钣金的方法来创建的。

19.1　异径圆管直交三通

异径圆管直交三通是由两异径圆管直角连接形成的钣金结构。此类钣金件的创建是先创建钣金结构零件，然后使用分割方法，将其拆分成两个子钣金件，最后分别对其进行展开，并使用装配方法得到完整钣金件。图 19.1.1 所示分别是其钣金件及其展开图，下面介绍其在 UG 中创建和展开的操作过程。

a）未展平状态　　　　　b）水平管展开　　　　　c）竖直管展开

图 19.1.1　异径圆管直交三通及其展开图

Task1. 创建异径圆管直交三通

Stage1. 创建整体结构模型

Step1. 新建一个零件模型文件，并命名为 unequal_circle_squarely_tee。

Step2. 创建图 19.1.2 所示的拉伸特征 1。选择下拉菜单 插入(S) ➡ 设计特征(E)▸ ➡ 拉伸(E)... 命令；选取 YZ 平面为草图平面，选中 设置 区域的 ☑创建中间基准 CSYS 复选框，绘制图 19.1.3 所示的截面草图（一）；在"拉伸"对话框 限制 区域的 开始 下拉列表中选择 对称值 选项，并在其下的 距离 文本框中输入数值 225；单击 〈确定〉 按钮，完成拉伸特征 1 的创建。

Step3. 创建图 19.1.4 所示的拉伸特征 2。选择下拉菜单 插入(S) ➡ 设计特征(E)▸ ➡ 拉伸(E)... 命令；选取 XY 平面为草图平面，绘制图 19.1.5 所示的截面草图（二）；在"拉伸"对话框的 开始 下拉列表中选择 值 选项，在其下的 距离 文本框中输入值 0；在 结束 下拉列表中选择 值 选项，在其下的 距离 文本框中输入值 200；在布尔区域中选择 合并 选项，采用系统默认的求和对象；单击 < 确定 > 按钮，完成拉伸特征 2 的创建。

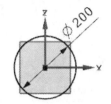

图 19.1.2 拉伸特征 1　　　　　图 19.1.3 截面草图（一）　　　　图 19.1.4 拉伸特征 2

Step4. 创建图 19.1.6 所示的抽壳特征 1。选择下拉菜单 插入(S) ➡ 偏置/缩放(O) ➡ 抽壳(H)... 命令；选取图 19.1.7 所示模型的三个端面为要抽壳的面，在"抽壳"对话框中的 厚度 文本框内输入数值 1.0；单击 < 确定 > 按钮，完成抽壳特征 1 的创建。

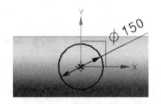

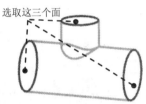

图 19.1.5 截面草图（二）　　　　图 19.1.6 抽壳特征 1　　　　图 19.1.7 选取移除面

Step5. 创建图 19.1.8 所示的拉伸特征 3。选择下拉菜单 插入(S) ➡ 设计特征(E) ➡ 拉伸(E)... 命令；选取 YZ 平面为草图平面，绘制图 19.1.9 所示的截面草图（三）；单击 < 确定 > 按钮，完成拉伸特征 3 的创建（注：具体参数和操作参见随书光盘）。

Step6. 保存模型文件。

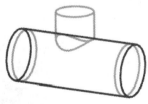

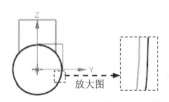

图 19.1.8 拉伸特征 3　　　　　　图 19.1.9 截面草图（三）

Stage2. 创建竖直管

Step1. 在资源工具条区单击"装配导航器"按钮 ，切换至"装配导航器"界面，在装配导航器的空白处右击，在弹出的快捷菜单中选择 ✔ WAVE 模式 命令。

Step2. 在装配导航器区选择 ☑ unequal_circle_squarely_tee 并右击，在弹出的快捷菜单中选择 WAVE ▶ ➡ 新建层 命令，系统弹出"新建层"对话框。

Step3. 在"新建层"对话框中单击 指定部件名 按钮，在弹出的对话框中输入文件名 unequal_circle_squarely_tee01，并单击 OK 按钮。

Step4. 在"新建层"对话框中单击 类选择 按钮，选取坐标系和图 19.1.11 所示的实体和曲面对象，单击两次 确定 按钮，完成新级别的创建。

Step5. 将 unequal_circle_squarely_tee01 设为显示部件。

Step6. 创建图 19.1.10 所示的修剪体。选择下拉菜单 插入(S) ➡ 修剪(T) ➡ 修剪体(T) 命令。选取图 19.1.11 所示的实体为修剪目标，单击中键；选取图 19.1.11 所示的曲面为修剪工具；单击 按钮调整修剪方向；单击 〈确定〉 按钮，完成修剪体的创建。

图 19.1.10 修剪体

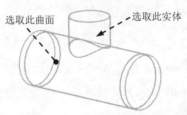
图 19.1.11 选取修剪对象

Step7. 创建图 19.1.12 所示的拉伸特征 1。选择下拉菜单 插入(S) ➡ 设计特征(E)▸ ➡ 拉伸(E)... 命令；选取 YZ 平面为草图平面，绘制图 19.1.13 所示的截面草图；在"拉伸"对话框的 偏置 下拉列表中选择 对称 选项，在 开始 文本框中输入值 0.1；在 限制 区域的 开始 下拉列表中选择 值 选项，在其下的 距离 文本框中输入值 0；在 结束 下拉列表中选择 贯通 选项；在 布尔 区域中选择 减去 选项，选择实体为求差对象；单击 〈确定〉 按钮，完成拉伸特征 1 的创建。

Step8. 将模型转换为钣金。在 应用模块 功能选项卡 设计 区域单击 钣金 按钮，进入"NX 钣金"设计环境；选择下拉菜单 插入(S) ➡ 转换(V) ➡ 转换为钣金(C)... 命令，选取图 19.1.14 所示的面；单击 确定 按钮，完成钣金转换操作。

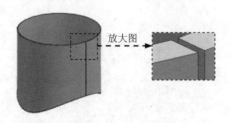
图 19.1.12 拉伸特征 1

图 19.1.13 截面草图

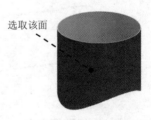
图 19.1.14 钣金转换

Step9. 保存钣金件模型。

Stage3. 创建水平管

Step1. 切换至 unequal_circle_squarely_tee 窗口。

Step2. 在装配导航器区选择 ☑ unequal_circle_squarely_tee 并右击，在弹出的快捷菜单中选择 WAVE ▶ ➡ 新建层 命令，系统弹出"新建层"对话框。

Step3. 在"新建层"对话框中单击 指定部件名 按钮，在弹出的对话框中输入文件名 unequal_circle_squarely_tee02，并单击 OK 按钮。

Step4. 在"新建层"对话框中单击 类选择 按钮，选取坐标系和图 19.1.16 所示的实体和曲面对象，单击两次 确定 按钮，完成新级别的创建。

Step5. 将 unequal_circle_squarely_tee02 设为显示部件（确认在零件设计环境中）。

Step6. 创建图 19.1.15 所示的修剪体。选择下拉菜单 插入(S) ➡ 修剪(T) ➡ ◯ 修剪体(T) 命令。选取图 19.1.16 所示的实体为修剪目标，单击中键；选取图 19.1.16 所示的曲面为修剪工具；单击 〈 确定 〉 按钮，完成修剪体的创建。

图 19.1.15 修剪体

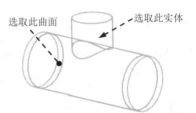

选取此曲面   选取此实体

图 19.1.16 选取修剪对象

Step7. 创建图 19.1.17 所示的拉伸特征 1。选择下拉菜单 插入(S) ➡ 设计特征(E)▶ ➡ Ⅲ 拉伸(E)... 命令；选取 XY 平面为草图平面，绘制图 19.1.18 所示的截面草图；单击 ✗ 按钮调整拉伸方向；在"拉伸"对话框的 偏置 下拉列表中选择 对称 选项，在 开始 文本框中输入值 0.1，在 限制 区域的 开始 下拉列表中选择 ☜ 值 选项，在其下的 距离 文本框中输入值 0；在 结束 下拉列表中选择 ☜ 贯通 选项；在 布尔 区域中选择 ☜ 减去 选项，采用系统默认的求差对象；单击 〈 确定 〉 按钮，完成拉伸特征 1 的创建。

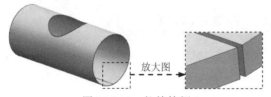

放大图

图 19.1.17 拉伸特征 1

图 19.1.18 截面草图

Step8. 将模型转换为钣金。在 应用模块 功能选项卡 设计 区域单击 ⬡ 钣金 按钮，进入"NX 钣金"设计环境；选择下拉菜单 插入(S) ➡ 转换(V) ▶ ➡ ◢ 转换为钣金(C)... 命令，选取图 19.1.19 所示的面；单击 确定 按钮，完成钣金转换操作。

Step9. 保存钣金件模型。

Step10. 切换至 unequal_circle_squarely_tee 窗口并保存文件，关闭所有文件窗口。

Stage4. 创建完整钣金件

新建一个装配文件，命名为 unequal_circle_squarely_tee_asm。使用创建的异径圆管直交三通水平管和竖直管钣金件进行装配得到完整的钣金件（具体操作请参看随书光盘），结果如图 19.1.20 所示；保存钣金件模型并关闭所有文件窗口。

选取该面

图 19.1.19　钣金转换

图 19.1.20　完整钣金件

Task2. 展平异径圆管直交三通

Stage1. 展平竖直管

Step1. 打开文件：unequal_circle_squarely_tee01。

Step2. 选择下拉菜单 插入(S) ➡ 展平图样(L)... ▶ ➡ 展平实体(S)... 命令；取消选中 □ 移至绝对坐标系 复选框，选取图 19.1.14 所示的模型表面为固定面，单击 确定 按钮，展平结果如图 19.1.1c 所示；将模型另存为 unequal_circle_squarely_tee_unfold01。

Stage2. 展平水平管

Step1. 打开文件：unequal_circle_squarely_tee02。

Step2. 选择下拉菜单 插入(S) ➡ 展平图样(L)... ▶ ➡ 展平实体(S)... 命令；取消选中 □ 移至绝对坐标系 复选框，选取图 19.1.19 所示的模型表面为固定面，单击 确定 按钮，展平结果如图 19.1.1b 所示；将模型另存为 unequal_circle_squarely_tee_unfold02。

19.2　异径圆管偏心斜交三通

异径圆管偏心斜交三通是由圆管偏心斜交连接形成的钣金结构。此类钣金件的创建是先创建钣金结构零件，然后使用分割方法，将其拆分成两个子钣金件，最后分别对其进行展开，并使用装配方法得到完整钣金件。图 19.2.1 所示分别是其钣金件及其展开图，下面介绍其在 UG 中的创建和展开的操作过程。

Task1. 创建异径圆管偏心斜交三通

Stage1. 创建整体结构模型

Step1. 新建一个零件模型文件，并命名为 unequal_circle_eccentric_bevel_tee。

a）未展平状态　　　　　　　b）水平管展开　　　　　　　c）倾斜管展开

图 19.2.1　异径圆管偏心斜交三通及其展开图

Step2. 创建图 19.2.2 所示的拉伸特征 1。选择下拉菜单 插入(S) ➡ 设计特征(E)▶ ➡ 拉伸(E)... 命令；选取 YZ 平面为草图平面，绘制图 19.2.3 所示的截面草图（一）；在"拉伸"对话框 限制 区域的 开始 下拉列表中选择 对称值 选项，并在其下的 距离 文本框中输入数值 225；单击 <确定> 按钮，完成拉伸特征 1 的创建。

Step3. 创建基准平面 1。选择下拉菜单 插入(S) ➡ 基准/点(D)▶ ➡ 基准平面(D)... 命令；在 类型 区域的下拉列表中选择 成一角度 选项，选取 XY 平面为平面参考，选取 Y 轴为线性对象，并在 角度 文本框内输入角度值 30；单击 <确定> 按钮，完成基准平面 1 的创建。

Step4. 创建图 19.2.4 所示的拉伸特征 2。选择下拉菜单 插入(S) ➡ 设计特征(E)▶ ➡ 拉伸(E)... 命令；选取基准平面 1 为草图平面，绘制图 19.2.5 所示的截面草图（二）；在"拉伸"对话框的 开始 下拉列表中选择 值 选项，在其下的 距离 文本框中输入值 0；在 结束 下拉列表中选择 值 选项，在其下的 距离 文本框中输入值 250；在 布尔 区域中选择 合并 选项，采用系统默认的求和对象；单击 <确定> 按钮，完成拉伸特征 2 的创建。

图 19.2.2　拉伸特征 1

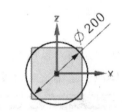

图 19.2.3　截面草图（一）

图 19.2.4　拉伸特征 2

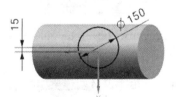

图 19.2.5　截面草图（二）

Step5. 创建图 19.2.6 所示的抽壳特征 1。选择下拉菜单 插入(S) ➡ 偏置/缩放(O)▶ ➡ 抽壳(H)... 命令；选取图 19.2.7 所示模型的三个端面为要抽壳的面，在"抽壳"对话框中的 厚度 文本框内输入数值 1.0；单击 <确定> 按钮，完成抽壳特征 1 的创建。

图 19.2.6　抽壳特征 1

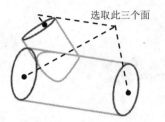

选取此三个面

图 19.2.7　选取移除面

Step6. 创建图 19.2.8 所示的拉伸特征 3。选择下拉菜单 插入(S) ➡ 设计特征(E)▶ ➡ 拉伸(E)... 命令；选取 YZ 平面为草图平面，绘制图 19.2.9 所示的截面草图（三）；在"拉伸"对话框 限制 区域的 开始 下拉列表中选择 对称值 选项，并在其下的 距离 文本框中输入数值 250；在 布尔 区域中选择 无 选项，在 设置 区域中 体类型 下拉列表中选择 片体 选项；单击 〈确定〉 按钮，完成拉伸特征 3 的创建。

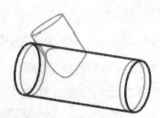

图 19.2.8　拉伸特征 3

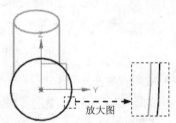

放大图

图 19.2.9　截面草图（三）

Step7. 保存模型文件。

Stage2. 创建倾斜管

Step1. 在资源工具条区单击"装配导航器"按钮 ，切换至"装配导航器"界面，在装配导航器的空白处右击，在弹出的快捷菜单中选择 ☑ WAVE 模式 命令。

Step2. 在装配导航器区选择 ☑ unequal_circle_eccentric_bevel_tee 并右击，在弹出的快捷菜单中选择 WAVE ▶ ➡ 新建层 命令，系统弹出"新建层"对话框。

Step3. 在"新建层"对话框中单击 指定部件名 按钮，在弹出的对话框中输入文件名 unequal_circle_eccentric_bevel_tee01，并单击 OK 按钮。

Step4. 在"新建层"对话框中单击 类选择 按钮，选取坐标系和图 19.2.10 所示的实体和曲面对象，单击两次 确定 按钮，完成新级别的创建。

Step5. 将 unequal_circle_eccentric_bevel_tee01 设为显示部件。

Step6. 创建图 19.2.11 所示的修剪体。选择下拉菜单 插入(S) ➡ 修剪(T) ➡ 修剪体(T)... 命令。选取图 19.2.10 所示的实体为修剪目标，单击中键；选取图 19.2.10 所示的曲面为修剪工具；单击 按钮调整修剪方向；单击 〈确定〉 按钮，完成修剪体的创建。

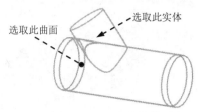

图 19.2.10 选取修剪对象

图 19.2.11 修剪体

Step7. 创建图 19.2.12 所示的拉伸特征 1。选择下拉菜单 插入(S) ➡ 设计特征(E)▶ ➡ ⬚ 拉伸(E)... 命令；选取 YZ 平面为草图平面，绘制图 19.2.13 所示的截面草图；在"拉伸"对话框的 偏置 下拉列表中选择 对称 选项，在 开始 文本框中输入值 0.1；在该对话框 限制 区域的 开始 下拉列表中选择 ⬚ 对称值 选项，并在其下的 距离 文本框中输入数值 80；在 布尔 区域中选择 ⬚ 减去 选项，选择实体为求差对象；单击 〈确定〉 按钮，完成拉伸特征 1 的创建。

Step8. 将模型转换为钣金。在 应用模块 功能选项卡 设计 区域单击 ⬚钣金 按钮，进入"NX 钣金"设计环境；选择下拉菜单 插入(S) ➡ 转换(V)▶ ➡ ⬚ 转换为钣金(C)... 命令，选取图 19.2.14 所示的面；单击 确定 按钮，完成钣金转换操作。

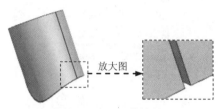

图 19.2.12 拉伸特征 1

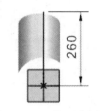

图 19.2.13 截面草图

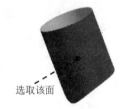

图 19.2.14 钣金转换

Step9. 保存钣金件模型。

Stage3. 创建水平管

Step1. 切换至 unequal_circle_eccentric_bevel_tee 窗口。

Step2. 在装配导航器区选择 ☑⬚ unequal_circle_eccentric_bevel_tee 并右击，在弹出的快捷菜单中选择 WAVE ▶ ➡ 新建层 命令，系统弹出"新建层"对话框。

Step3. 在"新建层"对话框中单击 指定部件名 按钮，在弹出的对话框中输入文件名 unequal_circle_eccentric_bevel_tee02，并单击 OK 按钮。

Step4. 在"新建层"对话框中单击 类选择 按钮，选取坐标系和图 19.2.15 所示的实体和曲面对象，单击两次 确定 按钮，完成新级别的创建。

Step5. 将 unequal_circle_eccentric_bevel_tee02 设为显示部件（确认在零件设计环境中）。

Step6. 创建图 19.2.16 所示的修剪体。选择下拉菜单 插入(S) ➡ 修剪(T) ➡ ⬚ 修剪体(T) 命令。选取图 19.2.15 所示的实体为修剪目标，单击中键；选取图 19.2.15 所示的曲面为修剪工具；单击 〈确定〉 按钮，完成修剪体的创建。

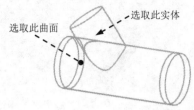

图 19.2.15 选取修剪对象

图 19.2.16 修剪体

Step7. 创建图 19.2.17 所示的拉伸特征 1。选择下拉菜单 插入(S) ➡ 设计特征(E)▶ ➡ 拉伸(E)... 命令；选取 XY 平面为草图平面，绘制图 19.2.18 所示的截面草图；单击 按钮调整拉伸方向；在"拉伸"对话框的 偏置 下拉列表中选择 对称 选项，在 开始 文本框中输入值 0.1；在 限制 区域的 开始 下拉列表中选择 值 选项，在其下的 距离 文本框中输入值 0；在 结束 下拉列表中选择 贯通 选项；在 布尔 区域中选择 减去 选项，采用系统默认的求差对象；单击 〈确定〉 按钮，完成拉伸特征 1 的创建。

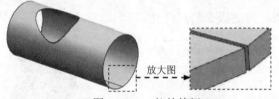

图 19.2.17 拉伸特征 1

图 19.2.18 截面草图

Step8. 将模型转换为钣金。在 应用模块 功能选项卡 设计 区域单击 钣金 按钮，进入"NX 钣金"设计环境；选择下拉菜单 插入(S) ➡ 转换(V) ▶ ➡ 转换为钣金(C)... 命令，选取图 19.2.19 所示的面；单击 确定 按钮，完成钣金转换操作。

Step9. 保存钣金件模型。

Step10. 切换至 unequal_circle_eccentric_bevel_tee 窗口并保存文件，关闭所有文件窗口。

Stage4. 创建完整钣金件

新建一个装配文件，命名为 unequal_circle_eccentric_bevel_tee_asm。使用创建的异径圆管偏心斜交三通水平管和倾斜管钣金件进行装配得到完整的钣金件（具体操作请参看随书光盘），结果如图 19.2.20 所示；保存钣金件模型并关闭所有文件窗口。

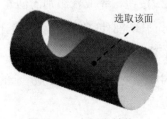

图 19.2.19 钣金转换

图 19.2.20 完整钣金件

Task2. 展平异径圆管偏心斜交三通

Stage1. 展平倾斜管

Step1. 打开文件：unequal_circle_eccentric_bevel_tee01。

Step2. 选择下拉菜单 插入(S) ➡ 展平图样(L)... ▶ ➡ 展平实体(S)... 命令；取消选中 □ 移至绝对坐标系 复选框，选取图 19.2.14 所示的模型表面为固定面；单击 确定 按钮，展平结果如图 19.2.1c 所示；将模型另存为 unequal_circle_eccentric_bevel_tee_unfold01。

Stage2. 展平水平管

Step1. 打开文件：unequal_circle_eccentric_bevel_tee 02。

Step2. 选择下拉菜单 插入(S) ➡ 展平图样(L)... ▶ ➡ 展平实体(S)... 命令；取消选中 □ 移至绝对坐标系 复选框，选取图 19.2.19 所示的模型表面为固定面，单击 确定 按钮，展平结果如图 19.2.1b 所示；将模型另存为 unequal_circle_eccentric_bevel_tee_unfold02。

19.3 圆管直交两节矩形弯管

圆管直交两节矩形弯管是由圆管和两节矩形弯管直交连接形成的钣金结构。此类钣金件的创建是先创建钣金结构零件，然后使用抽壳和分割方法，将其拆分成两个类型的子钣金件，最后分别对其进行展开，并使用装配方法得到完整钣金件。图 19.3.1 所示分别是其钣金件及其展开图，下面介绍其在 UG 中创建和展开的操作过程。

a）未展平状态　　　　　　　　b）圆柱管展开　　　　　　　　c）矩形管展开

图 19.3.1　圆管直交两节矩形弯管及其展开图

Task1. 创建圆管直交两节矩形弯管

Stage1. 创建整体结构模型

Step1. 新建一个零件模型文件，并命名为 cylinder_squarely_two_sec_rectangle_tee。

Step2. 创建图 19.3.2 所示的拉伸特征 1。选择下拉菜单 插入(S) ➡ 设计特征(E)▶ ➡ 拉伸(E)... 命令；选取 YZ 平面为草图平面，绘制图 19.3.3 所示的截面草图（一）；在"拉伸"对话框 限制 区域的 开始 下拉列表中选择 对称值 选项，并在其下的 距离 文本框中输入数值 90，

单击 <确定> 按钮，完成拉伸特征 1 的创建。

Step3. 创建基准平面 1。选择下拉菜单 插入(S) ➡ 基准/点(D) ➡ 基准平面(D)... 命令；单击 <确定> 按钮，完成基准平面 1 的创建（注：具体参数和操作参见随书光盘）。

Step4. 创建图 19.3.4 所示的拉伸特征 2。选择下拉菜单 插入(S) ➡ 设计特征(E)▶ ➡ 拉伸(E)... 命令；选取基准平面 1 为草图平面，绘制图 19.3.5 所示的截面草图（二）；单击 按钮调整拉伸方向；在"拉伸"对话框的 开始 下拉列表中选择 值 选项，在其下的 距离 文本框中输入值 0；在 结束 下拉列表中选择 直至下一个 选项；在布尔区域中选择 合并 选项，采用系统默认的求和对象；单击 <确定> 按钮，完成拉伸特征 2 的创建。

图 19.3.2 拉伸特征 1

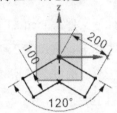

图 19.3.3 截面草图（一）

图 19.3.4 拉伸特征 2

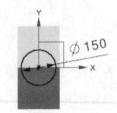

图 19.3.5 截面草图（二）

Step5. 创建图 19.3.6 所示的抽壳特征 1。选择下拉菜单 插入(S) ➡ 偏置/缩放(O)▶ ➡ 抽壳(H)... 命令；选取图 19.3.7 所示模型的三个端面为要抽壳的面，在"抽壳"对话框中的 厚度 文本框内输入 1.0；单击 <确定> 按钮，完成抽壳特征 1 的创建。

图 19.3.6 抽壳特征 1

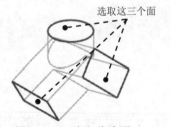

图 19.3.7 选取移除面

Step6. 创建图 19.3.8 所示的拉伸特征 3。选择下拉菜单 插入(S) ➡ 设计特征(E)▶ ➡ 拉伸(E)... 命令；选取 YZ 平面为草图平面，绘制图 19.3.9 所示的截面草图（三）；在"拉伸"对话框 限制 区域的 开始 下拉列表中选择 对称值 选项，并在其下的 距离 文本框中输入数值 120；在 布尔 区域中选择 无 选项；单击 <确定> 按钮，完成拉伸特征 3 的创建。

图 19.3.8　拉伸特征 3

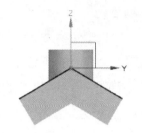

图 19.3.9　截面草图（三）

Step7. 保存模型文件。

Stage2. 创建圆柱管

Step1. 在资源工具条区单击"装配导航器"按钮 ，切换至"装配导航器"界面，在装配导航器的空白处右击，在弹出的快捷菜单中选择 ✔ WAVE 模式 命令。

Step2. 在装配导航器区选择 ☑ 🗀 cylinder_squarely_two_sec_rectangle_tee 并右击，在弹出的快捷菜单中选择 WAVE ▶ ➡ 新建层 命令，系统弹出"新建层"对话框。

Step3. 在"新建层"对话框中单击 指定部件名 按钮，在弹出的对话框中输入文件名 cylinder_squarely_two_sec_rectangle_tee01，并单击 OK 按钮。

Step4. 在"新建层"对话框中单击 类选择 按钮，选取坐标系和图 19.3.10 所示的实体和曲面对象，单击两次 确定 按钮，完成新级别的创建。

Step5. 将 cylinder_squarely_two_sec_rectangle_tee01 设为显示部件。

Step6. 创建图 19.3.11 所示的修剪体。选择下拉菜单 插入(S) ➡ 修剪(T) ➡ 🗀 修剪体(T) 命令；选取图 19.3.10 所示的实体为修剪目标，单击中键；选取图 19.3.10 所示的曲面为修剪工具；单击 ✗ 按钮调整修剪方向；单击 < 确定 > 按钮，完成修剪体的创建。

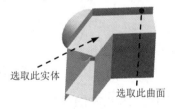

选取此实体

选取此曲面

图 19.3.10　选取修剪对象

图 19.3.11　修剪体

Step7. 创建图 19.3.12 所示的拉伸特征 1。选择下拉菜单 插入(S) ➡ 设计特征(E)▶ ➡ 🗀 拉伸(E)... 命令；选取 YZ 平面为草图平面，绘制图 19.3.13 所示的截面草图；在"拉伸"对话框的 偏置 下拉列表中选择 对称 选项，在 开始 文本框中输入值 0.1；在 限制 区域的 开始 下拉列表中选择 🗀 值 选项，在其下的 距离 文本框中输入值 0；在 结束 下拉列表中选择 🗀 贯通 选项；在 布尔 区域中选择 🗀 减去 选项，选择实体为求差对象；单击 < 确定 > 按钮，完成拉伸特征 1 的创建。

Step8. 将模型转换为钣金。在 应用模块 功能选项卡 设计 区域单击 🎱 钣金 按钮，进入"NX 钣金"设计环境；选择下拉菜单 插入(S) ➡ 转换(V) ▶ ➡ 🔘 转换为钣金(C)... 命令，选取图 19.3.14 所示的面；单击 确定 按钮，完成钣金转换操作。

Step9. 保存钣金件模型。

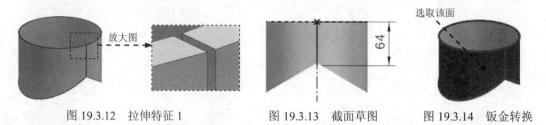

图 19.3.12　拉伸特征 1　　　　图 19.3.13　截面草图　　　　图 19.3.14　钣金转换

Stage3. 创建矩形管

Step1. 切换至 cylinder_squarely_two_sec_rectangle_tee 窗口。

Step2. 在装配导航器区选择 ☑ 🔲 cylinder_squarely_two_sec_rectangle_tee 并右击，在弹出的快捷菜单中选择 WAVE ▶ ➡ 新建层 命令，系统弹出"新建层"对话框。

Step3. 在"新建层"对话框中单击 指定部件名 按钮，在弹出的对话框中输入文件名 cylinder_squarely_two_sec_rectangle_tee02，并单击 OK 按钮。

Step4. 在"新建层"对话框中单击 类选择 按钮，选取坐标系和图 19.3.16 所示的实体和曲面对象，单击两次 确定 按钮，完成新级别的创建。

Step5. 将 cylinder_squarely_two_sec_rectangle_tee02 设为显示部件（确认在零件设计环境中）。

Step6. 创建图 19.3.15 所示的修剪体 1。选择下拉菜单 插入(S) ➡ 修剪(T) ➡ 🔲 修剪体(T)... 命令；选取图 19.3.16 所示的实体为修剪目标，单击中键；选取图 19.3.16 所示的曲面为修剪工具；单击 < 确定 > 按钮，完成修剪体 1 的创建。

Step7. 创建图 19.3.17 所示的拉伸特征 1。选择下拉菜单 插入(S) ➡ 设计特征(E) ▶ ➡ 🔲 拉伸(E)... 命令；选取 YZ 平面为草图平面，绘制图 19.3.18 所示的截面草图；在"拉伸"对话框 限制 区域的 开始 下拉列表中选择 🔘 对称值 选项，并在其下的 距离 文本框中输入数值 120；在 布尔 区域中选择 🔘 无 选项；单击 < 确定 > 按钮，完成拉伸特征 1 的创建。

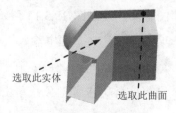
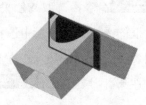

图 19.3.15　修剪体 1　　　图 19.3.16　选取修剪对象（一）　　　图 19.3.17　拉伸特征 1

图 19.3.18　截面草图

Step8. 创建图 19.3.19 所示的修剪体 2。选择下拉菜单 插入(S) ➞ 修剪(T) ➞ 修剪体(T)... 命令。选取图 19.3.20 所示的实体为修剪目标，单击中键；选取图 19.3.20 所示的曲面为修剪工具；单击 〈 确定 〉 按钮，完成修剪体 2 的创建。

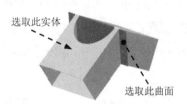

选取此实体

选取此曲面

图 19.3.19　修剪体 2　　　　　图 19.3.20　选取修剪对象（二）

Step9. 将模型转换为钣金。在 应用模块 功能选项卡 设计 区域单击 钣金 按钮，进入"NX 钣金"设计环境；选择下拉菜单 插入(S) ➞ 转换(V) ▶ ➞ 转换为钣金(C)... 命令，选取图 19.3.21 所示的面为基本面，选取图 19.3.21 所示的边线为边缘至止口对象；单击 确定 按钮，完成钣金转换操作。

Step10. 保存钣金件模型。

Step11. 切换至 cylinder_squarely_two_sec_rectangle_tee 窗口并保存文件，关闭所有文件窗口。

Stage4. 创建完整钣金件

新建一个装配文件，命名为 cylinder_squarely_two_sec_rectangle_tee_asm。使用创建的圆管直交两节矩形弯管的圆柱管和矩形管钣金件进行装配得到完整的钣金件（具体操作请参看随书光盘），结果如图 19.3.22 所示；保存钣金件模型并关闭所有文件窗口。

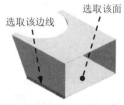

选取该边线

选取该面

图 19.3.21　钣金转换　　　　　图 19.3.22　完整钣金件

Task2. 展平圆管直交两节矩形弯管

Stage1. 展平圆柱管

Step1. 打开文件：cylinder_squarely_two_sec_rectangle_tee01。

Step2. 选择下拉菜单 插入(S) ➡ 展平图样(L)... ▶ ➡ 展平实体(S)... 命令；取消选中 ☐ 移至绝对坐标系 复选框，选取图 19.3.14 所示的模型表面为固定面，单击 确定 按钮，展平结果如图 19.3.1b 所示；将模型另存为 cylinder_squarely_two_sec_rectangle_tee_unfold01。

Stage2. 展平矩形管

Step1. 打开文件：cylinder_squarely_two_sec_rectangle_tee02。

Step2. 选择下拉菜单 插入(S) ➡ 展平图样(L)... ▶ ➡ 展平实体(S)... 命令；取消选中 ☐ 移至绝对坐标系 复选框，选取图 19.3.21 所示的模型表面为固定面，单击 确定 按钮，展平结果如图 19.3.1c 所示；将模型另存为 cylinder_squarely_two_sec_rectangle_tee_unfold02。

19.4　小圆管直交 V 形顶大圆柱管

小圆管直交 V 形顶大圆柱管是由 V 形顶面的大圆管与小圆管同轴连接形成的钣金结构。此类钣金件的创建是先创建钣金结构零件，然后使用分割方法，将其拆分成多个子钣金件，最后分别对其进行展开，并使用装配方法得到完整钣金件。图 19.4.1 所示分别是其钣金件及其展开图，下面介绍其在 UG 中创建和展开的操作过程。

b）大圆柱管展开

a）未展平状态　　　c）V 形顶板展开　　　d）小圆柱管展开

图 19.4.1　小圆管直交 V 形顶大圆柱管及其展开图

Task1. 创建小圆管直交 V 形顶大圆柱管

Stage1. 创建整体结构模型

Step1. 新建一个零件模型文件，并命名为 small_cylinder_squarely_V_shape_cylinder_tee。

Step2. 创建图 19.4.2 所示的拉伸特征 1。选择下拉菜单 插入(S) ➡ 设计特征(E)▶ ➡ 拉伸(E)... 命令；选取 XY 平面为草图平面，绘制图 19.4.3 所示的截面草图（一）；在"拉伸"对话框的 开始 下拉列表中选择 值 选项，在其下的 距离 文本框中输入值 0；在 结束 下拉列表中选择 值 选项，在其下的 距离 文本框中输入值 119；单击 <确定> 按钮，完成拉伸特征 1 的创建。

Step3. 创建图 19.4.4 所示的拉伸特征 2。选择下拉菜单 插入(S) ➡ 设计特征(E)▶ ➡ 拉伸(E)... 命令；选取 YZ 平面为草图平面，绘制图 19.4.5 所示的截面草图（二）；在"拉伸"对话框 限制 区域的 开始 下拉列表中选择 对称值 选项，并在其下的 距离 文本框中输入数值 150；在 布尔 区域中选择 减去 选项，采用系统默认的求差对象；单击 <确定> 按钮，完成拉伸特征 2 的创建。

图 19.4.2　拉伸特征 1

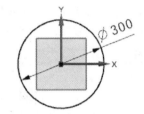

图 19.4.3　截面草图（一）

图 19.4.4　拉伸特征 2

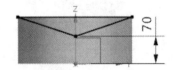

图 19.4.5　截面草图（二）

Step4. 创建基准平面 1。选择下拉菜单 插入(S) ➡ 基准/点(D) ➡ 基准平面(D)... 命令；单击 <确定> 按钮，完成基准平面 1 的创建（注：具体参数和操作参见随书光盘）。

Step5. 创建图 19.4.6 所示的拉伸特征 3。选择下拉菜单 插入(S) ➡ 设计特征(E)▶ ➡ 拉伸(E)... 命令；选取基准平面 1 为草图平面，绘制图 19.4.7 所示的截面草图（三）；单击 按钮调整拉伸方向；在"拉伸"对话框的 开始 下拉列表中选择 值 选项，在其下的 距离 文本框中输入值 0；在 结束 下拉列表中选择 直至下一个 选项；在 布尔 区域中选择 合并 选项，采用系统默认的求和对象；单击 <确定> 按钮，完成拉伸特征 3 的创建。

图 19.4.6　拉伸特征 3

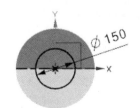

图 19.4.7　截面草图（三）

Step6. 创建图 19.4.8 所示的抽壳特征 1。选择下拉菜单 插入(S) ➡ 偏置/缩放(O) ➡ 抽壳(H)... 命令；选取图 19.4.9 所示模型的两个端面为要抽壳的面，在"抽壳"对话框中

的 厚度 文本框内输入 1.0；单击 < 确定 > 按钮，完成抽壳特征 1 的创建。

图 19.4.8　抽壳特征 1

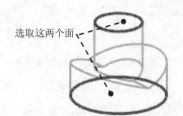

选取这两个面

图 19.4.9　选取移除面

Step7. 创建图 19.4.10 所示的拉伸特征 4。选择下拉菜单 插入(S) ➡ 设计特征(E)▶ ➡ 拉伸(E)... 命令；选取 YZ 平面为草图平面，绘制图 19.4.11 所示的截面草图（四）；在"拉伸"对话框 限制 区域的 开始 下拉列表中选择 对称值 选项，并在其下的 距离 文本框中输入数值 150，在 布尔 区域中选择 无 选项；单击 < 确定 > 按钮，完成拉伸特征 4 的创建。

图 19.4.10　拉伸特征 4

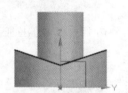

图 19.4.11　截面草图（四）

Step8. 创建图 19.4.12 所示的偏置曲面特征 1。选择下拉菜单 插入(S) ➡ 偏置/缩放(O)▶ ➡ 偏置曲面(O)... 命令；选取图 19.4.13 所示的曲面，在 偏置 1 文本框中输入数值 1，并单击 按钮调整偏置方向；单击 < 确定 > 按钮，完成特征的创建。

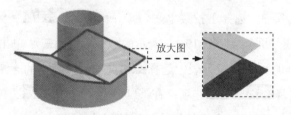

放大图

图 19.4.12　偏置曲面特征 1

选取该面组

图 19.4.13　选取面

Step9. 保存模型文件。

Stage2. 创建小圆柱管

Step1. 在资源工具条区单击"装配导航器"按钮 ，切换至"装配导航器"界面，在装配导航器的空白处右击，在弹出的快捷菜单中选择 ✓ WAVE 模式 命令。

Step2. 在装配导航器区选择 ☑ small_cylinder_squarely_V_shape_cylinder_tee 并右击，在弹出的快捷菜单中选择 WAVE ▶ ➡ 新建层 命令，系统弹出"新建层"对话框。

Step3. 在"新建层"对话框中单击 指定部件名 按钮，在弹出的对

话框中输入文件名 small_cylinder_squarely_V_shape_cylinder_tee01，单击 OK 按钮。

Step4. 在"新建层"对话框中单击 类选择 按钮，选取坐标系和图 19.4.15 所示的实体和曲面对象（拉伸特征 4），单击两次 确定 按钮，完成新级别的创建。

Step5. 将 small_cylinder_squarely_V_shape_cylinder_tee01 设为显示部件。

Step6. 创建图 19.4.14 所示的修剪体。选择下拉菜单 插入(S) ➡ 修剪(T) ➡ 修剪体(T) 命令。选取图 19.4.15 所示的实体为修剪目标，单击中键，选取图 19.4.15 所示的曲面为修剪工具，单击 按钮调整修剪方向；单击 < 确定 > 按钮，完成修剪体的创建。

 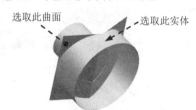

图 19.4.14　修剪体　　　　　　　　　　图 19.4.15　选取修剪对象

Step7. 创建图 19.4.16 所示的拉伸特征 1。选择下拉菜单 插入(S) ➡ 设计特征(E) ➡ 拉伸(E)... 命令；选取 ZX 平面为草图平面，绘制图 19.4.17 所示的截面草图；在"拉伸"对话框的 偏置 下拉列表中选择对称选项，在 开始 文本框中输入值 0.1；在 限制 区域的 开始 下拉列表中选择值选项，在其下的 距离 文本框中输入值 0；在 结束 下拉列表中选择贯通选项，在布尔区域中选择 减去选项，选择实体为求差对象；单击 < 确定 > 按钮，完成拉伸特征 1 的创建。

Step8. 将模型转换为钣金。在 应用模块 功能选项卡 设计 区域单击 钣金按钮，进入"NX 钣金"设计环境；选择下拉菜单 插入(S) ➡ 转换(V) ➡ 转换为钣金(C)... 命令，选取图 19.4.18 所示的面；单击 确定 按钮，完成钣金转换操作。

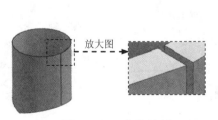  

图 19.4.16　拉伸特征 1　　　图 19.4.17　截面草图　　　图 19.4.18　钣金转换

Step9. 保存钣金件模型。

Stage3. 创建 V 形顶板

Step1. 切换至 small_cylinder_squarely_V_shape_cylinder_tee 窗口。

Step2. 在装配导航器区选择 ☑ 📦 small_cylinder_squarely_V_shape_cylinder_tee 并右击，在弹出

的快捷菜单中选择 WAVE ▶ ➡ 新建层 命令，系统弹出"新建层"对话框。

Step3. 在"新建层"对话框中单击 指定部件名 按钮，在弹出的对话框中输入文件名 small_cylinder_squarely_V_shape_cylinder_tee02，单击 OK 按钮。

Step4. 在"新建层"对话框中单击 类选择 按钮，选取坐标系和图 19.4.20 所示的实体和曲面对象，单击两次 确定 按钮，完成新级别的创建。

Step5. 将 small_cylinder_squarely_V_shape_cylinder_tee02 设为显示部件（确认在零件设计环境中）。

Step6. 创建图 19.4.19 所示的修剪体 1。选择下拉菜单 插入(S) ➡ 修剪(T) ➡ 修剪体(T)... 命令；选取图 19.4.20 所示的实体为修剪目标，单击中键；选取图 19.4.20 所示的曲面 1 为修剪工具；单击 〈 确定 〉 按钮，完成修剪体 1 的创建。

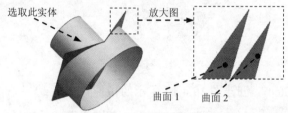

图 19.4.19　修剪体 1　　　　图 19.4.20　选取修剪对象（一）

Step7. 创建图 19.4.21 所示的修剪体 2。选择下拉菜单 插入(S) ➡ 修剪(T) ➡ 修剪体(T)... 命令；选取图 19.4.22 所示的实体为修剪目标，单击中键；选取图 19.4.20 所示的曲面 1 为修剪工具；单击 ✂ 按钮调整修剪方向；单击 〈 确定 〉 按钮，完成修剪体 2 的创建。

Step8. 将模型转换为钣金。在 应用模块 功能选项卡 设计 区域单击 ⊗ 钣金 按钮，进入"NX 钣金"设计环境；选择下拉菜单 插入(S) ➡ 转换(V) ▶ ➡ ⊗ 转换为钣金(C)... 命令，选取图 19.4.23 所示的面；单击 确定 按钮，完成钣金转换操作。

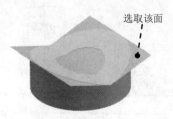

图 19.4.21　修剪体 2　　　图 19.4.22　选取修剪对象（二）　　　图 19.4.23　钣金转换

Step9. 保存钣金件模型。

Stage4. 创建大圆柱管

Step1. 切换至 small_cylinder_squarely_V_shape_cylinder_tee 窗口。

Step2. 在装配导航器区选择 ☑ ⬚ small_cylinder_squarely_V_shape_cylinder_tee 并右击，在弹出

的快捷菜单中选择 WAVE ▶ ━━━ 新建层 命令，系统弹出"新建层"对话框。

Step3. 在"新建层"对话框中单击 ┃ 指定部件名 ┃ 按钮，在弹出的对话框中输入文件名 small_cylinder_squarely_V_shape_cylinder_tee03，单击 OK 按钮。

Step4. 在"新建层"对话框中单击 ┃ 类选择 ┃ 按钮，选取坐标系和图 19.4.25 所示的实体和曲面对象（偏置曲面 1），单击两次 确定 按钮，完成新级别的创建。

Step5. 将 small_cylinder_squarely_V_shape_cylinder_tee03 设为显示部件（确认在零件设计环境中）。

Step6. 创建图 19.4.24 所示的修剪体。选择下拉菜单 插入(S) ━━━ 修剪(T) ━━━ ▥ 修剪体(T)... 命令。选取图 19.4.25 所示的实体为修剪目标，单击中键；选取图 19.4.25 所示的曲面为修剪工具；单击 < 确定 > 按钮，完成修剪体的创建。

图 19.4.24 修剪体

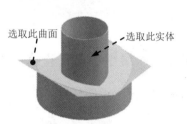

图 19.4.25 选取修剪对象

Step7. 创建图 19.4.26 所示的拉伸特征 1。选择下拉菜单 插入(S) ━━━ 设计特征(E)▶ ━━━ ▥ 拉伸(E)... 命令；选取 YZ 平面为草图平面，绘制图 19.4.27 所示的截面草图；在"拉伸"对话框的 偏置 下拉列表中选择 对称 选项，在 开始 文本框中输入值 0.1；在 限制 区域的 开始 下拉列表中选择 值 选项，在其下的 距离 文本框中输入值 0；在 结束 下拉列表中选择 贯通 选项，在 布尔 区域中选择 减去 选项，采用系统默认的求差对象；单击 < 确定 > 按钮，完成拉伸特征 1 的创建。

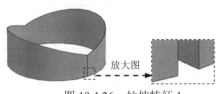

图 19.4.26 拉伸特征 1

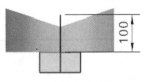

图 19.4.27 截面草图

Step8. 将模型转换为钣金。在 应用模块 功能选项卡 设计 区域单击 ⊛ 钣金 按钮，进入"NX 钣金"设计环境；选择下拉菜单 插入(S) ━━━ 转换(V)▶ ━━━ ⬚ 转换为钣金(C)... 命令，选取图 19.4.28 所示的面；单击 确定 按钮，完成钣金转换操作。

Step9. 保存钣金件模型。

Step10. 切换至 small_cylinder_squarely_V_shape_cylinder_tee 窗口并保存文件，关闭所有文件窗口。

Stage5. 创建完整钣金件

新建一个装配文件，命名为 small_cylinder_squarely_V_shape_cylinder_tee_asm。使用创建的小圆管直交 V 形顶大圆柱管的小圆柱管、V 形顶板和大圆柱管钣金件进行装配得到完整的钣金件（具体操作请参看随书光盘），结果如图 19.4.29 所示；保存钣金件模型并关闭所有文件窗口。

图 19.4.28　钣金转换

图 19.4.29　完整钣金件

Task2. 展平小圆管直交 V 形顶大圆柱管

Stage1. 展平小圆柱管

Step1. 打开文件：small_cylinder_squarely_V_shape_cylinder_tee01。

Step2. 选择下拉菜单 插入(S) ➞ 展平图样(L)... ▶ ➞ 展平实体(S)... 命令；取消选中 □ 移至绝对坐标系 复选框，选取图 19.4.18 所示的模型表面为固定面，单击 确定 按钮，展平结果如图 19.4.1d 所示；将模型另存为 small_cylinder_squarely_V_shape_cylinder_tee_unfold01。

Stage2. 展平 V 形顶板

Step1. 打开文件：small_cylinder_squarely_V_shape_cylinder_tee02。

Step2. 选择下拉菜单 插入(S) ➞ 展平图样(L)... ▶ ➞ 展平实体(S)... 命令；取消选中 □ 移至绝对坐标系 复选框，选取图 19.4.23 所示的模型表面为固定面，单击 确定 按钮，展平结果如图 19.4.1c 所示；将模型另存为 small_cylinder_squarely_V_shape_cylinder_tee_unfold02。

Stage3. 展平大圆柱管

Step1. 打开文件：small_cylinder_squarely_V_shape_cylinder_tee03。

Step2. 选择下拉菜单 插入(S) ➞ 展平图样(L)... ▶ ➞ 展平实体(S)... 命令；取消选中 □ 移至绝对坐标系 复选框，选取图 19.4.28 所示的模型表面为固定面，单击 确定 按钮，展平结果如图 19.4.1b 所示；将模型另存为 small_cylinder_squarely_V_shape_cylinder_tee_unfold03。

19.5　方管斜交偏心圆管三通

方管斜交偏心圆管三通是由方管和圆管偏心斜交连接形成的钣金结构。图 19.5.1 所示分别是其钣金件及其展开图，下面介绍其在 UG 中创建和展开的操作过程。

a）未展平状态

b）方管展开

c）圆柱管展开

图 19.5.1　方管斜交偏心圆管三通及其展开图

Task1. 创建方管斜交偏心圆管三通

Stage1. 创建整体结构模型

Step1. 新建一个零件模型文件，并命名为 square_bevel_eccentric_cylinder_tee。

Step2. 创建图 19.5.2 所示的拉伸特征 1。选择下拉菜单 插入(S) ➡ 设计特征(E)▶ ➡ 拉伸(E)... 命令；选取 YZ 平面为草图平面，绘制图 19.5.3 所示的截面草图（一）；在"拉伸"对话框 限制 区域的 开始 下拉列表中选择 对称值 选项，并在其下的 距离 文本框中输入数值225；单击 < 确定 > 按钮，完成拉伸特征 1 的创建。

Step3. 创建基准平面 1。选择下拉菜单 插入(S) ➡ 基准/点(D) ➡ 基准平面(D)... 命令；单击 < 确定 > 按钮，完成基准平面 1 的创建（注：具体参数和操作参见随书光盘）。

Step4. 创建图 19.5.4 所示的拉伸特征 2。选择下拉菜单 插入(S) ➡ 设计特征(E)▶ ➡ 拉伸(E)... 命令；选取基准平面 1 为草图平面，绘制图 19.5.5 所示的截面草图（二）；在"拉伸"对话框的 开始 下拉列表中选择 值 选项，在其下的 距离 文本框中输入值 0；在 结束 下拉列表中选择 值 选项，在其下的 距离 文本框中输入值 240；在 布尔 区域中选择 合并 选项，采用系统默认的求和对象；单击 < 确定 > 按钮，完成拉伸特征 2 的创建。

图 19.5.2　拉伸特征 1

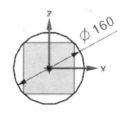

图 19.5.3　截面草图（一）

图 19.5.4　拉伸特征 2

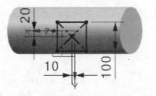

图 19.5.5　截面草图（二）

Step5. 创建图 19.5.6 所示的抽壳特征 1。选择下拉菜单 插入(S) ➡ 偏置/缩放(O)▶ ➡ 抽壳(H)... 命令；选取图 19.5.7 所示模型的三个端面为要抽壳的面，在"抽壳"对话框中的 厚度 文本框内输入 1.0；单击 〈确定〉 按钮，完成抽壳特征 1 的创建。

图 19.5.6　抽壳特征 1

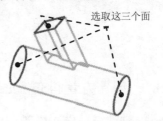

选取这三个面

图 19.5.7　选取移除面

Step6. 创建图 19.5.8 所示的拉伸特征 3。选择下拉菜单 插入(S) ➡ 设计特征(E)▶ ➡ 拉伸(E)... 命令；选取 YZ 平面为草图平面，绘制图 19.5.9 所示的截面草图（三）；在"拉伸"对话框 限制 区域的 开始 下拉列表中选择 对称值 选项，并在其下的 距离 文本框中输入数值 240；在 布尔 区域中选择 无 选项，在 设置 区域中的 体类型 下拉列表中选择 片体 选项；单击 〈确定〉 按钮，完成拉伸特征 3 的创建。

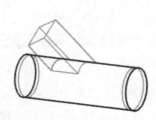

图 19.5.8　拉伸特征 3

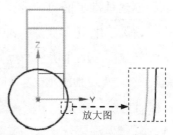

放大图

图 19.5.9　截面草图（三）

Step7. 保存模型文件。

Stage2. 创建方管

Step1. 在资源工具条区单击"装配导航器"按钮 ，切换至"装配导航器"界面，在装配导航器的空白处右击，在弹出的快捷菜单中选择 ☑ WAVE 模式 命令。

Step2. 在装配导航器区选择 ☑ square_bevel_eccentric_cylinder_tee 并右击，在弹出的快捷菜单中选择 WAVE ▶ ➡ 新建层 命令，系统弹出"新建层"对话框。

Step3. 在"新建层"对话框中单击 指定部件名 按钮，在弹出的对话框中输入文件名 square_bevel_eccentric_cylinder_tee01，并单击 OK 按钮。

Step4. 在"新建层"对话框中单击 类选择 按钮，选取图 19.5.11 所示的实体和曲面对象，单击两次 确定 按钮，完成新级别的创建。

Step5. 将 square_bevel_eccentric_cylinder_tee01 设为显示部件。

Step6. 创建图 19.5.10 所示的修剪体 1。选择下拉菜单 插入(S) ➡ 修剪(T) ➡ 修剪体(T)... 命令；选取图 19.5.11 所示的实体为修剪目标，单击中键；选取图 19.5.11 所示的曲面为修剪工具；单击 按钮调整修剪方向；单击 〈 确定 〉 按钮，完成修剪体 1 的创建。

Step7. 将模型转换为钣金。在 应用模块 功能选项卡 设计 区域单击 钣金 按钮，进入"NX钣金"设计环境；选择下拉菜单 插入(S) ➡ 转换(V) ▶ ➡ 转换为钣金(C)... 命令，选取图 19.5.12 所示的面为基本面，选取图 19.5.12 所示的边线为边缘至止口对象；单击 确定 按钮，完成钣金转换操作。

选取此曲面

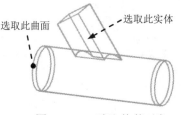
选取此实体

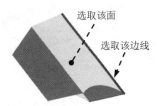
选取该面
选取该边线

图 19.5.10　修剪体 1　　　图 19.5.11　选取修剪对象　　　图 19.5.12　钣金转换

Step8. 保存钣金件模型。

Stage3. 创建圆柱管

Step1. 切换至 square_bevel_eccentric_cylinder_tee 窗口。

Step2. 在装配导航器区选择 ☑ square_bevel_eccentric_cylinder_tee 并右击，在弹出的快捷菜单中选择 WAVE ▶ ➡ 新建层 命令，系统弹出"新建层"对话框。

Step3. 在"新建层"对话框中单击 指定部件名 按钮，在弹出的对话框中输入文件名 square_bevel_eccentric_cylinder_tee02，并单击 OK 按钮。

Step4. 在"新建层"对话框中单击 类选择 按钮，选取坐标系和图 19.5.13 所示的实体和曲面对象，单击两次 确定 按钮，完成新级别的创建。

Step5. 将 square_bevel_eccentric_cylinder_tee02 设为显示部件（确认在零件设计环境中）。

Step6. 创建图 19.5.14 所示的修剪体 1。选择下拉菜单 插入(S) ➡ 修剪(T) ➡ 修剪体(T)... 命令；选取图 19.5.13 所示的实体为修剪目标，单击中键；选取图 19.5.13 所示的曲面为修剪工具；单击 〈 确定 〉 按钮，完成修剪体 1 的创建。

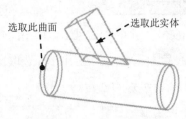

图 19.5.13　选取修剪对象　　　　　　　图 19.5.14　修剪体 1

Step7. 创建图 19.5.15 所示的拉伸特征 1。选择下拉菜单 插入(S) ➡ 设计特征(E)▶ ➡ ⊞ 拉伸(E)... 命令；选取 XY 平面为草图平面，绘制图 19.5.16 所示的截面草图；单击 ⤢ 按钮调整拉伸方向；在"拉伸"对话框的 偏置 下拉列表中选择 对称 选项，在 开始 文本框中输入值 0.1；在 限制 区域的 开始 下拉列表中选择 ⊞ 值 选项，在其下的 距离 文本框中输入值 0；在 结束 下拉列表中选择 ⊞ 贯通 选项；在 布尔 区域中选择 ⛯ 减去 选项，采用系统默认的求差对象；单击 ＜ 确定 ＞ 按钮，完成拉伸特征 1 的创建。

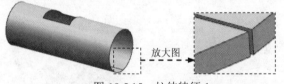
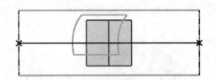

图 19.5.15　拉伸特征 1　　　　　　　图 19.5.16　截面草图

Step8. 将模型转换为钣金。在 应用模块 功能选项卡 设计 区域单击 ⊗ 钣金 按钮，进入"NX 钣金"设计环境；选择下拉菜单 插入(S) ➡ 转换(V) ▶ ➡ ⊗ 转换为钣金(C)... 命令，选取图 19.5.17 所示的面；单击 确定 按钮，完成钣金转换操作。

Step9. 保存钣金件模型。

Step10. 切换至 square_bevel_eccentric_cylinder_tee 窗口并保存文件，关闭所有窗口。

Stage4. 创建完整钣金件

新建一个装配文件，命名为 square_bevel_eccentric_cylinder_tee_asm。使用创建的斜交偏心圆管三通方管和圆柱管钣金件进行装配得到完整的钣金件（具体操作请参看随书光盘），结果如图 19.5.18 所示；保存钣金件模型并关闭所有文件窗口。

图 19.5.17　钣金转换　　　　　　　图 19.5.18　完整钣金件

Task2. 展平方管斜交偏心圆管三通

Stage1. 展平方管

Step1. 打开文件：square_bevel_eccentric_cylinder_tee01。

Step2. 选择下拉菜单 插入(S) ➡️ 展平图样(L)... ▶ ➡️ 展平实体(S)... 命令；取消选中 ☐移至绝对坐标系 复选框，选取图 19.5.12 所示的模型表面为固定面，单击 确定 按钮，展平结果如图 19.5.1b 所示；将模型另存为 square_bevel_eccentric_cylinder_tee_unfold01。

Stage2. 展平圆柱管

Step1. 打开文件：square_bevel_eccentric_cylinder_tee02。

Step2. 选择下拉菜单 插入(S) ➡️ 展平图样(L)... ▶ ➡️ 展平实体(S)... 命令；取消选中 ☐移至绝对坐标系 复选框，选取图 19.5.17 所示的模型表面为固定面，单击 确定 按钮，展平结果如图 19.5.1c 所示；将模型另存为 square_bevel_eccentric_cylinder_tee_unfold02。

19.6　方管正交圆锥管

方管正交圆锥管是由方管和圆锥管正交连接形成的钣金结构。此类钣金件的创建是先创建钣金结构零件，然后使用抽壳和分割方法，得到方管和圆锥管钣金件，然后分别进行展开，并使用装配方法得到完整钣金件。图 19.6.1 所示分别是其钣金件及其展开图，下面介绍其在 UG 中创建和展开的操作过程。

a）未展平状态　　　　　　　　b）方管展开　　　　　　　　c）圆锥管展开

图 19.6.1　方管正交圆锥管及其展开图

Task1. 创建方管正交圆锥管

Stage1. 创建整体结构模型

Step1. 新建一个零件模型文件，并命名为 square_squarely_cone。

Step2. 创建基准平面 1。选择下拉菜单 插入(S) ➡️ 基准/点(D) ➡️ 基准平面(D)... 命令；在 类型 区域的下拉列表中选择 按某一距离 选项，选取 XY 平面为参考平面，在 距离 文本框内输入偏移距离值 150；单击 ＜确定＞ 按钮，完成基准平面 1 的创建。

Step3. 创建草图 1。选取 XY 平面为草图平面，绘制图 19.6.2 所示的草图 1。

Step4. 创建草图 2。选取基准平面 1 为草图平面，绘制图 19.6.3 所示的草图 2（草图为一点且与原点重合）。

Step5.创建图 19.6.4 所示的通过曲线组特征 1。选择下拉菜单 插入(S) ➡️ 网格曲面(M)▶ ➡️ 🟦 通过曲线组(T)... 命令；依次选取草图 1 和草图 2 为特征截面；单击 ＜ 确定 ＞ 按钮，完成该通过曲线组特征 1 的创建。

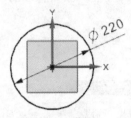
图 19.6.2　草图 1

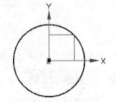
图 19.6.3　草图 2

图 19.6.4　通过曲线组特征 1

Step6. 创建基准平面 2。选择下拉菜单 插入(S) ➡️ 基准/点(D) ➡️ 🟦 基准平面(D)... 命令；在 类型 区域的下拉列表中选择 📐 按某一距离 选项，选取 XY 平面为参考平面，在 距离 文本框内输入偏移距离值 170；单击 ＜ 确定 ＞ 按钮，完成基准平面 2 的创建。

Step7. 创建图 19.6.5 所示的拉伸特征 1。选择下拉菜单 插入(S) ➡️ 设计特征(E)▶ ➡️ 🟦 拉伸(E)... 命令；选取基准平面 2 为草图平面，绘制图 19.6.6 所示的截面草图（一）；单击 🡥 按钮调整拉伸方向；在"拉伸"对话框的 开始 下拉列表中选择 📏 值 选项，在其下的 距离 文本框中输入值 0；在 结束 下拉列表中选择 📏 直至下一个 选项；在 布尔 区域中选择 ⬤ 合并 选项，采用系统默认的求和对象；单击 ＜ 确定 ＞ 按钮，完成拉伸特征 1 的创建。

图 19.6.5　拉伸特征 1

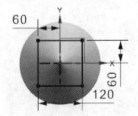
图 19.6.6　截面草图（一）

Step8. 创建图 19.6.7 所示的抽壳特征 1。选择下拉菜单 插入(S) ➡️ 偏置/缩放(O)▶ ➡️ 🟦 抽壳(H)... 命令；选取图 19.6.8 所示模型的两个端面为要抽壳的面，在"抽壳"对话框中的 厚度 文本框内输入 1.0；单击 ＜ 确定 ＞ 按钮，完成抽壳特征 1 的创建。

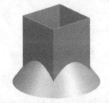
图 19.6.7　抽壳特征 1

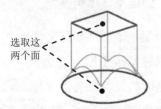
图 19.6.8　选取移除面

Step9. 创建图 19.6.9 所示的拉伸特征 2。选择下拉菜单 插入(S) ➡ 设计特征(E)▶ ➡
🔲 拉伸(E)... 命令；选取 ZX 平面为草图平面，绘制图 19.6.10 所示的截面草图（二）；在"拉伸"对话框 限制 区域的 开始 下拉列表中选择 对称值 选项，并在其下的 距离 文本框中输入数值 100；在 布尔 区域中选择 无 选项；单击 < 确定 > 按钮，完成拉伸特征 2 的创建。

图 19.6.9 拉伸特征 2

图 19.6.10 截面草图（二）

Step10. 保存模型文件。

Stage2. 创建方管

Step1. 在资源工具条区单击"装配导航器"按钮 🔳，切换至"装配导航器"界面，在装配导航器的空白处右击，在弹出的快捷菜单中选择 ✔ WAVE 模式 命令。

Step2. 在装配导航器区选择 ☑ 📄 square_squarely_cone 并右击，在弹出的快捷菜单中选择 WAVE ▶ ➡ 新建层 命令，系统弹出"新建层"对话框。

Step3. 在"新建层"对话框中单击 指定部件名 按钮，在弹出的对话框中输入文件名 square_squarely_cone01，单击 OK 按钮。

Step4. 在"新建层"对话框中单击 类选择 按钮，选取图 19.6.11 所示的实体、曲面对象，单击两次 确定 按钮，完成新级别的创建。

Step5. 将 square_squarely_cone01 设为显示部件。

Step6. 创建图 19.6.12 所示的修剪体特征。选择下拉菜单 插入(S) ➡ 修剪(T) ➡
🔲 修剪体(T)... 命令；选取图 19.6.11 所示的实体为修剪目标，单击中键；选取图 19.6.11 所示的曲面为修剪工具；单击 🔧 按钮调整修剪方向；单击 < 确定 > 按钮，完成修剪体的创建。

Step7. 将模型转换为钣金。在 应用模块 功能选项卡 设计 区域单击 🔲 钣金 按钮，进入"NX 钣金"设计环境；选择下拉菜单 插入(S) ➡ 折弯(N) ➡ 🔲 实体特征转换为钣金(S)... 命令，选取模型外表面（四个）；单击 选择折弯边 (0) 按钮，确认图 19.6.13 所示的三条边线均被选中；单击 厚度 文本框右侧的 🔳 按钮，在系统弹出的快捷菜单中选择 使用局部值 选项，在 厚度 文本框中输入数值 1.0；单击 🔧 按钮调整方向（方向沿模型的内部）；单击 折弯参数 区域 折弯半径 文本框右侧的 🔳 按钮，在系统弹出的快捷菜单中选择 使用局部值 选项，在 折弯半径 文本框中输入数值 1.0；单击 确定 按钮，完成钣金转换操作。

Step8. 保存钣金件模型。

Step9. 切换至 square_squarely_cone 窗口并保存文件，关闭所有文件窗口。

图 19.6.11　选取修剪对象　　　图 19.6.12　修剪体　　　图 19.6.13　钣金转换

Stage3. 创建圆锥管

Step1. 新建一个 NX 钣金模型文件，并命名为 square_squarely_cone02。

Step2. 创建基准平面 1。选择下拉菜单 插入(S) ➡ 基准/点(D) ➡ 基准平面(D)... 命令；在 类型 区域的下拉列表中选择 按某一距离 选项，选取 XY 平面为参考平面，在 距离 文本框内输入偏移距离值 75；单击 〈 确定 〉 按钮，完成基准平面 1 的创建。

Step3. 创建草图 1。选取 XY 平面为草图平面，绘制图 19.6.14 所示的草图 1。

Step4. 创建草图 2。选取基准平面 1 为草图平面，绘制图 19.6.15 所示的草图 2。

Step5. 创建图 19.6.16 所示的放样弯边特征 1。选择下拉菜单 插入(S) ➡ 折弯(N) ➡ 放样弯边(D)... 命令，依次选取草图 1 和草图 2 为起始截面和终止截面；单击 厚度 文本框右侧的 按钮，在系统弹出的快捷菜单中选择 使用局部值 选项，然后在 厚度 文本框中输入数值 1.0；单击 按钮调整厚度方向；单击 〈 确定 〉 按钮，完成放样弯边特征 1 的创建。

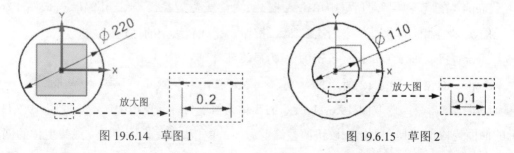

图 19.6.14　草图 1　　　　　　图 19.6.15　草图 2

Step6. 创建图 19.6.17 所示的拉伸特征 1。选择下拉菜单 插入(S) ➡ 切割(T) ➡ 拉伸(E)... 命令；选取 XY 平面为草图平面，绘制图 19.6.18 所示的截面草图；在 "拉伸" 对话框 限制 区域的 开始 下拉列表中选择 值 选项，在其下的 距离 文本框中输入值 0；在 结束 下拉列表中选择 贯通 选项；在 布尔 区域中选择 减去 选项，采用系统默认的求差对象；单击 〈 确定 〉 按钮，完成拉伸特征 1 的创建。

Step7. 保存钣金件模型。

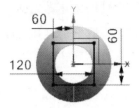

图 19.6.16　放样弯边特征 1　　　图 19.6.17　拉伸特征 1　　　图 19.6.18　截面草图

Stage4. 创建完整钣金件

新建一个装配文件，命名为 square_squarely_cone_asm。使用创建的方管正交圆锥管的方管和圆锥管钣金件进行装配得到完整的钣金件（具体操作请参看随书光盘），结果如图 19.6.19 所示；保存钣金件模型并关闭所有文件窗口。

Task2. 展平方管正交圆锥管

Stage1. 展平方管

Step1. 打开文件：square_squarely_cone01。

Step2. 选择下拉菜单 插入(S) ➡ 展平图样(L)... ▶ ➡ ⬚ 展平实体(S)... 命令；取消选中 ☐ 移至绝对坐标系 复选框，选取图 19.6.20 所示的模型表面为固定面，单击 确定 按钮，展平结果如图 19.6.1b 所示；将模型另存为 square_squarely_cone_unfold01。

Stage2. 展平圆锥管

Step1. 打开文件：square_squarely_cone02。

Step2. 选择下拉菜单 插入(S) ➡ 展平图样(L)... ▶ ➡ ⬚ 展平实体(S)... 命令；取消选中 ☐ 移至绝对坐标系 复选框，选取图 19.6.21 所示的模型表面为固定面；单击 确定 按钮，展平结果如图 19.6.1c 所示；将模型另存为 square_squarely_cone_unfold02。

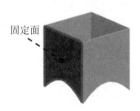

图 19.6.19　完整钣金件　　　图 19.6.20　选取固定面（方管）　　　图 19.6.21　选取固定面（圆锥管）

19.7　45°扭转方管直交圆管三通

45°扭转方管直交圆管三通是由 45°扭转的方形管与圆管直交连接形成的钣金结构。

此类钣金件的创建是先创建钣金结构零件，然后使用抽壳和分割方法，将其拆分成两个子钣金件，最后分别对其进行展开，并使用装配方法得到完整钣金件。图 19.7.1 所示分别是其钣金件及其展开图，下面介绍其在 UG 中创建和展开的操作过程。

a）未展平状态   b）圆柱管展开   c）方管展开

图 19.7.1　45°扭转方管直交圆管三通及其展开图

Task1. 创建 45°扭转方管直交圆管三通

Stage1. 创建整体结构模型

Step1. 新建一个零件模型文件，并命名为 45deg_turn_square_cylinder_squarely_tee。

Step2. 创建图 19.7.2 所示的拉伸特征 1。选择下拉菜单 插入(S) ➡ 设计特征(E)▸ ➡ 拉伸(E)... 命令；选取 YZ 平面为草图平面，绘制图 19.7.3 所示的截面草图（一）；在"拉伸"对话框 限制 区域的 开始 下拉列表中选择 对称值 选项，并在其下的 距离 文本框中输入数值225；单击 < 确定 > 按钮，完成拉伸特征 1 的创建。

Step3. 创建图 19.7.4 所示的拉伸特征 2。选择下拉菜单 插入(S) ➡ 设计特征(E)▸ ➡ 拉伸(E)... 命令；选取 XY 平面为草图平面，绘制图 19.7.5 所示的截面草图（二）；在"拉伸"对话框的 开始 下拉列表中选择 值 选项，在其下的 距离 文本框中输入值 0；在 结束 下拉列表中选择 值 选项，在其下的 距离 文本框中输入值 160；在 布尔 区域中选择 合并 选项，采用系统默认的求和对象；单击 < 确定 > 按钮，完成拉伸特征 2 的创建。

图 19.7.2　拉伸特征 1

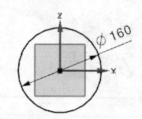

图 19.7.3　截面草图（一）

图 19.7.4　拉伸特征 2

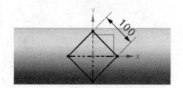

图 19.7.5　截面草图（二）

Step4. 创建图 19.7.6 所示的抽壳特征 1。选择下拉菜单 插入(S) ➡ 偏置/缩放(O)▶ ➡ 抽壳(H)... 命令；选取图 19.7.7 所示模型的三个端面为要抽壳的面，在"抽壳"对话框中的 厚度 文本框内输入数值 1.0；单击 〈确定〉 按钮，完成抽壳特征 1 的创建。

 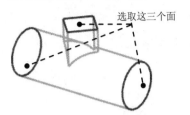

选取这三个面

图 19.7.6　抽壳特征 1　　　　　　图 19.7.7　选取移除面

Step5. 创建图 19.7.8 所示的拉伸特征 3。选择下拉菜单 插入(S) ➡ 设计特征(E)▶ ➡ 拉伸(E)... 命令；选取 ZX 平面为草图平面，绘制图 19.7.9 所示的截面草图（三）；在"拉伸"对话框 限制 区域的 开始 下拉列表中选择 对称值 选项，并在其下的 距离 文本框中输入数值 100；在 布尔 区域中选择 无 选项；单击 〈确定〉 按钮，完成拉伸特征 3 的创建。

Step6. 保存模型文件。

 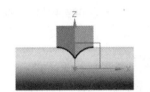

图 19.7.8　拉伸特征 3　　　　　　图 19.7.9　截面草图（三）

Stage2. 创建方管

Step1. 在资源工具条区单击"装配导航器"按钮，切换至"装配导航器"界面，在装配导航器的空白处右击，在弹出的快捷菜单中选择 ☑ WAVE 模式 命令。

Step2. 在装配导航器区选择 ☑ 45deg_turn_square_cylinder_squarely_tee 并右击，在弹出的快捷菜单中选择 WAVE ▶ ➡ 新建层 命令，系统弹出"新建层"对话框。

Step3. 在"新建层"对话框中单击 指定部件名 按钮，在弹出的对话框中输入文件名 45deg_turn_square_cylinder_squarely_tee01，并单击 OK 按钮。

Step4. 在"新建层"对话框中单击 类选择 按钮，选取图 19.7.10 所示的实体和曲面对象，单击两次 确定 按钮，完成新级别的创建。

Step5. 将 45deg_turn_square_cylinder_squarely_tee01 设为显示部件。

Step6. 创建图 19.7.11 所示的修剪体 1。选择下拉菜单 插入(S) ➡ 修剪(T) ➡ 修剪体(T)... 命令；选取图 19.7.10 所示的实体为修剪目标，单击中键；选取图 19.7.10 所示的曲面为修剪工具；单击 按钮调整修剪方向；单击 〈确定〉 按钮，完成修剪体 1 的创建。

Step7. 将实体特征转换为钣金。在 应用模块 功能选项卡 设计 区域单击 钣金 按钮，进入"NX 钣金"设计环境；选择下拉菜单 插入(S) ➡ 折弯(N) ➡ 实体特征转换为钣金(S)... 命令，选取模型侧表面为腹板面，选取图 19.7.12 所示的三条边线为折弯边，在 厚度 文本框中输入值 1.0，单击 按钮调整加厚方向；在 折弯半径 文本框中输入值 0.5；单击 < 确定 > 按钮，完成实体特征转换为钣金操作。

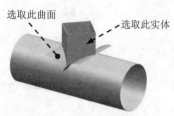
图 19.7.10　选取修剪对象

图 19.7.11　修剪体 1

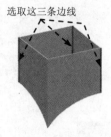
图 19.7.12　钣金转换

Step8. 保存钣金件模型。

Stage3. 创建圆柱管

Step1. 切换至 45deg_turn_square_cylinder_squarely_tee 窗口。

Step2. 在装配导航器区选择 ☑ 45deg_turn_square_cylinder_squarely_tee 并右击，在弹出的快捷菜单中选择 WAVE ➡ 新建层 命令，系统弹出"新建层"对话框。

Step3. 在"新建层"对话框中单击 指定部件名 按钮，在弹出的对话框中输入文件名 45deg_turn_square_cylinder_squarely_tee 02，并单击 OK 按钮。

Step4. 在"新建层"对话框中单击 类选择 按钮，选取图 19.7.13 所示的实体和曲面对象，单击两次 确定 按钮，完成新级别的创建。

Step5. 将 45deg_turn_square_cylinder_squarely_tee02 设为显示部件（确认在零件设计环境中）。

Step6. 创建图 19.7.14 所示的修剪体 1。选择下拉菜单 插入(S) ➡ 修剪(T) ➡ 修剪体(T)... 命令；选取图 19.7.13 所示的实体为修剪目标，单击中键；选取图 19.7.13 所示的曲面为修剪工具；单击 < 确定 > 按钮，完成修剪体的创建。

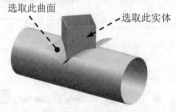
图 19.7.13　选取修剪对象

图 19.7.14　修剪体 1

Step7. 创建图 19.7.15 所示的拉伸特征 1。选择下拉菜单 插入(S) ➡ 设计特征(E) ➡

... 命令；选取 XY 平面为草图平面，绘制图 19.7.16 所示的截面草图；单击 按钮调整拉伸方向；在"拉伸"对话框的 偏置 下拉列表中选择 对称 选项，在 开始 文本框中输入值 0.1；在 限制 区域的 开始 下拉列表中选择 值 选项，在其下的 距离 文本框中输入值 0；在 结束 下拉列表中选择 贯通 选项，在 布尔 区域中选择 减去 选项，采用系统默认的求差对象；单击 < 确定 > 按钮，完成拉伸特征 1 的创建。

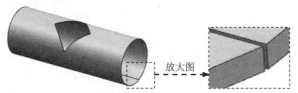

图 19.7.15　拉伸特征 1　　　　　　　　　图 19.7.16　截面草图

Step8. 将模型转换为钣金。在 应用模块 功能选项卡 设计 区域单击 钣金 按钮，进入"NX 钣金"设计环境；选择下拉菜单 插入(S) → 转换(V) → 转换为钣金(C)... 命令，选取图 19.7.17 所示的面；单击 确定 按钮，完成钣金转换操作。

Step9. 保存钣金件模型。

Step10. 切换至 45deg_turn_square_cylinder_squarely_tee 窗口并保存文件，关闭所有文件窗口。

Stage4. 创建完整钣金件

新建一个装配文件，命名为 45deg_turn_square_cylinder_squarely_tee_asm。使用创建的 45° 扭转方管直交圆管三通的方管和圆柱管钣金件进行装配得到完整的钣金件（具体操作请参看随书光盘），结果如图 19.7.18 所示；保存钣金件模型并关闭所有文件窗口。

Task2. 展平 45° 扭转方管直交圆管三通

Stage1. 展平方管

Step1. 打开文件：45deg_turn_square_cylinder_squarely_tee01。

Step2. 选择下拉菜单 插入(S) → 展平图样(L) → 展平实体(S)... 命令；取消选中 □ 移至绝对坐标系 复选框，选取图 19.7.19 所示的模型表面为固定面，单击 确定 按钮，展平结果如图 19.7.1c 所示；将模型另存为 45deg_turn_square_cylinder_squarely_tee_unfold01。

图 19.7.17　钣金转换　　　　　图 19.7.18　完整钣金件　　　　　图 19.7.19　选取固定面

Stage2. 展平水平管

Step1. 打开文件：45deg_turn_square_cylinder_squarely_tee02。

Step2. 选择下拉菜单 插入(S) ➡ 展平图样(L)... ▶ ➡ 展平实体(S)... 命令；取消选中 □移至绝对坐标系 复选框，选取图 19.7.17 所示的模型表面为固定面，单击 确定 按钮，展平结果如图 19.7.1b 所示；将模型另存为 45deg_turn_square_cylinder_squarely_tee_unfold02。

19.8 圆管斜交方形三通

圆管斜交方形三通是由圆管和方形管斜交连接形成的钣金结构。此类钣金件的创建是先创建钣金结构零件，然后使用抽壳和分割方法，将其拆分成两个子钣金件，最后分别对其进行展开，并使用装配方法得到完整钣金件。图 19.8.1 所示分别是其钣金件及其展开图，下面介绍其在 UG 中创建和展开的操作过程。

a）未展平状态　　　　　b）圆柱管展开　　　　　c）方管展开

图 19.8.1　圆管斜交方形三通及其展开图

Task1. 创建圆管斜交方形三通

Stage1. 创建整体结构模型

Step1. 新建一个零件模型文件，并命名为 cylinder_bevel_square_tee。

Step2. 创建图 19.8.2 所示的拉伸特征 1。选择下拉菜单 插入(S) ➡ 设计特征(E)▶ ➡ 拉伸(E)... 命令；选取 YZ 平面为草图平面，绘制图 19.8.3 所示的截面草图（一）；在"拉伸"对话框 限制 区域的 开始 下拉列表中选择 对称值 选项，并在其下的 距离 文本框中输入数值200；单击 < 确定 > 按钮，完成拉伸特征 1 的创建。

Step3. 创建基准平面 1。选择下拉菜单 插入(S) ➡ 基准/点(D) ➡ 基准平面(D)... 命令；在 类型 区域的下拉列表中选择 成一角度 选项，选取 XY 平面为平面参考，选取 Y 轴为线性对象，并在 角度 文本框内输入角度值30；单击 < 确定 > 按钮，完成基准平面 1 的创建。

Step4. 创建基准平面 2。选择下拉菜单 插入(S) ➡ 基准/点(D) ➡ 基准平面(D)... 命令；在 类型 区域的下拉列表中选择 按某一距离 选项，选取基准平面 1 为参考平面，在 距离 文本框内输入偏移距离值 200；单击 < 确定 > 按钮，完成基准平面 2 的创建。

Step5. 创建图 19.8.4 所示的拉伸特征 2。选择下拉菜单 插入(S) ➡ 设计特征(E)▶ ➡ 拉伸(E)... 命令；选取基准平面 1 为草图平面，绘制图 19.8.5 所示的截面草图（二）；单击 按钮调整拉伸方向；在"拉伸"对话框的 开始 下拉列表中选择 值 选项，在其下的 距离 文本框中输入值 0；在 结束 下拉列表中选择 直至下一个 选项，在 布尔 区域中选择 合并 选项，采用系统默认的求和对象；单击 < 确定 > 按钮，完成拉伸特征 2 的创建。

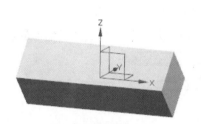

图 19.8.2 拉伸特征 1

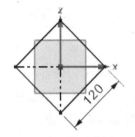

图 19.8.3 截面草图（一）

图 19.8.4 拉伸特征 2

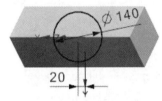

图 19.8.5 截面草图（二）

Step6. 创建图 19.8.6 所示的抽壳特征 1。选择下拉菜单 插入(S) ➡ 偏置/缩放(O)▶ ➡ 抽壳(H)... 命令；选取图 19.8.7 所示模型的三个端面为要抽壳的面，在"抽壳"对话框中的 厚度 文本框内输入 1.0；单击 < 确定 > 按钮，完成抽壳特征 1 的创建。

图 19.8.6 抽壳特征 1

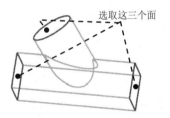

图 19.8.7 选取移除面

Step7. 创建图 19.8.8 所示的拉伸特征 3。选择下拉菜单 插入(S) ➡ 设计特征(E)▶ ➡ 拉伸(E)... 命令；选取 YZ 平面为草图平面，绘制图 19.8.9 所示的截面草图（三）；在"拉伸"对话框 限制 区域的 开始 下拉列表中选择 对称值 选项，并在其下的 距离 文本框中输入数值 220，在 布尔 区域中选择 无 选项；单击 < 确定 > 按钮，完成拉伸特征 3 的创建。

Step8. 保存模型文件。

图 19.8.8　拉伸特征 3

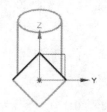

图 19.8.9　截面草图（三）

Stage2. 创建圆柱管

Step1. 在资源工具条区单击"装配导航器"按钮，切换至"装配导航器"界面，在装配导航器的空白处右击，在弹出的快捷菜单中选择 ☑ WAVE 模式 命令。

Step2. 在装配导航器区选择 ☑ 📦 cylinder_bevel_square_tee 并右击，在弹出的快捷菜单中选择 WAVE ▶ ➡️ 新建层 命令，系统弹出"新建层"对话框。

Step3. 在"新建层"对话框中单击 指定部件名 按钮，在弹出的对话框中输入文件名 cylinder_bevel_square_tee01，并单击 OK 按钮。

Step4. 在"新建层"对话框中单击 类选择 按钮，选取坐标系和图 19.8.10 所示的实体和曲面对象，单击两次 确定 按钮，完成新级别的创建。

Step5. 将 cylinder_bevel_square_tee01 设为显示部件。

Step6. 创建图 19.8.11 所示的修剪体。选择下拉菜单 插入(S) ➡️ 修剪(T) ➡️ ⬭ 修剪体(T) 命令。选取图 19.8.10 所示的实体为修剪目标，单击中键；选取图 19.8.10 所示的曲面为修剪工具；单击 〈确定〉 按钮，完成修剪体的创建。

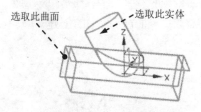

图 19.8.10　选取修剪对象

图 19.8.11　修剪体

Step7. 创建图 19.8.12 所示的拉伸特征 1。选择下拉菜单 插入(S) ➡️ 设计特征(E)▶ ➡️ ▥ 拉伸(E)... 命令；选取 YZ 平面为草图平面，绘制图 19.8.13 所示的截面草图；在"拉伸"对话框 限制 区域的 开始 下拉列表中选择 ⬚ 对称值 选项，并在其下的 距离 文本框中输入数值 65；在 偏置 下拉列表中选择 对称 选项，在 开始 文本框中输入值 0.1；在 布尔 区域中选择 ⬚ 减去 选项，采用系统默认的求差对象；单击 〈确定〉 按钮，完成拉伸特征 1 的创建。

Step8. 将模型转换为钣金。在 应用模块 功能选项卡 设计 区域单击 📎 钣金 按钮，进入"NX 钣金"设计环境；选择下拉菜单 插入(S) ➡️ 转换(V)▶ ➡️ ◿ 转换为钣金(C)... 命令，选取图 19.8.14 所示的面；单击 确定 按钮，完成钣金转换操作。

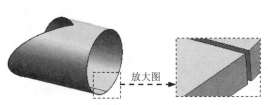

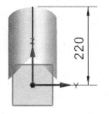

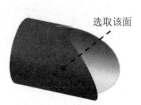

图 19.8.12　拉伸特征 1　　　图 19.8.13　截面草图　　图 19.8.14　钣金转换

Step9. 保存钣金件模型。

Stage3. 创建方管

Step1. 切换至 cylinder_bevel_square_tee 窗口。

Step2. 在装配导航器区选择 ☑  并右击，在弹出的快捷菜单中选择 WAVE ▶ ➡ 新建层 命令，系统弹出"新建层"对话框。

Step3. 在"新建层"对话框中单击 指定部件名 按钮，在弹出的对话框中输入文件名 cylinder_bevel_square_tee02，并单击 OK 按钮。

Step4. 在"新建层"对话框中单击 类选择 按钮，选取图 19.8.15 所示的实体和曲面对象，单击两次 确定 按钮，完成新级别的创建。

Step5. 将 cylinder_bevel_square_tee02 设为显示部件（确认在零件设计环境中）。

Step6. 创建图 19.8.16 所示的修剪体。选择下拉菜单 插入(S) ➡ 修剪(T) ➡ 修剪体(T)... 命令；选取图 19.8.15 所示的实体为修剪目标，单击中键；选取图 19.8.15 所示的曲面为修剪工具；单击 ⚙ 按钮调整修剪方向；单击 < 确定 > 按钮，完成修剪体的创建。

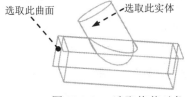

图 19.8.15　选取修剪对象　　　　图 19.8.16　修剪体

Step7. 将实体特征转换为钣金。在 应用模块 功能选项卡 设计 区域单击 🔲 钣金按钮，进入"NX 钣金"设计环境；选择下拉菜单 插入(S) ➡ 折弯(N) ▶ ➡ 实体特征转换为钣金(S)... 命令，选取模型侧表面为腹板面，选取图 19.8.17 所示的三条边线为折弯边；在 厚度 文本框中输入值 1.0，单击 ⚙ 按钮调整加厚方向；在 折弯半径 文本框中输入值 0.5；单击 < 确定 > 按钮，完成实体特征转换为钣金操作。

Step8. 保存钣金件模型。

Step9. 切换至 cylinder_bevel_square_tee 窗口并保存文件，关闭所有文件窗口。

Stage4. 创建完整钣金件

新建一个装配文件，命名为 cylinder_bevel_square_tee_asm。使用创建的圆管斜交方形三通圆柱管和方管子钣金件进行装配得到完整的钣金件（具体操作请参看随书光盘），结果如图 19.8.18 所示；保存钣金件模型并关闭所有文件窗口。

Task2. 展平圆管斜交方形三通

Stage1. 展平圆柱管

Step1. 打开文件：cylinder_bevel_square_tee01。

Step2. 选择下拉菜单 插入(S) ➡ 展平图样(L)... ▶ ➡ 展平实体(S)... 命令；取消选中 □ 移至绝对坐标系 复选框，选取图 19.8.14 所示的模型表面为固定面，单击 确定 按钮，展平结果如图 19.8.1b 所示；将模型另存为 cylinder_bevel_square_tee_unfold01。

Stage2. 展平方管

Step1. 打开文件：cylinder_bevel_square_tee02。

Step2. 选择下拉菜单 插入(S) ➡ 展平图样(L)... ▶ ➡ 展平实体(S)... 命令；取消选中 □ 移至绝对坐标系 复选框，选取图 19.8.19 所示的模型表面为固定面，单击 确定 按钮，展平结果如图 19.8.1c 所示；将模型另存为 cylinder_bevel_square_tee_unfold02。

图 19.8.17　钣金转换　　　　图 19.8.18　完整钣金件　　　　图 19.8.19　选取固定面

19.9　四棱锥正交圆管三通

四棱锥正交圆管三通是四棱锥管与圆管正交连接形成的钣金结构。图 19.9.1 所示分别是其钣金件及其展开图，下面介绍其在 UG NX 11.0 中创建和展开的操作过程。

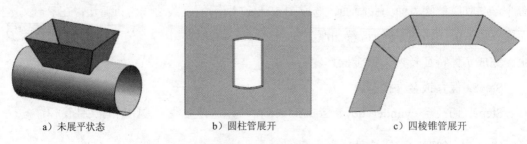

a）未展平状态　　　　b）圆柱管展开　　　　c）四棱锥管展开

图 19.9.1　四棱锥正交圆管三通及其展开图

Task1. 创建四棱锥正交圆管三通

Stage1. 创建整体结构模型

Step1. 新建一个零件模型文件,并命名为 four_arris_cone_squarely_circle。

Step2. 创建图 19.9.2 所示的拉伸特征 1。选择下拉菜单 插入(S) ➡ 设计特征(E)▶ ➡ ⬜ 拉伸(E)... 命令;选取 YZ 平面为草图平面,绘制图 19.9.3 所示的截面草图(一);在"拉伸"对话框 限制 区域的 开始 下拉列表中选择 ⬤ 对称值 选项,并在其下的 距离 文本框中输入数值150;单击 < 确定 > 按钮,完成拉伸特征 1 的创建。

Step3. 创建图 19.9.4 所示的基准平面 1。选择下拉菜单 插入(S) ➡ 基准/点(D) ➡ ⬜ 基准平面(D)... 命令;在 类型 区域的下拉列表中选择 ⬛ 按某一距离 选项,在图形区选取 XY 基准平面,输入偏移值 119;单击 < 确定 > 按钮,完成基准平面 1 的创建。

图 19.9.2 拉伸特征 1　　　图 19.9.3 截面草图(一)　　　图 19.9.4 基准平面 1

Step4. 创建图 19.9.5 所示的草图 1。选取基准平面 1 为草图平面,绘制图 19.9.5 所示的草图 1。

Step5. 创建图 19.9.6 所示的草图 2。选取 XY 平面为草图平面,绘制图 19.9.6 所示的草图 2。

Step6. 创建图 19.9.7 所示的通过曲线组特征 1。选择下拉菜单 插入(S) ➡ 网格曲面(M)▶ ➡ 📎 通过曲线组(T)... 命令;依次选取草图 1 和草图 2 为截面曲线;单击 < 确定 > 按钮,完成通过曲线组特征 1 的创建。

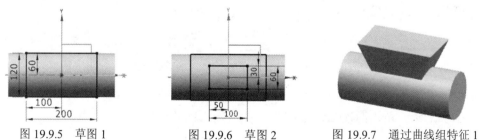

图 19.9.5 草图 1　　　图 19.9.6 草图 2　　　图 19.9.7 通过曲线组特征 1

Step7. 创建求和特征。选择下拉菜单 插入(S) ➡ 组合(B) ▶ ➡ 🗗 合并(U)... 命令;选取拉伸特征 1 为目标体,选取通过曲线组特征 1 为刀具体;单击 < 确定 > 按钮,完成求和特征的创建。

Step8. 创建图 19.9.8 所示的抽壳特征。选择下拉菜单 插入(S) ➡️ 偏置/缩放(O)▶ ➡️ 🔷 抽壳(H)... 命令；选取图 19.9.9 所示模型的三个端面为要抽壳的面，在"抽壳"对话框中的 厚度 文本框内输入数值 1.0；单击 < 确定 > 按钮，完成抽壳特征的创建。

图 19.9.8　抽壳特征

图 19.9.9　选取移除面

Step9. 创建图 19.9.10 所示的拉伸特征 2。选择下拉菜单 插入(S) ➡️ 设计特征(E)▶ ➡️ 🔲 拉伸(E)... 命令；选取 XZ 平面为草图平面，绘制图 19.9.11 所示的截面草图（二）；在"拉伸"对话框 限制 区域的 开始 下拉列表中选择 🔷 对称值 选项，并在其下的 距离 文本框中输入数值 70，在 布尔 区域中选择 🔷 无 选项；单击 < 确定 > 按钮，完成拉伸特征 2 的创建。

图 19.9.10　拉伸特征 2

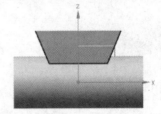

图 19.9.11　截面草图（二）

Step10. 保存模型文件。

Stage2. 创建四棱锥正交圆管三通 01

Step1. 在资源工具条区单击"装配导航器"按钮 📄，切换至"装配导航器"界面，在装配导航器的空白处右击，在弹出的快捷菜单中选择 ✔ WAVE 模式 命令。

Step2. 在装配导航器区选择 ✔ 📦 four_arris_cone_squarely_circle 并右击，在弹出的快捷菜单中选择 WAVE ▶ ➡️ 新建层 命令，系统弹出"新建层"对话框。

Step3. 在"新建层"对话框中单击 指定部件名 按钮，在弹出的对话框中输入文件名 four_arris_cone_squarely_circle01，并单击 OK 按钮。

Step4. 在"新建层"对话框中单击 类选择 按钮，选取所有的实体、曲面对象，单击两次 确定 按钮，完成新级别的创建。

Step5. 将 four_arris_cone_squarely_circle01 设为显示部件。

Step6. 创建图 19.9.12 所示的修剪体 1。选择下拉菜单 插入(S) ➡️ 修剪(T) ➡️ 🔲 修剪体(T)... 命令。选取图 19.9.13 所示的实体为修剪目标，单击中键，选取图 19.9.13 所示的曲面为修剪工具。单击 < 确定 > 按钮，完成修剪体 1 的创建。

Step7. 将模型转换为钣金。在 应用模块 功能选项卡 设计 区域单击 钣金 按钮，进入"NX 钣金"设计环境；选择下拉菜单 插入(S) ➡ 折弯(N) ▶ ➡ 实体特征转换为钣金(S)... 命令，选取图 19.9.14 所示模型的四个面为腹板面，选择图 19.9.14 所示的边为折弯边；单击 厚度 文本框右侧的 目 按钮，在系统弹出的快捷菜单中选择 使用局部值 选项，然后在 厚度 文本框中输入数值 1.0；单击 按钮调整加厚方向，单击 折弯参数 区域 折弯半径 文本框右侧的 目 按钮，在系统弹出的快捷菜单中选择 使用局部值 选项，然后在 折弯半径 文本框中输入数值 0.5；单击 确定 按钮，完成钣金转换操作。

Step8. 保存钣金件模型。

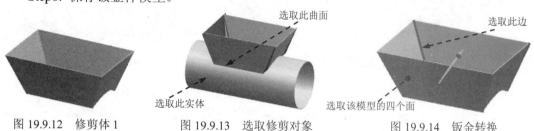

图 19.9.12　修剪体 1　　　　图 19.9.13　选取修剪对象　　　　图 19.9.14　钣金转换

Stage3. 创建四棱锥正交圆管三通 02

Step1. 切换至 four_arris_cone_squarely_circle 窗口。

Step2. 在资源工具条区单击"装配导航器"按钮 ，切换至"装配导航器"界面，在装配导航器的空白处右击，在弹出的快捷菜单中选择 ✔ WAVE 模式 命令。

Step3. 在装配导航器区选择 ☑ four_arris_cone_squarely_circle 并右击，在弹出的快捷菜单中选择 WAVE ▶ ➡ 新建层 命令，系统弹出"新建层"对话框。

Step4. 在"新建层"对话框中单击 指定部件名 按钮，在弹出的对话框中输入文件名 four_arris_cone_squarely_circle02，并单击 OK 按钮。

Step5. 在"新建层"对话框中单击 类选择 按钮，选取基准坐标系和所有的实体和曲面对象，单击两次 确定 按钮，完成新级别的创建。

Step6. 将 four_arris_cone_squarely_circle02 设为显示部件（确认在零件设计环境中）。

Step7. 创建图 19.9.15 所示的修剪体 1。选择下拉菜单 插入(S) ➡ 修剪(I) ➡ 修剪体(T)... 命令。选取图 19.9.16 所示的实体为修剪目标，单击中键；选取图 19.9.16 所示的曲面为修剪工具；单击 按钮调整修剪方向；单击 < 确定 > 按钮，完成修剪体 1 的创建。

图 19.9.15　修剪体 1

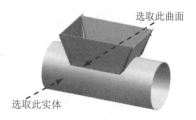

图 19.9.16　选取修剪对象

Step8. 创建图 19.9.17 所示的拉伸特征 1。选择下拉菜单 插入(S) ➡ 设计特征(E)▶ ➡ 拉伸(E)... 命令；选取 XY 平面为草图平面，绘制图 19.9.18 所示的截面草图；单击 按钮调整拉伸方向；在"拉伸"对话框的 偏置 下拉列表中选择 对称 选项，在 开始 文本框中输入值 0.1；在 限制 区域的 开始 下拉列表中选择 值 选项，在其下的 距离 文本框中输入值 0；在 结束 下拉列表中选择 贯通 选项，在 布尔 区域中选择 减去 选项，采用系统默认的求差对象；单击 < 确定 > 按钮，完成拉伸特征 1 的创建。

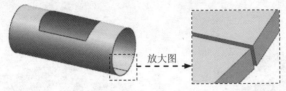

图 19.9.17　拉伸特征 1　　　　　　　　图 19.9.18　截面草图

Step9. 将模型转换为钣金。在 应用模块 功能选项卡 设计 区域单击 钣金 按钮，进入"NX 钣金"设计环境；选择下拉菜单 插入(S) ➡ 转换(V)▶ ➡ 转换为钣金(C)... 命令，选取图 19.9.19 所示的面；单击 确定 按钮，完成钣金转换操作。

Step10. 保存钣金件模型。

Step11. 切换至 four_arris_cone_squarely_circle 窗口并保存文件，关闭所有文件窗口。

Stage4. 创建完整钣金件

新建一个装配文件，命名为 four_arris_cone_squarely_circle_asm。使用创建的四棱锥正交圆管三通 01、02 进行装配得到完整的钣金件（具体操作请参看随书光盘），结果如图 19.9.20 所示；保存钣金件模型并关闭所有文件窗口。

选取该面

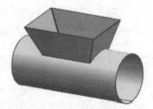

图 19.9.19　钣金转换　　　　　　　　图 19.9.20　完整钣金件

Task2. 展平四棱锥正交圆管三通

Stage1. 展平四棱锥正交圆管三通 01

Step1. 打开文件：four_arris_cone_squarely_circle01。

Step2. 选择下拉菜单 插入(S) ➡ 展平图样(L)...▶ ➡ 展平实体(S)... 命令；取消选中 □ 移至绝对坐标系 复选框，选取图 19.9.21 所示的模型表面为固定面，单击 确定 按钮，展平结果如图 19.9.1c 所示；将模型另存为 four_arris_cone_squarely_circle_unfold01。

Stage2. 展平四棱锥正交圆管三通02

Step1. 打开文件：four_arris_cone_squarely_circle02。

Step2. 选择下拉菜单 插入(S) ➡ 展平图样(L)... ▶ ➡ 展平实体(S)... 命令；取消选中 □移至绝对坐标系 复选框，选取图 19.9.22 所示的模型表面为固定面，单击 确定 按钮，展平结果如图 19.9.1b 所示；将模型另存为 four_arris_cone_squarely_circle_unfold02。

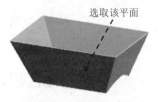

图 19.9.21 定义固定面　　　　　　　　　图 19.9.22 定义固定面

19.10 圆管直交四棱锥管

圆管直交四棱锥管是由圆管与四棱锥正交连接形成的钣金结构。图 19.10.1 所示分别是其钣金件及其展开图，下面介绍其在 UG NX 11.0 中创建和展开的操作过程。

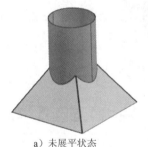

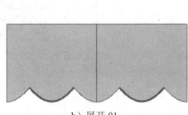

a）未展平状态　　　　　　　　b）展开01　　　　　　　　c）展开02

图 19.10.1 圆管直交四棱锥管及其展开图

Task1. 创建圆管直交四棱锥管

Stage1. 创建整体结构模型

Step1. 新建一个零件模型文件，并命名为 cylinder_squarely_four_arris_cone。

Step2. 创建图 19.10.2 所示的草图 1。选取 XY 基准平面为草图平面，绘制草图 1。

Step3. 创建基准点。选择下拉菜单 插入(S) ➡ 基准/点(D) ▶ ➡ ✛ 点(P)... 命令；在"点"对话框 输出坐标 区域的 Z 文本框中输入 119；单击 < 确定 > 按钮，完成基准点的创建。

Step4. 创建图 19.10.3 所示的通过曲线组特征 1。选择下拉菜单 插入(S) ➡ 网格曲面(M)▶ ➡ ⬡ 通过曲线组(T)... 命令；依次选取草图 1 和基准点为特征截面，并分别单击中键确认；单击 < 确定 > 按钮，完成通过曲线组特征 1 的创建。

Step5. 创建图 19.10.4 所示的基准平面 1。选择下拉菜单 插入(S) ➡ 基准/点(D) ➡

基准平面(D)... 命令；在 类型 区域的下拉列表中选择 按某一距离 选项，选取 XY 基准平面，输入偏移值 160；单击 〈确定〉 按钮，完成基准平面 1 的创建。

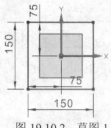

图 19.10.2 草图 1

图 19.10.3 通过曲线组特征 1

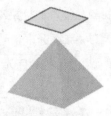
图 19.10.4 基准平面 1

Step6. 创建图 19.10.5 所示的拉伸特征 1。选择下拉菜单 插入(S) ➡ 设计特征(E)▶ ➡ 拉伸(E)... 命令；选取基准平面 1 为草图平面，绘制图 19.10.6 所示的截面草图（一）；单击 按钮调整拉伸方向；在"拉伸"对话框 限制 区域的 开始 下拉列表中选择 值 选项，在其下的 距离 文本框中输入值 0；在 结束 下拉列表中选择 直至下一个 选项，在 布尔 区域中选择 合并 选项，采用系统默认的求和对象；单击 〈确定〉 按钮，完成拉伸特征 1 的创建。

图 19.10.5 拉伸特征 1

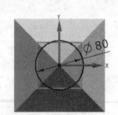
图 19.10.6 截面草图（一）

Step7. 创建图 19.10.7 所示的抽壳特征。选择下拉菜单 插入(S) ➡ 偏置/缩放(O)▶ ➡ 抽壳(H)... 命令；选取图 19.10.8 所示模型的两个端面为要抽壳的面，在"抽壳"对话框中的 厚度 文本框内输入数值 1.0；单击 〈确定〉 按钮，完成抽壳特征的创建。

图 19.10.7 抽壳特征

图 19.10.8 选取移除面

Step8. 创建图 19.10.9 所示的拉伸特征 2。选择下拉菜单 插入(S) ➡ 设计特征(E)▶ ➡ 拉伸(E)... 命令；选取 YZ 平面为草图平面，绘制图 19.10.10 所示的截面草图（二）；在"拉伸"对话框 限制 区域的 开始 下拉列表中选择 对称值 选项，并在其下的 距离 文本框中输入数值 70；在 布尔 区域中选择 无 选项；单击 〈确定〉 按钮，完成拉伸特征 2 的创建。

图 19.10.9　拉伸特征 2

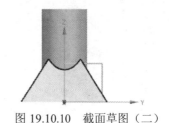

图 19.10.10　截面草图（二）

Step9. 保存模型文件。

Stage2. 创建圆管直交四棱锥管 01

Step1. 在资源工具条区单击"装配导航器"按钮，切换至"装配导航器"界面，在装配导航器的空白处右击，在弹出的快捷菜单中选择 ☑ WAVE 模式 命令。

Step2. 在装配导航器区选择 ☑ cylinder_squarely_four_arris_cone 并右击，在弹出的快捷菜单中选择 WAVE ▶ ━━▶ 新建层 命令，系统弹出"新建层"对话框。

Step3. 在"新建层"对话框中单击 指定部件名 按钮，在弹出的对话框中输入文件名 cylinder_squarely_four_arris_cone01，并单击 OK 按钮。

Step4. 在"新建层"对话框中单击 类选择 按钮，选取基准坐标系和所有的实体曲面对象，单击两次 确定 按钮，完成新级别的创建。

Step5. 将 cylinder_squarely_four_arris_cone01 设为显示部件。

Step6. 创建图 19.10.11 所示的修剪体。选择下拉菜单 插入(S) ━━▶ 修剪(T) ━━▶ 修剪体(T)... 命令。选取图 19.10.12 所示的实体为修剪目标，单击中键，选取图 19.10.12 所示的曲面为修剪工具；单击 ＜确定＞ 按钮，完成修剪体的创建。

Step7. 创建图 19.10.13 所示的拉伸特征 1。选择下拉菜单 插入(S) ━━▶ 设计特征(E)▶ ━━▶ 拉伸(E)... 命令；选取图 19.10.14 所示的边线为拉伸截面；单击 ⤢ 按钮调整拉伸方向；在"拉伸"对话框 限制 区域的 开始 下拉列表中选择 值 选项，在其下的 距离 文本框中输入值 0；在 结束 下拉列表中选择 值 选项，在其下的 距离 文本框中输入值 145；在 布尔 区域中选择 合并 选项，采用系统默认的求和对象；单击 ＜确定＞ 按钮，完成拉伸特征 1 的创建。

图 19.10.11　修剪体

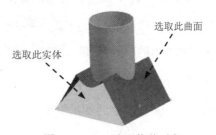

选取此曲面
选取此实体

图 19.10.12　选取修剪对象

图 19.10.13　拉伸特征 1

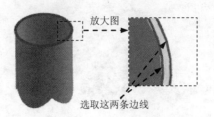

图 19.10.14　定义参照边

Step8. 创建图 19.10.15 所示的拉伸特征 2。选择下拉菜单 插入(S) ➡ 设计特征(E)▶ ➡ Ⅲ 拉伸(E)... 命令；选取 XY 平面为草图平面，绘制图 19.10.16 所示的截面草图；在"拉伸"对话框 限制 区域的 开始 下拉列表中选择 值 选项，在其下的 距离 文本框中输入值 0；在 结束 下拉列表中选择 贯通 选项，在 布尔 区域中选择 减去 选项，采用系统默认的求差对象；单击 < 确定 > 按钮，完成拉伸特征 2 的创建。

图 19.10.15　拉伸特征 2

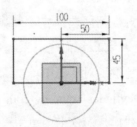

图 19.10.16　截面草图

Step9. 创建图 19.10.17 所示的修剪体。选择下拉菜单 插入(S) ➡ 修剪(T) ➡ 修剪体(T)... 命令。选取图 19.10.18 所示的实体为修剪目标，单击中键；选取图 19.10.18 所示的曲面为修剪工具；单击 < 确定 > 按钮，完成修剪体的创建。

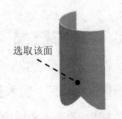

图 19.10.17　修剪体

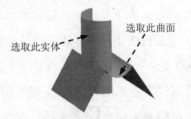

图 19.10.18　选取修剪对象

Step10. 将模型转换为钣金。在 应用模块 功能选项卡 设计 区域单击 钣金 按钮，进入"NX 钣金"设计环境；选择下拉菜单 插入(S) ➡ 转换(V)▶ ➡ 转换为钣金(C)... 命令，选取图 19.10.19 所示的面；单击 确定 按钮，完成钣金转换操作。

Step11. 保存钣金件模型。

Stage3. 创建圆管直交四棱锥管 02

Step1. 切换至 cylinder_squarely_four_arris_cone 窗口。

Step2. 在资源工具条区单击"装配导航器"按钮 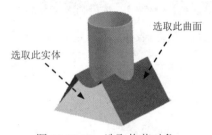，切换至"装配导航器"界面，在装配导航器的空白处右击，在弹出的快捷菜单中选择 ☑ WAVE 模式 命令。

Step3. 在装配导航器区选择 ☑ 📦 cylinder_squarely_four_arris_cone 并右击，在弹出的快捷菜单中选择 WAVE ▶ ➡ 新建层 命令，系统弹出"新建层"对话框。

Step4. 在"新建层"对话框中单击 指定部件名 按钮，在弹出的对话框中输入文件名 cylinder_squarely_four_arris_cone02，并单击 OK 按钮。

Step5. 在"新建层"对话框中单击 类选择 按钮，选取所有实体和曲面对象，单击两次 确定 按钮，完成新级别的创建。

Step6. 将 cylinder_squarely_four_arris_cone02 设为显示部件（确认在零件设计环境中）。

Step7. 创建图 19.10.20 所示的修剪体。选择下拉菜单 插入(S) ➡ 修剪(T) ➡ 🔲 修剪体(T)... 命令。选取图 19.10.19 所示的实体为修剪目标，单击中键；选取图 19.10.19 所示的曲面为修剪工具；单击 🗙 按钮调整修剪方向；单击 〈 确定 〉 按钮，完成修剪体的创建。

选取此曲面

选取此实体

图 19.10.19 选取修剪对象

图 19.10.20 修剪体

Step8. 将模型转换为钣金。在 应用模块 功能选项卡 设计 区域单击 🖳 钣金 按钮，进入"NX钣金"设计环境；选择下拉菜单 插入(S) ➡ 折弯(N) ▶ ➡ 🔳 实体特征转换为钣金(S)... 命令，选取图 19.10.21 所示模型的四个面为腹板面，选择图 19.10.21 所示的边为折弯边；单击 厚度 文本框右侧的 🖿 按钮，在系统弹出的快捷菜单中选择 使用局部值 选项，然后在 厚度 文本框中输入数值 1.0；单击 🗙 按钮调整加厚方向；单击 折弯参数 区域 折弯半径 文本框右侧的 🖿 按钮，在系统弹出的快捷菜单中选择 使用局部值 选项，然后在 折弯半径 文本框中输入数值 0.5；单击 确定 按钮，完成钣金转换操作。

Step9. 保存钣金件模型。

Stage4. 创建完整钣金件

Step1. 新建一个装配文件，命名为 cylinder_squarely_four_arris_cone_asm01。使用创建的圆管直交四棱锥管钣金件 01 进行装配得到完整的钣金件（具体操作请参看随书光盘），结果如图 19.10.22 所示。

Step2. 新建一个装配文件，命名为 cylinder_squarely_four_arris_cone_asm，使用上一步创建的装配钣金件和圆管直交四棱锥管钣金件 02 进行装配得到完整的钣金件（具体操作请参看随书光盘），结果如图 19.10.23 所示；保存钣金件模型并关闭所有文件窗口。

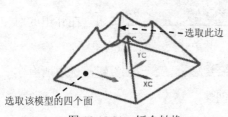
图 19.10.21　钣金转换

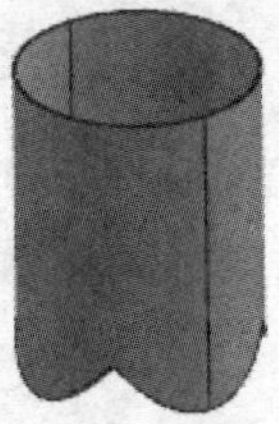

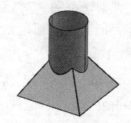
图 19.10.22　钣金件 01

图 19.10.23　完整钣金件

Task2. 展平圆管直交四棱锥管

Stage1. 展平圆管直交四棱锥管 01

Step1. 打开文件：cylinder_squarely_four_arris_cone01。

Step2. 选择下拉菜单 插入(S) ➡ 展平图样(L)... ▶ ➡ 展平实体(S)... 命令；取消选中 ☐ 移至绝对坐标系 复选框，选取图 19.10.24 所示的模型表面为固定面，将模型另存为 cylinder_squarely_four_arris_cone_unfold01_01。

Stage2. 展平圆管直交四棱锥管 02

Step1. 打开文件：cylinder_squarely_four_arris_cone02。

Step2. 选择下拉菜单 插入(S) ➡ 展平图样(L)... ▶ ➡ 展平实体(S)... 命令；取消选中 ☐ 移至绝对坐标系 复选框，选取图 19.10.25 所示的模型表面为固定面，单击 确定 按钮，展平结果如图 19.10.1c 所示；将模型另存为 cylinder_squarely_four_arris_cone_unfold02。

图 19.10.24　定义固定面

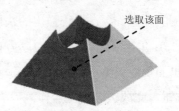
图 19.10.25　定义固定面

Stage3. 装配展开图

新建一个装配文件，命名为 cylinder_squarely_four_arris_cone_unfold01_asm。插入圆管直交四棱锥管 01 钣金件展开进行装配得到完整的钣金件展开图（具体操作请参看随书光盘），结果如图 19.10.1b 所示。

19.11 圆管平交四棱锥管

圆管平交四棱锥管是由圆管与四棱锥水平相交连接形成的钣金结构。此类钣金件的创建是先创建钣金结构零件，然后使用导出曲面方法来创建四棱锥子钣金件和圆柱管子钣金件。在本例中，四棱锥要分割成两个部分来创建，最后分别对其进行展开，并使用装配方法得到完整钣金件。图 19.11.1 所示分别是其钣金件及其展开图，下面介绍其在 UG 中创建和展开的操作过程。

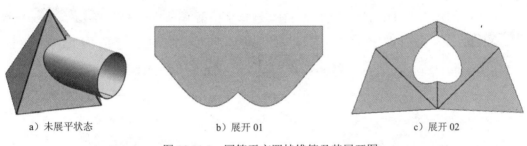

a）未展平状态　　　　　　　　b）展开 01　　　　　　　　c）展开 02

图 19.11.1　圆管平交四棱锥管及其展开图

Task1. 创建圆管平交四棱锥管

Stage1. 创建整体结构模型

Step1. 新建一个零件模型文件，并命名为 cylinder_horizontal_four_arris_cone。

Step2. 创建图 19.11.2 所示的草图 1。选取 XY 基准平面为草图平面，绘制草图 1。

Step3. 创建基准点。选择下拉菜单 插入(S) ➡ 基准/点(D) ▶ ➡ ╋ 点(P)... 命令；在"点"对话框 输出坐标 区域的 Z 文本框中输入 190；单击 < 确定 > 按钮，完成基准点的创建。

Step4. 创建图 19.11.3 所示的通过曲线组特征 1。选择下拉菜单 插入(S) ➡ 网格曲面(M)▶ ➡ ▨ 通过曲线组(T)... 命令；依次选取草图 1 和基准点为特征截面；单击 < 确定 > 按钮，完成特征的创建。

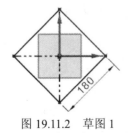

图 19.11.2　草图 1

图 19.11.3　通过曲线组特征 1

Step5. 创建图 19.11.4 所示的拉伸特征 1。选择下拉菜单 插入(S) ➡ 设计特征(E)▶ ➡ ▥ 拉伸(E)... 命令；选取 YZ 基准平面为草图平面，绘制图 19.11.5 所示的截面草图（一）；在

"拉伸"对话框限制区域的开始下拉列表中选择值选项，在其下的距离文本框中输入值 0；在结束下拉列表中选择值选项，在其下的距离文本框中输入值 160；在布尔区域中选择合并选项，采用系统默认的求和对象；单击确定按钮，完成拉伸特征 1 的创建。

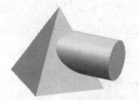

图 19.11.4 拉伸特征 1

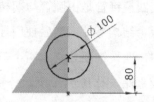

图 19.11.5 截面草图（一）

Step6. 创建图 19.11.6 所示的抽壳特征。选择下拉菜单插入(S) ➡ 偏置/缩放(O)▶ ➡ 抽壳(H)...命令，选取图 19.11.7 所示模型的两个端面为要抽壳的面，在"抽壳"对话框中的厚度文本框内输入数值 1.0；单击确定按钮，完成抽壳特征的创建。

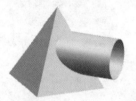

图 19.11.6 抽壳特征

图 19.11.7 选取移除面

Step7. 创建图 19.11.8 所示的拉伸特征 2。选择下拉菜单插入(S) ➡ 设计特征(E)▶ ➡ 拉伸(E)...命令；选取 XZ 平面为草图平面，绘制图 19.11.9 所示的截面草图（二）；在"拉伸"对话框限制区域的开始下拉列表中选择对称值选项，并在其下的距离文本框中输入数值 70；在布尔区域中选择无选项；单击确定按钮，完成拉伸特征 2 的创建。

图 19.11.8 拉伸特征 2

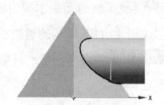

图 19.11.9 截面草图（二）

Step8. 保存模型文件。

Stage2. 创建圆管平交四棱锥管 01

Step1. 在资源工具条区单击"装配导航器"按钮，切换至"装配导航器"界面，在装配导航器的空白处右击，在弹出的快捷菜单中选择☑ WAVE 模式命令。

Step2. 在装配导航器区选择☑ cylinder_horizontal_four_arris_cone 并右击，在弹出的快捷

菜单中选择 WAVE ▶ ➡ 新建层 命令，系统弹出"新建层"对话框。

Step3. 在"新建层"对话框中单击 指定部件名 按钮，在弹出的对话框中输入文件名 cylinder_horizontal_four_arris_cone01，并单击 OK 按钮。

Step4. 在"新建层"对话框中单击 类选择 按钮，选取坐标系和所有的实体和曲面对象，单击两次 确定 按钮，完成新级别的创建。

Step5. 将 cylinder_horizontal_four_arris_cone01 设为显示部件。

Step6. 创建图 19.11.10 所示的修剪体 1。选择下拉菜单 插入(S) ➡ 修剪(T) ➡ 修剪体(T)... 命令。选取图 19.11.11 所示的实体为修剪目标，单击中键；选取图 19.11.11 所示的曲面为修剪工具；单击 〈确定〉 按钮，完成修剪体 1 的创建。

 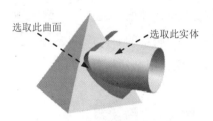

选取此曲面 选取此实体

图 19.11.10 修剪体 1　　　图 19.11.11 选取修剪对象（一）

Step7. 创建图 19.11.12 所示的拉伸特征 1。选择下拉菜单 插入(S) ➡ 设计特征(E) ▶ ➡ 拉伸(E)... 命令；选取图 19.11.13 所示的边线；单击 ⬈ 按钮调整拉伸方向；在"拉伸"对话框 限制 区域的 开始 下拉列表中选择 值 选项，在其下的 距离 文本框中输入值 0；在 结束 下拉列表中选择 值 选项，在其下的 距离 文本框中输入值 160；在 布尔 区域中选择 合并 选项，采用系统默认的求和对象；单击 〈确定〉 按钮，完成拉伸特征 1 的创建。

 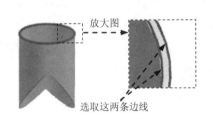

放大图

选取这两条边线

图 19.11.12 拉伸特征 1　　　图 19.11.13 定义参照边

Step8. 创建图 19.11.14 所示的拉伸特征 2。选择下拉菜单 插入(S) ➡ 设计特征(E) ▶ ➡ 拉伸(E)... 命令；选取 XY 平面为草图平面，绘制图 19.11.15 所示的截面草图；在"拉伸"对话框的 偏置 下拉列表中选择 对称 选项，在 开始 文本框中输入值 0.1；在 限制 区域的 开始 下拉列表中选择 值 选项，在其下的 距离 文本框中输入值 0；在 结束 下拉列表中选择 值 选项，在其下的 距离 文本框中输入值 100；在 布尔 区域中选择 减去 选项，采用系统默认的求差对象；单击 〈确定〉 按钮，完成拉伸特征 2 的创建。

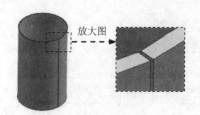
图 19.11.14　拉伸特征 2

图 19.11.15　截面草图

Step9. 创建图 19.11.16 所示的修剪体 2。选择下拉菜单 插入(S) → 修剪(T) → 修剪体(T)...命令。选取图 19.11.17 所示的实体为修剪目标，单击中键；选取图 19.11.17 所示的曲面为修剪工具；单击 <确定> 按钮，完成修剪体 2 的创建。

Step10. 将模型转换为钣金。在 应用模块 功能选项卡 设计 区域单击 钣金按钮，进入 "NX 钣金"设计环境；选择下拉菜单 插入(S) → 转换(V) ▶ → 转换为钣金(C)...命令，选取图 19.11.16 所示的面；单击 确定 按钮，完成钣金转换操作。

Step11. 保存钣金件模型。

图 19.11.16　修剪体 2

图 19.11.17　选取修剪对象（二）

Stage3. 创建圆管平交四棱锥管 02

Step1. 切换至 cylinder_horizontal_four_arris_cone 窗口。

Step2. 在资源工具条区单击"装配导航器"按钮 ，切换至"装配导航器"界面，在装配导航器的空白处右击，在弹出的快捷菜单中选择 ✔ WAVE 模式 命令。

Step3. 在装配导航器区选择 ☑ cylinder_squarely_four_arris_cone 并右击，在弹出的快捷菜单中选择 WAVE ▶ → 新建层 命令，系统弹出"新建层"对话框。

Step4. 在"新建层"对话框中单击 指定部件名 按钮，在弹出的对话框中输入文件名 cylinder_horizontal_four_arris_cone02，并单击 OK 按钮。

Step5. 在"新建层"对话框中单击 类选择 按钮，选取所有的实体和曲面对象，单击两次 确定 按钮，完成新级别的创建。

Step6. 将 cylinder_horizontal_four_arris_cone02 设为显示部件（确认在零件设计环境中）。

Step7. 创建图 19.11.18 所示的修剪体 1。选择下拉菜单 插入(S) → 修剪(T) → 修剪体(T)...命令。选取图 19.11.19 所示的实体为修剪目标，单击中键；选取图 19.11.19 所示的曲面为修剪工具；单击 按钮调整修剪方向；单击 <确定> 按钮，完成修剪体 1 的创建。

图 19.11.18 修剪体 1

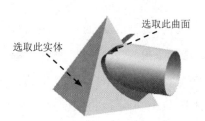

选取此曲面

选取此实体

图 19.11.19 选取修剪对象

Step8. 将模型转换为钣金。在 应用模块 功能选项卡 设计 区域单击 🔧钣金 按钮，进入"NX 钣金"设计环境；选择下拉菜单 插入(S) ➡ 折弯(N) ▶ ➡ 🔩 实体特征转换为钣金(S)... 命令，选取图 19.11.20 所示模型的四个面为腹板面，选择图 19.11.20 所示的边为折弯边；单击 厚度 文本框右侧的 ☰ 按钮，在系统弹出的快捷菜单中选择 使用局部值 选项，然后在 厚度 文本框中输入数值 1.0；单击 ⤢ 按钮调整厚度方向；单击 折弯参数 区域 折弯半径 文本框右侧的 ☰ 按钮，在系统弹出的快捷菜单中选择 使用局部值 选项，然后在 折弯半径 文本框中输入数值 0.5；单击 确定 按钮，完成钣金转换操作。

Step9. 保存钣金件模型。

Stage4. 创建完整钣金件

新建一个装配文件，命名为 cylinder_horizontal_four_arris_cone_asm。使用创建的圆管平交四棱锥管 01、02 进行装配得到完整的钣金件（具体操作请参看随书光盘），结果如图 19.11.21 所示；保存钣金件模型并关闭所有文件窗口。

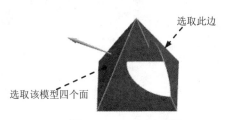

选取此边

选取该模型四个面

图 19.11.20 钣金转换

图 19.11.21 完整钣金件

Task2. 展平圆管平交四棱锥管

Stage1. 展平圆管平交四棱锥管 01

Step1. 打开文件：cylinder_horizontal_four_arris_cone01。

Step2. 选择下拉菜单 插入(S) ➡ 展平图样(L) ▶ ➡ 🔽 展平实体(S)... 命令；取消选中 ☐ 移至绝对坐标系 复选框，选取图 19.11.22 所示的模型表面为固定面，单击 确定 按钮，展平结果如图 19.11.1b 所示；将模型另存为 cylinder_horizontal_four_arris_cone_unfold01。

Stage2. 展平圆管平交四棱锥管 02

Step1. 打开文件：cylinder_horizontal_four_arris_cone02。

Step2. 选择下拉菜单 插入(S) ➡ 展平图样(L)... ▶ ➡ 展平实体(S)...命令；取消选中 ☐移至绝对坐标系 复选框，选取图 19.11.23 所示的模型表面为固定面，单击 确定 按钮，展平结果如图 19.11.1c 所示；将模型另存为 cylinder_horizontal_four_arris_cone_unfold02。

图 19.11.22　定义固定面

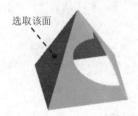

图 19.11.23　定义固定面

19.12　圆管偏交四棱锥管

圆管偏交四棱锥管是由圆管与四棱锥偏心相交连接形成的钣金结构。图 19.12.1 所示分别是其钣金件及其展开图，下面介绍其在 UG NX 11.0 中创建和展开的操作过程。

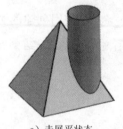

a）未展平状态　　　　　　b）展开 01　　　　　　　c）展开 02

图 19.12.1　圆管偏交四棱锥管及其展开图

Task1. 创建圆管偏交四棱锥管

Stage1. 创建整体结构模型

Step1. 新建一个零件模型文件，并命名为 cylinder_eccentric_four_arris_cone。

Step2. 创建图 19.12.2 所示的草图 1。选取 XY 基准平面为草图平面，绘制草图 1。

Step3. 创建基准点。选择下拉菜单 插入(S) ➡ 基准/点(D) ▶ ➡ 十点(P)...命令；单击 ＜确定＞ 按钮，完成基准点的创建（注：具体参数和操作参见随书光盘）。

Step4. 创建图 19.12.3 所示的通过曲线组特征 1。选择下拉菜单 插入(S) ➡ 网格曲面(M) ▶ ➡ 通过曲线组(T)...命令；依次选取草图 1 和基准点；单击 ＜确定＞ 按钮，完成通过曲线组特征 1 的创建。

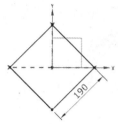

图 19.12.2 草图 1

图 19.12.3 通过曲线组特征 1

Step5. 创建图 19.12.4 所示的拉伸特征 1。选择下拉菜单 插入(S) ➡ 设计特征(E)▶ ➡ 拉伸(E)... 命令；选取 XY 基准平面为草图平面，绘制图 19.12.5 所示的截面草图（一）；在"拉伸"对话框 限制 区域的 开始 下拉列表中选择 值 选项，在其下的 距离 文本框中输入值 0；在 结束 下拉列表中选择 值 选项，在其下的 距离 文本框中输入值 220；在 布尔 区域中选择 合并 选项，采用系统默认的求和对象；单击 〈确定〉 按钮，完成拉伸特征 1 的创建。

图 19.12.4 拉伸特征 1

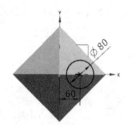

图 19.12.5 截面草图（一）

Step6. 创建图 19.12.6 所示的抽壳特征。选择下拉菜单 插入(S) ➡ 偏置/缩放(O)▶ ➡ 抽壳(H)... 命令，选取图 19.12.7 所示模型的两个端面为要抽壳的面，在"抽壳"对话框中的 厚度 文本框内输入数值 1.0，单击 〈确定〉 按钮，完成抽壳特征的创建。

图 19.12.6 抽壳特征

图 19.12.7 选取移除面

Step7. 创建图 19.12.8 所示的拉伸特征 2。选择下拉菜单 插入(S) ➡ 设计特征(E)▶ ➡ 拉伸(E)... 命令；选取 XZ 平面为草图平面，绘制图 19.12.9 所示的截面草图（二）；在"拉伸"对话框 限制 区域的 开始 下拉列表中选择 对称值 选项，并在其下的 距离 文本框中输入数值 70；在 布尔 区域中选择 无 选项；单击 〈确定〉 按钮，完成拉伸特征 2 的创建。

Step8. 保存模型文件。

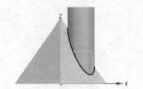

图 19.12.8　拉伸特征 2　　　　　　　图 19.12.9　截面草图（二）

Stage2. 创建圆管偏交四棱锥管 01

Step1. 在资源工具条区单击"装配导航器"按钮 ，切换至"装配导航器"界面，在装配导航器的空白处右击，在弹出的快捷菜单中选择 ☑ WAVE 模式 命令。

Step2. 在装配导航器区选择 ☑ cylinder_eccentric_four_arris_cone 并右击，在弹出的快捷菜单中选择 WAVE ▸ ⟶ 新建层 命令，系统弹出"新建层"对话框。

Step3. 在"新建层"对话框中单击 指定部件名 按钮，在弹出的对话框中输入文件名 cylinder_eccentric_four_arris_cone01，并单击 OK 按钮。

Step4. 在"新建层"对话框中单击 类选择 按钮，选取坐标系和所有的实体和曲面对象，单击两次 确定 按钮，完成新级别的创建。

Step5. 将 cylinder_eccentric_four_arris_cone01 设为显示部件。

Step6. 创建图 19.12.10 所示的修剪体 1。选择下拉菜单 插入(S) ⟶ 修剪(T) ⟶ 修剪体(T)... 命令。选取图 19.12.11 所示的实体为修剪目标，单击中键；选取图 19.12.11 所示的曲面为修剪工具；单击 ⟨ 确定 ⟩ 按钮，完成修剪体的创建。

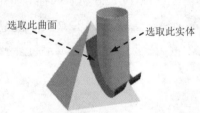

选取此曲面　　　　选取此实体

图 19.12.10　修剪体 1　　　　　　图 19.12.11　选取修剪对象（一）

Step7. 创建图 19.12.12 所示的拉伸特征 1。选择下拉菜单 插入(S) ⟶ 设计特征(E)▸ ⟶ 拉伸(E)... 命令；选取图 19.12.13 所示的边线；单击 按钮调整拉伸方向；在"拉伸"对话框 限制 区域的 开始 下拉列表中选择 值 选项，在其下的 距离 文本框中输入值 0；在 结束 下拉列表中选择 值 选项，在其下的 距离 文本框中输入值 220；在 布尔 区域中选择 合并 选项，采用系统默认的求和对象；单击 ⟨ 确定 ⟩ 按钮，完成拉伸特征 1 的创建。

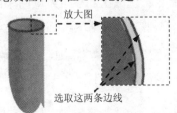

放大图

选取这两条边线

图 19.12.12　拉伸特征 1　　　　　　图 19.12.13　定义参照边

Step8. 创建图 19.12.14 所示的拉伸特征 2。选择下拉菜单 插入(S) ➡ 设计特征(E)▶ ➡ 拉伸(E)... 命令；选取 YZ 平面为草图平面，绘制图 19.12.15 所示的截面草图；在"拉伸"对话框的 偏置 下拉列表中选择 对称 选项，在 开始 文本框中输入值 0.1；在 限制 区域的 开始 下拉列表中选择 值 选项，在其下的 距离 文本框中输入值 0；在 结束 下拉列表中选择 值 选项，在其下的 距离 文本框中输入值 70；在 布尔 区域中选择 减去 选项，采用系统默认的求差对象；单击 < 确定 > 按钮，完成拉伸特征 2 的创建。

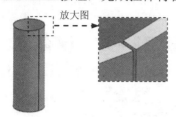

图 19.12.14 拉伸特征 2

图 19.12.15 截面草图

Step9. 创建图 19.12.16 所示的修剪体 2。选择下拉菜单 插入(S) ➡ 修剪(T) ➡ 修剪体(T)... 命令。选取图 19.12.17 所示的实体为修剪目标，单击中键；选取图 19.12.17 所示的曲面为修剪工具；单击 < 确定 > 按钮，完成修剪体 2 的创建。

图 19.12.16 修剪体 2

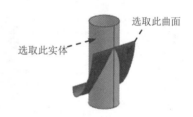

图 19.12.17 选取修剪对象（二）

Step10. 将模型转换为钣金。在 应用模块 功能选项卡 设计 区域单击 钣金 按钮，进入"NX 钣金"设计环境；选择下拉菜单 插入(S) ➡ 转换(V)▶ ➡ 转换为钣金(C)... 命令，选取图 19.12.16 所示的面；单击 确定 按钮，完成钣金转换操作。

Step11. 保存钣金件模型。

Stage3. 创建圆管偏交四棱锥管 02

Step1. 切换至 cylinder_eccentric_four_arris_cone 窗口。

Step2. 在资源工具条区单击"装配导航器"按钮 ，切换至"装配导航器"界面，在装配导航器的空白处右击，在弹出的快捷菜单中选择 ☑ WAVE 模式 命令。

Step3. 在装配导航器区选择 ☑ cylinder_eccentric_four_arris_cone 并右击，在弹出的快捷菜单中选择 WAVE▶ ➡ 新建层 命令，系统弹出"新建层"对话框。

Step4. 在"新建层"对话框中单击 指定部件名 按钮，在弹出的对话框中输入文件名 cylinder_eccentric_four_arris_cone02，并单击 OK 按钮。

Step5. 在"新建层"对话框中单击 类选择 按钮，选取所有的实体和曲面对象，单击两次 确定 按钮，完成新级别的创建。

Step6. 将 cylinder_eccentric_four_arris_cone02 设为显示部件（确认在零件设计环境中）。

Step7. 创建图 19.12.18 所示的修剪体。选择下拉菜单 插入(S) ➡ 修剪(T) ➡ 修剪体(T)... 命令。选取图 19.12.19 所示的实体为修剪目标，单击中键；选取图 19.12.19 所示的曲面为修剪工具；单击 按钮调整修剪方向；单击 < 确定 > 按钮，完成修剪体的创建。

Step8. 将模型转换为钣金。在 应用模块 功能选项卡 设计 区域单击 钣金 按钮，进入"NX 钣金"设计环境；选择下拉菜单 插入(S) ➡ 折弯(N) ▸ ➡ 实体特征转换为钣金(S)... 命令；选取图 19.12.20 所示模型的四个面为腹板面，选择图 19.12.20 所示的边为折弯边；单击 厚度 文本框右侧的 按钮，在系统弹出的快捷菜单中选择 使用局部值 选项，然后在 厚度 文本框中输入数值 1.0；单击 按钮调整厚度方向；单击 折弯参数 区域 折弯半径 文本框右侧的 按钮，在系统弹出的快捷菜单中选择 使用局部值 选项，然后在 折弯半径 文本框中输入数值 0.5；单击 确定 按钮，完成钣金转换操作。

Step9. 保存钣金件模型。

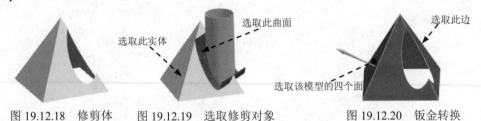

图 19.12.18　修剪体　　图 19.12.19　选取修剪对象　　图 19.12.20　钣金转换

Stage4. 创建完整钣金件

新建一个装配文件，命名为 cylinder_eccentric_four_arris_cone_asm。使用创建的圆管偏交四棱锥管 01、02 进行装配得到完整的钣金件（具体操作请参看随书光盘），结果如图 19.12.21 所示；保存钣金件模型并关闭所有文件窗口。

Task2. 展平圆管偏交四棱锥管

Stage1. 展平圆管偏交四棱锥管 01

Step1. 打开文件：cylinder_eccentric_four_arris_cone01。

Step2. 选择下拉菜单 插入(S) ➡ 展平图样(L) ▸ ➡ 展平实体(S)... 命令；取消选中 移至绝对坐标系 复选框，选取图 19.12.22 所示的模型表面为固定面，单击 确定 按钮，展平结果如图 19.12.1b 所示；将模型另存为 cylinder_eccentric_four_arris_cone_unfold01。

Stage2. 展平圆管偏交四棱锥管 02

Step1. 打开文件：cylinder_eccentric_four_arris_cone02。

Step2. 选择下拉菜单 插入(S) ➡ 展平图样(L)... ▶ ➡ ▽ 展平实体(S)... 命令；取消选中 □ 移至绝对坐标系 复选框，选取图 19.12.23 所示的模型表面为固定面，单击 确定 按钮，展平结果如图 19.12.1c 所示；将模型另存为 cylinder_eccentric_four_arris_cone_unfold02。

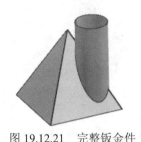

图 19.12.21 完整钣金件

图 19.12.22 定义固定面

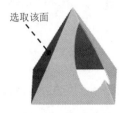

图 19.12.23 定义固定面

19.13 圆管斜交四棱锥管

圆管斜交四棱锥管是由圆管与四棱锥的某一个斜面倾斜相交连接形成的钣金结构。图 19.13.1 所示分别是其钣金件及其展开图，下面介绍其在 UG 中创建和展开的操作过程。

a）未展平状态

b）圆柱管展开

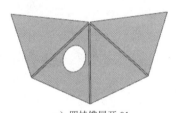

c）四棱锥展开 01

图 19.13.1 圆管斜交四棱锥管及其展开图

Task1. 创建圆管斜交四棱锥管钣金件

Stage1. 创建整体零件结构模型

Step1. 新建一个模型文件，命名为 cylinder_bevel_four_arris_cone。

Step2. 创建基准平面 1。选择下拉菜单 插入(S) ➡ 基准/点(D) ▶ ➡ □ 基准平面(D)... 命令。在 类型 下拉列表中选择 ↗ 按某一距离 选项，选取 XY 平面为参考对象，在 偏置 区域的 距离 文本框中输入值 200；单击 〈 确定 〉 按钮，完成基准平面 1 的创建。

Step3. 创建图 19.13.2 所示的草图 1。选择 XY 平面为草图平面，绘制草图 1。

Step4. 创建图 19.13.3 所示的草图 2。选择基准平面 1 为草图平面，绘制草图 2（与一原点重合的点）。

Step5. 创建图 19.13.4 所示的通过曲线组特征 1。选择下拉菜单 插入(S) ➡ 网格曲面(M) ▶

➡️ 💿 通过曲线组(T)... 命令，依次选取草图 1 和草图 2 为特征截面，单击 〈 确定 〉 按钮，完成通过曲线组特征 1 的创建。

图 19.13.2　草图 1

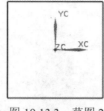
图 19.13.3　草图 2

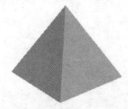
图 19.13.4　通过曲线组特征 1

Step6. 创建图 19.13.5 所示的基准平面 2。选择下拉菜单 插入(S) ➡️ 基准/点(D) ▶ ➡️ □ 基准平面(D)... 命令。单击 〈 确定 〉 按钮，完成基准平面 2 的创建（注：具体参数和操作参见随书光盘）。

Step7. 创建图 19.13.6 所示的基准轴 1。选择下拉菜单 插入(S) ➡️ 基准/点(D) ▶ ➡️ ↑ 基准轴(A)... 命令；在 类型 下拉列表中选择 🔲 交点 选项；然后在图形区选取基准平面 2 与 XZ 平面作为要相交的对象；单击 〈 确定 〉 按钮，完成基准轴 1 的创建。

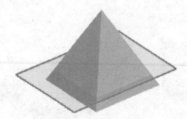
图 19.13.5　基准平面 2

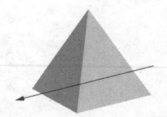
图 19.13.6　基准轴 1

Step8. 创建图 19.13.7 所示的基准平面 3。选择下拉菜单 插入(S) ➡️ 基准/点(D) ▶ ➡️ □ 基准平面(D)... 命令。在 类型 下拉列表中选择 成一角度 选项，选取基准平面 2 为平面对象，选取基准轴 1 为通过轴，在 角度 区域的 角度 文本框中输入值 30；单击 〈 确定 〉 按钮，完成基准平面 3 的创建。

Step9. 创建图 19.13.8 所示的基准平面 4。选择下拉菜单 插入(S) ➡️ 基准/点(D) ▶ ➡️ □ 基准平面(D)... 命令。在 类型 下拉列表中选择 按某一距离 选项，选取基准平面 3 为参考对象，在 偏置 区域的 距离 文本框中输入值 180；单击 〈 确定 〉 按钮，完成基准平面 4 的创建。

图 19.13.7　基准平面 3

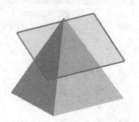
图 19.13.8　基准平面 4

Step10. 创建图19.13.9所示的拉伸特征1。选择下拉菜单 插入(S) ➡ 设计特征(E)▶ ➡ 🔲拉伸(E)... 命令，选取基准平面4为草图平面，绘制图19.13.10所示的截面草图（一）；单击 ⚡按钮调整拉伸方向；在 限制 区域的 开始 下拉列表中选择 ⬇值 选项，在其下的 距离 文本框中输入值0；在 结束 下拉列表中选择 ⬇直至下一个 选项；在 布尔 区域的下拉列表中选择 ⬇合并 选项，采用系统默认的求和对象；单击 <确定> 按钮，完成拉伸特征1的创建。

图19.13.9 拉伸特征1

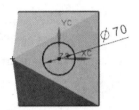

图19.13.10 截面草图（一）

Step11. 创建图19.13.11所示的抽壳特征1。选择下拉菜单 插入(S) ➡ 偏置/缩放(O)▶ ➡ 🔲抽壳(H)... 命令，选取图19.13.12所示的模型的两个端面为要抽壳的面，在"抽壳"对话框中的 厚度 文本框内输入数值1.0；单击 <确定> 按钮，完成抽壳特征1的创建。

图19.13.11 抽壳特征1

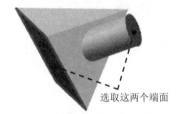

选取这两个端面

图19.13.12 选取移除面

Step12. 创建图19.13.13所示的拉伸特征2。选择下拉菜单 插入(S) ➡ 设计特征(E)▶ ➡ 🔲拉伸(E)... 命令，选取YZ平面为草图平面，绘制如图19.13.14所示的截面草图（二）；在 限制 区域的 开始 下拉列表中选择 ⬇对称值 选项，在 距离 文本框中输入值70；在 布尔 区域的下拉列表中选择 ⬇无 选项；单击 <确定> 按钮，完成拉伸特征2的创建。

Step13. 保存模型文件。

图19.13.13 拉伸特征2

图19.13.14 截面草图（二）

Stage2. 创建圆柱管结构

Step1. 在资源工具条区单击"装配导航器"按钮🔛，切换至"装配导航器"界面，在装配导航器的空白处右击，在弹出的快捷菜单中确认 ☑ WAVE 模式 被选中。

Step2. 在装配导航器区选择 ☑ ▣ cylinder_bevel_four_arris_cone 并右击，在弹出的快捷菜单中选择 WAVE ▶ ➡ 新建层 命令，系统弹出"新建层"对话框。

Step3. 在"新建层"对话框中单击 指定部件名 按钮，在弹出的对话框中输入文件名 cylinder_bevel_four_arris_cone01，并单击 OK 按钮。

Step4. 在"新建层"对话框中单击 类选择 按钮，选取基准坐标系和所有实体及曲面，单击两次 确定 按钮，完成新级别的创建。

Step5. 将 cylinder_bevel_four_arris_cone01 设为显示部件。

Step6. 创建图 19.13.15 所示的修剪体 1。选择下拉菜单 插入(S) ➡ 修剪(T) ➡ 修剪体(T)... 命令。选取图 19.13.16 所示的实体为修剪目标，单击中键；选取图 19.13.16 所示的平面为修剪工具；单击 < 确定 > 按钮，完成修剪体 1 的创建。

图 19.13.15　修剪体 1

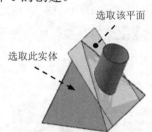

选取该平面

选取此实体

图 19.13.16　选取修剪对象

Step7. 创建图 19.13.17 所示的拉伸特征 1。选择下拉菜单 插入(S) ➡ 设计特征(E)▶ ➡ 拉伸(E)... 命令；选取 XZ 平面为草图平面，绘制图 19.13.18 所示的截面草图；在"拉伸"对话框的 偏置 下拉列表中选择 对称 选项，在 开始 文本框中输入值 0.1；在 限制 区域的 开始 下拉列表中选择 值 选项，在其下的 距离 文本框中输入值 0；在 结束 下拉列表中选择 值 选项，在其下的 距离 文本框中输入值 72；单击 ⤢ 按钮调整拉伸方向；在 布尔 区域中选择 减去 选项，选择实体为求差对象；单击 < 确定 > 按钮，完成拉伸特征 1 的创建。

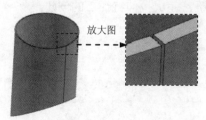

放大图

图 19.13.17　拉伸特征 1

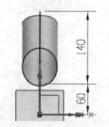

图 19.13.18　截面草图

Step8. 将模型转换为钣金。在 应用模块 功能选项卡 设计 区域单击 ▣ 钣金 按钮，进入"NX 钣金"设计环境；选择下拉菜单 插入(S) ➡ 转换(V) ▶ ➡ 转换为钣金(C)... 命令，选取图 19.13.19 所示的面；单击 确定 按钮，完成钣金转换操作。

Step9. 保存钣金件模型。

Stage3. 创建四棱锥钣金结构

Step1. 切换到"cylinder_bevel_four_arris_cone"窗口。

Step2. 在装配导航器区选择 ☑ ⬛ `cylinder_bevel_four_arris_cone` 并右击，在弹出的快捷菜单中选择 `WAVE ▶` ➡ `新建层` 命令，系统弹出"新建层"对话框。

Step3. 在"新建层"对话框中单击 `指定部件名` 按钮，在弹出的对话框中输入文件名 cylinder_bevel_four_arris_cone02，单击 `OK` 按钮。

Step4. 在"新建层"对话框中单击 `类选择` 按钮，选取所有实体及曲面，单击两次 `确定` 按钮，完成新级别的创建。

Step5. 将 cylinder_bevel_four_arris_cone02 设为显示部件。

Step6. 创建图 19.13.20 所示的修剪体 1。选择下拉菜单 `插入(S)` ➡ `修剪(T)` ➡ `⬛ 修剪体(T)...` 命令。选取图 19.13.21 所示的实体为修剪目标，单击中键；选取图 19.13.21 所示的平面为修剪工具；单击 ⬛按钮调整修剪方向；单击 `< 确定 >` 按钮，完成修剪体 1 的创建。

选取该面

图 19.13.19 钣金转换

图 19.13.20 修剪体 1

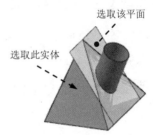

选取该平面

选取此实体

图 19.13.21 选取修剪对象

Step7. 将模型转换为钣金。在 `应用模块` 功能选项卡 `设计` 区域单击 ⬛ `钣金` 按钮，进入"NX钣金"设计环境；选择下拉菜单 `插入(S)` ➡ `折弯(N) ▶` ➡ `⬛ 实体特征转换为钣金(S)...` 命令，选取图 19.13.22 所示的面（4 个模型外表面）；单击 `选择折弯边 (0)` 按钮，确认图 19.13.23 所示的 3 条边线均被选中；单击 `厚度` 文本框右侧的 ⬛按钮，在系统弹出的快捷菜单中选择 `使用局部值` 选项，然后在 `厚度` 文本框中输入数值 1.0；单击 `折弯参数` 区域 `折弯半径` 文本框右侧的 ⬛按钮，在系统弹出的快捷菜单中选择 `使用局部值` 选项，然后在 `折弯半径` 文本框中输入数值 0.5；单击 ⬛按钮调整方向（方向沿模型的内部）；单击 `确定` 按钮，完成钣金转换操作。

Step8. 保存钣金件模型。

Stage4. 创建完整钣金件

新建一个装配文件，命名为 cylinder_bevel_four_arris_cone_asm。使用创建的圆柱管钣金件和圆锥台管钣金件进行装配得到完整的钣金件（具体操作请参看随书光盘），结果如图 19.13.24 所示；保存钣金件模型并关闭所有文件窗口。

图 19.13.22　选取腹板面

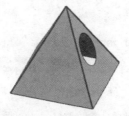

图 19.13.23　选取折弯边

图 19.13.24　完整钣金件

选取这几个面

Task2.　展平圆管斜交四棱锥管钣金件

Stage1.　展平圆管斜交四棱锥圆柱管

Step1.　打开模型文件 cylinder_bevel_four_arris_cone01.prt。

Step2.　创建图 19.13.1b 所示的展平实体。选择下拉菜单 插入(S) ➡ 展平图样(L)... ▶ ➡ 展平实体(S)... 命令；选取图 19.13.25 所示的固定面，单击 确定 按钮，完成展平实体的创建；将模型另存为 cylinder_bevel_four_arris_cone_unfold01。

Stage2.　展平圆管斜交四棱锥

Step1.　打开模型文件 cylinder_bevel_four_arris_cone02.prt。

Step2.　创建 19.13.1c 所示的展平实体。选择下拉菜单 插入(S) ➡ 展平图样(L)... ▶ ➡ 展平实体(S)... 命令；选取图 19.13.26 所示的固定面，单击 确定 按钮，完成展平实体的创建；将模型另存为 cylinder_bevel_four_arris_cone_unfold02。

固定面

图 19.13.25　选取固定面

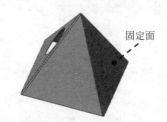

固定面

图 19.13.26　选取固定面

19.14　矩形管横交圆台

　　矩形管横交圆台是由矩形管和圆锥台管水平横交连接形成的钣金结构。图 19.14.1 所示分别是其钣金件及其展开图，下面介绍其在 UG 中创建和展开的操作过程。

Task1.　创建钣金件

Stage1.　创建整体零件结构

Step1.　新建一个模型文件，命名为 rectangle_horizontal_cone。

a）未展平状态　　　　　b）圆锥台管展开　　　　c）矩形管展开

图 19.14.1　矩形管横交圆台及其展开图

Step2. 创建基准平面 1。选择下拉菜单 插入(S) ➡ 基准/点(D)▶ ➡ 基准平面(D)... 命令。在 类型 下拉列表中选择 按某一距离 选项，选取 XY 平面为参考对象，在 偏置 区域的 距离 文本框中输入值 150；单击 〈确定〉 按钮，完成基准平面 1 的创建。

Step3. 创建图 19.14.2 所示的草图 1。选择 XY 平面为草图平面，绘制草图 1。

Step4. 创建图 19.14.3 所示的草图 2。选择基准平面 1 为草图平面，绘制草图 2。

Step5. 创建图 19.14.4 所示的通过曲线组特征 1。选择下拉菜单 插入(S) ➡ 网格曲面(M)▶ ➡ 通过曲线组(T)... 命令；依次选取草图 1 和草图 2 为特征截面；单击 确定 按钮，完成通过曲线组特征 1 的创建。

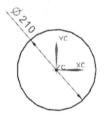
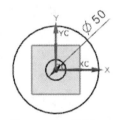

图 19.14.2　草图 1　　　图 19.14.3　草图 2　　　图 19.14.4　通过曲线组特征 1

Step6. 创建图 19.14.5 所示的拉伸特征 1。选择下拉菜单 插入(S) ➡ 设计特征(E)▶ ➡ 拉伸(E)... 命令；选取 YZ 平面为草图平面，绘制图 19.14.6 所示的截面草图（一）；在"拉伸"对话框 限制 区域的 开始 下拉列表中选择 对称值 选项，在 距离 文本框中输入值 120；在 布尔 区域的下拉列表中选择 合并 选项；单击 〈确定〉 按钮，完成拉伸特征 1 的创建。

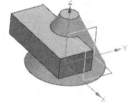
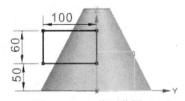

图 19.14.5　拉伸特征 1　　　　图 19.14.6　截面草图（一）

Step7. 创建图 19.14.7 所示的抽壳特征 1。选择下拉菜单 插入(S) ➡ 偏置/缩放(O)▶ ➡ 抽壳(H)... 命令；选取图 19.14.8 所示的模型的四个端面为要抽壳的面，在"抽壳"对话框中的 厚度 文本框内输入数值 1.0；单击 〈确定〉 按钮，完成抽壳特征 1 的创建。

图 19.14.7　抽壳特征 1

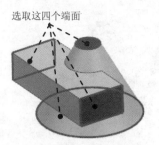

选取这四个端面

图 19.14.8　选取移除面

Step8. 创建图 19.14.9 所示的拉伸特征 2。选择下拉菜单 插入(S) ➡ 设计特征(E)▶ ➡ 拉伸(E)... 命令，选取 YZ 平面为草图平面，绘制图 19.14.10 所示的截面草图（二）；在"拉伸"对话框 限制 区域的 开始 下拉列表中选择 对称值 选项，在 距离 文本框中输入值 120；在 布尔 区域的下拉列表中选择 无 选项；单击 < 确定 > 按钮，完成拉伸特征 2 的创建。

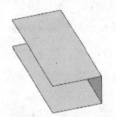

图 19.14.9　拉伸特征 2（隐藏实体）

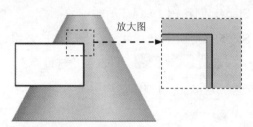

放大图

图 19.14.10　截面草图（二）

Step9. 保存模型文件。

Stage2. 创建圆锥台结构

Step1. 在资源工具条区单击"装配导航器"按钮 ，切换至"装配导航器"界面，在装配导航器的空白处右击，在弹出的快捷菜单中确认 ☑ WAVE 模式 被选中。

Step2. 在装配导航器区选择 ☑ rectangle_horizontal_cone 并右击，在弹出的快捷菜单中选择 WAVE ▶ ➡ 新建层 命令，系统弹出"新建层"对话框。

Step3. 在"新建层"对话框中单击 指定部件名 按钮，在弹出的对话框中输入文件名 rectangle_horizontal_cone01，并单击 OK 按钮。

Step4. 在"新建层"对话框中单击 类选择 按钮，选取基准坐标系和所有实体及曲面，单击两次 确定 按钮，完成新级别的创建。

Step5. 将 rectangle_horizontal_cone01 设为显示部件。

Step6. 创建图 19.14.11 所示的修剪体 1。选择下拉菜单 插入(S) ➡ 修剪(T) ➡ 修剪体(T)... 命令。选取图 19.14.12 所示的实体为修剪目标，单击中键；选取图 19.14.12 所示的平面为修剪工具；单击 < 确定 > 按钮，完成修剪体 1 的创建。

Step7. 创建图 19.14.13 所示的拉伸特征 1。选择下拉菜单 插入(S) ➡ 设计特征(E)▶ ➡

拉伸(E)... 命令；选取 XZ 平面为草图平面，绘制图 19.14.14 所示的截面草图；在"拉伸"对话框的 偏置 下拉列表中选择 对称 选项，在 开始 文本框中输入值 0.1；在 限制 区域的 开始 下拉列表中选择 值 选项，在其下的 距离 文本框中输入值 0；在 结束 下拉列表中选择 贯通 选项，在 布尔 区域中选择 减去 选项，选择实体为求差对象；单击 〈确定〉 按钮，完成拉伸特征 1 的创建。

图 19.14.11　修剪体 1

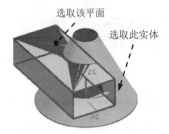

选取该平面
选取此实体

图 19.14.12　选取修剪对象

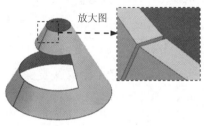

放大图

图 19.14.13　拉伸特征 1

图 19.14.14　截面草图

Step8. 将模型转换为钣金。在 应用模块 功能选项卡 设计 区域单击 钣金 按钮，进入"NX 钣金"设计环境；选择下拉菜单 插入(S) → 转换(V) → 转换为钣金(C)... 命令，选取图 19.14.15 所示的面；单击 确定 按钮，完成钣金转换操作。

Step9. 保存钣金件模型。

Stage3. 创建矩形管结构

Step1. 切换到"rectangle_horizontal_cone"窗口。

Step2. 在装配导航器区选择 rectangle_horizontal_cone 并右击，在弹出的快捷菜单中选择 WAVE → 新建层 命令，系统弹出"新建层"对话框。

Step3. 在"新建层"对话框中单击 指定部件名 按钮，在弹出的对话框中输入文件名 rectangle_horizontal_cone 02，并单击 OK 按钮。

Step4. 在"新建层"对话框中单击 类选择 按钮，选取所有实体及曲面，单击两次 确定 按钮，完成新级别的创建。

Step5. 将 rectangle_horizontal_cone 02 设为显示部件。

Step6. 创建图 19.14.16 所示的修剪体 1。选择下拉菜单 插入(S) → 修剪(T) → 修剪体(T)... 命令。选取图 19.14.17 所示的实体为修剪目标，单击中键；选取图 19.14.17

所示的平面为修剪工具；单击 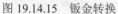 按钮调整修剪方向；单击 〈 确定 〉按钮，完成修剪体 1 的创建。

图 19.14.15　钣金转换

图 19.14.16　修剪体 1

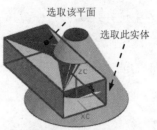

图 19.14.17　选取修剪对象

Step7. 将模型转换为钣金。在 应用模块 功能选项卡 设计 区域单击 钣金 按钮，进入"NX 钣金"设计环境；选择下拉菜单 插入(S) ➔ 折弯(N) ➔ 实体特征转换为钣金(S)... 命令，选取图 19.14.18 所示的面（五个模型外表面）；单击 选择折弯边 (0) 按钮，确认图 19.14.19 所示的 5 条边线均被选中；单击 厚度 文本框右侧的 三 按钮，在系统弹出的快捷菜单中选择 使用局部值 选项，然后在 厚度 文本框中输入数值 1.0；单击 按钮调整方向（方向沿模型的内部）；单击 折弯参数 区域 折弯半径 文本框右侧的 三 按钮，在系统弹出的快捷菜单中选择 使用局部值 选项，然后在 折弯半径 文本框中输入数值 0.5；单击 确定 按钮，完成钣金转换操作。

Step8. 保存钣金件模型。

图 19.14.18　选取腹板面

图 19.14.19　选取折弯边

Stage4. 创建完整钣金件

新建一个装配文件，命名为 rectangle_horizontal_cone_asm。使用创建的矩形管钣金件和圆锥台管钣金件进行装配得到完整的钣金件（具体操作请参看随书光盘），结果如图 19.14.20 所示；保存钣金件模型并关闭所有文件窗口。

Task2. 展平钣金件

Stage1. 展平矩形管横交圆台圆锥台

Step1. 打开模型文件 rectangle_horizontal_cone01.prt。

Step2. 创建图 19.14.1b 所示的展平实体。选择下拉菜单 插入(S) ➔ 展平图样(L)... ▶

➡️ ⬛展平实体(S)...命令；选取图 19.14.21 所示的固定面，单击 ⬛确定 按钮，完成展平实体的创建；将模型另存为 rectangle_horizontal_cone_unfold01。

Stage2. 展平矩形管横交圆台矩形管

Step1. 打开模型文件 rectangle_horizontal_cone02.prt。

Step2. 创建 19.14.1c 所示的展平实体。选择下拉菜单 插入(S) ➡️ 展平图样(L)... ▶ ➡️ ⬛展平实体(S)...命令；选取图 19.14.22 所示的固定面，单击 ⬛确定 按钮，完成特征的创建。将模型另存为 rectangle_horizontal_cone_unfold02。

选取该面

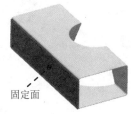
固定面

图 19.14.20 完整钣金件　　图 19.14.21 选取固定面　　图 19.14.22 选取固定面

19.15　圆台直交圆管

圆台直交圆管是由圆柱管和圆锥台管水平横交连接形成的钣金结构。图 19.15.1 所示分别是其钣金件及其展开图，下面介绍其在 UG 中创建和展开的操作过程。

a）未展平状态

b）圆锥台展开

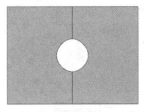
c）圆柱管展开

图 19.15.1　圆台直交圆管及其展开图

Task1. 创建钣金件

Stage1. 创建整体零件结构

Step1. 新建一个模型文件，命名为 cone_squarely_cylinder。

Step2. 创建图 19.15.2 所示的拉伸特征 1。选择下拉菜单 插入(S) ➡️ 设计特征(E)▶ ➡️ 🔲拉伸(E)...命令；选取 YZ 平面为草图平面，绘制如图 19.15.3 所示的截面草图（一）；在限制区域的 开始 下拉列表中选择 🔹对称值 选项，在 距离 文本框中输入值 225；单击 〈 确定 〉按钮，完成拉伸特征 1 的创建。

Step3. 创建基准平面 1。选择下拉菜单 插入(S) ➡️ 基准/点(D)▶ ➡️ 🔲基准平面(D)...命令。在 类型 下拉列表中选择 按某一距离 选项，选取 XY 平面为参考对象，在 偏置 区域的 距离 文本框中输入值 180；单击 〈 确定 〉 按钮，完成基准平面 1 的创建。

　　Step4. 创建图 19.15.4 所示的草图 1。选择 XY 平面为草图平面，绘制图 19.15.4 所示的草图 1。

　　Step5. 创建图 19.15.5 所示的草图 2。选择基准平面 1 为草图平面，绘制图 19.15.5 所示的草图 2。

图 19.15.2　拉伸特征 1

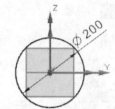

图 19.15.3　截面草图（一）

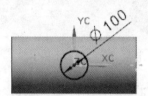

图 19.15.4　草图 1

图 19.15.5　草图 2

　　Step6. 创建图 19.15.6 所示的通过曲线组特征 1。选择下拉菜单 插入(S) ➡ 网格曲面(M)▸ ➡ 通过曲线组(T)... 命令；依次选取草图 1 和草图 2 为特征截面；单击 确定 按钮，完成通过曲线组特征 1 的创建。

　　Step7. 创建求和 1。选择下拉菜单 插入(S) ➡ 组合(B)▸ ➡ 合并(U)... 命令，选择拉伸特征 1 和通过曲线组特征 1；单击 〈 确定 〉 按钮，完成布尔求和操作。

　　Step8. 创建图 19.15.7 所示的抽壳特征 1。选择下拉菜单 插入(S) ➡ 偏置/缩放(O)▸ ➡ 抽壳(H)... 命令；选取图 19.15.8 所示的模型的三个端面为要抽壳的面，在"抽壳"对话框中的 厚度 文本框内输入数值 1.0；单击 〈 确定 〉 按钮，完成抽壳特征 1 的创建。

图 19.15.6　通过曲线组特征 1

图 19.15.7　抽壳特征 1

图 19.15.8　选取移除面

　　Step9. 创建图 19.15.9 所示的拉伸特征 2。选择下拉菜单 插入(S) ➡ 设计特征(E)▸ ➡ 拉伸(E)... 命令；选取 YZ 平面为草图平面，绘制如图 19.15.10 所示的截面草图（二）；在 限制 区域的 开始 下拉列表中选择 对称值 选项，在 距离 文本框中输入值 240；在 布尔 区域的下拉

列表中选择 无选项；在 设置 区域的 体类型 下拉列表中选择 片体 选项；单击 <确定> 按钮，完成拉伸特征 2 的创建。

图 19.15.9　拉伸特征 2

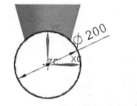

图 19.15.10　截面草图（二）

Step10. 保存模型文件。

Stage2. 创建圆锥台结构

Step1. 在资源工具条区单击"装配导航器"按钮 ，切换至"装配导航器"界面，在装配导航器的空白处右击，在弹出的快捷菜单中确认 ✔ WAVE 模式 被选中。

Step2. 在装配导航器区选择 ☑ cone_squarely_cylinder 并右击，在弹出的快捷菜单中选择 WAVE ▶ ➡ 新建层 命令，系统弹出"新建层"对话框。

Step3. 在"新建层"对话框中单击 指定部件名 按钮，在弹出的对话框中输入文件名 cone_squarely_cylinder01，并单击 OK 按钮。

Step4. 在"新建层"对话框中单击 类选择 按钮，选取基准坐标系和所有实体及曲面，单击两次 确定 按钮，完成新级别的创建。

Step5. 将 cone_squarely_cylinder01 设为显示部件。

Step6. 创建图 19.15.11 所示的修剪体 1。选择下拉菜单 插入(S) ➡ 修剪(T) ➡ 修剪体(T)... 命令。选取图 19.15.12 所示的实体为修剪目标，单击中键；选取图 19.15.12 所示的曲面为修剪工具；单击 按钮调整修剪方向；单击 <确定> 按钮，完成修剪体 1 的创建。

图 19.15.11　修剪体 1

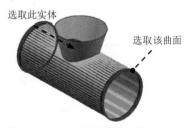

图 19.15.12　选取修剪对象

Step7. 创建图 19.15.13 所示的拉伸特征 1。选择下拉菜单 插入(S) ➡ 设计特征(E)▶ ➡ 拉伸(E)... 命令；选取 YZ 平面为草图平面，绘制图 19.15.14 所示的截面草图；在"拉伸"对话框 限制 区域的 开始 下拉列表中选择 对称值 选项，在 距离 文本框中输入值 105；在 布尔 区

域中选择 减去 选项，选择实体为求差对象；单击 〈确定〉 按钮，完成拉伸特征 1 的创建。

Step8. 将模型转换为钣金。在 应用模块 功能选项卡 设计 区域单击 钣金 按钮，进入"NX 钣金"设计环境；选择下拉菜单 插入(S) ➡ 转换(V)▸ ➡ 转换为钣金(C)... 命令，选取图 19.15.15 所示的面；单击 确定 按钮，完成钣金转换操作。

图 19.15.13 拉伸特征 1

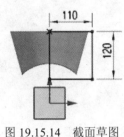

图 19.15.14 截面草图

选取该面

图 19.15.15 钣金转换

Step9. 保存钣金件模型。

Stage3. 创建圆柱管结构

Step1. 切换到"cone_squarely_cylinder"窗口。

Step2. 在装配导航器区选择 ☑ cone_squarely_cylinder 并右击，在弹出的快捷菜单中选择 WAVE▸ ➡ 新建层 命令，系统弹出"新建层"对话框。

Step3. 在"新建层"对话框中单击 指定部件名 按钮，在弹出的对话框中输入文件名 cone_squarely_cylinder02，并单击 OK 按钮。

Step4. 在"新建层"对话框中单击 类选择 按钮，选取基准坐标系和所有实体及曲面，单击两次 确定 按钮，完成新级别的创建。

Step5. 将 cone_squarely_cylinder02 设为显示部件（确认在零件设计环境中）。

Step6. 创建图 19.15.16 所示的修剪体 1。选择下拉菜单 插入(S) ➡ 修剪(T)▸ ➡ 修剪体(T)... 命令。选取图 19.15.17 所示的实体为修剪目标，单击中键；选取图 19.15.17 所示的曲面为修剪工具；单击 〈确定〉 按钮，完成修剪体 1 的创建。

图 19.15.16 修剪体 1

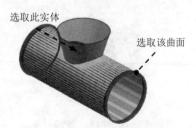

选取此实体

选取该曲面

图 19.15.17 选取修剪对象

Step7. 创建图 19.15.18 所示的拉伸特征 1。选择下拉菜单 插入(S) ➡ 设计特征(E)▸ ➡ 拉伸(E)... 命令；选取 XY 平面为草图平面，绘制图 19.15.19 所示的截面草图；在"拉伸"

对话框 限制 区域的 开始 下拉列表中选择 对称值 选项，在 距离 文本框中输入值 105；在 布尔 区域中选择 减去 选项，选择实体为求差对象；单击 < 确定 > 按钮，完成拉伸特征 1 的创建。

Step8. 将模型转换成钣金。在 应用模块 功能选项卡 设计 区域单击 钣金 按钮，进入"NX 钣金"设计环境；选择下拉菜单 插入(S) ➜ 转换(V) ▸ ➜ 转换为钣金(C)... 命令，选取图 19.15.20 所示的面；单击 确定 按钮，完成钣金转换操作。

图 19.15.18 拉伸特征 1

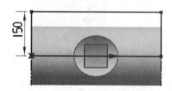

图 19.15.19 截面草图

选取该面

图 19.15.20 钣金转换

Step9. 保存钣金件模型。

Stage4. 创建完整钣金件

Step1. 创建圆锥台结构装配体。新建一个装配文件，命名为 cone_squarely_cylinder_asm01。使用创建的圆锥台子钣金件进行装配得到完整的钣金件（具体操作请参看随书光盘），结果如图 19.15.21 所示；保存钣金件模型。

Step2. 创建圆柱管结构装配体。新建一个装配文件，命名为 cone_squarely_cylinder_asm02。使用创建的圆柱管子钣金件进行装配得到完整的钣金件（具体操作请参看随书光盘），结果如图 19.15.22 所示；保存钣金件模型。

Step3. 创建完整钣金件装配体。新建一个装配文件，命名为 cone_squarely_cylinder_asm。使用创建的圆柱管结构装配体与圆锥台结构装配体进行装配得到完整的钣金件（具体操作请参看随书光盘），结果如图 19.15.23 所示；保存钣金件模型并关闭所有文件窗口。

图 19.15.21 圆锥台结构

图 19.15.22 圆柱管结构

图 19.15.23 完整钣金件

Task2. 展平钣金件

Stage1. 展平圆锥台结构

Step1. 打开模型文件 cone_squarely_cylinder01.prt。

Step2. 创建图 19.15.24 所示的展平实体。选择下拉菜单 插入(S) ➜ 展平图样(L)... ▸ ➜ 展平实体(S)... 命令；选取图 19.15.25 所示的固定面，单击 确定 按钮，完成展平实体的创建；将模型另存为 cone_squarely_cylinder_unfold01。

Stage2. 展平圆柱管结构

展平圆柱管结构（图 19.15.26），将模型命名为 cone_squarely_cylinder_unfold02。详细操作参考 Stage1。

选取该面

图 19.15.24　展平实体　　图 19.15.25　选取固定面　　图 19.15.26　展平圆柱管结构

Stage3. 展平圆柱管结构装配体

新建一个装配文件，命名为 cone_squarely_cylinder_unfold_asm01。使用创建的展平圆柱管结构进行装配得到完整的圆柱管展开（具体操作请参看随书光盘），结果如图 19.15.1c 所示；保存钣金件模型。

Stage4. 展平圆锥台结构装配体

新建一个装配文件，命名为 cone_squarely_cylinder_unfold_asm02。使用创建的展平圆锥台结构进行装配得到完整的圆锥台展开（具体操作请参看随书光盘），结果如图 19.15.1b 所示；保存钣金件模型。

19.16　圆台斜交圆管

圆台斜交圆管是由圆锥台管和圆柱管倾斜相交连接形成的钣金结构。图 19.16.1 所示分别是其钣金件及其展开图，下面介绍其在 UG 中创建和展开的操作过程。

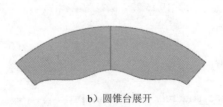

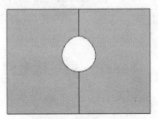

a）未展平状态　　　　　　　b）圆锥台展开　　　　　　　c）圆柱管展开

图 19.16.1　圆台斜交圆管及其展开图

Task1. 创建圆台斜交圆管钣金件

Stage1. 创建整体零件结构

Step1. 新建一个模型文件，命名为 cone_bevel_cylinder。

Step2. 创建图 19.16.2 所示的拉伸特征 1。选择下拉菜单 插入(S) ━━▶ 设计特征(E)▶ ━━▶ 拉伸(E)... 命令；选取 YZ 平面为草图平面，绘制图 19.16.3 所示的截面草图（一）；在"拉伸"对话框 限制 区域的 开始 下拉列表中选择 对称值 选项，在 距离 文本框中输入值 225；单击 < 确定 > 按钮，完成拉伸特征 1 的创建。

图 19.16.2　拉伸特征 1

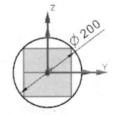

图 19.16.3　截面草图（一）

Step3. 创建基准平面 1。选择下拉菜单 插入(S) ━━▶ 基准/点(D)▶ ━━▶ 基准平面(D)... 命令。在 类型 下拉列表中选择 成一角度 选项，选取 XY 平面为参考平面，选取 Y 轴为参考轴，输入角度值 15；单击 < 确定 > 按钮，完成基准平面 1 的创建。

Step4. 创建基准平面 2。选择下拉菜单 插入(S) ━━▶ 基准/点(D)▶ ━━▶ 基准平面(D)... 命令。在 类型 下拉列表中选择 按某一距离 选项，选取基准平面 1 为参考对象，在 偏置 区域的 距离 文本框中输入值 210；单击 < 确定 > 按钮，完成基准平面 2 的创建。

Step5. 创建图 19.16.4 所示的草图 1。选择基准平面 1 为草图平面，绘制图 19.16.4 所示的草图 1。

Step6. 创建图 19.16.5 所示的草图 2。选择基准平面 2 为草图平面，绘制图 19.16.5 所示的草图 2。

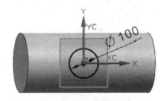

图 19.16.4　草图 1

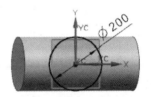

图 19.16.5　草图 2

Step7. 创建图 19.16.6 所示的通过曲线组特征 1。选择下拉菜单 插入(S) ━━▶ 网格曲面(M)▶ ━━▶ 通过曲线组(T)... 命令；依次选取草图 1 和草图 2 为特征截面；单击 确定 按钮，完成通过曲线组特征 1 的创建。

Step8. 创建求和特征。选择下拉菜单 插入(S) ━━▶ 组合(B)▶ ━━▶ 合并(U)... 命令，选择拉伸特征 1 和通过曲线组特征 1；单击 < 确定 > 按钮，完成布尔求和操作。

Step9. 创建图 19.16.7 所示的抽壳特征 1。选择下拉菜单 插入(S) ➡️ 偏置/缩放(O)▶ ➡️
抽壳(H)... 命令；选取图 19.16.8 所示的模型的三个端面为要抽壳的面，在"抽壳"对话框中的 厚度 文本框内输入数值 1.0；单击 < 确定 > 按钮，完成抽壳操作。

图 19.16.6　通过曲线组特征 1

图 19.16.7　抽壳特征 1

图 19.16.8　选取移除面

Step10. 创建图 19.16.9 所示的拉伸特征 2。选择下拉菜单 插入(S) ➡️ 设计特征(E)▶ ➡️
拉伸(E)... 命令；选取 YZ 平面为草图平面，绘制图 19.16.10 所示的截面草图（二）；在"拉伸"对话框 限制 区域的 开始 下拉列表中选择 对称值 选项，在 距离 文本框中输入值 240；在 布尔 区域的下拉列表中选择 无 选项；在 设置 区域的 体类型 下拉列表中选择 片体 选项；单击 < 确定 > 按钮，完成拉伸特征 2 的创建。

Step11. 保存模型文件。

图 19.16.9　拉伸特征 2

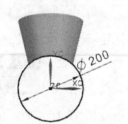
图 19.16.10　截面草图（二）

Stage2. 创建圆锥台结构

Step1. 在资源工具条区单击"装配导航器"按钮 ，切换至"装配导航器"界面，在装配导航器的空白处右击，在弹出的快捷菜单中确认 ✓ WAVE 模式 被选中。

Step2. 在装配导航器区选择 ✓ cone_bevel_cylinder 并右击，在弹出的快捷菜单中选择 WAVE ▶ ➡️ 新建层 命令，系统弹出"新建层"对话框。

Step3. 在"新建层"对话框中单击 指定部件名 按钮，在弹出的对话框中输入文件名 cone_bevel_cylinder01，并单击 OK 按钮。

Step4. 在"新建层"对话框中单击 类选择 按钮，选取基准坐标系和所有实体及曲面，单击两次 确定 按钮，完成新级别的创建。

Step5. 将 cone_bevel_cylinder01 设为显示部件。

Step6. 创建图 19.16.11 所示的修剪体 1。选择下拉菜单 插入(S) ➡️ 设计特征(E)▶ ➡️

命令。选取图 19.16.12 所示的实体为修剪目标，单击中键；选取图 19.16.12 所示的曲面为修剪工具；单击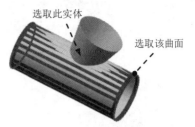按钮调整修剪方向；单击 < 确定 > 按钮，完成修剪体 1 的创建。

图 19.16.11　修剪体 1

选取此实体

选取该曲面

图 19.16.12　选取修剪对象

Step7. 创建图 19.16.13 所示的拉伸特征 1。选择下拉菜单 插入(S) ➡ 设计特征(E)▶ ➡ 拉伸(E)... 命令；选取 YZ 平面为草图平面，绘制图 19.16.14 所示的截面草图；在"拉伸"对话框 限制 区域的 开始 下拉列表中选择 对称值 选项，在 距离 文本框中输入值 240；在 布尔 区域中选择 减去 选项，选择实体为求差对象；单击 < 确定 > 按钮，完成拉伸特征 1 的创建。

Step8. 将模型转换为钣金。在 应用模块 功能选项卡 设计 区域单击 钣金 按钮，进入"NX 钣金"设计环境；选择下拉菜单 插入(S) ➡ 转换(V)▶ ➡ 转换为钣金(C)... 命令，选取图 19.16.15 所示的面；单击 确定 按钮，完成钣金转换操作。

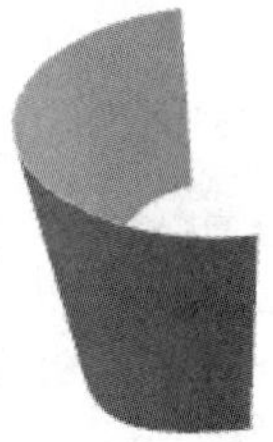

图 19.16.13　拉伸特征 1

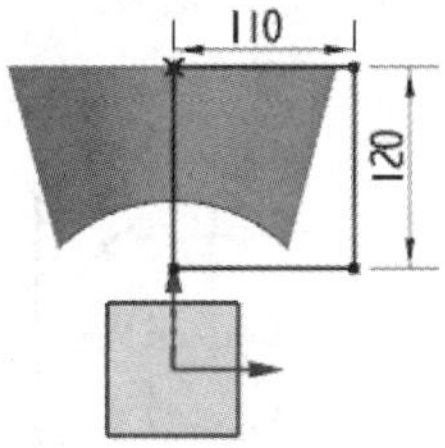

110

120

图 19.16.14　截面草图

选取该面

图 19.16.15　钣金转换

Step9. 保存钣金件模型。

Stage3. 创建圆柱管结构

Step1. 切换到 cone_bevel_cylinder 窗口。

Step2. 在装配导航器区选择 ☑ cone_bevel_cylinder 并右击，在弹出的快捷菜单中选择 WAVE ▶ ➡ 新建层 命令，系统弹出"新建层"对话框。

Step3. 在"新建层"对话框中单击 指定部件名 按钮，在弹出的对话框中输入文件名 cone_bevel_cylinder02，并单击 OK 按钮。

Step4. 在"新建层"对话框中单击 类选择 按钮，选取基准坐标系和所有实体及曲面，单击两次 确定 按钮，完成新级别的创建。

Step5. 将 cone_bevel_cylinder02 设为显示部件（确认在零件设计环境中）。

Step6. 创建图 19.16.16 所示的修剪体 1。选择下拉菜单 插入(S) ➡ 修剪(T) ➡ 修剪体(T)... 命令。选取图 19.16.17 所示的实体为修剪目标，单击中键；选取图 19.16.17 所示的平面为修剪工具；单击 < 确定 > 按钮，完成修剪体 1 的创建。

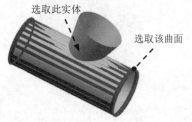

选取此实体

选取该曲面

图 19.16.16　修剪体 1　　　　　　　　图 19.16.17　选取修剪对象

Step7. 创建图 19.16.18 所示的拉伸特征 1。选择下拉菜单 插入(S) ➡ 设计特征(E)▶ ➡ 拉伸(E)... 命令；选取 YZ 平面为草图平面，绘制图 19.16.19 所示的截面草图；在"拉伸"对话框 限制 区域的 开始 下拉列表中选择 对称值 选项，在 距离 文本框中输入值 240；在 布尔 区域中选择 减去 选项，选择实体为求差对象；单击 < 确定 > 按钮，完成拉伸特征 1 的创建。

Step8. 将模型转换成钣金。在 应用模块 功能选项卡 设计 区域单击 钣金 按钮，进入"NX 钣金"设计环境；选择下拉菜单 插入(S) ➡ 转换(V)▶ ➡ 转换为钣金(C)... 命令，选取图 19.16.20 所示的面；单击 确定 按钮，完成钣金转换操作。

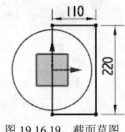

110

220

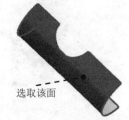

选取该面

图 19.16.18　拉伸特征 1　　　　图 19.16.19　截面草图　　　　图 19.16.20　钣金转换

Step9. 保存钣金件模型。

Stage4. 创建完整钣金件

Step1. 创建圆锥台结构装配体。新建一个装配文件，命名为 cone_bevel_cylinder_asm01。使用创建的圆锥台子钣金件进行装配得到完整的圆锥台钣金件（具体操作请参看随书光盘），结果如图 19.16.21 所示；保存装配模型。

Step2. 创建圆柱管结构装配体。新建一个装配文件，命名为 cone_bevel_cylinder_asm02。使用创建的圆柱管子钣金件进行装配得到完整的圆柱管钣金件（具体操作请参看随书光盘），结果如图 19.16.22 所示；保存装配模型。

Step3.创建完整钣金件装配体。新建一个装配文件,命名为 cone_bevel_cylinder_asm。使用创建的圆柱管结构装配体与圆锥台结构装配体进行装配得到完整的钣金件(具体操作请参看随书光盘),结果如图 19.16.23 所示;保存装配模型,关闭所有文件窗口。

图 19.16.21　圆锥台结构

图 19.16.22　圆柱管结构

图 19.16.23　完整钣金件

Task2. 展平圆台斜交圆管钣金件

Stage1. 展平圆锥台结构

Step1. 打开模型文件 cone_bevel_cylinder01.prt。

Step2. 创建 19.16.24 所示的展平实体。选择下拉菜单 插入(S) ➡ 展平图样(L)... ▶ ➡ 展平实体(S)... 命令;选取图 19.16.25 所示的固定面,单击 确定 按钮,完成展平实体的创建;将模型另存为 cone_bevel_cylinder_unfold01。

Stage2. 展平圆柱管结构

展平圆柱管结构(图 19.16.26),将模型命名为 cone_bevel_cylinder_unfold02。详细操作参考 Stage1。

图 19.16.24　展平圆锥台结构

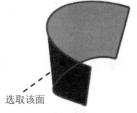

选取该面

图 19.16.25　选取固定面

图 19.16.26　展平圆柱管结构

Stage3. 创建圆锥管展平

新建一个装配文件,命名为 cone_bevel_cylinder_unfold_asm01。使用创建的展平圆锥台结构进行装配得到完整的圆锥台展开(具体操作请参看随书光盘),结果如图 19.16.1b 所示;保存装配模型。

Stage4. 创建圆柱管展平

新建一个装配文件,命名为 cone_bevel_cylinder_unfold_asm02。使用创建的展平圆柱管结构进行装配得到完整的圆柱管展开（具体操作请参看随书光盘），结果如图 19.16.1c 所示；保存装配模型。

19.17　圆管平交圆台

圆管平交圆台是由圆锥台管和圆柱管水平相交连接形成的钣金结构。图 19.17.1 所示分别是其钣金件及其展开图，下面介绍其在 UG 中创建和展开的操作过程。

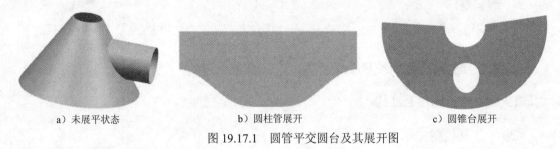

a）未展平状态　　　　　　　b）圆柱管展开　　　　　　　c）圆锥台展开

图 19.17.1　圆管平交圆台及其展开图

Task1.　创建钣金件

Stage1.　创建整体零件结构

Step1. 新建一个模型文件，命名为 cylinder_horizontal_cone。

Step2. 创建基准平面 1。选择下拉菜单 插入(S) ➡ 基准/点(D) ▶ ➡ 基准平面(D)... 命令。在 类型 下拉列表中选择 按某一距离 选项，选取 XY 平面为参考对象，在 偏置 区域的 距离 文本框中输入值 119；单击 < 确定 > 按钮，完成基准平面 1 的创建。

Step3. 创建图 19.17.2 所示的草图 1。选择 XY 平面为草图平面，绘制图 19.17.2 所示的草图 1。

Step4. 创建图 19.17.3 所示的草图 2。选择基准平面 1 为草图平面，绘制图 19.17.3 所示的草图 2。

Step5. 创建图 19.17.4 所示的通过曲线组特征 1。选择下拉菜单 插入(S) ➡ 网格曲面(M) ▶ ➡ 通过曲线组(T)... 命令；依次选取草图 1 和草图 2 为特征截面；单击 确定 按钮，完成通过曲线组特征 1 的创建。

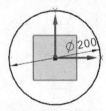

图 19.17.2　草图 1

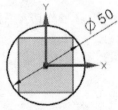

图 19.17.3　草图 2

图 19.17.4　通过曲线组特征 1

Step6. 创建图 19.17.5 所示的拉伸特征 1。选择下拉菜单 插入(S) ➡ 设计特征(E)▶ ➡ 🎞拉伸(E)... 命令，选取 YZ 平面为草图平面，绘制如图 19.17.6 所示的截面草图；在"拉伸"对话框 限制 区域的 开始 下拉列表中选择 值 选项，在其下的 距离 文本框中输入值 0；在 结束 下拉列表中选择 值 选项，在其下的 距离 文本框中输入值 120；在 布尔 区域的下拉列表中选择 合并 选项，其他参数采用系统默认设置值；单击 < 确定 > 按钮，完成拉伸特征 1 的创建。

图 19.17.5 拉伸特征 1

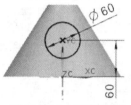

图 19.17.6 截面草图

Step7. 创建图 19.17.7 所示的抽壳特征 1。选择下拉菜单 插入(S) ➡ 偏置/缩放(O)▶ ➡ 🟦抽壳(H)... 命令；选取图 19.17.8 所示的模型的三个端面为要抽壳的面，在"抽壳"对话框中的 厚度 文本框内输入数值 1.0；单击 < 确定 > 按钮，完成抽壳特征 1 的创建。

图 19.17.7 抽壳特征 1

图 19.17.8 选取移除面

Step8. 创建抽取面特征 1。选择 插入(S) ➡ 关联复制(A)▶ ➡ 🗿抽取几何特征(E)... 命令；在"抽取几何特征"对话框的 类型 下拉列表中选择 面 选项，选取图 19.17.9 所示的曲面。单击 确定 按钮，完成抽取面特征 1 的创建。

图 19.17.9 定义抽取对象

Step9. 创建几何体特征 1。选择下拉菜单 插入(S) ➡ 关联复制(A)▶ ➡ 🟦镜像体(B)... 命令；在图形区域选取抽取面特征 1 为要镜像的对象，选取 YZ 基准平面为镜像平面；单击 < 确定 > 按钮，完成几何体特征 1 的创建。

Stage2. 创建圆柱管结构

Step1. 在资源工具条区单击"装配导航器"按钮 ，切换至"装配导航器"界面，在装配导航器的空白处右击，在弹出的快捷菜单中确认 ✔ WAVE 模式 被选中。

Step2. 在装配导航器区选择 ☑ cylinder_horizontal_cone 并右击，在弹出的快捷菜单中选择 WAVE ▶ ➡ 新建层 命令，系统弹出"新建层"对话框。

Step3. 在"新建层"对话框中单击 指定部件名 按钮，在弹出的对话框中输入文件名 cylinder_horizontal_cone01，并单击 OK 按钮。

Step4. 在"新建层"对话框中单击 类选择 按钮，选取基准坐标系和所有实体及曲面（实例几何体特征），单击两次 确定 按钮，完成新级别的创建。

Step5. 将 cylinder_horizontal_cone01 设为显示部件。

Step6. 创建图 19.17.10 所示的修剪体 1。选择下拉菜单 插入(S) ➡ 修剪(T) ➡ 修剪体(T)... 命令。选取图 19.17.11 所示的实体为修剪目标，单击中键；选取图 19.17.11 所示的曲面为修剪工具；单击 按钮调整修剪方向；单击 < 确定 > 按钮，完成修剪体 1 的创建。

图 19.17.10　修剪体 1

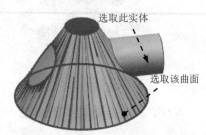

选取此实体

选取该曲面

图 19.17.11　选取修剪对象

Step7. 创建图 19.17.12 所示的拉伸特征 1。选择下拉菜单 插入(S) ➡ 设计特征(E)▶ ➡ 拉伸(E)... 命令；选取 XY 平面为草图平面，绘制图 19.17.13 所示的截面草图；在"拉伸"对话框的 偏置 下拉列表中选择对称选项，在 开始 文本框中输入值 0.1；在 限制 区域的 开始 下拉列表中选择值选项，在其下的 距离 文本框中输入值 0；在 结束 下拉列表中选择值选项，在其下的 距离 文本框中输入值 40；在 布尔 区域中选择 减去 选项，选择实体为求差对象；单击 < 确定 > 按钮，完成拉伸特征 1 的创建。

Step8. 将模型转换为钣金。在 应用模块 功能选项卡 设计 区域单击 钣金 按钮，进入"NX钣金"设计环境；选择下拉菜单 插入(S) ➡ 转换(V) ▶ ➡ 转换为钣金(C)... 命令，选取图 19.17.14 所示的面；单击 确定 按钮，完成钣金转换操作。

Step9. 保存钣金件模型。

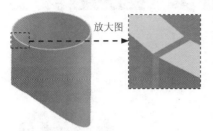

图 19.17.12 拉伸特征 1

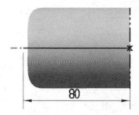

图 19.17.13 截面草图

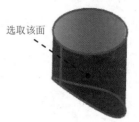

图 19.17.14 钣金转换

Stage3. 创建圆锥台结构

Step1. 切换至 cylinder_horizontal_cone 窗口。

Step2. 在装配导航器区选择 ☑ cylinder_horizontal_cone 并右击，在弹出的快捷菜单中选择 WAVE ▶ ━━━ 新建层 命令，系统弹出"新建层"对话框。

Step3. 在"新建层"对话框中单击 指定部件名 按钮，在弹出的对话框中输入文件名 cylinder_horizontal_cone02，并单击 OK 按钮。

Step4. 在"新建层"对话框中单击 类选择 按钮，选取坐标系和图 19.17.15 所示的实体和曲面对象，单击两次 确定 按钮，完成新级别的创建。

Step5. 将 cylinder_horizontal_cone02 设为显示部件（确认在零件设计环境中）。

Step6. 创建图 19.17.16 所示的修剪体 1。选择下拉菜单 插入(S) ━━━ 修剪(T) ━━━ 修剪体(T)... 命令。选取图 19.17.15 所示的实体为修剪目标，单击中键；选取图 19.17.15 所示的曲面为修剪工具；单击 〈确定〉 按钮，完成修剪体 1 的创建。

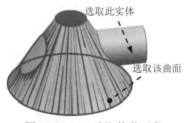

图 19.17.15 选取修剪对象

图 19.17.16 修剪体 1

Step7. 创建图 19.17.17 所示的拉伸特征 1。选择下拉菜单 插入(S) ━━━ 设计特征(E)▶ ━━━ 拉伸(E)... 命令；选取 YZ 平面为草图平面，绘制图 19.17.18 所示的截面草图；单击 ✗ 按钮调整拉伸方向；在"拉伸"对话框的 偏置 下拉列表中选择对称选项，在 开始 文本框中输入值 0.1；在 限制 区域的 开始 下拉列表中选择 值 选项，在其下的 距离 文本框中输入值 0；在 结束 下拉列表中选择 贯通 选项，在 布尔 区域中选择 减去 选项，采用系统默认的求差对象；单击 〈确定〉 按钮，完成拉伸特征 1 的创建。

Step8. 将模型转换为钣金。在 应用模块 功能选项卡 设计 区域单击 钣金 按钮，进入"NX 钣金"设计环境；选择下拉菜单 插入(S) ➡ 转换(V) ▶ ➡ 转换为钣金(C)... 命令，选取图 19.17.19 所示的面；单击 确定 按钮，完成钣金转换操作。

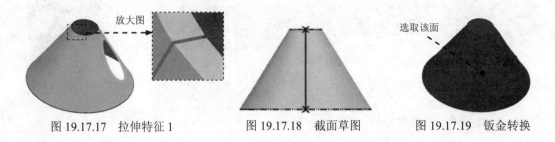

图 19.17.17　拉伸特征 1　　　图 19.17.18　截面草图　　　图 19.17.19　钣金转换

Stage4. 创建完整钣金件

新建一个装配文件，命名为 cylinder_horizontal_cone_asm，使用创建的圆柱管结构与圆锥台结构进行装配得到完整的钣金件（具体操作请参看随书光盘），结果如图 19.17.20 所示；保存装配模型，关闭所有文件窗口。

Task2. 展平钣金件

Stage1. 展平圆柱管结构

Step1. 打开模型文件 cylinder_horizontal_cone01.prt。

Step2. 创建 19.17.1b 所示的展平实体。选择下拉菜单 插入(S) ➡ 展平图样(L)... ▶ ➡ 展平实体(S)... 命令；选取图 19.17.21 所示的固定面，单击 确定 按钮，完成展平实体的创建；将模型另存为 cylinder_horizontal_cone_unfold01。

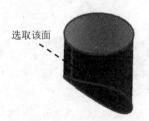

图 19.17.20　完整钣金件　　　　　图 19.17.21　选取固定面

Stage2. 展平圆锥台结构

创建展平圆锥台结构（图 19.17.1c），将模型命名为 cylinder_horizontal_cone_unfold02。详细操作参考 Stage1。

19.18　圆管偏交圆台

圆管偏交圆台是由圆锥台管和圆柱管偏心相交连接形成的钣金结构。图 19.18.1 所示分别是其钣金件及其展开图，下面介绍其在 UG 中创建和展开的操作过程。

a）未展平状态

b）圆柱管展开

c）圆锥台展开

图 19.18.1　圆管偏交圆台及其展开图

Task1.　创建圆管偏交圆台钣金件

Stage1.　创建整体零件结构模型

Step1.　新建一个模型文件，命名为 cylinder_eccentric_cone。

Step2.　创建基准平面 1。选择下拉菜单 插入(S) ➡ 基准/点(D) ➡ 基准平面(D)... 命令。单击 〈确定〉 按钮，完成基准平面 1 的创建（注：具体参数和操作参见随书光盘）。

Step3.　创建图 19.18.2 所示的草图 1。选择 XY 平面为草图平面，绘制图 19.18.2 所示的草图 1。

Step4.　创建图 19.18.3 所示的草图 2。选择基准平面 1 为草图平面，绘制图 19.18.3 所示的草图 2。

Step5.　创建图 19.18.4 所示的通过曲线组特征 1。选择下拉菜单 插入(S) ➡ 网格曲面(M) ➡ 通过曲线组(T)... 命令，依次选取草图 1 和草图 2 为特征截面，单击 确定 按钮，完成通过曲线组特征 1 的创建。

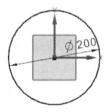

图 19.18.2　草图 1

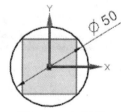

图 19.18.3　草图 2

图 19.18.4　通过曲线组特征 1

Step6.　创建图 19.18.5 所示的拉伸特征 1。选择下拉菜单 插入(S) ➡ 设计特征(E) ➡ 拉伸(E)... 命令；选取 XY 平面为草图平面，绘制图 19.18.6 所示的截面草图；在"拉伸"对

话框 限制 区域的 开始 下拉列表中选择 值 选项，在其下的 距离 文本框中输入值 0，在 结束 下拉列表中选择 值 选项，在其下的 距离 文本框中输入值 160；在 布尔 区域的下拉列表中选择 合并 选项；单击 < 确定 > 按钮，完成拉伸特征 1 的创建。

Step7. 创建图 19.18.7 所示的抽壳特征 1。选择下拉菜单 插入(S) ➡ 偏置/缩放(O) ➡ 抽壳(H)... 命令；选取图 19.18.8 所示的模型的三个端面为要抽壳的面，在"抽壳"对话框中的 厚度 文本框内输入数值 1.0；单击 < 确定 > 按钮，完成抽壳特征 1 的创建。

 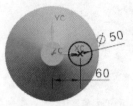 

图 19.18.5 拉伸特征 1　　　图 19.18.6 截面草图　　　图 19.18.7 抽壳特征 1

Step8. 创建抽取面特征 1。选择 插入(S) ➡ 关联复制(A) ➡ 抽取几何特征(E)... 命令，系统弹出"抽取几何特征"对话框。在"抽取几何特征"对话框的 类型 下拉列表中选择 面 选项，选取图 19.18.9 所示的曲面；单击 确定 按钮，完成抽取面特征 1 的创建。

Step9. 创建镜像特征 1。选择下拉菜单 插入(S) ➡ 关联复制(A) ➡ 镜像特征(M)... 命令；选取抽取面特征 1 为镜像源，选取 YZ 平面作为镜像平面；单击 确定 按钮，完成镜像特征 1 的操作。

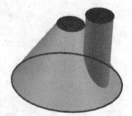 

图 19.18.8 选取移除面　　　　　图 19.18.9 定义抽取对象

Stage2. 创建圆柱管结构

Step1. 在资源工具条区单击"装配导航器"按钮 ，切换至"装配导航器"界面，在装配导航器的空白处右击，在弹出的快捷菜单中确认 WAVE 模式 被选中。

Step2. 在装配导航器区选择 cylinder_eccentric_cone 并右击，在弹出的快捷菜单中选择 WAVE ➡ 新建层 命令，系统弹出"新建层"对话框。

Step3. 在"新建层"对话框中单击 指定部件名 按钮，在弹出的对话框中输入文件名 cylinder_eccentric_cone01，并单击 OK 按钮。

Step4. 在"新建层"对话框中单击 类选择 按钮，选取基准坐标系和所有实体及曲面（镜像特征），单击两次 确定 按钮，完成新级别的创建。

Step5. 将 cylinder_eccentric_cone01 设为显示部件。

Step6. 创建图 19.18.10 所示的修剪体 1。选择下拉菜单 插入(S) ➡ 修剪(T) ➡ ⬜ 修剪体(T)... 命令。选取图 19.18.11 所示的实体为修剪目标，单击中键；选取图 19.18.11 所示的曲面为修剪工具；单击 ✂ 按钮调整修剪方向；单击 〈 确定 〉 按钮，完成修剪体 1 的创建。

图 19.18.10　修剪体 1

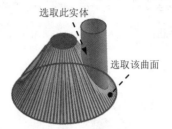

选取此实体

选取该曲面

图 19.18.11　选取修剪对象

Step7. 创建图 19.18.12 所示的拉伸特征 1。选择下拉菜单 插入(S) ➡ 设计特征(E)▶ ➡ ⬜ 拉伸(E)... 命令；选取 YZ 平面为草图平面，绘制图 19.18.13 所示的截面草图；在"拉伸"对话框的 偏置 下拉列表中选择 对称 选项，在 开始 文本框中输入值 0.1；在 限制 区域的 开始 下拉列表中选择 值 选项，在其下的 距离 文本框中输入值 0；在 结束 下拉列表中选择 值 选项，在其下的 距离 文本框中输入值 50；在 布尔 区域中选择 减去 选项，选择实体为求差对象；单击 〈 确定 〉 按钮，完成拉伸特征 1 的创建。

Step8. 将模型转换为钣金。在 应用模块 功能选项卡 设计 区域单击 钣金 按钮，进入"NX 钣金"设计环境；选择下拉菜单 插入(S) ➡ 转换(V) ▶ ➡ ⬛ 转换为钣金(C)... 命令，选取图 19.18.14 所示的面；单击 确定 按钮，完成钣金转换操作。

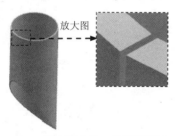

放大图

图 19.18.12　拉伸特征 1

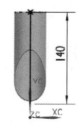

140

ZC　XC

图 19.18.13　截面草图

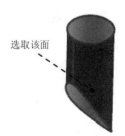

选取该面

图 19.18.14　钣金转换

Stage3. 创建圆锥台结构

Step1. 切换至 cylinder_eccentric_cone 窗口。

Step2. 在装配导航器区选择 ☑⬜ cylinder_eccentric_cone 并右击，在弹出的快捷菜单中选择 WAVE ▶ ➡ 新建层 命令，系统弹出"新建层"对话框。

Step3. 在"新建层"对话框中单击 指定部件名 按钮，在弹出的对话框中输入文件名 cylinder_eccentric_cone02，并单击 OK 按钮。

Step4. 在"新建层"对话框中单击 类选择 按钮，选取坐标系和图 19.18.15 所示的实体和曲面对象，单击两次 确定 按钮，完成新级别的创建。

Step5. 将 cylinder_eccentric_cone02 设为显示部件（确认在零件设计环境中）。

Step6. 创建图 19.18.16 所示的修剪体 1。选择下拉菜单 插入(S) ➡ 修剪(T) ➡ 修剪体(T)... 命令。选取图 19.18.15 所示的实体为修剪目标，单击中键；选取图 19.18.15 所示的曲面为修剪工具；单击 < 确定 > 按钮，完成修剪体 1 的创建。

图 19.18.15 选取修剪对象

图 19.18.16 修剪体 1

Step7. 创建图 19.18.17 所示的拉伸特征 1。选择下拉菜单 插入(S) ➡ 设计特征(E)▶ ➡ 拉伸(E)... 命令；选取 XY 平面为草图平面，绘制图 19.18.18 所示的截面草图；单击 ✗ 按钮调整拉伸方向；在"拉伸"对话框的 偏置 下拉列表中选择 对称 选项，在 开始 文本框中输入值 0.1；在 限制 区域的 开始 下拉列表中选择 值 选项，在其下的 距离 文本框中输入值 0；在 结束 下拉列表中选择 贯通 选项，在 布尔 区域中选择 减去 选项，采用系统默认的求差对象；单击 < 确定 > 按钮，完成拉伸特征 1 的创建。

Step8. 将模型转换为钣金。在 应用模块 功能选项卡 设计 区域单击 钣金 按钮，进入"NX 钣金"设计环境；选择下拉菜单 插入(S) ➡ 转换(V) ▶ ➡ 转换为钣金(C)... 命令，选取图 19.18.19 所示的面；单击 确定 按钮，完成钣金转换操作。

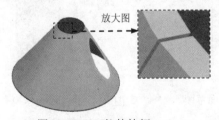
图 19.18.17 拉伸特征 1

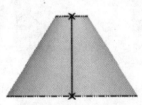
图 19.18.18 截面草图

图 19.18.19 钣金转换

Step9. 保存钣金件模型。

Stage4. 创建完整钣金件

新建一个装配文件，命名为 cylinder_eccentric_cone_asm。使用创建的圆柱管结构与圆锥台结构进行装配得到完整的钣金件（具体操作请参看随书光盘），结果如图 19.18.20 所示；保存装配模型，关闭所有文件窗口。

Task2. 展平钣金件

Stage1. 展平圆柱管结构

Step1. 打开模型文件 cylinder_eccentric_cone01.prt。

Step2. 创建 19.18.1b 所示的展平实体。选择下拉菜单 插入(S) ➡ 展平图样(L)... ▶ ➡ 展平实体(S)... 命令；选取图 19.18.21 所示的固定面，单击 确定 按钮，完成展平实体的创建；将模型另存为 cylinder_eccentric_cone_unfold01。

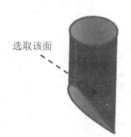

选取该面

图 19.18.20 完整钣金件　　　　图 19.18.21 选取固定面

Stage2. 展平圆锥台结构

创建展平圆锥台结构（图 19.18.1c），将模型命名为 cylinder_eccentric_cone_unfold02。详细操作参考 Stage1。

19.19　圆管斜交圆台

圆管斜交圆台是由圆锥台管和圆柱管水平相交连接形成的钣金结构。图 19.19.1 所示分别是其钣金件及其展开图，下面介绍其在 UG 中创建和展开的操作过程。

a）未展平状态　　　　b）圆柱管展开　　　　c）圆锥台展开

图 19.19.1 圆管斜交圆台及其展开图

Task1. 创建圆管斜交圆台钣金件

Stage1. 创建整体零件结构

Step1. 新建一个模型文件，命名为 cylinder_bevel_cone。

Step2. 创建基准平面1。选择下拉菜单 插入(S) ➡ 基准/点(D) ▶ ➡ 基准平面(D)...命令。在 类型 下拉列表中选择 按某一距离 选项，选取 XY 平面为参考对象，在 偏置 区域的 距离 文本框中输入值 119；单击 〈 确定 〉 按钮，完成基准平面 1 的创建。

Step3. 创建图 19.19.2 所示的草图 1。选择 XY 平面为草图平面，绘制草图 1。

Step4. 创建图 19.19.3 所示的草图 2。选择基准平面 1 为草图平面，绘制草图 2。

Step5. 创建图 19.19.4 所示的通过曲线组特征 1。选择下拉菜单 插入(S) ➡ 网格曲面(M) ➡ 通过曲线组(T)... 命令；依次选取草图 1 和草图 2 为特征截面；单击 〈 确定 〉 按钮，完成通过曲线组特征 1 的创建。

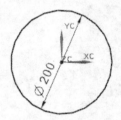
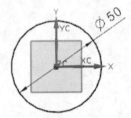

图 19.19.2 草图 1　　　图 19.19.3 草图 2　　　图 19.19.4 通过曲线组特征 1

Step6. 创建基准平面 2。选择下拉菜单 插入(S) ➡ 基准/点(D) ➡ 基准平面(D)... 命令。在 类型 下拉列表中选择 成一角度 选项，选取 XY 平面为参考平面，选取 X 轴为参考轴，输入旋转角度值 30；单击 〈 确定 〉 按钮，完成基准平面 2 的创建。

Step7. 创建基准平面 3。选择下拉菜单 插入(S) ➡ 基准/点(D) ➡ 基准平面(D)... 命令。在 类型 下拉列表中选择 按某一距离 选项，选取基准平面 2 为参考对象，在 偏置 区域的 距离 文本框中输入值 160；单击 〈 确定 〉 按钮，完成基准平面 3 的创建。

Step8. 创建图 19.19.5 所示的拉伸特征 1。选择下拉菜单 插入(S) ➡ 设计特征(E) ➡ 拉伸(E)... 命令，选取基准面 3 为草图平面，绘制图 19.19.6 所示的截面草图；单击 按钮调整拉伸方向；在 限制 区域的 开始 下拉列表中选择 值 选项，在其下的 距离 文本框中输入值 0，在 结束 下拉列表中选择 直至下一个 选项；在 布尔 区域的下拉列表中选择 合并 选项；单击 〈 确定 〉 按钮，完成拉伸特征 1 的创建。

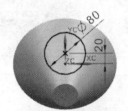

图 19.19.5 拉伸特征 1　　　　图 19.19.6 截面草图

Step9. 创建图 19.19.7 所示的抽壳特征 1。选择下拉菜单 插入(S) ➡ 偏置/缩放(O) ➡ 抽壳(H)... 命令；选取图 19.19.8 所示的模型的三个端面为要抽壳的面，在"抽壳"对话框中的 厚度 文本框内输入值 1.0；单击 〈 确定 〉 按钮，完成抽壳特征 1 的创建。

Step10. 创建抽取面特征 1。选择 插入(S) ➡ 关联复制(A) ▸ ➡ 抽取几何特征(E)... 命令，在"抽取几何特征"对话框的 类型 下拉列表中选择 面 选项。选取图 19.19.9 所示的曲面；单击 确定 按钮，完成抽取面特征 1 的创建。

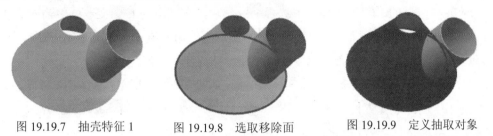

图 19.19.7 抽壳特征 1　　　图 19.19.8 选取移除面　　　图 19.19.9 定义抽取对象

Step11. 创建阵列特征。选择下拉菜单 插入(S) ➡ 关联复制(A) ▸ ➡ 镜像特征(M)... 命令；选取抽取面特征 1 为镜像源，选取 YZ 平面作为镜像平面；单击 < 确定 > 按钮，完成阵列特征的创建。

Step12. 保存模型文件。

Stage2. 创建圆柱管结构

Step1. 在资源工具条区单击"装配导航器"按钮，切换至"装配导航器"界面，在装配导航器的空白处右击，在弹出的快捷菜单中确认 ✔ WAVE 模式 被选中。

Step2. 在装配导航区选择 ✔ cylinder_bevel_cone 并右击，在弹出的快捷菜单中选择 WAVE ▸ ➡ 新建层 命令，系统弹出"新建层"对话框。

Step3. 在"新建层"对话框中单击 指定部件名 按钮，在弹出的对话框中输入文件名 cylinder_bevel_cone01，并单击 OK 按钮。

Step4. 在"新建层"对话框中单击 类选择 按钮，选取基准坐标系和所有实体及曲面（镜像特征 1），单击两次 确定 按钮，完成新级别的创建。

Step5. 将 cylinder_bevel_cone01 设为显示部件。

Step6. 创建图 19.19.10 所示的修剪体 1。选择下拉菜单 插入(S) ➡ 修剪(T) ➡ 修剪体(T)... 命令。选取图 19.19.11 所示的实体为修剪目标，单击中键；选取图 19.19.11 所示的曲面为修剪工具；单击 按钮调整修剪方向；单击 < 确定 > 按钮，完成修剪体 1 的创建。

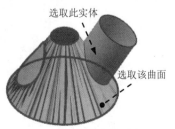

选取此实体

选取该曲面

图 19.19.10 修剪体 1　　　　图 19.19.11 选取修剪对象

Step7. 创建图 19.19.12 所示的拉伸特征 1。选择下拉菜单 插入(S) ➞ 设计特征(E)▶ ➞ 🔲 拉伸(E)... 命令，选取 XZ 平面为草图平面，绘制图 19.19.13 所示的截面草图；单击 ⚡ 按钮调整拉伸方向；在"拉伸"对话框的 偏置 下拉列表中选择 对称 选项，然后在 开始 文本框中输入 0.1；在 限制 区域的 开始 下拉列表中选择 ⏹ 值 选项，在其下的 距离 文本框中输入值 0；在 结束 下拉列表中选择 ⏹ 值 选项，在其下的 距离 文本框中输入值 70；在 布尔 区域的下拉列表中选择 ⏹ 减去 选项；单击 < 确定 > 按钮，完成拉伸特征 1 的创建。

Step8. 将模型转换为钣金。在 应用模块 功能选项卡 设计 区域单击 🔖 钣金 按钮，进入"NX钣金"设计环境；选择下拉菜单 插入(S) ➞ 转换(V)▶ ➞ 🔷 转换为钣金(C)... 命令，选取图 19.19.14 所示的面；单击 确定 按钮，完成钣金转换操作。

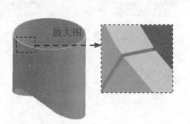
图 19.19.12 拉伸特征 1

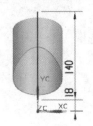
图 19.19.13 截面草图

图 19.19.14 钣金转换

Step9. 保存钣金模型文件。

Stage3. 创建圆锥台结构

Step1. 切换至 cylinder_bevel_cone 窗口。

Step2. 在装配导航器区选择 ☑🔖 cylinder_bevel_cone 并右击，在弹出的快捷菜单中选择 WAVE ▶ ➞ 新建层 命令，系统弹出"新建层"对话框。

Step3. 在"新建层"对话框中单击 指定部件名 按钮，在弹出的对话框中输入文件名 cylinder_bevel_cone02，并单击 OK 按钮。

Step4. 在"新建层"对话框中单击 类选择 按钮，选取坐标系和图 19.19.15 所示的实体和曲面对象，单击两次 确定 按钮，完成新级别的创建。

Step5. 将 cylinder_bevel_cone02 设为显示部件（确认在零件设计环境中）。

Step6. 创建图 19.19.16 所示的修剪体 1。选择下拉菜单 插入(S) ➞ 修剪(T) ➞ 🔷 修剪体(T)... 命令。选取图 19.19.15 所示的实体为修剪目标，单击中键；选取图 19.19.15 所示的曲面为修剪工具；单击 < 确定 > 按钮，完成修剪体 1 的创建。

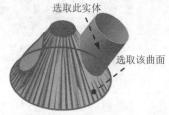
图 19.19.15 选取修剪对象

图 19.19.16 修剪体 1

Step7. 创建图 19.19.17 所示的拉伸特征 1。选择下拉菜单 插入(S) ➡ 设计特征(E)▶ ➡ ▥ 拉伸(E)... 命令；选取 XZ 平面为草图平面，绘制图 19.19.18 所示的截面草图；单击 ⤳ 按钮调整拉伸方向；在"拉伸"对话框的 偏置 下拉列表中选择 对称 选项，在 开始 文本框中输入值 0.1；在 限制 区域的 开始 下拉列表中选择 值 选项，在其下的 距离 文本框中输入值 0；在 结束 下拉列表中选择 贯通 选项，在 布尔 区域中选择 减去 选项，采用系统默认的求差对象；单击 < 确定 > 按钮，完成拉伸特征 1 的创建。

Step8. 将模型转换为钣金。在 应用模块 功能选项卡 设计 区域单击 钣金 按钮，进入"NX 钣金"设计环境；选择下拉菜单 插入(S) ➡ 转换(V)▶ ➡ 转换为钣金(C)... 命令，选取图 19.19.19 所示的面；单击 确定 按钮，完成钣金转换操作。

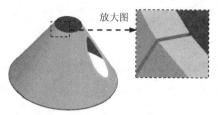

图 19.19.17　拉伸特征 1

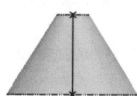

图 19.19.18　截面草图

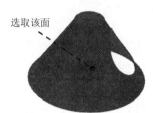

图 19.19.19　钣金转换

Step9. 保存钣金模型，

Step10. 切换至 cylinder_bevel_cone 窗口，保存文件并关闭所有文件窗口。

Task2. 展平钣金件

Stage1. 展平圆柱管结构

Step1. 打开模型文件 cylinder_bevel_cone01.prt。

Step2. 创建 19.19.20 所示的展平实体。选择下拉菜单 插入(S) ➡ 展平图样(L)▶ ➡ 展平实体(S)... 命令；选取图 19.19.21 所示的固定面，单击 确定 按钮，完成展平实体的创建；将模型另存为 cylinder_bevel_cone_unfold01。

Stage2. 展平圆锥台结构

创建展平圆锥台结构（图 19.19.22），将模型命名为 cylinder_bevel_cone_unfold02。详细操作参考 Stage1。

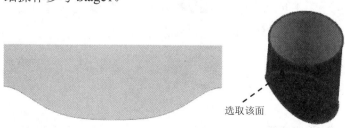

图 19.19.20　展平实体　　　　图 19.19.21　选取固定面

图 19.19.22　展平圆锥台结构

第 **20** 章　球面钣金展开

本章提要　　本章主要介绍了球面钣金类在 UG 中的创建和展开过程，包括球形封头、球罐和平顶环形封头。此类钣金由于曲面性质的限制，球面与封头构件为不可展曲面，不能准确地将其展开形成平面，因此其展开放样采用可展曲面进行代替。

20.1　球　形　封　头

球形封头是由一截面将球面截断并加厚形成的钣金构件。这里取球形封头的 1/12 利用柱面展开法进行近似展开放样。下面以图 20.1.1 所示的模型为例，介绍在 UG 中创建和展开球形封头的一般过程。

a）未展平状态　　　　　　　b）1/12 未展平状态　　　　　　　c）1/12 展平状态

图 20.1.1　球形封头及其展平图样

Task 1. 创建球形封头

Stage1. 创建 1/12 球形封头

Step1. 新建一个模型文件，命名为 spheric_cover。

Step2. 创建图 20.1.2 所示的旋转 1。选择 插入(S) ➡ 设计特征(E)▶ ➡ 旋转(R)... 命令。选取 YZ 平面为草图平面，绘制图 20.1.3 所示的截面草图；单击 按钮，在 类型 下拉列表中选择 曲线/轴矢量 选项，然后在图形区选取 z 轴作为回转轴；在 开始 文本框中输入值 0，在 结束 文本框中输入值 30，在 偏置 下拉列表中选择 两侧 选项，在 开始 文本框中输入值 0，在 结束 文本框中输入值 1；单击 < 确定 > 按钮，完成旋转 1 的创建。

Step3. 保存零件模型。

Stage2. 装配，生成球形封头

新建一个装配文件，命名为 spheric_cover_asm；然后使用 12 个 spheric_cover.prt 零件

装配得到完整钣金件（具体操作请参看随书光盘），结果如图 20.1.4 所示；保存装配模型并关闭所有文件窗口。

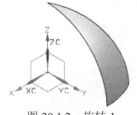
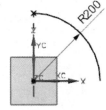

图 20.1.2　旋转 1　　　　图 20.1.3　截面草图　　　　图 20.1.4　球形封头

Task2. 展平球形封头

球面封头为不可展曲面，为满足展开的需要，可将一条柳叶状曲面（1/12）近似地按其外切柱面展开，并重复画出其余各条的展开图，从而得到半球的近似展开图。这里我们只需对其 1/12 球形封头近似展开即可，具体方法如下。

Step1. 新建一个 NX 钣金模型文件，命名为 spheric_cover_unfold。

Step2. 创建图 20.1.5 所示的轮廓弯边特征 1。选择下拉菜单 插入(S) ➡ 折弯(N) ➡ 轮廓弯边(C)... 命令；选取 YZ 平面为草图平面，绘制图 20.1.6 所示的截面草图（一）；单击 厚度 文本框右侧的 按钮，在系统弹出的快捷菜单中选择 使用局部值 选项，然后在 厚度 文本框中输入数值 1.0；在 宽度选项 下拉列表中选择 对称 选项，在 宽度 文本框中输入数值 500.0；单击 〈确定〉 按钮，完成轮廓弯边特征 1 的创建。

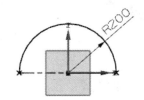

图 20.1.5　轮廓弯边特征 1　　　　图 20.1.6　截面草图（一）

Step3. 创建图 20.1.7 所示的拉伸特征 1。选择下拉菜单 插入(S) ➡ 切割(T) ➡ 拉伸(E)... 命令，选取 XY 平面为草图平面，绘制图 20.1.8 所示的截面草图（二）；在"拉伸"对话框 限制 区域的 开始 下拉列表中选择 值 选项，在其下的 距离 文本框中输入值 0，在 结束 下拉列表中选择 贯通 选项；在 布尔 区域的下拉列表中选择 减去 选项；在 偏置 下拉列表中选择 两侧 选项，在 开始 文本框中输入值 0，在 结束 文本框中输入值 300；单击 〈确定〉 按钮，完成拉伸特征 1 的创建。

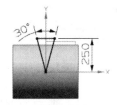

图 20.1.7　拉伸特征 1　　　　图 20.1.8　截面草图（二）

Step4. 创建 20.1.9 所示的展平实体。选择下拉菜单 插入(S) ➡ 展平图样(L)... ▶ ➡ 展平实体(S)... 命令；选取图 20.1.10 所示的固定面，单击 确定 按钮，完成展平实体的创建。

Step5. 保存钣金模型。

图 20.1.9 展平实体   固定面

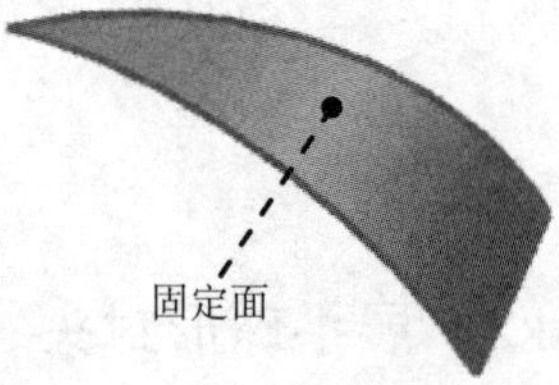

图 20.1.10 选取固定面

20.2 球 罐

球罐可以看作是由两个（半）球形封头结合形成的构件。下面以图 20.2.1 所示的模型为例，介绍在 UG 中创建和展开球罐的一般过程。

a）未展平状态   b）1/24 未展平状态   c）1/24 展平状态

图 20.2.1 球罐及其展平图样

Task 1. 创建球罐

Stage1. 创建 1/24 球罐

Step1. 新建一个模型文件，命名为 spheric_tank。

Step2. 创建如图 20.2.2 所示的旋转 1。选择 插入(S) ➡ 设计特征(E) ▶ ➡ 旋转(R)... 命令。选取 YZ 平面为草图平面，绘制图 20.2.3 所示的截面草图；单击 按钮，在 类型 下拉列表中选择 曲线/轴矢量 选项，然后在图形区选取 Z 轴作为回转轴；在 开始 文本框中输入值 0，在 结束 文本框中输入值 30，在 偏置 下拉列表中选择 两侧 选项，在 开始 文本框中输入值 0，在 结束 文本框中输入值 1；单击 < 确定 > 按钮，完成旋转 1 的创建。

Step3. 保存零件模型。

Stage2. 装配，生成球罐

新建一个装配文件，命名为 spheric_tank_asm。然后使用 24 个 spheric_tank.prt 零件装

配得到完整钣金件（具体操作请参看随书光盘），结果如图 20.2.4 所示；保存装配模型并关闭所有文件窗口。

图 20.2.2　回转体 1

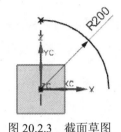

图 20.2.3　截面草图

图 20.2.4　球罐

Task2. 展平球罐

这里球罐的展开放样采用 20.1 节中介绍的柱面法来近似展开，按照球形封头的 1/12 展平步骤即可完成 1/24 球罐的近似展开放样，具体步骤不再赘述。

20.3　平顶环形封头

平顶环形封头与球形封头的创建和展开思路是相同的，唯一不同之处在于创建中前者的顶部是平形圆口。下面以图 20.3.1 所示的模型为例，介绍在 UG 中创建和展开平顶环形封头的一般过程。

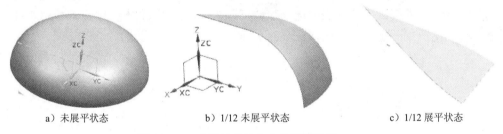

a）未展平状态　　　　　　　b）1/12 未展平状态　　　　　　　c）1/12 展平状态

图 20.3.1　平顶环形封头及其展平图样

Task 1. 创建平顶环形封头

Stage1. 创建 1/12 平顶环形封头

Step1. 新建一个模型文件，命名为 level_armillary_cover。

Step2. 创建图 20.3.2 所示的旋转 1。选择 插入(S) ➡ 设计特征(E)▶ ➡ 旋转(R)... 命令。选取 YZ 平面为草图平面，绘制图 20.3.3 所示的截面草图；单击 按钮，在 类型 下拉列表中选择 曲线/轴矢量 选项，然后在图形区选取 Z 轴作为回转轴；在 开始 文本框中输入值 0，在 结束 文本框中输入值 30，在 偏置 下拉列表中选择 两侧 选项，在 开始 文本框中输入值 0，在 结束 文本框中输入值 1；单击 〈 确定 〉 按钮，完成旋转 1 的创建。

Step3. 保存零件模型。

Stage2. 装配，生成平顶环形封头

新建一个装配文件，命名为 level_armillary_cover_asm。然后使用 12 个 level_armillary_cover.prt 零件装配得到完整钣金件（具体操作请参看随书光盘），结果如图 20.3.4 所示；保存装配模型并关闭所有文件窗口。

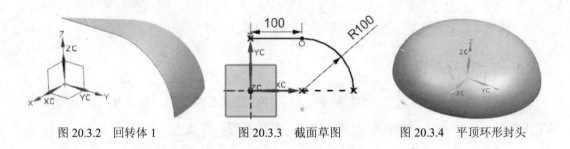

图 20.3.2 回转体 1　　　　图 20.3.3 截面草图　　　　图 20.3.4 平顶环形封头

Task2. 展平平顶环形封头

Step1. 新建一个 NX 钣金模型文件，命名为 level_armillary_cover_unfold。

Step2. 创建图 20.3.5 所示的轮廓弯边特征 1。选择下拉菜单 插入(S) ➡ 折弯(N) ➡ 轮廓弯边(C)... 命令；选取 YZ 平面为草图平面，绘制图 20.3.6 所示的截面草图（一）；单击 厚度 文本框右侧的 ☰ 按钮，在系统弹出的快捷菜单中选择 使用局部值 选项，然后在 厚度 文本框中输入数值 1.0；在 宽度选项 下拉列表中选择 对称 选项，在 宽度 文本框中输入数值 300.0；单击 〈确定〉 按钮，完成轮廓弯边特征 1 的创建。

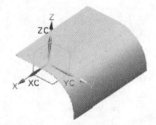
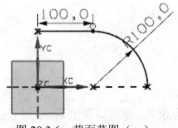

图 20.3.5 轮廓弯边特征 1　　　　图 20.3.6 截面草图（一）

Step3. 创建图 20.3.7 所示的拉伸特征 1。选择下拉菜单 插入(S) ➡ 切割(T) ➡ 拉伸(E)... 命令，选取 XY 平面为草图平面，绘制如图 20.3.8 所示的截面草图（二）；在"拉伸"对话框 限制 区域的 开始 下拉列表中选择 值 选项，在其下的 距离 文本框中输入值 0，在 结束 下拉列表中选择 贯通 选项；在 布尔 区域的下拉列表中选择 减去 选项；在 偏置 下拉列表中选择 两侧 选项，在 开始 文本框中输入值 0，在 结束 文本框中输入值 200；单击 〈确定〉 按钮，完成拉伸特征 1 的创建。

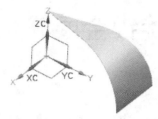

图 20.3.7　拉伸特征 1

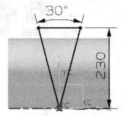

图 20.3.8　截面草图（二）

Step4. 创建 20.3.9 所示的展平实体。选择下拉菜单 插入(S) ➡️ 展平图样(L)... ▶️ ➡️
🔲 展平实体(S)... 命令；选取图 20.3.10 所示的固定面，单击 确定 按钮，完成展平实体的
创建。

Step5. 保存钣金模型。

图 20.3.9　展平实体

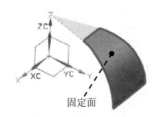

固定面

图 20.3.10　选取固定面

第21章　螺旋钣金展开

本章提要　　本章主要介绍了螺旋钣金类在 UG 中的创建和展开过程，包括圆柱等宽螺旋叶片、圆柱不等宽渐缩螺旋叶片、圆锥等宽渐缩螺旋叶片、内三棱柱外圆渐缩螺旋叶片、内四棱柱外圆渐缩螺旋叶片、圆柱等宽螺旋槽、90° 方形螺旋管、180° 方形螺旋管和 180° 方矩形螺旋管。此类钣金都是通过螺旋线进行放样折弯而形成的。

21.1　圆柱等宽螺旋叶片

圆柱等宽螺旋叶片是由同轴的圆柱面截断的正螺旋面并加厚形成的构件，螺距、圈数相等。下面以图 21.1.1 所示的模型为例，介绍在 UG 中创建和展开圆柱等宽螺旋叶片的一般过程。

a）未展平状态　　　　　　　　　　　b）展平状态

图 21.1.1　圆柱等宽螺旋叶片及其展平图样

Task1.　创建圆柱等宽螺旋叶片钣金件

Step1.　新建一个零件模型文件，并命名为 cylinder_equally_wid_spiral_vane。

Step2.　创建图 21.1.2 所示的螺旋线 1。选择下拉菜单 插入(S) ➡ 曲线(C) ➡ 螺旋线(X)... 命令；系统弹出"螺旋线"对话框，在 类型 下拉列表中选择 沿矢量 选项，在 大小 区域中选择 ⊙ 半径 单选项，在 规律类型 下拉列表中选择 恒定 选项，然后在 值 的文本框中输入数值 100；在 螺距 区域 规律类型 的下拉列表中选择 恒定 选项，然后在 值 的文本框中输入数值 300；在 长度 区域的 方法 下拉列表中选择 圈数 选项，然后在 圈数 的文本框中输入数值 1；单击 确定 按钮，完成螺旋线 1 的创建。

Step3.　创建图 21.1.3 所示的螺旋线 2。参照螺旋线 1 的步骤，将半径值定义为 200，其余参数与螺旋线 1 相同。

Step4. 创建图 21.1.4 所示的通过曲线组特征。选择下拉菜单 插入(S) ➡ 网格曲面(M) ➡ 通过曲线组(T)... 命令；依次选取螺旋线 1 和螺旋线 2 为起始截面和终止截面；单击 〈 确定 〉 按钮，完成通过曲线组特征的创建。

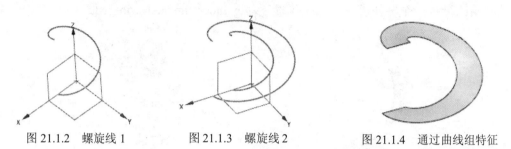

图 21.1.2　螺旋线 1　　　　图 21.1.3　螺旋线 2　　　　图 21.1.4　通过曲线组特征

Step5. 对曲面进行加厚。选择下拉菜单 插入(S) ➡ 偏置/缩放(O) ➡ 加厚(T)... 命令；在设计树中选择通过曲线组特征，在 厚度 区域的 偏置 1 文本框中输入厚度值 1，方向如图 21.1.5 所示；单击 〈 确定 〉 按钮，完成曲面的加厚。

Step6. 将模型转换为钣金件。在 应用模块 功能选项卡 设计 区域单击 钣金 按钮，进入"NX 钣金"设计环境；选择下拉菜单 插入(S) ➡ 转换(V) ▶ ➡ 转换为钣金(C)... 命令。选取整个加厚曲面作为腹板面；单击 确定 按钮，完成钣金转换操作，结果如图 21.1.6 所示。

Step7. 保存钣金件模型。

Task2. 展平圆柱等宽螺旋叶片钣金件

创建图 21.1.1b 所示的展平实体。选择下拉菜单 插入(S) ➡ 展平图样(L) ▶ ➡ 展平实体(S)... 命令；取消选中 □ 移至绝对坐标系 复选框，选取图 21.1.7 所示的固定面，单击 确定 按钮，完成展平实体的创建；将模型另存为 cylinder_equally_wid_spiral_vane_unfold。

图 21.1.5　加厚曲面　　　　图 21.1.6　钣金转换　　　　图 21.1.7　选取固定面

21.2　圆柱不等宽渐缩螺旋叶片

圆柱不等宽渐缩螺旋叶片是由同轴的圆柱面和圆锥面截断的正螺旋面并加厚形成的构件，螺距、圈数相等。下面以图 21.2.1 所示的模型为例，介绍在 UG 中创建和展开圆柱不等宽渐缩螺旋叶片的一般过程。

Task1. 创建圆柱不等宽渐缩螺旋叶片钣金件

Step1. 新建一个零件模型文件，并命名为 cylinder_unequal_wid_reduce_spiral_vane。

a）未展平状态　　　　　　　　　　　b）展平状态

图 21.2.1　圆柱不等宽渐缩螺旋叶片及其展平图样

Step2. 创建图 21.2.2 所示的螺旋线 1。选择下拉菜单 插入(S) ➡ 曲线(C) ➡ 螺旋线(X)... 命令；系统弹出"螺旋线"对话框，在 类型 下拉列表中选择 沿矢量 选项，在 大小 区域中选择 ⊙ 半径 单选项，在 规律类型 下拉列表中选择 恒定 选项，然后在 值 的文本框中输入 80；在 螺距 区域的 规律类型 下拉列表中选择 恒定 选项，然后在 值 的文本框中输入 400；在 长度 区域的 方法 下拉列表中选择 圈数 选项，然后在 圈数 的文本框中输入 1；单击 确定 按钮，完成螺旋线 1 的创建。

Step3. 创建图 21.2.3 所示的螺旋线 2。选择下拉菜单 插入(S) ➡ 曲线(C) ➡ 螺旋线(X)... 命令；系统弹出"螺旋线"对话框，在 类型 下拉列表中选择 沿矢量 选项，在 大小 区域中选择 ⊙ 半径 单选项，在 规律类型 下拉列表中选择 线性 选项，然后在 起始值 文本框中输入 200，在 终止值 文本框中输入 220；在 螺距 区域的 规律类型 下拉列表中选择 恒定 选项，然后在 值 的文本框中输入 400；在 长度 区域的 方法 下拉列表中选择 圈数 选项，然后在 圈数 的文本框中输入 1；单击 确定 按钮，完成螺旋线 2 的创建。

Step4. 创建图 21.2.4 所示的通过曲线组特征。选择下拉菜单 插入(S) ➡ 网格曲面(M) ➡ 通过曲线组(T)... 命令；依次选取螺旋线 1 和螺旋线 2 为起始截面和终止截面；单击 〈 确定 〉 按钮，完成通过曲线组特征的创建。

　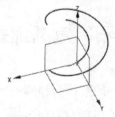　

图 21.2.2　螺旋线 1　　　图 21.2.3　螺旋线 2　　　图 21.2.4　通过曲线组特征

Step5. 对曲面进行加厚。选择下拉菜单 插入(S) ➡ 偏置/缩放(O) ➡ 加厚(T)... 命令；在设计树中选择通过曲线组特征，在 厚度 区域的 偏置 1 文本框中输入厚度值 1；单击 〈 确定 〉 按钮，完成曲面的加厚。

Step6. 将模型转换为钣金件。在 应用模块 功能选项卡 设计 区域单击 钣金 按钮，进入"NX 钣金"设计环境；选择下拉菜单 插入(S) ➡ 转换(V) ➡ 转换为钣金(C)... 命令，选取整个加厚曲面作为腹板面；单击 确定 按钮，完成钣金转换操作，结果如图 21.2.5 所示。

Step7. 保存钣金件模型。

Task2. 展平圆柱不等宽渐缩螺旋叶片钣金件

创建图 21.2.1b 所示的展平实体。选择下拉菜单 插入(S) ➡ 展平图样(L)... ➡ 展平实体(S)... 命令；取消选中 □ 移至绝对坐标系 复选框，选取图 21.2.6 所示的固定面，单击 确定 按钮，完成展平实体的创建；将模型另存为 cylinder_unequal_wid_reduce_spiral_vane_unfold。

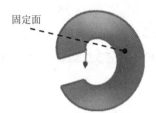

图 21.2.5　圆柱不等宽渐缩螺旋叶片钣金件　　图 21.2.6　选取固定面

21.3　圆锥等宽渐缩螺旋叶片

圆锥等宽渐缩螺旋叶片是由同轴的圆锥面截断正螺旋面并加厚形成的构件，螺距、圈数相等。下面以图 21.3.1 所示的模型为例，介绍在 UG 中创建和展开圆锥等宽渐缩螺旋叶片的一般过程。

a）未展平状态　　　　　　　　　　b）展平状态

图 21.3.1　圆锥等宽渐缩螺旋叶片及其展平图样

Task1. 创建圆锥等宽渐缩螺旋叶片钣金件

Step1. 新建一个零件模型文件，并命名为 cylinder_equally_wid_reduce_spiral_vane。

Step2. 创建图 21.3.2 所示的螺旋线 1。选择下拉菜单 插入(S) ➡ 曲线(C) ➡ 螺旋线(X)... 命令；系统弹出"螺旋线"对话框，在 类型 下拉列表中选择 沿矢量 选项，在 大小 区域中选择 ⊙ 半径 单选项，在 规律类型 下拉列表中选择 线性 选项，然后在 起始值 的文本框中输入100，终止值 的文本框中输入150；在 螺距 区域的 规律类型 下拉列表中选择 恒定 选项，然后在 值 的文本框中输入 400；在 长度 区域的 方法 下拉列表中选择 圈数 选项，然后在 圈数 的文本框中输入1；单击 确定 按钮，完成螺旋线 1 的创建。

Step3. 创建图 21.3.3 所示的螺旋线 2。选择下拉菜单 插入(S) ➡ 曲线(C) ➡ 螺旋线(X)... 命令；系统弹出"螺旋线"对话框，在 类型 下拉列表中选择 沿矢量 选项，在 大小 区域中选择 ⊙ 半径 单选项，在 规律类型 下拉列表中选择 线性 选项，然后在 起始值 的文本框中输入 200，在 终止值 的文本框中输入 250；在 螺距 区域的 规律类型 下拉列表中选择 恒定 选项，然后在 值 的文本框中输入 400；在 长度 区域的 方法 下拉列表中选择 圈数 选项，然后在 圈数 的文本框中输入 1；单击 确定 按钮，完成螺旋线 2 的创建。

Step4. 创建图 21.3.4 所示的通过曲线组特征。选择下拉菜单 插入(S) ➡ 网格曲面(M) ➡ 通过曲线组(T)... 命令；依次选取螺旋线 1 和螺旋线 2 为起始截面和终止截面；单击 < 确定 > 按钮，完成通过曲线组特征的创建。

图 21.3.2　螺旋线 1　　　　图 21.3.3　螺旋线 2　　　　图 21.3.4　通过曲线组特征

Step5. 对曲面进行加厚。选择下拉菜单 插入(S) ➡ 偏置/缩放(O) ➡ 加厚(T)... 命令；在设计树中选择通过曲线组特征，在 厚度 区域的 偏置 1 文本框中输入厚度值 1；单击 < 确定 > 按钮，完成曲面的加厚。

Step6. 将模型转换为钣金件。在 应用模块 功能选项卡 设计 区域单击 钣金 按钮，进入"NX 钣金"设计环境；选择下拉菜单 插入(S) ➡ 转换(V) ▸ ➡ 转换为钣金(C)... 命令，选取整个加厚曲面作为腹板面；单击 确定 按钮，完成钣金转换操作，结果如图 21.3.5 所示。

Step7. 保存钣金件模型。

Task2. 展平圆锥等宽渐缩螺旋叶片钣金件

创建图 21.3.1b 所示的展平实体。选择下拉菜单 插入(S) ➡ 展平图样(L)... ▸ ➡

　命令；取消选中 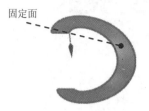 复选框，选取图 21.3.6 所示的固定面，单击 ![确定] 按钮，完成展平实体的创建；将模型另存为 cylinder_equally_wid_reduce_spiral_vane_unfold。

图 21.3.5　圆锥等宽渐缩螺旋叶片钣金件　　　图 21.3.6　选取固定面

固定面

21.4　内三棱柱螺旋叶片

内三棱柱螺旋叶片是由同轴的三棱柱面和圆锥面截断正螺旋面并加厚形成的构件，螺距、圈数相等。下面以图 21.4.1 所示的模型为例，介绍在 UG 中创建和展开内三棱柱螺旋叶片的一般过程。

a）未展平状态　　　　　　　　　　　　b）展平状态

图 21.4.1　内三棱柱螺旋叶片及其展平图样

Task1.　创建内三棱柱螺旋叶片钣金件

Step1.　新建一个零件模型文件，并命名为 inner_three_arris_spiral_vane。

Step2.　创建图 21.4.2 所示的螺旋线 1。选择下拉菜单 插入(S) ➡ 曲线(C) ➡ 螺旋线(X)... 命令；系统弹出"螺旋线"对话框，在 类型 下拉列表中选择 沿矢量 选项，在 大小 区域中选择 ⊙ 半径 单选项，在 规律类型 下拉列表中选择 恒定 选项，然后在 值 的文本框中输入 80；在 螺距 区域的 规律类型 下拉列表中选择 恒定 选项，然后在 值 的文本框中输入 400；在 长度 区域的 方法 下拉列表中选择 圈数 选项，然后在 圈数 的文本框中输入 1；单击 ![确定] 按钮，完成螺旋线 1 的创建。

Step3.　创建图 21.4.3 所示的螺旋线 2。选择下拉菜单 插入(S) ➡ 曲线(C) ➡ 螺旋线(X)... 命令；系统弹出"螺旋线"对话框，在 类型 下拉列表中选择 沿矢量 选项，在 大小 区域中选择 ⊙ 半径 单选项，在 规律类型 下拉列表中选择 恒定 选项，然后在 值 的文本框中输入 200；在 螺距 区域的 规律类型 下拉列表中选择 恒定 选项，然后在 值 的文本框中输入 400；在 长度 区域的 方法 下拉列表中选择 圈数 选项，然后在 圈数 的文本框中输入 1；单击 确定 按钮，完成螺旋线 1 的创建。

Step4. 创建图 21.4.4 所示的通过曲线组特征。选择下拉菜单 插入(S) ➡ 网格曲面(M) ➡ 通过曲线组(T)... 命令；依次选取螺旋线 1 和螺旋线 2 为起始截面和终止截面；单击 <确定> 按钮，完成通过曲线组特征的创建。

图 21.4.2　螺旋线 1

图 21.4.3　螺旋线 2

图 21.4.4　通过曲线组特征

Step5. 对曲面进行加厚。选择下拉菜单 插入(S) ➡ 偏置/缩放(O) ➡ 加厚(T)... 命令；在设计树中选择通过曲线组特征，在 厚度 区域的 偏置 1 文本框中输入厚度值 1；单击 <确定> 按钮，完成曲面的加厚。

Step6. 将模型转换为钣金件。在 应用模块 功能选项卡 设计 区域单击 钣金 按钮，进入 "NX 钣金"设计环境；选择下拉菜单 插入(S) ➡ 转换(V) ➡ 转换为钣金(C)... 命令。选取整个加厚曲面作为腹板面；单击 确定 按钮，完成钣金转换操作。

Step7. 创建图 21.4.5 所示的拉伸特征 1。选择下拉菜单 插入(S) ➡ 切削(T) ➡ 拉伸(E)... 命令；选取 XY 平面为草图平面，绘制图 21.4.6 所示的截面草图；在"拉伸"对话框 开始 的下拉列表中选择 贯通 选项，在 结束 下拉列表中选择 贯通 选项；在 布尔 区域的 布尔 下拉列表中选择 减去 选项；单击 <确定> 按钮，完成拉伸特征 1 的创建。

Step8. 保存钣金件模型。

Task2. 展平内三棱柱螺旋叶片钣金件

创建图 21.4.1b 所示的展平实体。选择下拉菜单 插入(S) ➡ 展平图样(L)... ➡ 展平实体(S)... 命令；取消选中 □移至绝对坐标系 复选框，选取图 21.4.7 所示的固定面，单击 确定 按钮，完成展平实体的创建；将模型另存为 inner_three_arris_spiral_vane_unfold。

图 21.4.5　拉伸特征 1

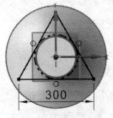
300
图 21.4.6　截面草图

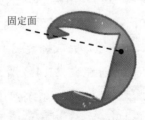
固定面
图 21.4.7　选取固定面

21.5 内四棱柱螺旋叶片

内四棱柱螺旋叶片是由同轴的四棱柱面和圆锥面截断正螺旋面并加厚形成的构件，螺距、圈数相等。下面以图21.5.1所示的模型为例，介绍在UG中创建和展开内四棱柱螺旋叶片的一般过程。

a）未展平状态   b）展平状态

图21.5.1 内四棱柱螺旋叶片及其展平图样

Task1. 创建内四棱柱螺旋叶片钣金件

Step1. 新建一个零件模型文件，并命名为 inner_four_arris_spiral_vane。

Step2. 创建图21.5.2所示的螺旋线1。选择下拉菜单 插入(S) ➡ 曲线(C) ➡ 螺旋线(X)... 命令；系统弹出"螺旋线"对话框，在 类型 下拉列表中选择 沿矢量 选项，在 大小 区域中选择 ⊙ 半径 单选项，在 规律类型 下拉列表中选择 恒定 选项，然后在 值 的文本框中输入80；在 螺距 区域的 规律类型 下拉列表中选择 恒定 选项，然后在 值 的文本框中输入400；在 长度 区域的 方法 下拉列表中选择 圈数 选项，然后在 圈数 的文本框中输入1；单击 确定 按钮，完成螺旋线1的创建。

Step3. 创建图21.5.3所示的螺旋线2。选择下拉菜单 插入(S) ➡ 曲线(C) ➡ 螺旋线(X)... 命令；系统弹出"螺旋线"对话框，在 类型 下拉列表中选择 沿矢量 选项，在 大小 区域中选择 ⊙ 半径 单选项，在 规律类型 下拉列表中选择 恒定 选项，然后在 值 的文本框中输入200；在 螺距 区域的 规律类型 下拉列表中选择 恒定 选项，然后在 值 的文本框中输入400；在 长度 区域的 方法 下拉列表中选择 圈数 选项，然后在 圈数 的文本框中输入1；单击 确定 按钮，完成螺旋线1的创建。

Step4. 创建图21.5.4所示的通过曲线组特征。选择下拉菜单 插入(S) ➡ 网格曲面(M) ➡ 通过曲线组(T)... 命令；依次选取螺旋线1和螺旋线2为起始截面和终止截面；单击 〈 确定 〉 按钮，完成通过曲线组特征的创建。

Step5. 对曲面进行加厚。选择下拉菜单 插入(S) ➡ 偏置/缩放(O) ➡ 加厚(T)... 命令；在设计树中选择通过曲线组特征，在 厚度 区域的 偏置1 文本框中输入厚度值1；单击

〈确定〉按钮，完成曲面的加厚。

图 21.5.2　螺旋线 1

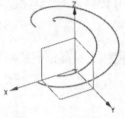
图 21.5.3　螺旋线 2

图 21.5.4　通过曲线组特征

Step6. 将模型转换为钣金件。在 应用模块 功能选项卡 设计 区域单击 🗗钣金 按钮，进入 "NX 钣金"设计环境；选择下拉菜单 插入(S) ➡ 转换(V)▶ ➡ 🗗转换为钣金(C)... 命令；选取整个加厚曲面作为腹板面；单击 确定 按钮，完成钣金转换操作。

Step7. 创建图 21.5.5 所示的拉伸特征 1。选择下拉菜单 插入(S) ➡ 切割(T) ➡ 📖拉伸(E)... 命令；选取 XY 平面为草图平面，绘制图 21.5.6 所示的截面草图；在"拉伸"对话框的 开始 下拉列表中选择 🗗贯通 选项，在 结束 下拉列表中选择 🗗贯通 选项；在 布尔 区域的 布尔 下拉列表中选择 🔲减去 选项；单击 〈确定〉按钮，完成拉伸特征 1 的创建。

Step8. 保存钣金件模型。

Task2. 展平内四棱柱螺旋叶片钣金件

创建图 21.5.1b 所示的展平实体。选择下拉菜单 插入(S) ➡ 展平图样(L)...▶ ➡ 🔲展平实体(S)... 命令；取消选中 □移至绝对坐标系 复选框，选取图 21.5.7 所示的固定面，单击 确定 按钮，完成展平实体的创建；将模型另存为 inner_four_arris_spiral_vane unfold。

图 21.5.5　拉伸特征 1

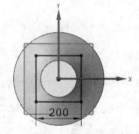
图 21.5.6　截面草图

图 21.5.7　选取固定面

21.6　圆柱等宽螺旋槽

圆柱等宽螺旋槽的创建和展开的方法与圆柱等宽螺旋叶片相同，只是在其侧面建立了内（外）侧钣金件。下面以图 21.6.1 所示的模型为例，介绍在 UG 中创建和展开圆柱等宽螺旋槽的一般过程。

a）未展平状态　　　　　　　　　　　b）展平状态

图 21.6.1　圆柱等宽螺旋槽及其展平图样

Task1. 创建圆柱等宽螺旋槽钣金件

Stage1. 创建整体结构模型

Step1. 新建一个零件模型文件，并命名为 cylinder_equally_wid_spiral_groove。

Step2. 创建图 21.6.2 所示的螺旋线 1。选择下拉菜单 插入(S) ➡ 曲线(C) ➡ 螺旋线(X)... 命令；系统弹出"螺旋线"对话框，在 类型 下拉列表中选择 沿矢量 选项，在 大小 区域中选择 ⊙ 半径 单选项，在 规律类型 下拉列表中选择 恒定 选项，然后在 值 的文本框中输入 100；在 螺距 区域的 规律类型 下拉列表中选择 恒定 选项，然后在 值 的文本框中输入 400；在 长度 区域的 方法 下拉列表中选择 圈数 选项，然后在 圈数 的文本框中输入 1；单击 确定 按钮，完成螺旋线 1 的创建。

Step3. 创建图 21.6.3 所示的螺旋线 2。选择下拉菜单 插入(S) ➡ 曲线(C) ➡ 螺旋线(X)... 命令；系统弹出"螺旋线"对话框，在 类型 下拉列表中选择 沿矢量 选项，在 大小 区域中选择 ⊙ 半径 单选项，在 规律类型 下拉列表中选择 恒定 选项，然后在 值 的文本框中输入 200；在 螺距 区域的 规律类型 下拉列表中选择 恒定 选项，然后在值的文本框中输入 400；在 长度 区域的 方法 下拉列表中选择 圈数 选项，然后在 圈数 的文本框中输入 1；单击 确定 按钮，完成螺旋线 2 的创建。

Step4. 创建图 21.6.4 所示的通过曲线组特征 1。选择下拉菜单 插入(S) ➡ 网格曲面(M) ➡ 通过曲线组(T)... 命令；依次选取螺旋线 1 和螺旋线 2 为起始截面和终止截面；单击 < 确定 > 按钮，完成通过曲线组特征 1 的创建。

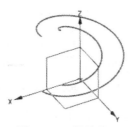

图 21.6.2　螺旋线 1　　　　图 21.6.3　螺旋线 2　　　　图 21.6.4　通过曲线组特征 1

Step5. 选择下拉菜单 格式(R) ➡ WCS ➡ 原点(O)... 命令，系统弹出"点"对话框，在 输出坐标 区域的 ZC 文本框中输入 50，单击 确定 按钮。

Step6. 创建图 21.6.5 所示的螺旋线 3。选择下拉菜单 插入(S) ➡ 曲线(C) ➡ 螺旋线(X)... 命令；系统弹出"螺旋线"对话框，在 类型 下拉列表中选择 沿矢量 选项；单击 方位 区域的 "CSYS" 对话框按钮 ，在系统弹出的 "CSYS" 对话框的 参考 下拉列表中选择 WCS 选项，单击 确定 按钮；在 大小 区域中选择 ⊙ 半径 单选项，在 规律类型 下拉列表中选择 恒定 选项，然后在 值 的文本框中输入 100；在 螺距 区域的 规律类型 下拉列表中选择 恒定 选项，然后在 值 的文本框中输入 400；在 长度 区域的 方法 下拉列表中选择 圈数 选项，然后在 圈数 的文本框中输入 1；单击 确定 按钮，完成螺旋线 3 的创建。

Step7. 创建图 21.6.6 所示的螺旋线 4。选择下拉菜单 插入(S) ➡ 曲线(C) ➡ 螺旋线(X)... 命令；系统弹出"螺旋线"对话框，在 类型 下拉列表中选择 沿矢量 选项；单击 方位 区域的 "CSYS" 对话框按钮 ，在系统弹出的 "CSYS" 对话框的 参考 下拉列表中选择 WCS 选项，单击 确定 按钮；在 大小 区域中选择 ⊙ 半径 单选项，在 规律类型 下拉列表中选择 恒定 选项，然后在 值 的文本框中输入 200；在 螺距 区域的 规律类型 下拉列表中选择 恒定 选项，然后在 值 的文本框中输入 400；在 长度 区域的 方法 下拉列表中选择 圈数 选项，然后在 圈数 的文本框中输入 1；单击 确定 按钮，完成螺旋线 4 的创建。

Step8. 创建图 21.6.7 所示的通过曲线组特征 2。选择下拉菜单 插入(S) ➡ 网格曲面(M) ➡ 通过曲线组(T)... 命令；依次选取螺旋线 1 和螺旋线 3 为起始截面和终止截面；单击 <确定> 按钮，完成通过曲线组特征 2 的创建。

图 21.6.5 螺旋线 3　　　　图 21.6.6 螺旋线 4　　　　图 21.6.7 通过曲线组特征 2

Step9. 创建图 21.6.8 所示的通过曲线组特征 3。选择下拉菜单 插入(S) ➡ 网格曲面(M) ➡ 通过曲线组(T)... 命令；依次选取螺旋线 2 和螺旋线 4 为起始截面和终止截面；单击 <确定> 按钮，完成通过曲线组特征 3 的创建。

Step10. 创建加厚曲面 1，选择下拉菜单 插入(S) ➡ 偏置/缩放(O) ➡ 加厚(T)... 命令；选取图 21.6.9 所示的面，在 厚度 区域的 偏置 1 文本框中输入厚度值 1，方向如图 21.6.9 所示；单击 <确定> 按钮，完成加厚曲面 1 的创建。

图 21.6.8　通过曲线组特征 3

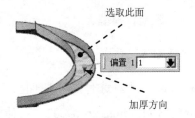
图 21.6.9　加厚曲面 1

Step11. 创建加厚曲面 2，选择下拉菜单 插入(S) ➡ 偏置/缩放(O) ➡ 加厚(T)... 命令；选取图 21.6.10 所示的面，在 厚度 区域的 偏置1 文本框中输入厚度值 1，方向如图 21.6.10 所示；单击 < 确定 > 按钮，完成加厚曲面 2 的创建。

Step12. 创建加厚曲面 3，选择下拉菜单 插入(S) ➡ 偏置/缩放(O) ➡ 加厚(T)... 命令；选取图 21.6.11 所示的面，在 厚度 区域的 偏置1 文本框中输入厚度值 1，方向如图 21.6.11 所示；单击 < 确定 > 按钮，完成加厚曲面 3 的创建。

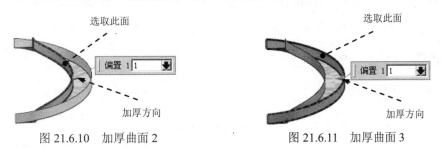

图 21.6.10　加厚曲面 2　　　　　　　　图 21.6.11　加厚曲面 3

Step13. 保存模型文件。

Stage2. 创建螺旋钣金 01

Step1. 在资源工具条区单击"装配导航器"按钮，切换至"装配导航器"界面，在装配导航器的空白处右击，在弹出的快捷菜单中选择 ☑ WAVE 模式 命令。

Step2. 在装配导航器区选择 ☑ cylinder_equally_wid_spiral_groove 并右击，在弹出的快捷菜单中选择 WAVE ▶ ➡ 新建层 命令，系统弹出"新建层"对话框。

Step3. 在"新建层"对话框中单击 指定部件名 按钮，在弹出的对话框中输入文件名 cylinder_equally_wid_spiral_groove01，并单击 OK 按钮。

Step4. 在"新建层"对话框中单击 类选择 按钮，选取加厚曲面 1，单击两次 确定 按钮，完成新级别的创建。

Step5. 将 cylinder_equally_wid_spiral_groove01 设为显示部件。

Step6. 将模型转换为钣金。在 应用模块 功能选项卡 设计 区域单击 钣金 按钮，进入"NX 钣金"设计环境；选择下拉菜单 插入(S) ➡ 转换(V) ▶ ➡ 转换为钣金(C)... 命令，选取螺旋面，单击 确定 按钮，完成钣金转换操作。

Step7. 保存钣金件模型。

Stage3. 创建螺旋钣金 02

参照 Stage2 步骤，选择加厚曲面 2 为新建级别创建螺旋钣金 02，将模型命名为 cylinder_equally_wid_spiral_groove02（具体操作请参看随书光盘）。

Stage4. 创建螺旋钣金 03

参照 Stage2 步骤，选择加厚曲面 3 为新建级别创建螺旋钣金 03，将模型命名为 cylinder_equally_wid_spiral_groove03（具体操作请参看随书光盘）。

Stage5. 创建完整钣金件

新建一个装配文件，命名为 cylinder_equally_wid_spiral_groove_asm。使用创建的圆柱等宽螺旋槽的四个螺旋面钣金件进行装配得到完整的钣金件（具体操作请参看随书光盘），结果如图 21.6.1a 所示；保存钣金件模型并关闭所有文件窗口。

Task2. 展平圆柱等宽螺旋槽

Stage1. 展平螺旋钣金 01

Step1. 打开文件：cylinder_equally_wid_spiral_groove01。

Step2. 创建图 21.6.12 所示的展平实体。选择下拉菜单 插入(S) ➡ 展平图样(L)... ▶ ➡ 展平实体(S)... 命令；取消选中 □移至绝对坐标系 复选框，选取图 21.6.13 所示的固定面，单击 确定 按钮，完成实体的创建；将模型另存为 cylinder_cqually_wid_spiral_groove_unfold01。

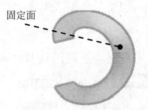

固定面

图 21.6.12　展平实体　　　　　　　图 21.6.13　选取固定面

Stage2. 展平螺旋钣金 02

Step1. 打开文件：cylinder_equally_wid_spiral_groove02。

Step2. 创建展平实体，选择下拉菜单 分析(L) ➡ 分析可成型性 - 一步式(Z)... 命令；在 类型 下拉列表中选择 中间展开 选项；选取图 21.6.14 所示的面作为展开区域；单击 目标区域 的 按钮，选择图 21.6.14 所示的面为目标区域；单击"网格"按钮，单击"计算"按钮，单击 确定 按钮，完成一步式展开。

Step3. 选择下拉菜单 插入(S) ➡ 突出块(B)... 命令。在 类型 下拉列表中选择 基本件 选项，选取图 21.6.15 所示的线框，在 厚度 文本框中输入 1，单击 〈 确定 〉 按钮。

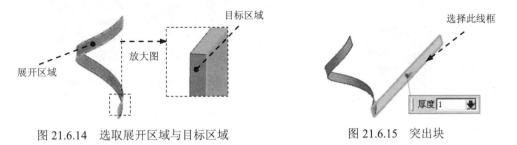

图 21.6.14　选取展开区域与目标区域　　　　图 21.6.15　突出块

Step4. 保存展开钣金件模型，命名为 cylinder_equally_wid_spiral_groove_unfold02。

Stage3. 展平螺旋钣金 03

Step1. 打开文件：cylinder_equally_wid_spiral_groove03。

Step2. 创建展平实体，选择下拉菜单 分析(L) ➡ 分析可成型性 – 一步式(Z)... 命令；在 类型 下拉列表中选择 中间展开 选项；选取图 21.6.16 所示的面作为展开区域；单击 目标区域 的 按钮，选择图 21.6.16 所示的面作为目标区域；单击"网格"按钮，单击"计算"按钮，单击 确定 按钮，完成一步式展开。

Step3. 选择下拉菜单 插入(S) ➡ 突出块(B)... 命令；在 类型 下拉列表中选择 基本件 选项，选取图 21.6.17 所示的线框，在 厚度 文本框中输入数值 1，单击 〈 确定 〉 按钮。

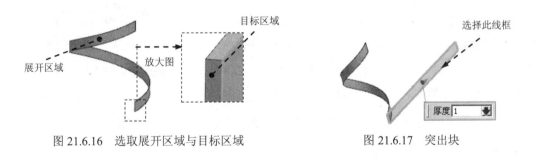

图 21.6.16　选取展开区域与目标区域　　　　图 21.6.17　突出块

Step4. 保存展开钣金件模型，命名为 cylinder_equally_wid_spiral_groove_unfold03。

21.7　90° 方形螺旋管

90° 方形螺旋管是截面为方形轮廓螺旋环绕圆柱面 0.25 圈形成的薄壁构件。为了便于进行展开，可分别建立底板、外侧板、内侧板和顶板的钣金件。下面以图 21.7.1 所示的模型为例，介绍在 UG 中创建和展开 90° 方形螺旋管的一般过程。

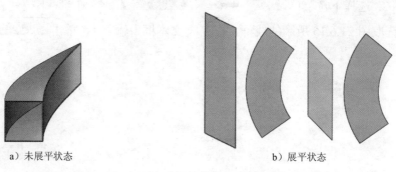

a）未展平状态   b）展平状态

图 21.7.1　90°方形螺旋管及其展平图样

Task1. 创建 90°方形螺旋管钣金件

Stage1. 创建整体结构模型

Step1. 新建一个零件模型文件，并命名为 90deg_square_spiral_pipe。

Step2. 创建图 21.7.2 所示的螺旋线 1。选择下拉菜单 插入(S) ➡ 曲线(C) ➡ 螺旋线(X)... 命令；系统弹出"螺旋线"对话框，在 类型 下拉列表中选择 沿矢量 选项，在 大小 区域中选择 ⊙ 半径 单选项，在 规律类型 下拉列表中选择 恒定 选项，然后在 值 的文本框中输入 120；在 螺距 区域的 规律类型 下拉列表中选择 恒定 选项，然后在 值 的文本框中输入 400；在 长度 区域的 方法 下拉列表中选择 圈数 选项，然后在 圈数 的文本框中输入 0.25；单击 确定 按钮，完成螺旋线 1 的创建。

Step3. 创建图 21.7.3 所示的螺旋线 2。选择下拉菜单 插入(S) ➡ 曲线(C) ➡ 螺旋线(X)... 命令；系统弹出"螺旋线"对话框，在 类型 下拉列表中选择 沿矢量 选项，在 大小 区域中选择 ⊙ 半径 单选项，在 规律类型 下拉列表中选择 恒定 选项，然后在 值 的文本框中输入 170；在 螺距 区域的 规律类型 下拉列表中选择 恒定 选项，然后在 值 的文本框中输入 400；在 长度 区域的 方法 下拉列表中选择 圈数 选项，然后在 圈数 的文本框中输入 0.25；单击 确定 按钮，完成螺旋线 2 的创建。

图 21.7.2　螺旋线 1   图 21.7.3　螺旋线 2

Step4. 选择下拉菜单 格式(R) ➡ WCS ➡ 原点(O)... 命令，单击 确定 按钮（注：具体参数和操作参见随书光盘）。

Step5. 创建图 21.7.4 所示的螺旋线 3。选择下拉菜单 插入(S) ➡ 曲线(C) ➡ ⊛ 螺旋线(X)... 命令；系统弹出"螺旋线"对话框，在 类型 下拉列表中选择 沿矢量 选项；单击 方位 区域的"CSYS"对话框按钮 ⏚，在系统弹出的"CSYS"对话框的 参考 下拉列表中选择 WCS 选项，单击 确定 按钮；在 大小 区域中选择 ⊙ 半径 单选项，在 规律类型 下拉列表中选择 恒定 选项，然后在 值 的文本框中输入 120；在 螺距 区域的 规律类型 下拉列表中选择 恒定 选项，然后在 值 的文本框中输入 400；在 长度 区域的 方法 下拉列表中选择 圈数 选项，然后在 圈数 的文本框中输入 0.25；单击 确定 按钮，完成螺旋线 3 的创建。

Step6. 创建图 21.7.5 所示的螺旋线 4。选择下拉菜单 插入(S) ➡ 曲线(C) ➡ ⊛ 螺旋线(X)... 命令；系统弹出"螺旋线"对话框，在 类型 下拉列表中选择 沿矢量 选项；单击 方位 区域的"CSYS"对话框按钮 ⏚，在系统弹出的"CSYS"对话框的 参考 下拉列表中选择 WCS 选项，单击 确定 按钮；在 大小 区域中选择 ⊙ 半径 单选项，在 规律类型 下拉列表中选择 恒定 选项，然后在 值 的文本框中输入 170；在 螺距 区域的 规律类型 下拉列表中选择 恒定 选项，然后在 值 的文本框中输入 400；在 长度 区域的 方法 下拉列表中选择 圈数 选项，然后在 圈数 的文本框中输入 0.25；单击 确定 按钮，完成螺旋线 4 的创建。

Step7. 创建图 21.7.6 所示的通过曲线组特征 1。选择下拉菜单 插入(S) ➡ 网格曲面(M) ➡ 🗌 通过曲线组(T)... 命令；选取螺旋线 1，单击中键；选取螺旋线 2；单击 < 确定 > 按钮，完成通过曲线组特征 1 的创建。

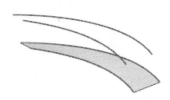

图 21.7.4　螺旋线 3　　　　图 21.7.5　螺旋线 4　　　　图 21.7.6　通过曲线组特征 1

Step8. 创建加厚曲面 1。选择下拉菜单 插入(S) ➡ 偏置/缩放(O) ➡ 🗌 加厚(T)... 命令；选取图 21.7.7 所示的面，在 厚度 区域的 偏置 1 文本框中输入厚度值 1，方向如图 21.7.7 所示；单击 < 确定 > 按钮，完成加厚曲面 1 的创建。

Step9. 创建图 21.7.8 所示的通过曲线组特征 2。选择下拉菜单 插入(S) ➡ 网格曲面(M) ➡ 🗌 通过曲线组(T)... 命令；选取螺旋线 2，单击中键；选取螺旋线 4；单击 < 确定 > 按钮，完成通过曲线组特征 2 的创建。

Step10. 创建加厚曲面 2。选择下拉菜单 插入(S) ➡ 偏置/缩放(O) ➡ 🗌 加厚(T)... 命令；选取图 21.7.9 所示的面，在 厚度 区域的 偏置 1 文本框中输入厚度值 1，方向如图 21.7.9 所示；单击 < 确定 > 按钮，完成加厚曲面 2 的创建。

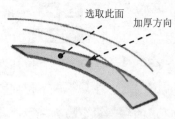

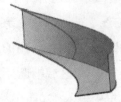

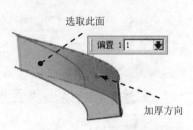

图 21.7.7　加厚曲面 1　　　　图 21.7.8　通过曲线组特征 2　　　　图 21.7.9　加厚曲面 2

Step11. 创建图 21.7.10 所示的通过曲线组特征 3。选择下拉菜单 插入(S) ➡ 网格曲面(M) ➡ 通过曲线组(T)... 命令；选取螺旋线 3，单击中键；选取螺旋线 4；单击 < 确定 > 按钮，完成通过曲线组特征 3 的创建。

Step12. 创建加厚曲面 3。选择下拉菜单 插入(S) ➡ 偏置/缩放(O) ➡ 加厚(T)... 命令；选取图 21.7.11 所示的面，在 厚度 区域的 偏置 1 文本框中输入厚度值 1，方向如图 21.7.11 所示；单击 < 确定 > 按钮，完成加厚曲面 3 的创建。

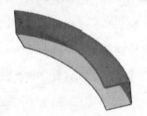

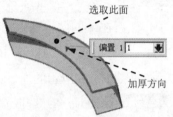

图 21.7.10　通过曲线组特征 3　　　　　图 21.7.11　加厚曲面 3

Step13. 创建图 21.7.12 所示的通过曲线组特征 4。选择下拉菜单 插入(S) ➡ 网格曲面(M) ➡ 通过曲线组(T)... 命令；选取螺旋线 1，单击中键；选取螺旋线 3；单击 < 确定 > 按钮，完成通过曲线组特征 4 的创建。

Step14. 创建加厚曲面 4。选择下拉菜单 插入(S) ➡ 偏置/缩放(O) ➡ 加厚(T)... 命令；选取图 21.7.13 所示的面，在 厚度 区域的 偏置 1 文本框中输入厚度值 1，方向如图 21.7.13 所示；单击 < 确定 > 按钮，完成加厚曲面 4 的创建。

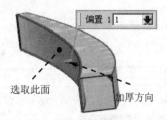

图 21.7.12　通过曲线组特征 4　　　　　图 21.7.13　加厚曲面 4

Step15. 保存模型文件。

Stage2. 创建螺旋钣金 01

Step1. 在资源工具条区单击"装配导航器"按钮，切换至"装配导航器"界面，在

装配导航器的空白处右击，在弹出的快捷菜单中选择 ☑ WAVE 模式 命令。

Step2. 在装配导航器区选择 ☑📦90deg_square_spiral_pipe 并右击，在弹出的快捷菜单中选择 WAVE ▶ ➡ 新建层 命令，系统弹出"新建层"对话框。

Step3. 在"新建层"对话框中单击 指定部件名 按钮，在弹出的对话框中输入文件名 90deg_square_spiral_pipe01，并单击 OK 按钮。

Step4. 在"新建层"对话框中单击 类选择 按钮，选取加厚曲面 1，单击两次 确定 按钮，完成新级别的创建。

Step5. 将 90deg_square_spiral_pipe01 设为显示部件。

Step6. 将模型转换为钣金。在 应用模块 功能选项卡 设计 区域单击 🟦钣金 按钮，进入"NX钣金"设计环境；选择下拉菜单 插入(S) ➡ 转换(V) ▶ ➡ 🟦转换为钣金(C)... 命令。选取螺旋面，单击 确定 按钮，完成钣金转换操作。

Step7. 保存钣金件模型。

Stage3. 创建螺旋钣金 02

参照 Stage2 步骤，选择加厚曲面 2 为新建级别创建螺旋钣金 02，将模型命名为 90deg_square_spiral_pipe02（具体操作请参看随书光盘）。

Stage4. 创建螺旋钣金 03

参照 Stage2 步骤，选择加厚曲面 3 为新建级别创建螺旋钣金 03，将模型命名为 90deg_square_spiral_pipe03（具体操作请参看随书光盘）。

Stage5. 创建螺旋钣金 04

参照 Stage2 步骤，选择加厚曲面 4 为新建级别创建螺旋钣金 04，将模型命名为 90deg_square_spiral_pipe04（具体操作请参看随书光盘）。

Stage6. 创建完整钣金件

新建一个装配文件，命名为 90deg_square_spiral_pipe_asm。使用创建的 90°方形螺旋管钣金件进行装配得到完整的钣金件（具体操作请参看随书光盘），结果如图 21.7.1a 所示；保存钣金件模型并关闭所有文件窗口。

Task2. 展平 90°方形螺旋管

Stage1. 展平螺旋钣金 01

Step1. 打开文件：90deg_square_spiral_pipe01。

Step2. 创建图 21.7.14 所示的展平实体。选择下拉菜单 插入(S) ➡ 展平图样(L)... ▶

➡ 命令；取消选中 ☐移至绝对坐标系 复选框，选取图 21.7.15 所示的固定面，单击 确定 按钮，完成展平实体的创建；将模型另存为 90deg_square_spiral_pipe_unfold01。

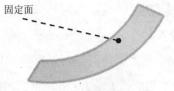

固定面

图 21.7.14　展平实体　　　　　　　　　　图 21.7.15　选取固定面

Stage2. 展平螺旋钣金 02

Step1. 打开文件：90deg_square_spiral_pipe02。

Step2. 参照 Stage1 步骤，创建图 21.7.16 所示的展平实体。将模型另存为 90deg_square_spiral_pipe_unfold02（具体操作请参看随书光盘）。

Stage3. 展平螺旋钣金 03

Step1. 打开文件：90deg_square_spiral_pipe03。

Step2. 参照 Stage1 步骤，创建图 21.7.17 所示的展平实体。将模型另存为 90deg_square_spiral_pipe_unfold03（具体操作请参看随书光盘）。

Stage4. 展平螺旋钣金 04

Step1. 打开文件：90deg_square_spiral_pipe04。

Step2. 参照 Stage1 步骤，创建图 21.7.18 所示的展平实体。将模型另存为 90deg_square_spiral_pipe_unfold04（具体操作请参看随书光盘）。

图 21.7.16　展平实体　　　　　图 21.7.17　展平实体　　　　　图 21.7.18　展平实体

21.8　180°方形螺旋管

　　180°方形螺旋管是截面为方形轮廓螺旋环绕圆柱面半圈形成的薄壁构件。为了便于进行展开，可分别建立底板、外侧板、内侧板和顶板的钣金件。下面以图 21.8.1 所示的模型为例，介绍在 UG 中创建和展开 180°方形螺旋管的一般过程。

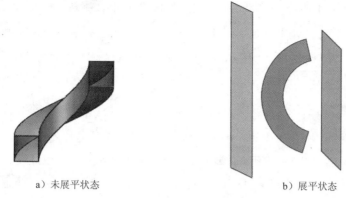

a）未展平状态   b）展平状态

图 21.8.1 180°方形螺旋管及其展平图样

Task1. 创建 180°方形螺旋管钣金件

Stage1. 创建整体结构模型

Step1. 新建一个零件模型文件，并命名为 180deg_square_spiral_pipe。

Step2. 创建图 21.8.2 所示的螺旋线 1。选择下拉菜单 插入(S) ➡ 曲线(C) ➡ 螺旋线(X)... 命令；系统弹出"螺旋线"对话框，在 类型 下拉列表中选择 沿矢量 选项，在 大小 区域中选择 ⊙ 半径 单选项，在 规律类型 下拉列表中选择 恒定 选项，在 值 的文本框中输入 120；在 螺距 区域的 规律类型 下拉列表中选择 恒定 选项，在 值 的文本框中输入 400；在 长度 区域的 方法 下拉列表中选择 圈数 选项，然后在 圈数 的文本框中输入 0.5；单击 确定 按钮，完成螺旋线 1 的创建。

Step3. 创建图 21.8.3 所示的螺旋线 2。选择下拉菜单 插入(S) ➡ 曲线(C) ➡ 螺旋线(X)... 命令；系统弹出"螺旋线"对话框，在 类型 下拉列表中选择 沿矢量 选项，在 大小 区域中选择 ⊙ 半径 单选项，在 规律类型 下拉列表中选择 恒定 选项，在 值 的文本框中输入 170；在 螺距 区域的 规律类型 下拉列表中选择 恒定 选项，在 值 的文本框中输入 400；在 长度 区域的 方法 下拉列表中选择 圈数 选项，然后在 圈数 的文本框中输入 0.5；单击 确定 按钮，完成螺旋线 2 的创建。

图 21.8.2 螺旋线 1

图 21.8.3 螺旋线 2

Step4. 选择下拉菜单 格式(R) ➡ WCS ➡ 原点(O)... 命令，系统弹出"点"对话框，在 输出坐标 区域的 ZC 文本框中输入 50，单击 确定 按钮。

Step5. 创建图 21.8.4 所示的螺旋线 3。选择下拉菜单 插入(S) ➡ 曲线(C) ➡ 螺旋线(X)... 命令；系统弹出"螺旋线"对话框，在 类型 下拉列表中选择 沿矢量 选项；单击 方位 区域的"CSYS"对话框按钮 ，在系统弹出的"CSYS"对话框的 参考 下拉列表中选择 WCS 选项，单击 确定 按钮；在 大小 区域中选择 ⊙ 半径 单选项，在 规律类型 下拉列表中选择 恒定 选项，然后在 值 的文本框中输入 120；在 螺距 区域的 规律类型 下拉列表中选择 恒定 选项，然后在 值 的文本框中输入 400；在 长度 区域的 方法 下拉列表中选择 圈数 选项，然后在 圈数 的文本框中输入 0.5；单击 确定 按钮，完成螺旋线 3 的创建。

Step6. 创建图 21.8.5 所示的螺旋线 4。选择下拉菜单 插入(S) ➡ 曲线(C) ➡ 螺旋线(X)... 命令；系统弹出"螺旋线"对话框，在 类型 下拉列表中选择 沿矢量 选项；单击 方位 区域的"CSYS"对话框按钮 ，在系统弹出的"CSYS"对话框的 参考 下拉列表中选择 WCS 选项，单击 确定 按钮；在 大小 区域中选择 ⊙ 半径 单选项，在 规律类型 下拉列表中选择 恒定 选项，然后在 值 的文本框中输入 170；在 螺距 区域的 规律类型 下拉列表中选择 恒定 选项，然后在 值 的文本框中输入 400；在 长度 区域的 方法 下拉列表中选择 圈数 选项，然后在 圈数 的文本框中输入 0.5；单击 确定 按钮，完成螺旋线 4 的创建。

Step7. 创建图 21.8.6 所示的通过曲线组特征 1。选择下拉菜单 插入(S) ➡ 网格曲面(M) ➡ 通过曲线组(T)... 命令；选取螺旋线 1，单击中键；选取螺旋线 2；单击 < 确定 > 按钮，完成通过曲线组特征 1 的创建。

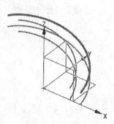
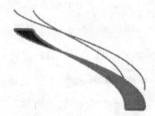

图 21.8.4 螺旋线 3　　　图 21.8.5 螺旋线 4　　　图 21.8.6 通过曲线组特征 1

Step8. 创建加厚曲面 1。选择下拉菜单 插入(S) ➡ 偏置/缩放(O) ➡ 加厚(T)... 命令；选取图 21.8.7 所示的面，在 厚度 区域的 偏置 1 文本框中输入厚度值 1，方向如图 21.8.7 所示；单击 < 确定 > 按钮，完成加厚曲面 1 的创建。

Step9. 创建图 21.8.8 所示的通过曲线组特征 2。选择下拉菜单 插入(S) ➡ 网格曲面(M) ➡ 通过曲线组(T)... 命令；选取螺旋线 2，单击中键，选取螺旋线 4；单击 < 确定 > 按钮，完成通过曲线组特征 2 的创建。

Step10. 创建加厚曲面 2。选择下拉菜单 插入(S) ➡ 偏置/缩放(O) ➡ 加厚(T)... 命令；选取图 21.8.9 所示的面，在 厚度 区域的 偏置 1 文本框中输入厚度值 1，方向如图 21.8.9 所示；单击 < 确定 > 按钮，完成加厚曲面 2 的创建。

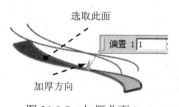

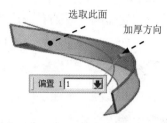

图 21.8.7　加厚曲面 1　　　　图 21.8.8　通过曲线组特征 2　　　　图 21.8.9　加厚曲面 2

Step11. 创建图 21.8.10 所示的通过曲线组特征 3。选择下拉菜单 插入(S) ➡ 网格曲面(M) ➡ 通过曲线组(T)... 命令；选取螺旋线 3，单击中键，选取螺旋线 4；单击 < 确定 > 按钮，完成通过曲线组特征 3 的创建。

Step12. 创建加厚曲面 3。选择下拉菜单 插入(S) ➡ 偏置/缩放(O) ➡ 加厚(T)... 命令；选取图 21.8.11 所示的面，在 厚度 区域的 偏置 1 文本框中输入厚度值 1，方向如图 21.8.11 所示；单击 < 确定 > 按钮，完成加厚曲面 3 的创建。

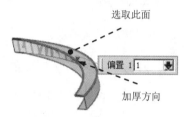

图 21.8.10　通过曲线组特征 3　　　　　　图 21.8.11　加厚曲面 3

Step13. 创建图 21.8.12 所示的通过曲线组特征 4。选择下拉菜单 插入(S) ➡ 网格曲面(M) ➡ 通过曲线组(T)... 命令；选取螺旋线 1，单击中键，选取螺旋线 3；单击 < 确定 > 按钮，完成通过曲线组特征 4 的创建。

Step14. 创建加厚曲面 4。选择下拉菜单 插入(S) ➡ 偏置/缩放(O) ➡ 加厚(T)... 命令；选取图 21.8.13 所示的面，在 厚度 区域的 偏置 1 文本框中输入厚度值 1，方向如图 21.8.13 所示；单击 < 确定 > 按钮，完成加厚曲面 4 的创建。

图 21.8.12　通过曲线组特征 4　　　　　　图 21.8.13　加厚曲面 4

Step15. 保存模型文件。

Stage2. 创建螺旋钣金 01

Step1. 在资源工具条区单击"装配导航器"按钮，切换至"装配导航器"界面，在

装配导航器的空白处右击，在弹出的快捷菜单中选择 ✔ WAVE 模式 命令。

Step2. 在装配导航器区选择 ✔ 🗀 180deg_square_spiral_pipe 并右击，在弹出的快捷菜单中选择 WAVE ▶ ➡ 新建层 命令，系统弹出"新建层"对话框。

Step3. 在"新建层"对话框中单击 指定部件名 按钮，在弹出的对话框中输入文件名 180deg_square_spiral_pipe01，并单击 OK 按钮。

Step4. 在"新建层"对话框中单击 类选择 按钮，选取加厚曲面 1，单击两次 确定 按钮，完成新级别的创建。

Step5. 将 180deg_square_spiral_pipe01 设为显示部件。

Step6. 将模型转换为钣金。在 应用模块 功能选项卡 设计 区域单击 ⊗ 钣金 按钮，进入"NX 钣金"设计环境；选择下拉菜单 插入(S) ➡ 转换(V) ▶ ➡ 转换为钣金(C)... 命令。选取螺旋面，单击 确定 按钮，完成钣金转换操作。

Step7. 保存钣金件模型。

Stage3. 创建螺旋钣金 02

参照 Stage2 步骤，选择加厚曲面 2 为新建级别创建螺旋钣金 02，将模型命名为 180deg_square_spiral_pipe02（具体操作请参看随书光盘）。

Stage4. 创建螺旋钣金 03

参照 Stage2 步骤，选择加厚曲面 3 为新建级别创建螺旋钣金 03，将模型命名为 180deg_square_spiral_pipe03（具体操作请参看随书光盘）。

Stage5. 创建螺旋钣金 04

参照 Stage2 步骤，选择加厚曲面 4 为新建级别创建螺旋钣金 04，将模型命名为 180deg_square_spiral_pipe04（具体操作请参看随书光盘）。

Stage6. 创建完整钣金件

新建一个装配文件，命名为 180deg_square_spiral_pipe_asm。使用创建的 180°方形螺旋管的四个螺旋面钣金件进行装配得到完整的钣金件（具体操作请参看随书光盘），结果如图 21.8.1a 所示；保存钣金件模型并关闭所有文件窗口。

Task2. 展平 180°方形螺旋管

Stage1. 展平螺旋钣金 01

Step1. 打开文件：180deg_square_spiral_pipe01。

Step2. 创建图 21.8.14 所示的展平实体。选择下拉菜单 插入(S) ➡ 展平图样(L)... ▶ ➡

⊤ 展平实体(S)... 命令；取消选中 ☐ 移至绝对坐标系 复选框，选取图 21.8.15 所示的固定面，单击 确定 按钮，完成展平实体的创建；将模型另存为 180deg_square_spiral_pipe_unfold01。

图 21.8.14　展平实体

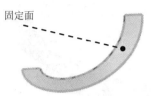
固定面
图 21.8.15　选取固定面

Stage2. 展平螺旋钣金 02

Step1. 打开文件：180deg_square_spiral_pipe02。

Step2. 参照 Stage1 步骤，创建图 21.8.16 所示的展平实体。将模型另存为 180deg_square_spiral_pipe01_unfold02（具体操作请参看随书光盘）。

Stage3. 展平螺旋钣金 03

Step1. 打开文件：180deg_square_spiral_pipe03。

Step2. 参照 Stage1 步骤，创建图 21.8.17 所示的展平实体。将模型另存为 180deg_square_spiral_pipe01_unfold03（具体操作请参看随书光盘）。

Stage4. 展平螺旋钣金 04

Step1. 打开文件：180deg_square_spiral_pipe04。

Step2. 参照 Stage1 步骤，创建图 21.8.18 所示的展平实体。将模型另存为 180deg_square_spiral_pipe01_unfold04（具体操作请参看随书光盘）。

图 21.8.16　展平实体　　　　图 21.8.17　展平实体　　　　图 21.8.18　展平实体

21.9　180° 矩形渐变螺旋管

180° 矩形渐变螺旋管与 180° 方形螺旋管的创建和展开方法相同，唯一不同之处在于其有一端口截面轮廓为矩形。下面以图 21.9.1 所示的模型为例，介绍在 UG 中创建和展开 180° 矩形渐变螺旋管的一般过程。

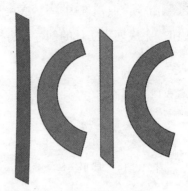

a）未展平状态　　　　　　　　　　　　　　　　b）展平状

图 21.9.1　180°矩形渐变螺旋管及其展平图样

Task1. 创建 180°矩形渐变螺旋管钣金件

Stage1. 创建整体结构模型

Step1. 新建一个零件模型文件，并命名为 180deg_rectangle_spiral_pipe。

Step2. 创建图 21.9.2 所示的螺旋线 1。选择下拉菜单 插入(S) ➤ 曲线(C) ➤ 螺旋线(X)... 命令；系统弹出"螺旋线"对话框，在 类型 下拉列表中选择 沿矢量 选项，在 大小 区域中选择 ⊙ 半径 单选项，在 规律类型 下拉列表中选择 恒定 选项，然后在 值 的文本框中输入 100；在 螺距 区域的 规律类型 下拉列表中选择 恒定 选项，然后在 值 的文本框中输入 400；在 长度 区域的 方法 下拉列表中选择 圈数 选项，然后在 圈数 的文本框中输入 0.5；单击 确定 按钮，完成螺旋线 1 的创建。

Step3. 创建图 21.9.3 所示的螺旋线 2。选择下拉菜单 插入(S) ➤ 曲线(C) ➤ 螺旋线(X)... 命令；系统弹出"螺旋线"对话框，在 类型 下拉列表中选择 沿矢量 选项，在 大小 区域中选择 ⊙ 半径 单选项，在 规律类型 下拉列表中选择 线性 选项，然后在 起始值 文本框中输入 150，在 终止值 文本框中输入 170；在 螺距 区域的 规律类型 下拉列表中选择 恒定 选项，然后在 值 的文本框中输入 400；在 长度 区域的 方法 下拉列表中选择 圈数 选项，然后在 圈数 的文本框中输入 0.5；单击 确定 按钮，完成螺旋线 2 的创建。

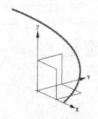

图 21.9.2　螺旋线 1　　　　　　　　　　图 21.9.3　螺旋线 2

Step4. 选择下拉菜单 格式(R) ➤ WCS ➤ 原点(O)... 命令，系统弹出"点"对话框，在 输出坐标 区域的 ZC 文本框中输入 50，单击 确定 按钮。

Step5. 创建图 21.9.4 所示的螺旋线 3。选择下拉菜单 插入(S) ➡ 曲线(C) ➡ 螺旋线(X)... 命令；系统弹出"螺旋线"对话框，在 类型 下拉列表中选择 沿矢量 选项；单击 方位 区域的"CSYS"对话框按钮 ，在系统弹出的"CSYS"对话框的 参考 下拉列表中选择 WCS 选项，单击 确定 按钮；在 大小 区域中选择 ⊙ 半径 单选项，在 规律类型 下拉列表中选择 恒定 选项，然后在 值 的文本框中输入 100；在 螺距 区域的 规律类型 下拉列表中选择 恒定 选项，然后在 值 的文本框中输入 400；在 长度 区域的 方法 下拉列表中选择 圈数 选项，然后在 圈数 的文本框中输入 0.5；单击 确定 按钮，完成螺旋线 3 的创建。

Step6. 创建图 21.9.5 所示的螺旋线 4。选择下拉菜单 插入(S) ➡ 曲线(C) ➡ 螺旋线(X)... 命令；系统弹出"螺旋线"对话框，在 类型 下拉列表中选择 沿矢量 选项；单击 方位 区域的"CSYS"对话框按钮 ，在系统弹出的"CSYS"对话框的 参考 下拉列表中选择 WCS 选项，单击 确定 按钮；在 大小 区域中选择 ⊙ 半径 单选项，在 规律类型 下拉列表中选择 线性 选项，然后在 起始值 文本框中输入 150，在 终止值 文本框中输入 170；在 螺距 区域的 规律类型 下拉列表中选择 恒定 选项，然后在 值 的文本框中输入 400；在 长度 区域的 方法 下拉列表中选择 圈数 选项，然后在 圈数 的文本框中输入 0.5；单击 确定 按钮，完成螺旋线 4 的创建。

Step7. 创建图 21.9.6 所示的通过曲线组特征 1。选择下拉菜单 插入(S) ➡ 网格曲面(M) ➡ 通过曲线组(T)... 命令；选取螺旋线 1，单击中键，选取螺旋线 2；单击 〈确定〉 按钮，完成通过曲线组特征 1 的创建。

图 21.9.4　螺旋线 3　　　　图 21.9.5　螺旋线 4　　　　图 21.9.6　通过曲线组特征 1

Step8. 创建加厚曲面 1。选择下拉菜单 插入(S) ➡ 偏置/缩放(O) ➡ 加厚(T)... 命令；选取图 21.9.7 所示的面，在 厚度 区域的 偏置 1 文本框中输入厚度值 1，方向如图 21.9.7 所示；单击 〈确定〉 按钮，完成加厚曲面 1 的创建。

Step9. 创建图 21.9.8 所示的通过曲线组特征 2。选择下拉菜单 插入(S) ➡ 网格曲面(M) ➡ 通过曲线组(T)... 命令；选取螺旋线 2，单击中键，选取螺旋线 4；单击 〈确定〉 按钮，完成通过曲线组特征 2 的创建。

Step10. 创建加厚曲面 2。选择下拉菜单 插入(S) ➡ 偏置/缩放(O) ➡ 加厚(T)... 命令；选取图 21.9.9 所示的面，在 厚度 区域的 偏置 1 文本框中输入厚度值 1，方向如图 21.9.9

所示；单击 < 确定 > 按钮，完成加厚曲面 2 的创建。

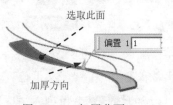

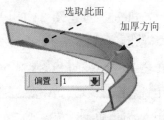

图 21.9.7　加厚曲面 1　　　　图 21.9.8　通过曲线组特征 2　　　　图 21.9.9　加厚曲面 2

Step11. 创建图 21.9.10 所示的通过曲线组特征 3。选择下拉菜单 插入(S) ➡ 网格曲面(M) ➡ 通过曲线组(T)... 命令；选取螺旋线 3，单击中键，选取螺旋线 4；单击 < 确定 > 按钮，完成通过曲线组特征 3 的创建。

Step12. 创建加厚曲面 3。选择下拉菜单 插入(S) ➡ 偏置/缩放(O) ➡ 加厚(T)... 命令；选取图 21.9.11 所示的面，在 厚度 区域的 偏置 1 文本框中输入厚度值 1，方向如图 21.9.11 所示；单击 < 确定 > 按钮，完成加厚曲面 3 的创建。

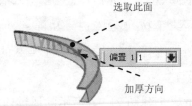

图 21.9.10　通过曲线组特征 3　　　　　　图 21.9.11　加厚曲面 3

Step13. 创建图 21.9.12 所示的通过曲线组特征 4。选择下拉菜单 插入(S) ➡ 网格曲面(M) ➡ 通过曲线组(T)... 命令；选取螺旋线 1，单击中键，选取螺旋线 3；单击 < 确定 > 按钮，完成通过曲线组特征 4 的创建。

Step14. 创建加厚曲面 4，选择下拉菜单 插入(S) ➡ 偏置/缩放(O) ➡ 加厚(T)... 命令；选取图 21.9.13 所示的面，在 厚度 区域的 偏置 1 文本框中输入厚度值 1，方向如图 21.9.13 所示；单击 < 确定 > 按钮，完成加厚曲面 4 的创建。

图 21.9.12　通过曲线组特征 4　　　　　　图 21.9.13　加厚曲面 4

Step15. 保存模型文件。

Stage2. 创建螺旋钣金 01

Step1. 在资源工具条区单击"装配导航器"按钮，切换至"装配导航器"界面，在

装配导航器的空白处右击，在弹出的快捷菜单中选择 ☑ WAVE 模式 命令。

Step2. 在装配导航器区选择 ☑ 🔲 180deg_rectangle_spiral_pipe 并右击，在弹出的快捷菜单中选择 WAVE ▸ ━━▶ 新建层 命令，系统弹出"新建层"对话框。

Step3. 在"新建层"对话框中单击 指定部件名 按钮，在弹出的对话框中输入文件名 180deg_rectangle_spiral_pipe01，并单击 OK 按钮。

Step4. 在"新建层"对话框中单击 类选择 按钮，选取加厚曲面 1，单击两次 确定 按钮，完成新级别的创建。

Step5. 将 180deg_rectangle_spiral_pipe01 设为显示部件。

Step6. 将模型转换为钣金。在 应用模块 功能选项卡 设计 区域单击 🅢 钣金 按钮，进入"NX 钣金"设计环境；选择下拉菜单 插入(S) ━━▶ 转换(V) ▸ ━━▶ 🔄 转换为钣金(C)... 命令。选取螺旋面，单击 确定 按钮，完成钣金转换操作。

Step7. 保存钣金件模型。

Stage3. 创建螺旋钣金 02

参照 Stage2 步骤，选择加厚曲面 2 为新建级别创建螺旋钣金 02，将模型命名为 180deg_rectangle_spiral_pipe02（具体操作请参看随书光盘）。

Stage4. 创建螺旋钣金 03

参照 Stage2 步骤，选择加厚曲面 3 为新建级别创建螺旋钣金 03，将模型命名为 180deg_rectangle_spiral_pipe03（具体操作请参看随书光盘）。

Stage5. 创建螺旋钣金 04

参照 Stage2 步骤，选择加厚曲面 4 为新建级别创建螺旋钣金 04，将模型命名为 180deg_rectangle_spiral_pipe04（具体操作请参看随书光盘）。

Stage6. 创建完整钣金件

新建一个装配文件，命名为 180deg_rectangle_spiral_pipe_asm，使用创建的 180°矩形渐变螺旋管的四个螺旋面钣金件进行装配得到完整的钣金件（具体操作请参看随书光盘），结果如图 21.9.1a 所示；保存钣金件模型并关闭所有文件窗口。

Task2. 展平 180°矩形渐变螺旋管

Stage1. 展平螺旋钣金 01

Step1. 打开文件：180deg_rectangle_spiral_pipe01。

Step2. 创建图 21.9.14 所示的展平实体。选择下拉菜单 插入(S) ━━▶ 展平图样(L)... ▸ ━━▶

 命令；取消选中 □移至绝对坐标系 复选框，选取图 21.9.15 所示的固定面，单击 确定 按钮，完成展平实体的创建。

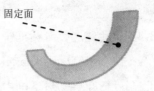

图 21.9.14　展平实体　　　　　　　　图 21.9.15　选取固定面

Step3. 保存展开钣金件模型，命名为 180deg_rectangle_spiral_pipe_unfold01。

Stage2. 展平螺旋钣金 02

Step1. 打开文件：180deg_rectangle_spiral_pipe02。

Step2. 参照 Stage1 步骤，创建图 21.9.16 所示的展平实体。将模型另存为 180deg_rectangle_spiral_pipe_unfold02（具体操作请参看随书光盘）。

Stage3. 展平螺旋钣金 03

Step1. 打开文件：180deg_rectangle_spiral_pipe03。

Step2. 参照 Stage1 步骤，创建图 21.9.17 所示的展平实体。将模型另存为 180deg_rectangle_spiral_pipe_unfold03（具体操作请参看随书光盘）。

Stage4. 展平螺旋钣金 04

Step1. 打开文件：180deg_rectangle_spiral_pipe04。

Step2. 参照 Stage1 步骤，创建图 21.9.18 所示的展平实体。将模型另存为 180deg_rectangle_spiral_pipe_unfold04（具体操作请参看随书光盘）。

  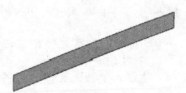

图 21.9.16　展平实体　　　　　图 21.9.17　展平实体　　　　　图 21.9.18　展平实体

第**22**章 型材展开

本章提要　本章主要介绍了型材类的钣金在 UG 中的创建和展开过程，包括 90°内折角钢、钝角内折角钢、锐角内折角钢、任意角内弯角钢、内弯矩形框角钢、内弯五边形框角钢、圆弧折弯角钢、角钢圈、90°内折槽钢、任意角内弯槽钢和 90°圆弧内折槽钢等。型材类构件的展开下料方法通常有两种：一是根据构件的形状和尺寸，通过板厚处理，得到展开料的长度和切角尺寸，并根据长度和切角进行型材下料；二是根据构件的形状和尺寸，画出型材外侧表面的展开图，并根据这个展开图进行型材下料。

22.1　90°内折角钢

90°内折角钢是由一直线角钢内折 90°而形成的钣金构件。角钢展开时，要考虑板料的厚度，同时注意板厚对切角区域的影响。一般按里皮计算展开料的长度和切角尺寸，并添加相应的释放槽。下面以图 22.1.1 所示的模型为例，介绍在 UG 中创建和展开 90°内折角钢的一般过程。

a）未展平状态　　　　　　　　　　b）展平状态

图 22.1.1　90°内折角钢及其展平图样

Task 1. 创建 90°内折角钢

Step1. 新建一个 NX 钣金模型文件，命名为 90deg_angle_iron。

Step2. 创建图 22.1.2 所示的轮廓弯边特征 1。选择下拉菜单 `插入(S)` ➡ `折弯(N)` ➡ `轮廓弯边(C)...` 命令；选取 YZ 平面为草图平面，绘制图 22.1.3 所示的截面草图（一）；单击 `厚度` 文本框右侧的 `三` 按钮，在系统弹出的快捷菜单中选择 `使用局部值` 选项，然后在 `厚度` 文本框中输入数值 1.0；在 `宽度选项` 下拉列表中选择 `有限` 选项，在 `宽度` 文本框中输入数值 10.0；单击 `折弯半径` 文本框右侧的 `三` 按钮，在系统弹出的快捷菜单中选择 `使用局部值` 选项，然后在 `折弯半径` 文本框中输入数值 1.0；单击 `< 确定 >` 按钮，完成轮廓弯边特征 1 的创建。

Step3. 创建图 22.1.4 所示的弯边特征 1。选择下拉菜单 插入(S) ➡ 折弯(N) ➡ 弯边(F)... 命令；选取图 22.1.5 所示的模型边线为线性边，单击 ⬛ 按钮，绘制图 22.1.6 所示的截面草图（二）；在 内嵌 下拉列表中选择 材料外侧 选项；单击 折弯半径 文本框右侧的 按钮，在系统弹出的快捷菜单中选择 使用局部值 选项，然后在 折弯半径 文本框中输入数值 1.0；单击 < 确定 > 按钮，完成弯边特征 1 的创建。

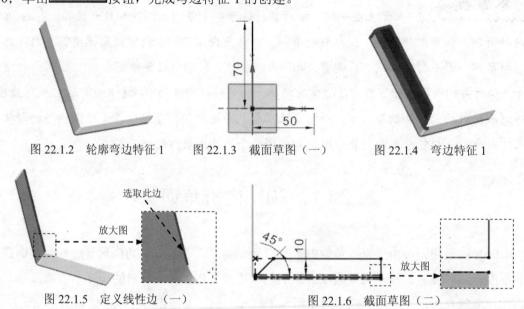

图 22.1.2 轮廓弯边特征 1　　图 22.1.3 截面草图（一）　　图 22.1.4 弯边特征 1

图 22.1.5 定义线性边（一）　　图 22.1.6 截面草图（二）

Step4. 创建图 22.1.7 所示的弯边特征 2。选择下拉菜单 插入(S) ➡ 折弯(N) ➡ 弯边(F)... 命令；选取图 22.1.8 所示的模型边线为线性边，单击 ⬛ 按钮，绘制图 22.1.9 所示的截面草图（三）；在 内嵌 下拉列表中选择 材料外侧 选项；单击 折弯半径 文本框右侧的 按钮，在系统弹出的快捷菜单中选择 使用局部值 选项，然后在 折弯半径 文本框中输入数值 1.0；单击 < 确定 > 按钮，完成弯边特征 2 的创建。

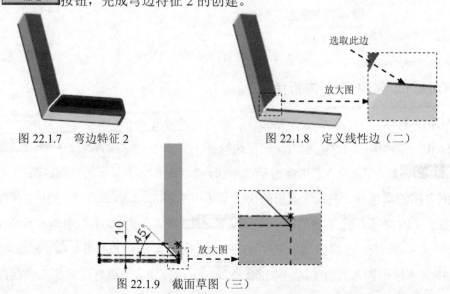

图 22.1.7 弯边特征 2　　　　图 22.1.8 定义线性边（二）

图 22.1.9 截面草图（三）

Step5. 保存钣金模型。

Task2. 展平90°内折角钢

创建图 22.1.1b 所示的展平实体。选择下拉菜单 插入(S) ➡ 展平图样(L)... ▶ ➡

⊤ 展平实体(S)... 命令；选取图 22.1.10 所示的固定面，单击 确定 按钮，完成展平实体的

创建；将模型另存为 90deg_angle_iron_unfold。

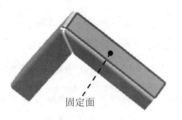

固定面

图 22.1.10　选取固定面

22.2　钝角内折角钢

钝角内折角钢是由一直线角钢内折呈现钝角而形成的钣金构件，其创建和展开思路与

90°内折角钢相同。下面以图 22.2.1 所示的模型为例，介绍在 UG 中创建和展开钝角内折

角钢的一般过程。

a）未展平状态　　　　　　　　　　　　　b）展平状态

图 22.2.1　钝角内折角钢及其展平图样

Task1. 创建钝角内折角钢

Step1. 新建一个 NX 钣金模型文件，命名为 blunt_angle_iron。

Step2. 创建图 22.2.2 所示的轮廓弯边特征 1。选择下拉菜单 插入(S) ➡ 折弯(N) ▶ ➡

🔲 轮廓弯边(C)... 命令。选取 YZ 平面为草图平面，绘制图 22.2.3 所示的截面草图（一）。单击 厚度

文本框右侧的 ☰ 按钮，在系统弹出的快捷菜单中选择 使用局部值 选项，然后在 厚度 文本框中

输入数值 1.0；在 宽度选项 下拉列表中选择 ■ 有限 选项，在 宽度 文本框中输入数值 15.0；单击

折弯半径 文本框右侧的 ☰ 按钮，在系统弹出的快捷菜单中选择 使用局部值 选项，然后在

折弯半径 文本框中输入数值 1.0；单击 ＜ 确定 ＞ 按钮，完成轮廓弯边特征 1 的创建。

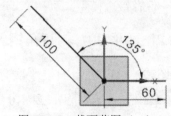

图 22.2.2　轮廓弯边特征 1　　　　　　图 22.2.3　截面草图（一）

Step3. 创建图 22.2.4 所示的弯边特征 1。选择下拉菜单 插入(S) ➡ 折弯(N) ▶ ➡ ⬛ 弯边(F)... 命令；选取图 22.2.5 所示的模型边线为线性边，单击 ⬛ 按钮，绘制图 **22.2.6** 所示的截面草图（二）；在 内嵌 下拉列表中选择 ⬛ 材料外侧 选项；单击 折弯半径 文本框右侧的 ⬛ 按钮，在系统弹出的快捷菜单中选择 使用局部值 选项，然后在 折弯半径 文本框中输入数值 1.0；单击 〈 确定 〉 按钮，完成弯边特征 1 的创建。

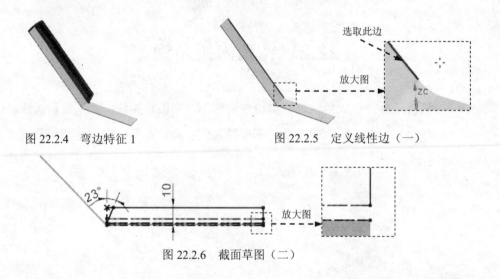

图 22.2.4　弯边特征 1　　　　　　　　图 22.2.5　定义线性边（一）

图 22.2.6　截面草图（二）

Step4. 创建图 22.2.7 所示的弯边特征 2。选择下拉菜单 插入(S) ➡ 折弯(N) ▶ ➡ ⬛ 弯边(F)... 命令；选取图 22.2.8 所示的模型边线为线性边，单击 ⬛ 按钮，绘制图 **22.2.9** 所示的截面草图（三）；在 内嵌 下拉列表中选择 ⬛ 材料外侧 选项；单击 折弯半径 文本框右侧的 ⬛ 按钮，在系统弹出的快捷菜单中选择 使用局部值 选项，然后在 折弯半径 文本框中输入数值 1.0；单击 〈 确定 〉 按钮，完成弯边特征 2 的创建。

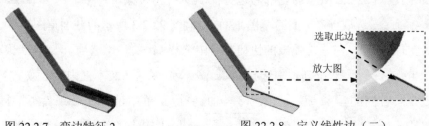

图 22.2.7　弯边特征 2　　　　　　　图 22.2.8　定义线性边（二）

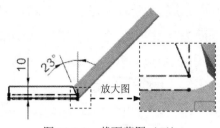

图 22.2.9　截面草图（三）

Step5. 保存钣金模型。

Task2．展平钝角内折角钢

创建图 22.2.1b 所示的展平实体。选择下拉菜单 插入(S) ➡ 展平图样(L)... ➡ 展平实体(S)... 命令；选取图 22.2.10 所示的固定面，单击 确定 按钮，完成展平实体的创建；将模型另存为 blunt_angle_iron_unfold。

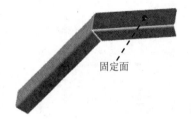

固定面

图 22.2.10　选取固定面

22.3　锐角内折角钢

锐角内折角钢是由一直线角钢内折呈现锐角而形成的钣金构件，其创建和展开思路与 90° 内折角钢相同。下面以图 22.3.1 所示的模型为例，介绍在 UG 中创建和展开锐角内折角钢的一般过程。

a）未展平状态　　　　　　　　　　b）展平状态

图 22.3.1　锐角内折角钢及其展平图样

Task1．创建锐角内折角钢

Step1. 新建一个 NX 钣金模型文件，命名为 sharp_angle_iron。

Step2. 创建图 22.3.2 所示的轮廓弯边特征 1。选择下拉菜单 插入(S) ➡ 折弯(N) ▶ ➡ 轮廓弯边(C)... 命令。选取 YZ 平面为草图平面，绘制图 22.3.3 所示的截面草图（一）。单击 厚度 文本框右侧的 ≡ 按钮，在系统弹出的快捷菜单中选择 使用局部值 选项，然后在 厚度 文本框中输入数值 1.0；在 宽度选项 下拉列表中选择 有限 选项，在 宽度 文本框中输入数值 15.0；单击 折弯半径 文本框右侧的 ≡ 按钮，在系统弹出的快捷菜单中选择 使用局部值 选项，然后在 折弯半径 文本框中输入数值 0.5；单击 〈 确定 〉 按钮，完成轮廓弯边特征 1 的创建。

Step3. 创建图 22.3.4 所示的弯边特征 1。选择下拉菜单 插入(S) ➡ 折弯(N) ▶ ➡ 弯边(F)... 命令；选取图 22.3.5 所示的模型边线为线性边，单击 按钮，绘制图 22.3.6 所示的截面草图（二）；在 内嵌 下拉列表中选择 材料外侧 选项；单击 折弯半径 文本框右侧的 ≡ 按钮，在系统弹出的快捷菜单中选择 使用局部值 选项，然后在 折弯半径 文本框中输入数值 0.5；单击 〈 确定 〉 按钮，完成弯边特征 1 的创建。

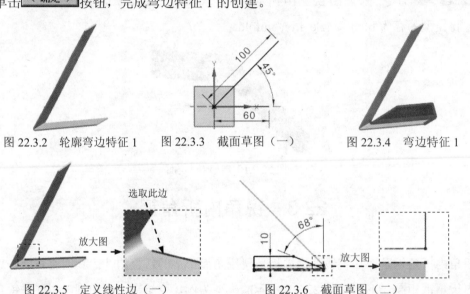

图 22.3.2 轮廓弯边特征 1   图 22.3.3 截面草图（一）   图 22.3.4 弯边特征 1

图 22.3.5 定义线性边（一）   图 22.3.6 截面草图（二）

Step4. 创建图 22.3.7 所示的弯边特征 2。选择下拉菜单 插入(S) ➡ 折弯(N) ▶ ➡ 弯边(F)... 命令；选取图 22.3.8 所示的模型边线为线性边，单击 按钮，绘制图 22.3.9 所示的截面草图（三）；在 内嵌 下拉列表中选择 材料外侧 选项；单击 折弯半径 文本框右侧的 ≡ 按钮，在系统弹出的快捷菜单中选择 使用局部值 选项，然后在 折弯半径 文本框中输入数值 0.5；单击 〈 确定 〉 按钮，完成弯边特征 2 的创建。

图 22.3.7 弯边特征 2

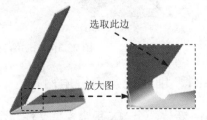

图 22.3.8 定义线性边（二）

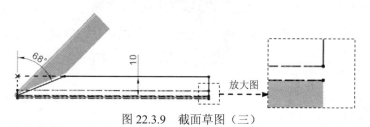

图 22.3.9　截面草图（三）

Step5. 保存钣金模型。

Task2. 展平锐角内折角钢

创建图 22.3.1b 所示的展平实体。选择下拉菜单 插入(S) ➡ 展平图样(L)... ▶ ➡ 展平实体(S)... 命令；选取图 22.3.10 所示的固定面，单击 确定 按钮，完成展平实体的创建；将模型另存为 sharp_angle_iron_unfold。

固定面

图 22.3.10　选取固定面

22.4　任意角内弯角钢

任意角内弯角钢是由一直线角钢向内弯曲呈现任意角而形成的钣金构件。下面以图 22.4.1 所示的模型为例，介绍在 UG 中创建和展开任意角内弯角钢的一般过程。

a）未展平状态　　　　　　　　　　b）展平状态

图 22.4.1　任意角内弯角钢及其展平图样

Task1. 创建任意角内弯角钢

Step1. 新建一个 NX 钣金模型文件，命名为 random_angle_iron。

Step2. 创建图 22.4.2 所示的轮廓弯边特征 1。选择下拉菜单 插入(S) ➡ 折弯(N) ▶ ➡ 轮廓弯边(C)... 命令。选取 YZ 平面为草图平面，绘制图 22.4.3 所示的截面草图（一）。单击 厚度 文本框右侧的 ▤ 按钮，在系统弹出的快捷菜单中选择 使用局部值 选项，然后在 厚度 文本框中输入数值 1.0；在 宽度选项 下拉列表中选择 ▪有限 选项，在 宽度 文本框中输入数值 15.0；单击 折弯半径 文本框右侧的 ▤ 按钮，在系统弹出的快捷菜单中选择 使用局部值 选项，然后在 折弯半径 文本框中输入数值 10.0；单击 <确定> 按钮，完成轮廓弯边特征 1 的创建。

图 22.4.2　轮廓弯边特征 1　　　　　图 22.4.3　　截面草图（一）

Step3. 创建图 22.4.4 所示的弯边特征 1。选择下拉菜单 插入(S) ➡ 折弯(N) ▸ ➡ ⬇ 弯边(F)... 命令；选取图 22.4.5 所示的模型边线为线性边，在 长度 文本框中输入数值 9.0；在 内嵌 下拉列表中选择 ⬆材料外侧 选项；单击 折弯半径 文本框右侧的 ▤ 按钮，在系统弹出的快捷菜单中选择 使用局部值 选项，然后在 折弯半径 文本框中输入数值 1.0；单击 <确定> 按钮，完成弯边特征 1 的创建。

Step4. 创建图 22.4.6 所示的弯边特征 2。选择下拉菜单 插入(S) ➡ 折弯(N) ▸ ➡ ⬇ 弯边(F)... 命令；选取图 22.4.7 所示的模型边线为线性边，在 长度 文本框中输入数值 9.0；在 内嵌 下拉列表中选择 ⬆材料外侧 选项；单击 折弯半径 文本框右侧的 ▤ 按钮，在系统弹出的快捷菜单中选择 使用局部值 选项，然后在 折弯半径 文本框中输入数值 1.0；单击 <确定> 按钮，完成弯边特征 2 的创建。

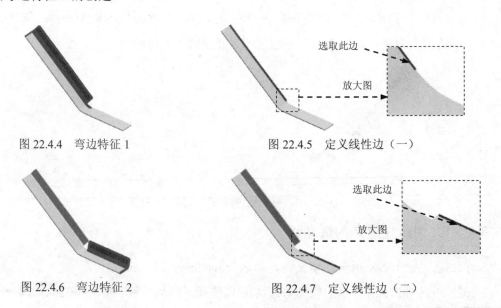

图 22.4.4　弯边特征 1　　　　　　图 22.4.5　定义线性边（一）

图 22.4.6　弯边特征 2　　　　　　图 22.4.7　定义线性边（二）

Step5. 增补释放槽处的缺损部位。选择下拉菜单 插入(S) ➡ 切削(T) ▸ ➡ ⬚拉伸(E) 命令；选取图 22.4.8 所示的模型表面为草图平面，绘制图 22.4.9 所示的截面草图（二）；在

"拉伸"对话框限制区域的开始下拉列表中选择值选项,在其下的距离文本框中输入值0;在结束下拉列表中选择值选项,在其下的距离文本框中输入值 1;然后单击按钮调整方向;在布尔区域的下拉列表中选择无选项;单击确定按钮,完成图 22.4.10 所示的增补的创建。

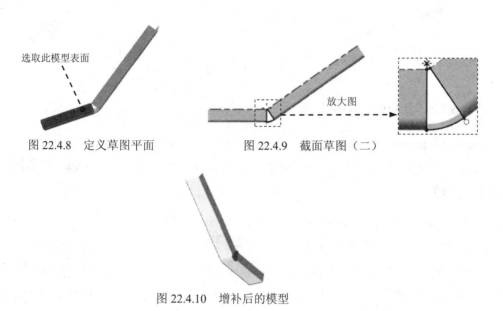

图 22.4.8 定义草图平面　　　　　图 22.4.9 截面草图（二）

图 22.4.10 增补后的模型

Step6. 保存钣金模型。

Task2. 展平任意角内弯角钢

创建图 22.4.1b 所示的展平实体。选择下拉菜单插入(S) ➡ 展平图样(L)... ▸ ➡ 展平实体(S)... 命令;选取图 22.4.11 所示的固定面,单击确定按钮,完成展平实体的创建;将模型另存为 random_angle_iron_unfold。

固定面

图 22.4.11 选取固定面

22.5 内弯矩形框角钢

内弯矩形框角钢是由一直线角钢内折弯成矩形框架而形成的钣金构件。下面以图22.5.1

所示的模型为例，介绍在 UG 中创建和展开内弯矩形框角钢的一般过程。

a）未展平状态　　　　　　　　　　　　　　　b）展平状态

图 22.5.1　内弯矩形框角钢及其展平图样

Task1. 创建内弯矩形框角钢

Step1. 新建一个 NX 钣金模型文件，命名为 rectangle_frame_angle_iron。

Step2. 创建图 22.5.2 所示的轮廓弯边特征 1。选择下拉菜单 插入(S) ➡ 折弯(N) ▶ ➡ 轮廓弯边(C)... 命令。选取 XY 平面为草图平面，绘制图 22.5.3 所示的截面草图（一）。单击 厚度 文本框右侧的 ☰ 按钮，在系统弹出的快捷菜单中选择 使用局部值 选项，然后在 厚度 文本框中输入数值 0.5；在 宽度选项 下拉列表中选择 ■ 有限 选项，在 宽度 文本框中输入数值 10.0，单击 ✕ 按钮；单击 折弯半径 文本框右侧的 ☰ 按钮，在系统弹出的快捷菜单中选择 使用局部值 选项，然后在 折弯半径 文本框中输入数值 0.5；单击 < 确定 > 按钮，完成轮廓弯边特征 1 的创建。

图 22.5.2　轮廓弯边特征 1

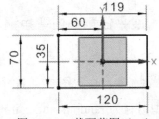

图 22.5.3　截面草图（一）

Step3. 创建图 22.5.4 所示的弯边特征 1。选择下拉菜单 插入(S) ➡ 折弯(N) ▶ ➡ 弯边(F)... 命令；选取图 22.5.5 所示的模型边线为线性边，单击 ⊞ 按钮，绘制图 22.5.6 所示的截面草图（二）；在 内嵌 下拉列表中选择 "¶ 材料外侧 选项；单击 折弯半径 文本框右侧的 ☰ 按钮，在系统弹出的快捷菜单中选择 使用局部值 选项，然后在 折弯半径 文本框中输入数值 0.5；单击 < 确定 > 按钮，完成弯边特征 1 的创建。

图 22.5.4　弯边特征 1　　　　　　　　　　图 22.5.5　定义线性边（一）

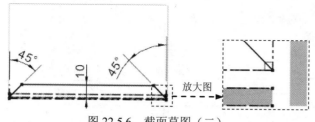

图 22.5.6　截面草图（二）

Step4. 创建图 22.5.7 所示的弯边特征 2。选择下拉菜单 插入(S) ➡ 折弯(N) ➡
弯边(F)... 命令；选取图 22.5.8 所示的模型边线为线性边，单击 按钮，绘制图 22.5.9
所示的截面草图（三）；在 内嵌 下拉列表中选择 材料外侧 选项；单击 折弯半径 文本框右侧的
按钮，在系统弹出的快捷菜单中选择 使用局部值 选项，然后在 折弯半径 文本框中输入数值
0.5；单击 确定 按钮，完成弯边特征 2 的创建。

图 22.5.7　弯边特征 2　　　　　　　　　图 22.5.8　定义线性边（二）

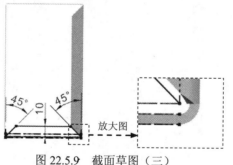

图 22.5.9　截面草图（三）

Step5. 创建图 22.5.10 所示的弯边特征 3。选择下拉菜单 插入(S) ➡ 折弯(N) ➡
弯边(F)... 命令；选取图 22.5.11 所示的模型边线为线性边，单击 按钮，绘制图 22.5.12
所示的截面草图（四）；在 内嵌 下拉列表中选择 材料外侧 选项；单击 折弯半径 文本框右侧的
按钮，在系统弹出的快捷菜单中选择 使用局部值 选项，在 折弯半径 文本框中输入数值 0.5；
单击 确定 按钮，完成弯边特征 3 的创建。

图 22.5.10　弯边特征 3　　　　　　　　图 22.5.11　定义线性边（三）

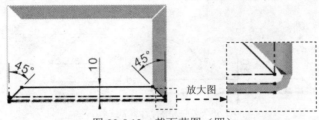

图 22.5.12　截面草图（四）

Step6. 创建图 22.5.13 所示的弯边特征 4。选择下拉菜单 插入(S) ➡ 折弯(N)▶ ➡ ◤ 弯边(F)... 命令；选取图 22.5.14 所示的模型边线为线性边，单击 按钮，绘制图 22.5.15 所示的截面草图（五）；在 内嵌 下拉列表中选择 ◤ 材料外侧 选项；单击 折弯半径 文本框右侧的 按钮，在系统弹出的快捷菜单中选择 使用局部值 选项，然后在 折弯半径 文本框中输入数值 0.5；单击 < 确定 > 按钮，完成弯边特征 4 的创建。

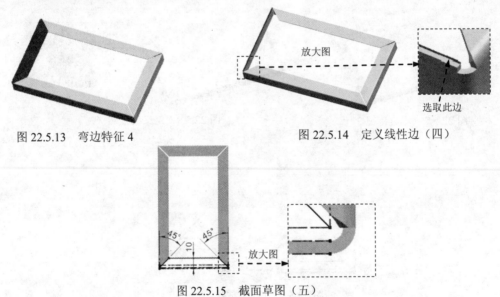

图 22.5.13　弯边特征 4

图 22.5.14　定义线性边（四）

图 22.5.15　截面草图（五）

Step7. 保存钣金模型。

Task2. 展平内弯矩形框角钢

创建图 22.5.1 所示的展平实体。选择下拉菜单 插入(S) ➡ 展平图样(L)▶ ➡ ◤ 展平实体(S)... 命令；选取图 22.5.16 所示的固定面，单击 确定 按钮，完成展平实体的创建；将模型另存为 rectangle_frame_angle_iron_unfold。

图 22.5.16　选取固定面

22.6　内弯五边形框角钢

内弯五边形框角钢是由一直线角钢内折弯成五边形框架而形成的钣金构件。下面以图 22.6.1 所示的模型为例，介绍在 UG 中创建和展开内弯五边形框角钢的一般过程。

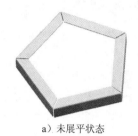

a）未展平状态 　　　　　　　　　　　　　　　 b）展平状态

图 22.6.1　内弯五边形框角钢及其展平图样

Task1.　创建内弯五边形框角钢

Step1.　新建一个 NX 钣金模型文件，命名为 five_sides_frame_angle_iron。

Step2.　创建图 22.6.2 所示的轮廓弯边特征 1。选择下拉菜单 插入(S) ➡ 折弯(N) ▶ ➡ 轮廓弯边(C) 命令。选取 XY 平面为草图平面，绘制图 22.6.3 所示的截面草图（一）。单击 厚度 文本框右侧的 ▤ 按钮，在系统弹出的快捷菜单中选择 使用局部值 选项，然后在 厚度 文本框中输入数值 1.0；在 宽度选项 下拉列表中选择 有限 选项，在 宽度 文本框中输入数值 15.0；单击 折弯半径 文本框右侧的 ▤ 按钮，在系统弹出的快捷菜单中选择 使用局部值 选项，然后在 折弯半径 文本框中输入数值 0.5；单击 < 确定 > 按钮，完成轮廓弯边特征 1 的创建。

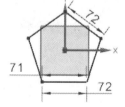

图 22.6.2　轮廓弯边特征 1 　　　　　　 图 22.6.3　截面草图（一）

Step3.　创建图 22.6.4 所示的弯边特征 1。选择下拉菜单 插入(S) ➡ 折弯(N) ▶ ➡ 弯边(F) 命令；选取图 22.6.5 所示的模型边线为线性边，单击 ▣ 按钮，绘制图 22.6.6 所示的截面草图（二）；在 内嵌 下拉列表中选择 材料外侧 选项；单击 折弯半径 文本框右侧的 ▤ 按钮，在系统弹出的快捷菜单中选择 使用局部值 选项，然后在 折弯半径 文本框中输入数值 0.5；单击"弯边"对话框中的 < 确定 > 按钮，完成弯边特征 1 的创建。

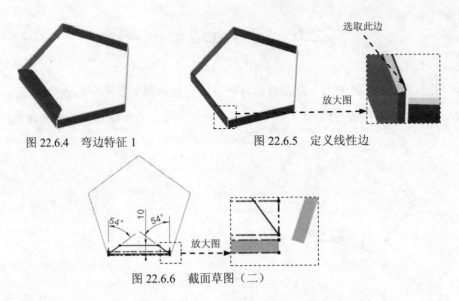

图 22.6.4　弯边特征 1　　　　　图 22.6.5　定义线性边

图 22.6.6　截面草图（二）

Step4. 参照 Step3 创建其余弯边特征，结果如图 22.6.7 所示。

Step5. 保存钣金模型。

Task2. 展平内弯五边形框角钢

创建图 22.6.8 所示的展平实体。选择下拉菜单 插入(S) ➡️ 展平图样(L)... ▶ ➡️ 展平实体(S)... 命令；选取图 22.6.8 所示的固定面，单击 确定 按钮，完成展平实体的创建；将模型另存为 five_sides_frame_angle_iron_unfold。

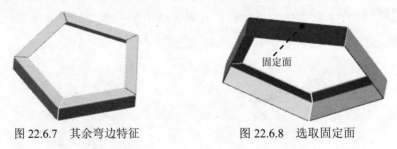

固定面

图 22.6.7　其余弯边特征　　　　　图 22.6.8　选取固定面

22.7　圆弧折弯角钢

圆弧折弯角钢与任意角内弯角钢结构相同，但由于其折弯角圆弧与折弯角圆角大小的差异，则处理方法不同，前者可以不进行切角处理。下面以图 22.7.1 所示的模型为例，介绍在 UG 中创建和展开圆弧折弯角钢的一般过程。

Task1. 创建圆弧折弯角钢

Step1. 新建一个 NX 钣金模型文件，命名为 circle_bend_angle_iron。

a）未展平状态　　　　　　　　　　b）展平状态

图 22.7.1　圆弧折弯角钢及其展平图样

Step2. 创建图 22.7.2 所示的突出块特征 1。选择下拉菜单 插入(S) ➡ 突出块(B)...
命令；选取 XY 平面为草图平面，绘制图 22.7.3 所示的截面草图（一）；在 厚度 文本框中输
入数值 1.0；单击 < 确定 > 按钮，完成突出块特征 1 的创建。

图 22.7.2　突出块特征 1

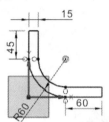

图 22.7.3　截面草图（一）

Step3. 创建图 22.7.4 所示的次要轮廓弯边特征 1。选择下拉菜单 插入(S) ➡ 折弯(N) ▶
➡ 轮廓弯边(C)...命令。单击"绘制截面"按钮 ，选取图 22.7.5 所示的边线；在 位置 下
拉列表中选择 弧长百分比 选项，在 弧长百分比 文本框中输入 0；单击 确定 按钮，绘制图
22.7.6 所示的截面草图（二），退出草绘环境；选取图 22.7.7 所示的边线，单击 确定 按
钮，完成次要轮廓弯边特征 1 的创建。

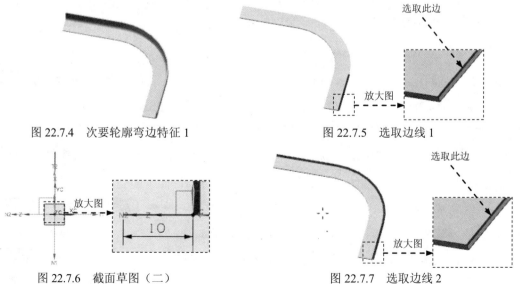

图 22.7.4　次要轮廓弯边特征 1　　　　　　图 22.7.5　选取边线 1

图 22.7.6　截面草图（二）　　　　　　　　图 22.7.7　选取边线 2

Step4. 保存钣金模型。

Task2．展平圆弧折弯角钢

创建图 22.7.8 所示的展平实体。选择下拉菜单 插入(S) ➞ 展平图样(L)... ➞ 展平实体(S)... 命令；选取图 22.7.9 所示的固定面，单击 确定 按钮，完成展平实体的创建；将模型另存为 circle_bend_angle_iron_unfold。

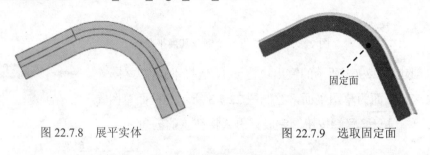

图 22.7.8　展平实体　　　　　　图 22.7.9　选取固定面

22.8　角　钢　圈

角钢圈按照结构的不同分为内弯曲和外弯曲两种。下面以图 22.8.1 所示的模型为例，介绍在 UG 中创建和展开角钢圈的一般过程。

a）未展平状态　　　　　　　　b）展平状态（直线角钢）

图 22.8.1　角钢圈及其展平图样

Task1．创建角钢圈

Step1．新建一个 NX 钣金模型文件，命名为 angle_iron_hoop。

Step2．创建图 22.8.2 所示的拉伸特征 1。选择下拉菜单 插入(S) ➞ 切割(T) ➞ 拉伸(E)... 命令；选取 XY 平面为草图平面，绘制图 22.8.3 所示的截面草图（一）；在"拉伸"对话框 限制 区域的 开始 下拉列表中选择 值 选项，在其下的 距离 文本框中输入值 0；在 结束 下拉列表中选择 值 选项，在其下的 距离 文本框中输入值 1；在 布尔 区域的下拉列表中选择 无 选项；单击 < 确定 > 按钮，完成拉伸特征 1 的创建。

Step3．将实体零件转换为钣金件。选择下拉菜单 插入(S) ➞ 转换(V) ➞ 转换为钣金 命令；选取图 22.8.4 所示的模型表面为基本面；单击 确定 按钮，完成钣金的转换。

Step4．创建图 22.8.5 所示的次要轮廓弯边特征 1。选择下拉菜单 插入(S) ➞ 折弯(N) ➞ 轮廓弯边(C)... 命令。单击"绘制截面"按钮，选取图 22.8.6 所示的边线；在 位置 下拉列表中选择 弧长百分比 选项，在 弧长百分比 文本框中输入 0；单击 确定 按钮，绘制图

22.8.7 所示的截面草图（二）；选取图 22.8.6 所示的边线，在"轮廓弯边"对话框的 宽度选项 下拉列表中选择 ■到端点 选项。单击 折弯半径 文本框右侧的 ☰ 按钮，在系统弹出的快捷菜单中选择 使用局部值 选项，然后在 折弯半径 文本框中输入数值 0.5；单击 确定 按钮，完成次要轮廓弯边特征 1 的创建。

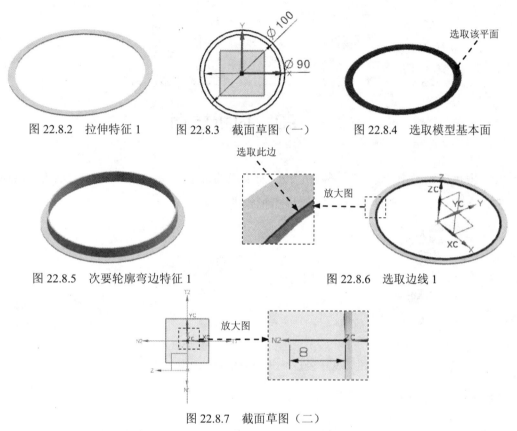

图 22.8.2　拉伸特征 1　　　图 22.8.3　截面草图（一）　　　图 22.8.4　选取模型基本面

图 22.8.5　次要轮廓弯边特征 1　　　　　　图 22.8.6　选取边线 1

图 22.8.7　截面草图（二）

Step5. 保存钣金模型。

Task2. 展平角钢圈

根据构件的形状和尺寸，可以通过近似的方法得到展开的直线角钢，角钢圈的展开长度通过计算法 $L=\pi\,(D-l-t+2Z_0)=3.14\times(100-10-1+8)\approx304.6$ 得到，具体方法如下。

Step1. 新建一个 NX 钣金模型文件，命名为 angle_iron_hoop_unfold。

Step2. 创建图 22.8.8 所示的轮廓弯边特征 1。选择下拉菜单 插入(S) ➡ 折弯(N) ➡ ▣ 轮廓弯边(C)... 命令；选取 YZ 平面为草图平面，绘制图 22.8.9 所示的截面草图；单击 厚度 文本框右侧的 ☰ 按钮，在系统弹出的快捷菜单中选择 使用局部值 选项，然后在 厚度 文本框中输入数值 1.0；在 宽度选项 下拉列表中选择 ■ 有限 选项，在 宽度 文本框中输入数值 304.6；单击 折弯半径 文本框右侧的 ☰ 按钮，在系统弹出的快捷菜单中选择 使用局部值 选项，然后在 折弯半径文本框中输入数值 0.5；单击 〈 确定 〉 按钮，完成轮廓弯边特征 1 的创建。

Step3. 保存钣金模型。

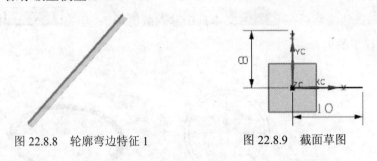

图 22.8.8　轮廓弯边特征 1　　　　　图 22.8.9　截面草图

22.9　90°内折槽钢

90°内折槽钢是由一直线槽钢内折 90°而形成的钣金构件。下面以图 22.9.1 所示的模型为例，介绍在 UG 中创建和展开 90°内折槽钢的一般过程。

a）未展平状态　　　　　　　　　　　b）展平状态

图 22.9.1　90°内折槽钢及其展平图样

Task1. 创建 90°内折槽钢

Step1. 新建一个 NX 钣金模型文件，命名为 90deg_channel_iron。

Step2. 创建图 22.9.2 所示的轮廓弯边特征 1。选择下拉菜单 插入(S) ➡ 折弯(N) ➡ 轮廓弯边(C)... 命令。选取 YZ 平面为草图平面，绘制图 22.9.3 所示的截面草图（一）。单击 厚度 文本框右侧的 ☰ 按钮，在系统弹出的快捷菜单中选择 使用局部值 选项，然后在 厚度 文本框中输入数值 1.0；在 宽度选项 下拉列表中选择 ■ 有限 选项，在 宽度 文本框中输入数值 10.0；单击 折弯半径 文本框右侧的 ☰ 按钮，在系统弹出的快捷菜单中选择 使用局部值 选项，然后在 折弯半径 文本框中输入数值 0.5；单击 〈 确定 〉 按钮，完成轮廓弯边特征 1 的创建。

图 22.9.2　轮廓弯边特征 1　　　　　图 22.9.3　截面草图（一）

Step3. 创建图 22.9.4 所示的弯边特征 1。选择下拉菜单 插入(S) ➡ 折弯(N) ▶ ➡ 弯边(F)... 命令；选取图 22.9.5 所示的模型边线为线性边，单击 按钮，绘制图 22.9.6 所示的截面草图（二）；在 内嵌 下拉列表中选择 材料外侧 选项；单击 折弯半径 文本框右侧的 按钮，在系统弹出的快捷菜单中选择 使用局部值 选项，然后在 折弯半径 文本框中输入数值 0.5；单击 <确定> 按钮，完成弯边特征 1 的创建。

Step4. 参照 Step3 创建图 22.9.7 所示的弯边特征 2。

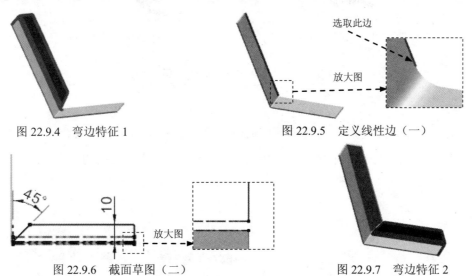

图 22.9.4　弯边特征 1　　　　　　　　图 22.9.5　定义线性边（一）

图 22.9.6　截面草图（二）　　　　　　图 22.9.7　弯边特征 2

Step5. 创建图 22.9.8 所示的弯边特征 3。选择下拉菜单 插入(S) ➡ 折弯(N) ▶ ➡ 弯边(F)... 命令；选取图 22.9.9 所示的模型边线为线性边，在 长度 文本框中输入数值 10；在 内嵌 下拉列表中选择 材料外侧 选项；单击 折弯半径 文本框右侧的 按钮，在系统弹出的快捷菜单中选择 使用局部值 选项，然后在 折弯半径 文本框中输入数值 0.5；单击 <确定> 按钮，完成弯边特征 3 的创建。

图 22.9.8　弯边特征 3　　　　　　　　图 22.9.9　定义线性边（二）

Step6. 参照 Step5 创建图 22.9.10 所示的弯边特征 4。

Step7. 保存钣金模型。

Task2. 展平 90° 内折槽钢

创建图 22.9.1b 所示的展平实体。选择下拉菜单 插入(S) ➡ 展平图样(L)... ▶ ➡

展平实体(S)... 命令；选取图 22.9.11 所示的固定面，单击 确定 按钮，完成展平实体的创建；将模型另存为 90deg_channel_iron_unfold。

图 22.9.10　弯边特征 4

图 22.9.11　选取固定面

22.10　任意角内折槽钢

任意角内折槽钢是由一直线槽钢向内弯曲呈现任意角而形成的钣金构件。下面以图 22.10.1 所示的模型为例，介绍在 UG 中创建和展开任意角内折槽钢的一般过程。

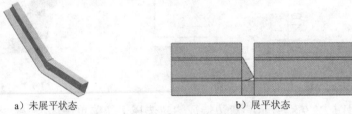

a）未展平状态　　　　　　　　b）展平状态

图 22.10.1　任意角内折槽钢及其展平图样

Task1. 创建任意角内折槽钢

Step1. 新建一个 NX 钣金模型文件，命名为 random_channel_iron。

Step2. 创建图 22.10.2 所示的轮廓弯边特征 1。选择下拉菜单 插入(S) ➡ 折弯(N) ➡ 轮廓弯边(C)... 命令；选取 YZ 平面为草图平面，绘制图 22.10.3 所示的截面草图；单击 厚度 文本框右侧的 按钮，在系统弹出的快捷菜单中选择 使用局部值 选项，然后在 厚度 文本框中输入数值 1.0；在 宽度选项 下拉列表中选择 有限 选项，在 宽度 文本框中输入数值 10.0；单击 折弯半径 文本框右侧的 按钮，在系统弹出的快捷菜单中选择 使用局部值 选项，然后在 折弯半径 文本框中输入数值 15；单击 < 确定 > 按钮，完成轮廓弯边特征 1 的创建。

图 22.10.2　轮廓弯边特征 1

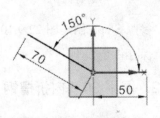

图 22.10.3　截面草图

Step3. 创建图 22.10.4 所示的弯边特征 1。选择下拉菜单 插入(S) ➡️ 折弯(N) ▶ ➡️ 🔲 弯边(F)... 命令；选取图 22.10.5 所示的模型边线为线性边，在 长度 文本框中输入数值 13；在 内嵌 下拉列表中选择 📍 材料外侧 选项；单击 折弯半径 文本框右侧的 ☰ 按钮，在系统弹出的快捷菜单中选择 使用局部值 选项，然后在 折弯半径 文本框中输入数值 0.5；单击 ＜ 确定 ＞ 按钮，完成弯边特征 1 的创建。

Step4. 参照 Step3 创建图 22.10.6 所示的弯边特征 2。

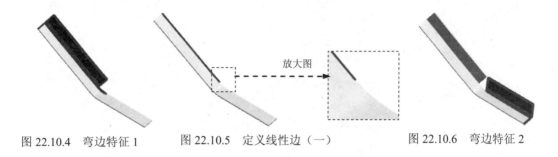

图 22.10.4 弯边特征 1　　　图 22.10.5 定义线性边（一）　　　图 22.10.6 弯边特征 2

Step5. 创建图 22.10.7 所示的弯边特征 3。选择下拉菜单 插入(S) ➡️ 折弯(N) ▶ ➡️ 🔲 弯边(F)... 命令；选取图 22.10.8 所示的模型边线为线性边，在 长度 文本框中输入数值 10；在 内嵌 下拉列表中选择 📍 材料外侧 选项；单击 折弯半径 文本框右侧的 ☰ 按钮，在系统弹出的快捷菜单中选择 使用局部值 选项，然后在 折弯半径 文本框中输入数值 0.5；单击"弯边"对话框中的 ＜ 确定 ＞ 按钮，完成弯边特征 3 的创建。

Step6. 参照 Step5 创建图 22.10.9 所示的弯边特征 4。

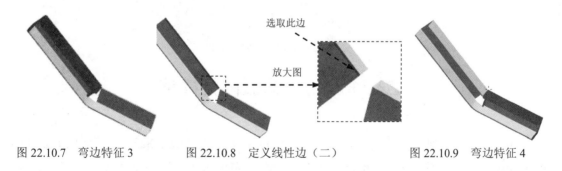

图 22.10.7 弯边特征 3　　　图 22.10.8 定义线性边（二）　　　图 22.10.9 弯边特征 4

Step7. 增补释放槽处的缺损部位。选择下拉菜单 插入(S) ➡️ 剪切(T) ➡️ 🔲 拉伸(E)... 命令；选取图 22.10.10 所示的模型表面为草图平面，绘制图 22.10.11 所示的截面草图；在 极限 区域的 开始 下拉列表中选择 🔲 值 选项，在其下的 距离 文本框中输入值 0；在 结束 下拉列表中选择 🔲 值 选项，在其下的 距离 文本框中输入值 1；在 布尔 区域的下拉列表中选择 🔲 无 选项；单击 ＜ 确定 ＞ 按钮，完成图 22.10.12 所示的增补的创建。

Step8. 保存钣金模型。

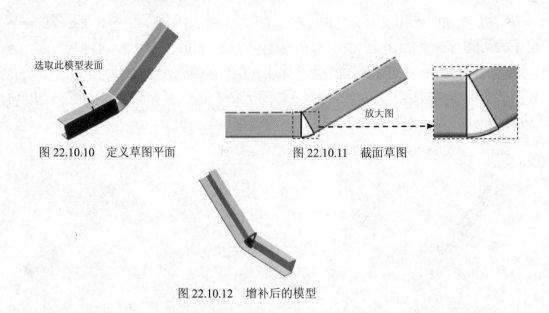

图 22.10.10　定义草图平面　　　　图 22.10.11　截面草图　　　　放大图

图 22.10.12　增补后的模型

Task2. 展平任意角内折槽钢

创建图 22.10.1b 所示的展平实体。选择下拉菜单 插入(S) ➡ 展平图样(L)... ▶ ➡

⬛ 展平实体(S)... 命令；选取图 22.10.13 所示的固定面，单击 确定 按钮，完成特征的创建；将模型另存为 random_channel_iron_unfold。

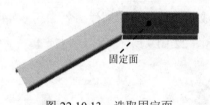

固定面

图 22.10.13　选取固定面

22.11　90°圆弧内折槽钢

90°圆弧内折槽钢与角钢圈的展开方法相同，都是通过近似法来创建。下面以图 22.11.1 所示的模型为例，介绍在 UG 中创建和展开 90°圆弧内折槽钢的一般过程。

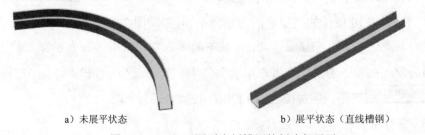

a）未展平状态　　　　　　　　　　　b）展平状态（直线槽钢）

图 22.11.1　90°圆弧内折槽钢的创建与展平

Task1. 创建 90°圆弧内折槽钢

Step1. 新建一个模型文件，命名为 90deg_circle_channel_iron。

Step2. 创建基准平面1。选择下拉菜单 插入(S) ➡ 基准/点(D)▶ ➡ □ 基准平面(D)... 命令。在 类型 下拉列表中选择 ▫ 按某一距离 选项，选取 ZX 平面为参考对象，在 偏置 区域的 距离 文本框中输入值 120；单击 ＜确定＞ 按钮，完成基准平面1的创建。

Step3. 创建图 22.11.2 所示的草图1。选择 YZ 平面为草图平面，绘制草图1。

Step4. 创建图 22.11.3 所示的草图2。选择基准平面1为草图平面，绘制草图2。

Step5. 创建图 22.11.4 所示的扫掠特征1。选择下拉菜单 插入(S) ➡ 扫掠(W) ➡ ⬦ 扫掠(S)... 命令；选取草图2为截面曲线；在 引导线（最多 3 根） 区域中单击 ＊选择曲线 (0) 按钮，选取草图1为引导线；在 方向 下拉列表中选择 固定 选项；在"扫掠"对话框中单击 ＜确定＞ 按钮，完成扫掠特征1的创建。

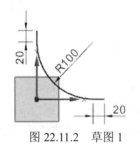

图 22.11.2　草图 1

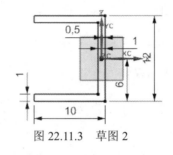

图 22.11.3　草图 2

图 22.11.4　扫掠特征 1

Step6. 保存零件模型。

Task2. 展平 90°圆弧内折槽钢

Step1. 新建一个 NX 钣金模型文件，命名为 90deg_circle_channel_iron_unfold。

Step2. 创建图 22.11.5 所示的轮廓弯边特征1。选择下拉菜单 插入(S) ➡ 折弯(N)▶ ➡ ⬦ 轮廓弯边(C)... 命令；选取 YZ 平面为草图平面，绘制图 22.11.6 所示的截面草图；单击 厚度 文本框右侧的 ☰ 按钮，在系统弹出的快捷菜单中选择 使用局部值 选项，然后在 厚度 文本框中输入数值 1.0；在 宽度选项 下拉列表中选择 ▫ 有限 选项，在 宽度 文本框中输入数值 165.6；单击 折弯半径 文本框右侧的 ☰ 按钮，在系统弹出的快捷菜单中选择 使用局部值 选项，然后在 折弯半径 文本框中输入数值 0.5；单击 ＜确定＞ 按钮，完成轮廓弯边特征1的创建。

Step3. 保存钣金模型。

图 22.11.5　轮廓弯边特征 1

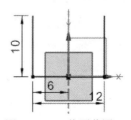

图 22.11.6　截面草图

22.12　任意角内折槽钢

任意角内折槽钢可由平整的钢板弯折而成，其展开可以用近似的方法计算出直槽钢的长度。下面以图 22.12.1 所示的模型为例，介绍在 UG 中创建和展开任意角内折槽钢的一般过程。

a）未展平状态　　　　　　　　　　b）二分之一槽钢展平状态

图 22.12.1　任意角内折槽钢展平

Task1.　创建任意角内折槽钢

Stage1.　创建二分之一任意角内折槽钢

Step1. 新建一个 NX 钣金模型文件，命名为 90deg_random_channel_iron。

Step2. 创建图 22.12.2 所示的突出块特征 1。选择下拉菜单 插入(S) ➡ 突出块(B)... 命令；选取 YZ 平面为草图平面，绘制图 22.12.3 所示的截面草图（一）；在 厚度 文本框中输入数值 1.0；单击 < 确定 > 按钮，完成突出块特征 1 的创建。

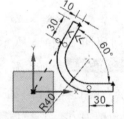

图 22.12.2　突出块特征 1　　　　　　　图 22.12.3　截面草图（一）

Step3. 创建图 22.12.4 所示的次要轮廓弯边特征 1。选择下拉菜单 插入(S) ➡ 折弯(N) ▸ ➡ 轮廓弯边(C)... 命令。单击"绘制截面"按钮 ，选取图 22.12.5 所示的边线；在 位置 下拉列表中选择 弧长百分比 选项，在 弧长百分比 文本框中输入 0；单击 确定 按钮，绘制图 22.12.6 所示的截面草图（二），退出草绘环境；在 宽度选项 下拉列表中选择 链 选项，然后选取图 22.12.7 所示的边线；单击 弯曲半径 文本框右侧的 按钮，在系统弹出的快捷菜单中选择 使用局部值 选项，然后在 弯曲半径 文本框中输入数值 0.5；单击 确定 按钮，完成次要轮廓弯边特征 1 的创建。

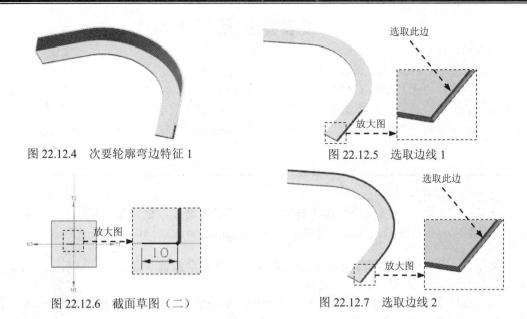

图 22.12.4　次要轮廓弯边特征 1　　　　图 22.12.5　选取边线 1

图 22.12.6　截面草图（二）　　　　　图 22.12.7　选取边线 2

Step4. 保存钣金模型。

Stage2. 装配，生成任意角内折槽钢

新建一个装配文件，命名为 90deg_random_channel_iron_asm。将两个二分之一任意角内折槽钢进行装配（图 22.12.8），保存装配模型。

Task2. 展平任意角内折槽钢

Step1. 打开"二分之一任意角内折槽钢"模型文件。

Step2. 创建图 22.12.1b 所示的展平实体。选择下拉菜单 插入(S) ➡ 展平图样(L)... ▶ ➡ 展平实体(S)... 命令；选取图 22.12.9 所示的固定面，单击 确定 按钮，完成展平实体的创建；将模型另存为 90deg_random_channel_iron_unfold。

图 22.12.8　任意角内折槽钢　　　　图 22.12.9　选取固定面

读者意见反馈卡

尊敬的读者:

感谢您购买机械工业出版社出版的图书!

我们一直致力于 CAD、CAPP、PDM、CAM 和 CAE 等相关技术的跟踪,希望能将更多优秀作者的宝贵经验与技巧介绍给您。当然,我们的工作离不开您的支持。如果您在看完本书之后,有什么好的意见和建议,或是有一些感兴趣的技术话题,都可以直接与我联系。

策划编辑:丁锋

读者购书回馈活动:

活动一:本书"随书光盘"中含有该"读者意见反馈卡"的电子文档,请认真填写本反馈卡,并 E-mail 给我们。E-mail: 兆迪科技 zhanygjames@163.com,丁锋 fengfener@qq.com。

活动二:扫一扫右侧二维码,关注兆迪科技官方公众微信(或搜索公众号 zhaodikeji),参与互动,也可进行答疑。

凡参加以上活动,即可获得兆迪科技免费奉送的价值 48 元的在线课程一门,同时有机会获得价值 780 元的精品在线课程。

书名:《钣金展开实用技术手册(UG NX 11.0 版)》

1. 读者个人资料:

姓名: _____ 性别: ___ 年龄: ____ 职业: _____ 职务: _____ 学历: _____

专业: _____ 单位名称: _____ 电话: _____ 手机: _____

邮寄地址: _____ 邮编: _____ E-mail: _____

2. 影响您购买本书的因素(可以选择多项):

☐内容   ☐作者   ☐价格

☐朋友推荐   ☐出版社品牌   ☐书评广告

☐工作单位(就读学校)指定   ☐内容提要、前言或目录   ☐封面封底

☐购买了本书所属丛书中的其他图书   ☐其他_____

3. 您对本书的总体感觉:

☐很好   ☐一般   ☐不好

4. 您认为本书的语言文字水平:

☐很好   ☐一般   ☐不好

5. 您认为本书的版式编排:

☐很好   ☐一般   ☐不好

6. 您认为 UG 其他哪些方面的内容是您所迫切需要的?

_____

7. 其他哪些 CAD/CAM/CAE 方面的图书是您所需要的?

_____

8. 您认为我们的图书在叙述方式、内容选择等方面还有哪些需要改进?

_____